普通高等教育"十一五"国家级规划教材
高等学校遥感科学与技术系列教材
武汉大学"十三五"规划核心教材

地理信息系统基础

（第二版）

龚健雅　秦　昆　唐雪华　乐　鹏　程朋根　编著

科学出版社
北京

内 容 简 介

本书对 GIS 的基础理论、算法以及实现原理进行了系统分析和阐述，对 GIS 的学科体系和基础理论建设具有重要意义。全书共 9 章，内容包括：绪论、地理信息系统的构成、地理空间数据获取、地理空间数据表达、地理空间数据处理、地理空间数据管理、空间数据分析、地图制图与空间数据可视化、地理信息工程设计与开发。

本书可作为地理信息科学、测绘工程、遥感科学与技术、地理空间信息工程等专业本科生教材，也可供从事 GIS 研究的广大科研工作者参考。

图书在版编目(CIP)数据

地理信息系统基础/龚健雅等编著. —2 版. —北京：科学出版社，2019.12

普通高等教育"十一五"国家级规划教材　高等学校遥感科学与技术系列教材　武汉大学"十三五"规划核心教材

ISBN 978-7-03-063641-6

Ⅰ.①地…　Ⅱ.①龚…　Ⅲ.①地理信息系统–高等学校–教材　Ⅳ.①P208

中国版本图书馆 CIP 数据核字(2019)第 272194 号

责任编辑：杨　红/责任校对：何艳萍
责任印制：张　伟/封面设计：迷底书装

科 学 出 版 社 出版
北京东黄城根北街 16 号
邮政编码：100717
http://www.sciencep.com

天津市新科印刷有限公司 印刷
科学出版社发行　各地新华书店经销
*

2001 年 2 月第　一　版　开本：787×1092　1/16
2019 年 12 月第　二　版　印张：22 1/4
2023 年 7 月第二十七次印刷　字数：551 000

定价：69.00 元
(如有印装质量问题，我社负责调换)

"高等学校遥感科学与技术系列教材"
编审委员会

顾　问：李德仁　张祖勋

主　任：龚健雅

副主任：秦　昆　王树根

委　员（按姓名笔画排序）：

马吉平　王　玥　方圣辉　田扬戈　付仲良
毕卫民　朱国宾　巫兆聪　李　欣　李建松
余长慧　张　熠　张永军　周军其　郑肇葆
孟令奎　胡庆武　胡翔云　袁修孝　贾　涛
贾永红　高卫松　郭重奎　龚　龑　崔卫红
潘　励

秘　书：王　琪

丛 书 序

遥感科学与技术本科专业自 2002 年在武汉大学、长安大学首次开办以来,目前已有 40 多所高校开设了该专业。同时,2019 年,经教育部批准,武汉大学增设了遥感科学与技术交叉学科,按一级学科模式招收硕士和博士研究生。2016~2018 年,武汉大学历经两年多时间,经过多轮讨论修改,重新修订了遥感科学与技术专业的本科培养方案,形成了包括 8 门平台课程(普通测量学、数据结构与算法、遥感物理基础、数字图像处理、空间数据误差处理、遥感原理与方法、地理信息系统基础、计算机视觉与模式识别)、8 门平台实践课程(计算机原理及编程基础、面向对象的程序设计、数据结构与算法课程实习、数字测图与 GNSS 测量综合实习、数字图像处理课程设计、遥感原理与方法课程设计、地理信息系统基础课程实习、摄影测量学课程实习),以及 4 个专业模块(遥感信息、摄影测量、地理信息工程、遥感仪器)的专业方向核心课程的完整课程体系。

为了适应武汉大学遥感科学与技术本科专业新的培养方案,根据《武汉大学关于加强和改进新形势下教材建设的实施办法》,武汉大学专门成立了"高等学校遥感科学与技术系列教材"编审委员会,该委员会负责制定遥感科学与技术系列教材的出版规划、对教材出版进行审查等,确保按计划完成出版一批高水平遥感科学与技术专业教材,不断提升遥感科学与技术专业的教学质量和影响力。"高等学校遥感科学与技术系列教材"编审委员会主要由武汉大学的教师组成,后期将逐步吸纳兄弟院校的专家学者加入,并邀请兄弟院校的专家学者主持或者参与相关教材的编写。

一流的专业建设需要一流的教材体系支撑,我们希望组织一批高水平的教材编写队伍和编审队伍,出版一批高水平的遥感科学与技术专业教材,从而为培养遥感科学与技术专业一流的本科人才贡献力量。

龚健雅

2019 年 10 月

第 二 版 序

随着社会的进步、科技的发展和经济的腾飞，信息时代正阔步向我们走来。在人类所接触到的信息中，据统计有 80%与地理位置和空间分布有关。为了有效地描述、采集、处理、存储、管理、分析和应用地理空间信息，20 世纪 60 年代产生了地理信息系统(geographic information system, GIS)技术。经过五十多年的发展，GIS 已成为信息产业一支重要的"方面军"。据估计，GIS 产业的年产值已经超过了几千亿美元。今天，地理信息系统已不仅是一门单纯的技术，而是形成了一门学科，形成了自身的理论和技术体系。在我国已经设立了地理信息科学(理科)、地理空间信息工程(工科)本科专业，以及地图学与地理信息系统(理科)、地图制图与地理信息工程(工科)硕士和博士学位点，表明地理信息系统作为一门新兴学科正在崛起，而且将对整个社会信息化发展产生重要影响。

几十年来，各国政府机构、学术组织和科技人员为推动地理信息系统的发展做出了巨大努力。20 世纪 80 年代，美国在三所大学设立了国家地理信息分析中心(NCGIA)，并联合编写了地理信息系统的核心教程，对 GIS 技术的发展和 GIS 的推广应用起到了重要作用。在这之后，各国学者又编写了大量的 GIS 教程和参考书，逐步形成了该门学科的理论和技术基础。在我国，先后建立了"资源与环境信息系统国家重点实验室"和"测绘遥感信息工程国家重点实验室"，在一些大学开办了 GIS 研究所、研究中心和相关专业，培养了一大批高层次的 GIS 技术人才。目前，我国已有 200 多所大学开办了地理信息科学或地理空间信息工程本科专业、地图学与地理信息系统或地图制图与地理信息工程的硕士或博士学位点，我国 GIS 人才培养规模迈上一个新的台阶，以满足当前和未来 GIS 人才需求。

在 GIS 教材建设方面，虽然我国已出版了许多 GIS 方面的教材和参考书，但是从一个学科的发展来看，我们需要从多个层次，从不同的视角和领域来编写 GIS 教程。龚健雅教授是我国较早培养的一位 GIS 专业博士，也是教育部首批"长江学者"特聘教授、中国科学院院士。三十多年来，他在 GIS 领域从事地理信息系统理论、关键技术的研究，以及地理信息系统基础软件的开发，积累了丰富的理论和实践经验。这本《地理信息系统基础》是他参考了大量前人研究的成果，综合他本人和他的同事从事 GIS 研究、软件开发的心得和教学实践编写而成，其目的是让 GIS 专业的学生更好地掌握和了解 GIS 的基本概念、基本原理、基本算法以及实现方法，使学生不仅要知其然，还要知其所以然，使从事 GIS 的技术人员具有更扎实的基础。自该书第一版出版以来，受到武汉大学、东华理工大学等高校师生的欢迎，许多高校把它作为 GIS 专业学生的专业基础课教材。该书为推动我国 GIS 专业的学科发展和人才培养起到了重要作用。由于 GIS 是一个快速发展的学科，一些新的理论、方法与技术不断涌现。为了体现 GIS 网络化、实时化、智慧化等最新发展，并结合近年来 GIS 本科专业课程设置与教学要求，由龚健雅院士组织多位主讲该门课程的教师合作修订了《地理信息系统基础》，希望能够更好地适应我国 GIS 学科发展和人才培养的需要。

我国地理信息产业和学科发展已进入快车道，希望有更多的学者参与 GIS 教材建设，尽快建立本学科各个层次的教材体系，推动 GIS 学科更快更好地发展，培养和造就本学科一大批优秀人才，为推动我国地理信息产业的健康发展，也为提升我国在该领域的国际地位和国际影响力做出贡献。

李德仁

2019 年 10 月

第二版前言

自 20 世纪 60 年代初地理信息系统(GIS)一词出现以来，这门学科已发展了五十多年。五十多年来，各个国家、各个相关领域的学者为它添砖加瓦，逐渐形成了这门学科的理论与技术体系。今天，虽然这门学科还在日新月异地发展，但是，一些基本概念、基本理论、基本算法已基本形成。所以，我们才有可能综合国内外各种 GIS 的参考书和参考资料，结合自己多年在这一领域的研究和工作成果，编写这本《地理信息系统基础》教材。教材是落实立德树人根本任务和提高人才培养质量的重要保证，希望本教材的出版能为推动地理信息系统、遥感科学与技术的学科发展和促进教育教学发展有所帮助。

地理信息系统发展到今天，我们已不能单纯地将其看作一个技术系统或计算机系统，而应将其视为一门学科、一门技术。在我国，地理信息系统不仅有本科专业、硕士学位点，而且还有博士学位点。全国 200 多所大学开办了地理信息科学(理科)、地理空间信息工程(工科)本科专业，以及地图学与地理信息系统(理科)、地图制图与地理信息工程(工科)硕士或博士学位点，还有许多其他专业也开设了地理信息系统相关课程。五十多年来，国内外许多学者为地理信息系统学科的发展做出了巨大贡献，编写了很多教科书和参考书。因为地理信息系统是地图学、摄影测量与遥感、地理学、计算机科学与技术、城市规划与管理等多门学科综合发展的产物，所以，各学科的学者从不同的角度理解和编写地理信息系统教科书，对教科书的内容和侧重点也各有不同。

本书是在参考美国 NCGIA 的核心课程"地理信息系统"，Robert Laurini 和 Derek Thompson 编写的《空间信息系统基础》，Michael Worboys 和 Matt Duckham 编写的 *GIS: A Computing Perspective* 的框架内容和国内外的一些其他参考书的基础上，结合作者和同事开发地理信息系统基础软件 GeoStar 的经验和长期教学实践编写而成，其目的是让本专业学生掌握地理信息系统中的基本概念、基本理论、数据结构、数据模型、各种算法以及软件实现方法等基本知识，使学生不仅知其然，而且知其所以然。

本书以地理空间数据的获取、表达、处理、管理、分析、可视化以及工程设计与开发为逻辑主线，围绕地理空间数据的各项处理工作展开。全书共分 9 章。第 1 章主要介绍地理信息系统的起因与发展、GIS 概念的内涵及演进、GIS 与相关学科的关系，以及当代 GIS 的发展等。第 2 章介绍地理信息系统的构成。第 3 章介绍地理空间数据的获取方法，包括野外数据采集、地图数字化数据采集、摄影测量数据采集、遥感图像处理数据采集、点云数据采集、属性数据获取，以及众源地理数据获取等新型数据获取方式，同时介绍了地理空间数据采集过程中应该注意的空间数据质量问题和空间数据元数据。第 4 章介绍地理空间数据表达，包括地理参考系统、地图投影、地理空间对象的表达方法等。第 5 章介绍地理空间数据处理，包括几何变换、空间数据转换、矢量栅格数据转换，以及拓扑关系建立、矢量数据错误与编辑、图幅拼接与接边等。第 6 章介绍地理空间数据管理，包括空间数据组织、空间数据索引、空间数据库管理系统、空间数据查询，以及新型空间数据库系统等。第 7 章介绍空间数据分析，包括矢量数据空间分析、栅格数据空间分析、三维数据空间分析、空间数据统计分析等。

第 8 章介绍地图制图与空间数据可视化，包括地图制图、地理空间数据可视化、地形数据可视化等内容。第 9 章介绍地理信息工程设计与开发方法。本版由武汉大学秦昆教授、唐雪华博士、乐鹏教授和东华理工大学的程朋根教授等几位主讲该门课程的教师与我合作修改而成，在原书稿的基础上删除了部分已经过时或者不适合 GIS 本科专业学生学习的内容，增加了部分地理信息系统发展需要掌握的新内容。本书具体分工为：第 1 章、第 2 章由龚健雅、秦昆撰写，第 3 章由程朋根撰写，第 4 章由程朋根、乐鹏、唐雪华撰写，第 5 章由唐雪华撰写，第 6 章由乐鹏撰写，第 7 章由秦昆撰写，第 8 章由唐雪华撰写，第 9 章由乐鹏撰写，最后由龚健雅、秦昆统稿。

本书编写得到了各方面的大力支持。我的导师李德仁院士为本书的编写和修订提出了许多宝贵意见，并为第二版作序。地理信息系统基础课程的主讲老师秦昆教授、乐鹏教授、程朋根教授、唐雪华博士为第二版的修订做了大量工作，我的其他同事和学生也提供了很多素材。本书第二版是在第一版的基础上修订完成的，而第一版是在研制 GeoStar 的基础上编写而成的，所有参与 GeoStar 开发的同事都为本书做出了重要贡献。在此一并表示衷心的感谢！

"地理信息系统基础"课程已经分别在中国大学 MOOC 课程网站（https://www.icourse163.org/course/WHU-1206446820）和武汉大学珞珈在线网络教学平台（http://mooc1.mooc.whu.edu.cn/course/205896564.html）上线，读者可登录参与学习。作者还提供了相关重点和难点视频，读者可通过扫描书中二维码观看。本书配套有电子教案，采用本书作为教材的老师请发信到 dx@mail.sciencep.com 索取。

龚健雅

第 一 版 序

随着社会的进步、科技的发展和经济的腾飞，信息时代正阔步向我们走来。据统计，在人类活动所接触到的信息中有 80% 与地理位置和空间分布有关。为了有效地描述、采集、处理、存储、管理、分析和应用地理空间信息，30 多年前产生了地理信息系统（GIS）技术。经过 30 多年的发展，GIS 已成为信息产业一支重要的"方面军"。据估计，目前全世界 GIS 产业的年产值已经超过了上百亿美元。今天，地理信息系统已不仅是一门单纯的技术，而且形成了一门学科，形成了自身的理论和技术体系。我国已经设立了地理信息系统的本科专业、硕士、博士学位点，表明地理信息系统作为一门新兴学科正在崛起，而且将对整个社会信息化发展产生重要影响。

几十年来，各国政府机构、学术组织和科学技术人员为推动地理信息系统的发展做出了巨大努力。20 世纪 80 年代，美国在三所大学设立了国家地理信息分析中心（NCGIA），并联合编写了地理信息系统核心教程，对 GIS 技术的发展和 GIS 的推广应用起了重要作用。在这之后，各国学者又编写了大量 GIS 的教程和参考书，初步形成了这门学科的理论和技术基础。在我国，先后建立了"资源与环境信息系统国家重点实验室"和"测绘遥感信息工程国家重点实验室"，在一些大学开办了 GIS 研究所、研究中心和相关专业，培养了一批高层次的 GIS 技术人才。目前，我国已有几十所大学开办了地理信息系统本科、硕士或博士学位点，我国 GIS 人才培养的规模将上一个新台阶，以满足当前和未来 GIS 人才需求。

在 GIS 教材建设方面，虽然我国已出版了许多 GIS 方面的教材和参考书，但是从一个学科的发展来看，我们需要从多个层次，从不同的视角和领域来编写 GIS 教程。龚健雅教授是我国较早培养的一位 GIS 专业的博士，也是教育部首批"长江学者"特聘教授。十多年来，他在 GIS 领域从事地理信息系统理论、关键技术的研究，以及地理信息系统基础软件的开发，积累了丰富的理论和实践经验。这本《地理信息系统基础》是他参考了大量前人研究的成果，综合他本人和他的同事从事 GIS 研究和软件开发的心得编写而成，其目的是让 GIS 专业的学生更多地掌握和了解 GIS 的基本概念、基本原理、基本算法以及实现方法，使学生不仅要知其然，还要知其所以然，使从事 GIS 的技术人员具有更扎实的基础。

我国地理信息产业和学科发展已进入了快车道，希望有更多的学者参与 GIS 教材建设，尽快建立本学科各个层次的教材体系，推动 GIS 学科更快更好地发展，培养和造就本学科一大批优秀人才，为我国地理信息产业的健康发展，为我国在该领域的国际地位和国际影响做出贡献。

李德仁

第一版前言

从 20 世纪 60 年代初"地理信息系统"（GIS）一词出现以来，至今这门学科已发展了 30 多年。30 多年来，各个国家、各个相关领域和学者为它添砖加瓦，逐渐形成了这门学科的理论与技术体系。今天，虽然这门学科还在日新月异地发展，但是一些基本概念、基本理论、基本算法已基本形成。所以，我们才有可能综合国内外各种 GIS 的参考书和参考资料，结合自己多年在这一领域研究和工作的成果，编写这本《地理信息系统基础》，其目的是为了更好地推动这门学科的发展。

地理信息系统已不单纯地被看作为一个技术系统或计算机系统，而已被看作是一门学科、一门技术。在我国，地理信息系统不仅有本科专业、硕士学位点，而且有博士学位点。全国几十所大学开办了地理信息系统专业，许多其他专业也开设了地理信息系统课程。十多年来，我国许多学者为地理信息系统学科的发展做出了巨大贡献，出版了许多教科书和参考书。由于地理信息系统是地图学、摄影测量与遥感、地理学、计算机科学与技术、城市规划与管理等多门学科综合发展的产物，因而各学科的学者从不同的角度理解和编写地理信息系统教科书，对教科书的内容和侧重点各有不同。今后，这种局面还会继续下去，这对地理信息系统的发展也不失为一件"百家争鸣，百花齐放"的好事。

我参考美国 NCGIA 的核心课程"地理信息系统"、Robert Laurini 和 Derek Thompson 编写的《空间信息系统基础》的框架内容以及国内外其他一些参考书，结合我和同事开发地理信息系统基础软件 GeoStar 的经验总结，编写了这本《地理信息系统基础》，其目的是让本专业学生掌握和了解地理信息系统技术的一些基础知识，让学生掌握地理信息系统中的基本概念、基本理论、数据结构、数据模型、各种算法以及软件实现方法等基本知识，使学生不仅知其然，而且知其所以然。

本书以地理空间数据的采集、表达、处理、管理、查询、分析与可视化表达为基本思路，围绕地理空间数据的各项处理工作展开。第一章介绍地理信息系统的基本概念、发展历史和本课程涉及的内容。第二章介绍地理信息系统的构成，包括硬件、软件、网络和输入输出设备。第三章介绍空间数据采集的方法、基本原理及其涉及的硬软件环境、空间数据转换以及空间数据的质量评价。第四章讨论空间数据的计算机表达方式，即怎样将采集的数据在计算机中有效地组织起来，也就是我们通常所说的数据结构。由于空间数据不同于一般的数据，各国学者设计了各种数据结构，包括矢量数据结构、栅格数据结构、四叉树数据结构、一体化数据结构、镶嵌数据结构和超图数据结构等。这些结构尽管有些已不太使用了，但本书作为 GIS 的基础教程，还是尽可能地把它们编录其中，读者可以自作选读。第五章较为详细地讨论了空间数据处理方法，包括点在多边形内、线在多边形内、多边形切割、多边形充填、坐标变换和投影变换、拓扑关系建立、矢量栅格相互转换、Voronoi 图和 Delaunay 三角网的构建、空间内插等算法。这些算法有些是从现有教科书中摘录的，有些是根据我和同事开发 GeoStar 软件时设计的。它是本书的重要内容。第六章涉及空间数据管理。空间数据管理被认为是地理信息系统的核心。目前空间数据的管理有多种方法，本章尽可能介绍当前出现的各种方法，包括各种数据模型，但是我编写本书时，空间数据管理方法正在发生较大变化，由原来文件加关系数据库管理系统混合管理方式转为由对象关系数据库管理系统统一管理，这方面的参考资料还不够多，本书只是作了概略介绍。第七章介绍空间查询与空间分析，这是地理信息系统的应用基础。我尽可能介绍各种空间查询和空间分析方法的实现。但是空间查询和空间分析算法的技巧很多，本书所介绍的是基本算法，这些算法能够实现达到目标，而它的效率不一定是最优的。第八章介绍空间数据可视化和地图制图。它是空间数据展现在用户面前的结果，是我们人眼能看到的 GIS。本章介绍了地图符号的设计、空间数据符号化的过程、属性数据专题制图的原理、地图的输出、地图的生产以及电子地图等。

  本书作为一本 GIS 的基础教程，没有包含 GIS 当前发展的一些新内容，如互联网 GIS、控件 GIS、三维 GIS、时态 GIS 等，因为它们有的正处于快速发展阶段，有的还不够成熟。不过，有兴趣的读者可以参考我和李斌教授等主编的《当代 GIS 的若干理论与技术》一书，该书涉及当代 GIS 发展的若干理论与技术。

  虽然本书书名为《地理信息系统基础》，但我仍然认为它不一定是一本最好的 GIS 教程。其原因一是有些内容还不够全面深入，一些算法也不一定是最优的；其二，我是从测绘遥感的专业背景编写本书，个人的知识面有限，有些内容并不一定适合于其他专业。但我编写本书是希望推动地理信息系统学科的发展，希望在不久的将来建立我国地理信息系统专业的教材体系。

  本书的编写得到了各方面的大力支持。我的导师李德仁院士多年来一直鼓励我编写这一教材，为本书的编写提供了许多有益的资料，并亲自审阅了全部书稿，提出了许多宝贵的修改意见；我的同事和学生也为我提供了很多素材。可以说，本书是在研制开发 GeoStar 基础上编写而成的，所有参与 GeoStar 开发的同事都为本书做出了重要贡献。在此，对他们一并表示衷心的感谢。另外，要特别感谢香港理工大学和香港裘槎基金会，本书的初稿是在香港理工大学研修时完成的。

目　　录

丛书序
第二版序
第二版前言
第一版序
第一版前言

第1章　绪论 1
　1.1　地理信息系统的起因与发展 1
　　1.1.1　国际上 GIS 的起因与发展 1
　　1.1.2　我国 GIS 的发展概况 3
　1.2　地理信息系统的概念内涵及演进 5
　　1.2.1　信息和地理信息 5
　　1.2.2　信息系统 7
　　1.2.3　地理信息系统的概念及演进 7
　1.3　GIS 的特点 9
　　1.3.1　GIS 的基本特点 9
　　1.3.2　GIS 与相关系统的区别和联系 9
　1.4　GIS 与相关学科的关系 11
　1.5　当代 GIS 的发展 12
　　1.5.1　组件 GIS 12
　　1.5.2　互联网 GIS 13
　　1.5.3　多维动态 GIS 13
　　1.5.4　移动 GIS 14
　　1.5.5　实时 GIS 15
　　1.5.6　地理信息网络共享与互操作 16
　　1.5.7　地理空间信息公共服务 16
　思考题 17

第2章　地理信息系统的构成 18
　2.1　地理信息系统的组成要素 18
　2.2　地理信息系统的硬件构成 19
　　2.2.1　硬件配置 19
　　2.2.2　计算机及网络设备 21
　　2.2.3　存储设备 26
　　2.2.4　输入设备 27
　　2.2.5　输出设备 30

2.3 地理信息系统的软件构成 ········· 31
  2.3.1 GIS 程序集的软件层次 ········ 31
  2.3.2 GIS 基础软件的五大子系统 ········ 32
2.4 地理信息系统的主要功能 ········ 36
思考题 ········ 37

第 3 章 地理空间数据获取 ········ 38
3.1 概述 ········ 38
  3.1.1 空间数据的内容 ········ 38
  3.1.2 空间数据的基本特征 ········ 39
  3.1.3 空间数据测量的尺度与精度 ········ 40
  3.1.4 数据来源 ········ 40
3.2 野外数据采集 ········ 41
  3.2.1 传统外业数据采集 ········ 41
  3.2.2 全站仪数据采集 ········ 42
  3.2.3 GNSS 数据采集 ········ 42
3.3 地图数字化数据采集 ········ 46
  3.3.1 地图数字化原理 ········ 46
  3.3.2 手扶跟踪数字化 ········ 47
  3.3.3 扫描数字化 ········ 47
  3.3.4 数字化编辑处理 ········ 48
3.4 摄影测量数据采集 ········ 49
  3.4.1 基本原理 ········ 50
  3.4.2 解析摄影测量 ········ 51
  3.4.3 数字摄影测量 ········ 52
3.5 遥感图像处理数据采集 ········ 52
  3.5.1 遥感技术 ········ 52
  3.5.2 遥感数据及其特征 ········ 53
  3.5.3 遥感图像处理系统 ········ 56
  3.5.4 数字影像地图数字化 ········ 58
  3.5.5 遥感与 GIS 的结合 ········ 59
3.6 点云数据采集 ········ 61
3.7 属性数据获取 ········ 64
3.8 众源地理数据获取 ········ 65
3.9 空间数据质量 ········ 66
  3.9.1 空间数据质量的概念 ········ 66
  3.9.2 空间数据误差来源及其类型 ········ 68
  3.9.3 几何误差及其描述 ········ 69
  3.9.4 属性误差及其描述 ········ 72
3.10 空间数据元数据 ········ 73

3.10.1　元数据的概念与类型 ··· 73
　　3.10.2　空间数据元数据描述 ··· 75
　　3.10.3　空间数据元数据标准问题 ·· 78
　　3.10.4　空间元数据的作用 ·· 80
思考题 ··· 81

第4章　地理空间数据表达 ··· 82
4.1　地理空间与地理系统 ·· 82
　　4.1.1　地理空间 ·· 82
　　4.1.2　地理系统 ·· 82
4.2　地理参考系统 ··· 84
　　4.2.1　地球形状和大小 ·· 84
　　4.2.2　参考椭球体 ··· 85
　　4.2.3　地理坐标系 ··· 87
4.3　地图投影 ··· 88
　　4.3.1　地图投影的概念 ·· 88
　　4.3.2　地图投影变形 ··· 88
　　4.3.3　地图投影的类型 ·· 90
　　4.3.4　我国常用的地图投影 ··· 90
　　4.3.5　地形图的分幅与编号 ··· 95
　　4.3.6　我国常用坐标系统及高程系统 ··· 96
4.4　地理空间对象及其表达方法 ··· 98
　　4.4.1　地理实体与地理现象 ··· 98
　　4.4.2　地理实体的类型 ·· 98
　　4.4.3　地理空间对象的表示方法 ·· 99
　　4.4.4　空间对象关系 ··· 105
　　4.4.5　矢量数据表达 ··· 113
　　4.4.6　栅格数据表达 ··· 120
4.5　规则镶嵌结构 ··· 125
4.6　四叉树数据结构 ·· 126
4.7　不规则镶嵌结构 ·· 139
思考题 ··· 142

第5章　地理空间数据处理 ·· 143
5.1　空间数据处理基本算法 ·· 143
　　5.1.1　点状数据处理基本算法 ·· 143
　　5.1.2　线状目标基本操作算法 ·· 144
　　5.1.3　多边形目标基本操作算法 ··· 157
5.2　几何变换 ··· 162
　　5.2.1　相似变换 ·· 162
　　5.2.2　仿射变换 ·· 163

    5.2.3 投影变换 …………………………………………………………………164
  5.3 空间数据转换 ……………………………………………………………………165
    5.3.1 外部交换文件方式 ……………………………………………………166
    5.3.2 空间数据交换标准方式 ………………………………………………166
    5.3.3 空间数据互操作方式 …………………………………………………167
    5.3.4 Web 服务方式 …………………………………………………………167
  5.4 矢量栅格数据转换 ………………………………………………………………168
    5.4.1 矢量-栅格转换 …………………………………………………………168
    5.4.2 栅格-矢量转换 …………………………………………………………171
  5.5 拓扑关系的自动建立 ……………………………………………………………173
    5.5.1 欧拉定理 ………………………………………………………………173
    5.5.2 点-线拓扑关系的建立 …………………………………………………174
    5.5.3 多边形拓扑关系的自动建立 …………………………………………175
  5.6 矢量数据错误与编辑 ……………………………………………………………176
    5.6.1 矢量数据错误类型 ……………………………………………………177
    5.6.2 几何数据的编辑方法 …………………………………………………178
  5.7 图幅拼接与接边 …………………………………………………………………181
    5.7.1 几何接边 ………………………………………………………………181
    5.7.2 逻辑接边 ………………………………………………………………182
  思考题 ……………………………………………………………………………………182
第 6 章 地理空间数据管理 …………………………………………………………………183
  6.1 数据管理概述 ……………………………………………………………………183
    6.1.1 数据与数据库文件 ……………………………………………………183
    6.1.2 数据库与数据库管理系统 ……………………………………………188
    6.1.3 数据库模型 ……………………………………………………………192
  6.2 空间数据组织 ……………………………………………………………………200
    6.2.1 图幅内空间数据的组织 ………………………………………………200
    6.2.2 图库管理 ………………………………………………………………201
    6.2.3 数据库组织方式 ………………………………………………………202
  6.3 空间数据索引 ……………………………………………………………………205
    6.3.1 对象范围索引 …………………………………………………………206
    6.3.2 空间格网索引 …………………………………………………………206
    6.3.3 二叉树空间索引 ………………………………………………………208
    6.3.4 四叉树空间索引 ………………………………………………………210
    6.3.5 R 树与 R$^+$树空间索引 ………………………………………………211
  6.4 空间数据库管理系统 ……………………………………………………………212
    6.4.1 文件与关系数据库混合管理系统 ……………………………………212
    6.4.2 全关系型空间数据库管理系统 ………………………………………213
    6.4.3 对象-关系空间数据库管理系统 ………………………………………214

    6.4.4 面向对象空间数据库管理系统 ··· 217
  6.5 空间数据查询 ··· 217
    6.5.1 空间查询及定义 ··· 217
    6.5.2 空间查询语言及方法 ·· 221
  6.6 新型空间数据库系统 ·· 223
    6.6.1 NoSQL 数据库概述 ·· 223
    6.6.2 基于 NoSQL 数据库的空间扩展 ·· 224
  思考题 ··· 226

第7章 空间数据分析 ··· 228
  7.1 矢量数据空间分析 ·· 228
    7.1.1 叠置分析 ··· 228
    7.1.2 缓冲区分析 ··· 232
    7.1.3 网络分析 ··· 233
  7.2 栅格数据空间分析 ·· 239
    7.2.1 栅格数据聚类聚合分析 ·· 239
    7.2.2 栅格数据的叠置分析 ·· 241
    7.2.3 栅格数据追踪分析 ·· 243
  7.3 三维数据空间分析 ·· 244
    7.3.1 趋势面分析 ··· 244
    7.3.2 表面积计算 ··· 247
    7.3.3 体积计算 ··· 249
    7.3.4 坡度计算 ··· 250
    7.3.5 坡向计算 ··· 251
    7.3.6 剖面计算 ··· 254
    7.3.7 可视性分析 ··· 255
  7.4 空间数据统计分析 ·· 259
    7.4.1 多元统计分析 ··· 259
    7.4.2 空间点模式分析 ··· 262
    7.4.3 空间自相关分析 ··· 268
    7.4.4 地学统计分析 ··· 273
  思考题 ··· 274

第8章 地图制图与空间数据可视化 ··· 275
  8.1 地图制图 ··· 275
    8.1.1 地图的组成和布局 ·· 275
    8.1.2 地图符号 ··· 277
    8.1.3 地图注记 ··· 285
    8.1.4 普通地图与专题地图制图 ·· 286
    8.1.5 地图设计 ··· 292
    8.1.6 地图排版 ··· 293

8.1.7 地图输出 ·· 295
  8.2 地理空间数据可视化 ··· 296
  8.3 地形数据可视化 ·· 297
　　　8.3.1 等值线法 ·· 297
　　　8.3.2 垂直剖面线法 ··· 306
　　　8.3.3 地貌晕渲法 ··· 306
　　　8.3.4 分层设色法 ··· 307
　　　8.3.5 透视图法 ·· 307
  思考题 ··· 311

第9章 地理信息工程设计与开发 ·· 312
  9.1 GIS 工程的特点 ·· 312
  9.2 GIS 工程设计方法 ··· 313
  9.3 GIS 工程开发模型 ··· 314
  9.4 GIS 工程设计开发过程 ··· 318
　　　9.4.1 系统分析 ·· 318
　　　9.4.2 系统设计 ·· 321
　　　9.4.3 系统实施 ·· 324
　　　9.4.4 系统测试 ·· 324
　　　9.4.5 系统运行 ·· 325
　　　9.4.6 系统维护与评价 ··· 325
  9.5 GIS 工程设计开发方法 ··· 325
　　　9.5.1 独立式 GIS 工程开发 ··· 326
　　　9.5.2 GIS 二次开发 ··· 327
  思考题 ··· 328

主要参考文献 ··· 329

第1章 绪 论

1.1 地理信息系统的起因与发展

自人类社会形成以来,人们在生产活动和社会活动中总在进行着信息的获取、交换和使用。从古代文明到现代社会,地理工作者、测绘工作者、航海家都致力于空间数据的收集整理,制图工作者则以地图形式表示这些数据。地图作为空间信息的载体长期为航海、军事以及社会经济建设服务。

20世纪以来,人们对地形图和地表的各种专题地图的需求量迅速增加。立体航空摄影测量和遥感成像技术的发展,使摄影测量工作者能以很高的精度,快速地进行大面积测图,同时也为地球资源科学家,如地质学家、土壤学家、生态学家等提供了极为优越的条件来进行资源勘探和不同详细程度的制图工作,产生的专题地图是资源调查和管理最有用的信息源泉。

随着计算机技术的发展,人们开始利用计算机来存储、管理、分析地理信息,因而产生了地理信息系统(geographic information system, GIS)。GIS的发展,概括起来受两大因素影响,一方面以技术发展为导引(特别是计算机技术),另一方面以应用需求为驱动。

1.1.1 国际上GIS的起因与发展

国际上GIS的发展可以归纳为以下五个阶段。

1. 20世纪50~60年代的GIS开拓期

20世纪50年代,由于计算机技术的发展与应用,测绘工作者和地理工作者逐渐产生利用计算机汇总各种来源的数据,借助计算机处理和分析这些数据,最后通过计算机输出一系列结果,作为决策过程的有用信息。50年代后期(1956年),奥地利测绘部门首先利用电子计算机建立了地籍数据库,以后许多国家的土地测绘部门相继发展了土地信息系统。20世纪60年代(1962年),加拿大测量学家Roger F. Tomlinson提出利用计算机处理和分析大量的土地利用地图数据,建议并组织加拿大土地调查局建立了加拿大地理信息系统(Canada geographic information system, CGIS)(Burrough,1998),成为世界上第一个运行型地理信息系统,该系统于1972年全面投入运行与使用,用于自然资源的管理和规划,具有专题地图叠加、面积量算等功能。稍后,美国哈佛大学研制出SYMAP系统软件,马里兰大学研制了MANS软件。

这个时期国际GIS发展的特点是:尽管当时的计算机水平不高,但GIS中机助制图能力较强,能够实现地图的手扶跟踪数字化以及地图数据的拓扑编辑和分幅数据拼接等功能。早期的GIS大多数是基于格网系统,因而发展了许多基于栅格(raster)的操作方法(黄杏元和汤勤,1990)。这个时期,专家兴趣以及政府需求的推动起着积极引导作用,多数工作仅限于政府和大学范畴,国际交往比较少。

2. 20世纪70年代的GIS巩固发展期

进入20世纪70年代以后,计算机技术的迅速发展,推动了计算机更普及地应用。70年代推出的大容量存取设备——磁盘,为空间数据的录入、存储、检索和输出提供了强有力的手段。用户屏幕和图形、图像卡的发展，更增强了人机对话和高质量的图形显示功能，促使 GIS 朝着实用方向迅速发展。一些发达国家先后建立了各种专业的土地信息系统和地理信息系统。与此同时，一些商业公司开始活跃起来，软件在市场上受到欢迎。据统计，70 年代有 300 多个应用系统投入使用。这期间，许多大学和研究机构开始重视 GIS 软件设计和研究。美国地质调查所于 1980 年出版的《空间数据处理计算机软件》报告，总结了 1979 年以前世界各国空间信息系统的发展概况。这个时期，GIS 专业人才逐步增加，一些大学开始提供 GIS 培训，一些商业性的咨询服务公司开始从事 GIS 工作。

这个时期国际 GIS 发展的特点是：技术发展没有新的突破，系统应用与技术开发多限于某几个机构，专家影响减弱，政府影响增强。

3. 20 世纪 80 年代的 GIS 普及和推广应用期

20 世纪 80 年代是 GIS 普及和推广应用的阶段。随着计算机技术的发展，推出了图形工作站和微机等性价比大为提高的新一代计算机，为 GIS 的普及和推广应用提供了硬件基础。计算机网络的建立，使地理信息的传输时效得到了极大提高。GIS 基础软件和应用软件的发展，使得 GIS 应用从解决基础设施的管理和规划(如道路、输电线)转向更为复杂的区域开发，如土地利用、城市化、人口规划与布置等。许多工业国家将土地信息系统作为有关部门的必备工具，投入日常运转。与卫星遥感技术相结合，GIS 开始用于解决全球性问题，例如，全球沙漠化、全球可居住区的评价、厄尔尼诺现象及酸雨、核扩散及核废料，以及全球气候与环境的变化监测等。80 年代中期，GIS 软件的研制与开发也取得了很大成绩，仅 1989 年市场上有报价的软件就达 70 多个，并且还涌现出一些有代表性的 GIS 软件，如 ArcInfo、TIGRIS、MGE、SICAD/Open、Genamap、System 9、MapInfo 等，它们可在工作站或微机上运行。随着 GIS 研究的进一步深化，Marble 等拟订了空间数据处理计算机软件说明的标准格式，并提出了地理信息系统今后的发展应着重研究空间数据处理的算法、数据结构和数据库管理系统等三个方面的内容。

这个时期国际 GIS 发展的特点是：GIS 开始注重空间决策支持分析；GIS 的应用领域迅速扩大，从资源管理、环境规划到应急反应，从商业区域划分到政治选举分区等。

4. 20 世纪 90 年代逐渐步入网络 GIS 时代

进入 20 世纪 90 年代，随着微机和 Windows 的迅速发展，以及图形工作站性价比的进一步提高，计算机在全世界迅速普及。一些基于 Windows 的桌面 GIS 如 MapInfo、ArcView、GeoMedia 等软件以其界面友好、易学好用的独特风格，将 GIS 带入到各行各业。因特网发展特别是 90 年代万维网的发展，为地理信息系统在因特网上运行提供了必要的技术条件，各软件厂商争相研究出基于万维网的地理信息系统软件。比较典型的软件有：Autodesk 公司的 Map Guide，ESRI 公司的 MapObject IMS，Intergraph 公司的 GeoMedia Web Map，MapInfo 公司的 MapInfo Proserver，武大吉奥信息工程公司的国产 WebGIS 软件 GeoSurf，以及 MapGIS 和 SuperMap 推出的国产 WebGIS 软件等。

随着建设"信息高速公路""国家空间数据基础设施""数字地球"计划的提出，GIS 技术作为一种全球、国家、地区和局部区域信息化、数字化的核心空间信息技术之一，其发展和利用已被许多国家列入国民经济发展规划中。

尽管 GIS 有着广泛的应用潜力，但是在这一时期它的应用仅仅在少数领域比较成熟，如地图制图与数据发行、自然资源管理与评价、地籍管理、城市与区域规划以及美国、加拿大等国的人口普查等，GIS 在许多其他领域的应用才刚刚起步，包括商务应用、市政基础设施管理、公共卫生及安全、油气与其他矿产资源的勘测、交通管理、房地产开发与销售等。多数 GIS 应用是在各级政府部门实现的，据美国联邦数字制图协调委员会的一份调查，早在 1990 年美国联邦政府已有 62 个机构使用 GIS，其中 18 个已用于常规作业(陈俊和宫鹏，1998)。

这个时期国际 GIS 发展的特点是：GIS 逐步进入网络 GIS 时代，设计和开发在因特网上运行的 GIS 成为这个时期的主要趋势。

5. 21 世纪的 GIS 逐步进入大众化应用时代

20 世纪之前的 GIS 主要在政府和公共事业等部门应用。随着计算机软、硬件技术的高速发展，特别是 Internet 和移动通信技术的发展，GIS 由专业应用系统发展到社会化的、面向大众的信息服务系统。2005 年谷歌公司发布的 Google Map 和 Google Earth 系统，以及 2011 年我国发布的天地图系统等，迅速将地理信息的应用与服务普及到大众。移动通信的发展，又将 GIS 发展为移动地理信息系统。移动 GIS(电子地图)与卫星导航技术结合构成的位置服务系统已经成为智能手机的必备软件，成为普通大众几乎每天必用的工具。

1.1.2 我国 GIS 的发展概况

我国地理信息系统起步稍晚，但发展势头相当迅猛，大体上可分为四个阶段。

1. 20 世纪 70 年代的起步阶段

20 世纪 70 年代初期，我国开始推广电子计算机在测量、制图和遥感领域中的应用。随着全世界遥感技术的发展，我国在 1974 年开始引进美国地球资源卫星图像(Landsat)，开展了遥感图像处理和解译工作。1976 年召开了第一次遥感技术规划会议，形成了遥感技术试验和应用蓬勃发展的新局面，先后开展了京津唐地区红外遥感试验、新疆哈密地区航空遥感试验、天津渤海湾地区的环境遥感研究、天津地区的农业土地资源遥感清查工作。这一时期，国家测绘局系统开展了一系列航空摄影测量和地形测图，为建立地理信息系统数据库打下了坚实的基础。同时，解析和数字测图、机助制图、数字高程模型的研究和使用也同步进行，1977 年诞生了第一张由计算机输出的全要素地图，1978 年，国家计划委员会在黄山召开了全国第一届数据库学术讨论会。所有这些都为 GIS 的研制和应用提供了技术上的准备。

2. 20 世纪 80 年代的试验阶段

进入 20 世纪 80 年代之后，我国执行"六五""七五"计划，国民经济全面发展，很快对"信息革命"做出热烈响应。在大力开展遥感应用的同时，GIS 也全面进入试验阶段。在典型试验中主要研究数据规范和标准、空间数据库建设、数据处理和分析算法及应用软件的开发等。以农业为对象，研究有关质量评价和动态分析预报的模式与软件，并用于水库淹没损失、水资源估算、土地资源清查、环境质量评价与人口趋势分析等多项专题的试验研究。在专题试验和应用方面，在全国大地测量和数字地面模型建立的基础上，建成了全国 1:100 万地图数据库系统和全国土地信息系统、1:400 万全国资源和环境信息系统及 1:250 万水土保持信息系统，并开展了黄土高原信息系统以及洪水灾情预报与分析系统等专题研究试验。同时，用于辅助城市规划的各种小型信息系统，在城市建设和规划部门也获得了认可。

在学术交流和人才培养方面取得大的发展。在国内召开了多次关于 GIS 的国际学术讨论会。1985 年，中国科学院建立了"资源与环境信息系统国家重点实验室"。1988 年武汉测绘科技大学设置了"信息工程"专业,开始培养 GIS 的本科人才,成为全国第一个培养 GIS 本科人才的学校。1990 年,武汉测绘科技大学建立了"测绘遥感信息工程国家重点实验室"。与此同时,我国许多大学开设了 GIS 方面的课程和不同层次的讲习班,已培养出了一批从事 GIS 研究与应用的硕士和博士。

3. 20 世纪 90 年代的全面发展阶段

20 世纪 80 年代末至 90 年代,中国的 GIS 进入全面发展阶段。国家测绘局在全国范围内布局数字化测绘信息产业;1:100 万地图数据库已公开发售,1:25 万地图数据库已完成建库,并开始了全国 1:5 万地图数据库的生产与建库工作,各省测绘局建立了省级 1:1 万基础地图数据库。数字摄影测量和遥感应用从典型试验逐步走向系统运行,保证了 GIS 可以源源不断地获取地形和专题信息。进入 90 年代,沿海、沿江经济开发区的发展,土地的有偿使用和外资的引进,有力地促进了城市地理信息系统的发展,用于城市规划、土地管理、交通、电力及各种基础设施管理的城市信息系统在我国许多城市相继建立。

在基础研究和软件开发方面,国家科技部在"九五"科技攻关计划中,将"遥感、地理信息系统和全球定位系统的综合应用"列入国家"九五"重中之重科技攻关项目,在该项目中投入相当大的研究经费支持武汉大学(原武汉测绘科技大学)、北京大学、中国地质大学(武汉)、中国林业科学研究院和中国科学院地理科学与资源研究所(简称中科院地理所,后同)等单位开发我国自主版权的地理信息系统基础软件。"十五""十一五"期间国家 863 计划继续支持武汉大学吉奥公司、中国地质大学(武汉)中地公司、中科院地理所超图公司研发地理信息系统基础软件。经过十多年的努力,中国地理信息系统基础软件与国外的差距迅速缩小,涌现出若干能参与市场竞争的地理信息系统软件,如 GeoStar, MapGIS, SuperMap 等。

4. 21 世纪向着集成化、产业化和社会化方向迈进

进入 21 世纪,中国的 GIS 在国际舞台占有重要地位,国内有 200 多所高校开设了 GIS 专业,形成了从本科,到硕士、博士、博士后完整的人才培养体系。我国 21 世纪的 GIS 正朝着集成化、产业化和社会化的发展方向迈进。

(1) GIS 已经成为一门综合性技术。GIS 已经和计算机、通信等技术一样,成为信息技术(IT)的重要组成部分;GIS 不但与全球导航卫星系统(GNSS)和遥感(RS)相结合,构成"3S"集成系统,而且与 CAD、多媒体、通信、因特网、办公自动化、虚拟现实等多种技术相结合。GIS 为用户提供了地球表层及其附近的空间和非空间数据获取、处理、分析、表示和传输的重要技术手段,为数字地球的建立及其应用提供了可靠的技术保障。

(2) GIS 产业化的发展势头强劲,我国一些大的 IT 公司如百度、阿里、腾讯、华为等都将 GIS 作为一个重要发展方向,推出了自己的电子地图与导航集成的位置服务系统。GIS 是一项面向 21 世纪信息时代,关系到国家综合竞争实力的高新技术,GIS 及其产业化的发展日益受到各国的普遍关注。2014 年 1 月,国务院办公厅发布了《国务院办公厅关于促进地理信息产业发展的意见》(国办[2014] 2 号),将地理信息产业定位为战略性新兴产业。2014 年 7 月,国家发展和改革委员会与国家测绘地理信息局联合印发了《国家地理信息产业发展规划(2014—2020 年)》(发改地区[2014] 1654 号)。"十二五"以来,地理信息产业服务总值年增长率 20%左右。截至 2017 年年底,GIS 相关企业达 2 万多家,从业人员超过 46 万人。据有关研究预计,2020 年产值将达 1 万亿元。

(3) 随着 GIS 的蓬勃发展,GIS 越来越融入人们生活的方方面面,在人们的生活中扮演着越来越重要的角色，对人们的服务范围也越来越广。人们衣食住行的各个方面几乎都离不开GIS。GIS在面向部门的专业应用不断拓展的同时，已开始向社会化大众化应用发展(龚健雅和李德仁，2008)。GIS由以前只能由专业性的专家掌握，逐步发展到普通大众也能使用的人人GIS时代。同时，GIS的应用领域也由以前传统的自然资源监测、城市规划、土地管理等，逐步发展到历史、文学、社会学等人文社会科学领域(林珲等，2006；2010)。

1.2 地理信息系统的概念内涵及演进

1.2.1 信息和地理信息

1. 数据和信息

数据(data)是未加工的原始资料，指对某一事件、事物、现象进行定性、定量描述的原始资料，包括文字、数字、符号、语言、图形、图像以及它们能转换成的形式。数据是用以载荷信息的物理符号，数据本身并没有意义。

信息(information)是用数字、文字、符号、语言、图形、图像等介质或载体，表示事件、事物、现象等的内容、数量或特征，向人们(或系统)提供关于现实世界新的事实和知识，作为生产、管理、经营、分析和决策的依据。

信息具有客观性、适用性、可传输性和共享性等特征。①客观性：任何信息都是与客观事实紧密相关的，这是信息的正确性和精确度的保证。②适用性：信息是为特定的对象服务的，同时也为服务对象提供生产、建设、经营、管理、分析和决策的有用信息。③可传输性：信息可在信息发送者和信息接收者之间传输。④共享性：同一信息可传输给多个用户，为多个用户共享，而本身并无损失。

数据和信息密不可分，信息来自于数据，数据是信息的载体。数据是未加工的原始资料，文字、数字、符号、语言、图形和图像等都是数据。数据是对客观对象的表示，信息则是数据内涵的意义，是数据的内容和解释，只有理解了数据的含义，对数据做出了解释，才能提取出数据中所包含的信息。例如，从测量数据中可以提取出目标和物体的形状、大小和位置等信息，从遥感卫星图像数据中可以提取出各种地物类型及其相关属性，从实地调查数据中可提取出各专题的属性信息。信息处理的实质是对数据进行处理，从而获得有用的信息。

2. 地理数据和地理信息

地理数据(geographic data)是各种地理特征和现象之间关系的符号化表示，包括空间位置特征、属性特征及时态特征三个基本部分。空间位置描述地理实体所在的空间绝对位置以及实体间空间关系的相对位置。空间位置由坐标参照系统描述，空间关系由拓扑关系(邻接、关联、连通、包含、重叠等)描述。属性特征又称为非空间特征，是地理实体的定性、定量指标，描述了地理信息的非空间组成成分。时态特征是指地理数据采集或地理现象发生的时刻或时段。时态特征正受到地理信息系统学界的重视，成为研究热点。

地理信息(geographic information)是指与所研究对象的空间地理分布有关的信息，表示地表物体及环境所具有的数量、质量、分布特征、联系和规律等，是对表达地理特征和地理现象之间关系的地理数据的解释。地理信息具有空间分布性、多维结构、时序特征、数据量大等特性。①空间分布性：指地理信息具有空间定位的特点，并在区域上表现出分布式的特点，其属性表现为多层次。②多维结构：指在同一个空间位置上，具有多个专题和属性的信息结构，如在同一个空间位置上，可取得高度、噪声、污染、交通等多种信息。③时序特征：即动态变化特征，是指地理信息随时间变化的序列特征，可按超短期(台风、地震等)、短期(江河洪水、季节低温等)、中期(土地利用、作物估产等)、长期(城市化、水土流失等)和超长期(地壳运动、气候变化等)时序来划分。④数据量大：地理信息因为既具有空间特征、又有属性特征，还有随时间变化的特征，所以数据量大。

地理数据和地理信息是密不可分的。地理信息来源于地理数据，地理数据是地理信息的载体，但并不就是地理信息。只有理解了地理数据的含义，对地理数据做出解释，才能提取出地理数据中所包含的地理信息。地理信息处理的实质是对地理数据进行处理，从而获得有用的地理信息。

3. 地理实体和地理现象

地理实体指具有固定地理空间参考位置的地理要素，具有相对固定的空间位置和空间关系、相对不变的属性。地理实体特征要素包括离散特征要素和连续特征要素。例如，井、电力和通信线的杆塔、山峰的最高点、道路、河流、边界、市政管线、建筑物、土地利用和地表覆盖类型等为离散特征要素；温度、湿度、地形高程、植被指数、污染浓度等为连续特征要素。

地理现象指发生在地理空间中的地理事件特征要素，具有空间位置、空间关系和属性随时间变化的特性。例如，台风、洪水过程、天气过程、地震过程、空气污染等为地理现象。对于地理现象，需要在时空地理信息系统中将其视为动态空间对象进行处理和表达，记录位置、空间关系、属性之间的变化信息，进行时空变化建模。地理现象相对于地理实体的最典型区别是：地理现象是在一个特定的时间段存在的，具有一个发生、发展到消亡的过程。

4. 地理对象

地理对象是地理实体和地理现象在空间/时空信息系统中的数字化表达形式，具有随表达尺度而变化的特性。地理实体和地理现象是在现实世界中客观存在的，地理对象是地理实体和地理现象的数字化表达。

地理对象包括离散对象和连续对象。离散对象采用离散方式对地理对象进行表达，每个地理对象对应于现实世界的一个实体对象元素，具有独立的实体意义，称为离散对象。离散对象采用点、线、面、体等几何要素表达。离散对象随着表达的尺度不同，对应的几何元素会发生变化。例如，一个城市在大尺度上表现为面状要素，在小尺度上表现为点状要素；河流在大尺度上表现为面状要素，在小尺度上表现为线状要素。离散对象一般采用矢量形式进行表达。连续对象采用连续方式对空间对象进行表达，每个对象对应于一定取值范围的值域，称为连续对象或空间场。连续对象一般采用栅格要素进行表达。

从地理实体/地理现象到地理对象，再到地理数据，再到地理信息的发展，反映了人类认识的巨大飞跃。地理信息属于空间信息，其位置的识别是与地理数据联系在一起的，具有区域性。地理信息具有多维结构特征，即在同一位置上具有多个专题和属性的信息结构。例如，在一个地面点位上，可取得高度、地基承载力、噪声、污染、交通等多种信息。而且，地理信息具有明显的时序特征，即具有动态变化的特征，这就要求及时采集和更新，并根据多时相的数据和信息来寻找随时间变化的分布规律，进而对未来进行预测或预报。

1.2.2 信息系统

信息系统是能对数据和信息进行采集、存储、加工和再现,并能回答用户一系列问题的系统(图 1-2-1)。信息系统的四大功能为数据采集、管理、分析和表达。更简单地说,信息系统是基于数据库的问答系统(图 1-2-2)。

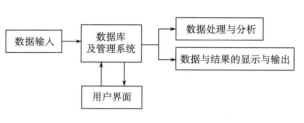

图 1-2-1　信息系统

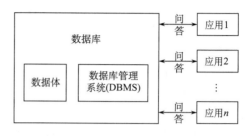

图 1-2-2　作为问答系统的信息系统

从计算机科学的角度看,信息系统是由计算机硬件、软件、数据和用户四大要素组成的问答系统,智能化的信息系统还包括知识(图 1-2-3)。硬件包括各类计算机处理机及其终端设备;软件是支持数据与信息的采集、存储、加工、再现和回答用户问题的计算机程序系统;数据是系统分析与处理的对象,构成信息系统应用的基础,包括定量数据和定性数据;用户是信息系统服

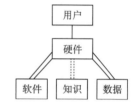

图 1-2-3　计算机科学意义上的信息系统

务的对象,是信息系统的主人。用户分一般用户和从事系统建立、维护、管理和更新的高级用户。

信息系统按照智能化程度可以划分为四种类型:①事务处理系统(transaction process system, TPS)强调数据的记录和操作,主要支持操作层人员的日常活动,处理日常事务。例如,民航订票系统就是一种典型的事务处理系统。②管理信息系统(management information system, MIS)需要包含组织中的事务处理系统,并提供内部综合形式的数据,以及外部组织的一般范围的数据,如本科教学管理系统。③决策支持系统(decision support system, DSS)是用于获得辅助决策支持方案的交互式计算机系统,一般由语言系统、知识系统和问题处理系统共同组成,如城市规划决策支持系统。④人工智能和专家系统(expert system, ES)是模仿人工决策处理过程的计算机信息系统,它扩大了计算机的应用范围,将其由单纯的资料处理发展到智能推理,如智能交通系统。

信息系统按照应用领域可以划分为:经营信息系统、企业管理信息系统、金融信息系统、交通运输信息系统、空间信息系统(spatial information system, SIS)和其他信息系统等。其中,空间信息系统是一种十分特别而重要的信息系统,可以采集、处理、管理和更新空间信息。

1.2.3 地理信息系统的概念及演进

地理信息系统(geographic/geographical information system, GISystem, GIS)是一种特定而又十分重要的空间信息系统,它是以采集、表达、处理、管理、分析和描述整个或部分地球表面(包括大气层在内)与空间和地理分布有关数据的空间信息系统。因为地球是人类赖以生存的基础,所以 GIS 是与人类的生存、发展和进步密切关联的一门信息科学与技术,越来越受到重视。

目前,GIS 的概念在不断地发展和演进。地理信息系统在面向部门的专业应用不断拓展的同时,已开始向社会化、大众化应用发展,GIS 从传统意义上的地理信息系统(geographic information system, GISystem, GIS)拓展为地理信息科学(geographic information science, GIScience, GIS)和地理信息服务(geographic information service, GIService, GIS)等多个方面(龚健雅和李德仁,2008)。

美国科学院院士 Michael Goodchild 于 1992 年提出了地理信息科学的概念和科学体系(Goodchild, 1992)。地理信息科学(GIScience)是关于 GIS 的发展、使用和应用的理论,是信息时代的地理学,是关于地理信息的本质特征与运动规律的一门科学。地理信息科学的提出和理论创建来自于两个方面:一是技术与应用的驱动,这是一条从实践到认识,从感性到理论的发展路线;二是学科融合与地理综合思潮的逻辑扩展,这是一条理论演绎的发展路线。在地理信息科学的发展过程中,两者相互交织、相互促进,共同推进地理学思想的发展、范式的演变和地理信息科学的产生和发展。地理信息科学本质上是在两者的推动下地理学思想演变的结果,是新的技术平台、观察视点和认识模式下地理学的新范式,是信息时代的地理学。相对于地理信息系统,地理信息科学更侧重于基础理论。

地理信息服务(GIService)是指遵循服务体系的架构和标准,采用网络服务技术,基于地理信息互操作标准和规范,在网络环境下提供地理信息系统的数据、分析、可视化等功能的服务。地理信息服务是网络环境下一组与空间信息相关的软件功能实体,该软件功能实体通过接口封装功能。狭义的地理信息服务是指遵循 Web 服务体系架构和标准,利用网络服务技术在网络环境下提供 GIS 数据、分析、可视化等功能的服务和应用。广义的地理信息服务是指提供与地理空间信息有关的一切服务。相对于地理信息系统、地理信息科学,地理信息服务强调面向服务的架构,以及为用户提供各种服务(数据服务、功能服务、应用服务等)。

与 GIS 相关的还有两个重要概念,即陈述彭院士倡导的"地球信息科学"、李德仁院士倡导的"地球空间信息科学"。

地球信息科学(geo-informatics)从"信息流"的角度提出,是研究地球系统信息的理论、方法/技术和应用的科学,其目标是通过对地球系统的信息研究,达到为全球变化研究和可持续发展研究服务(陈述彭等,1997)。

地球空间信息科学(geo-spatial information science,Geomatics)从"3S"集成的角度提出,是以全球导航卫星系统(GNSS)、地理信息系统(GIS)、遥感(RS)为主要内容,并以计算机和通信技术为主要技术支撑,用于采集、量测、分析、存储、管理、显示、传播和应用与地球和空间分布有关数据的一门综合和集成的信息科学和技术。地球空间信息科学是以"3S"技术为其代表,包括通信技术、计算机技术的新兴学科(李德仁和李清泉,1998)。

GIS 按其范围大小可以分为全球的、区域的和局部的三种。通常 GIS 主要研究地球表层的若干个要素的空间分布,属于 2~2.5 维 GIS。研究布满整个三维空间要素分布的 GIS,才是真三维 GIS。一般也常常将数字位置模型(2 维)和数字高程模型(1 维)的结合称为 2+1 维或 3 维,加上时间坐标的 GIS 称为四维 GIS 或时态 GIS。

1.3 GIS 的 特 点

1.3.1 GIS 的基本特点

GIS 具有以下五个方面的基本特点。

(1) GIS 是以计算机系统为支撑的。GIS 是建立在计算机系统架构上的信息系统，由若干个相互关联的子系统构成，包括：数据采集子系统、数据处理子系统、数据管理子系统、数据分析子系统、数据产品输出子系统等。

(2) GIS 的操作对象是空间数据。空间数据的最根本特点是每一个数据都按统一的地理坐标进行编码，实现对其定位、定性和定量描述。在 GIS 中实现了空间数据的空间位置、属性特征和时态特征三种基本特征的统一。

(3) GIS 具有对地理空间数据进行空间分析、评价、可视化和模拟的综合利用优势，具有分析与辅助决策支持的作用。GIS 具备对多源、多类型、多格式空间数据进行整合、融合和标准化管理的能力，可以为数据的综合分析利用提供技术支撑。通过综合数据分析，可以获得常规方法或普通信息系统难以得到的重要空间信息，实现对地理空间对象和过程的演化、预测、决策和管理能力。

(4) GIS 具有分布特性。GIS 的分布特性是由其计算机系统的分布性和地理信息自身的分布性共同决定的。计算机系统的分布性决定了地理信息系统的框架是分布式的。地理要素的空间分布性决定了地理数据的获取、存储、管理和地理分析应用具有地域上的针对性。

(5) 地理信息系统的成功应用强调组织体系和人的因素的作用。

1.3.2 GIS 与相关系统的区别和联系

计算机制图、计算机辅助设计、数据库管理系统、遥感图像处理技术奠定了地理信息系统的技术基础。地理信息系统是这些学科的综合，它与这些学科和系统之间既有联系又有区别，这里将它们逐一加以比较，以突出地理信息系统的特点。

1. GIS 与数字制图系统的区别与联系

数字制图是地理信息系统的主要技术基础，它涉及 GIS 中的空间数据采集、表示、处理、可视化甚至空间数据的管理。无论是在国外，还是在国内，GIS 早期的技术都主要反映在数字制图方面。不同的数字制图系统(或称为机助制图系统)，在概念和功能上有很大的差异。数字制图系统涵盖了从大比例尺的数字测图系统、电子平板，到小比例尺的地图编辑出版系统、专题图的桌面制图系统、电子地图制作系统以及地图数据库系统。它们的功能主要强调空间数据的处理、显示与表达，有些数字制图系统还包含空间查询功能。

地理信息系统和数字制图系统的主要区别在于空间分析方面。一个功能完善的地理信息系统可以包含数字制图系统的所有功能，此外它还应具有丰富的空间分析功能。当然在很多情况下，数字制图系统与地理信息系统的界限是很难界定的，特别是对有些桌面制图系统，如 MapInfo 等在归类上就有较大的争议。严格地说，MapInfo 初期的版本缺少复杂的空间分析功能，但是它在图文办公自动化、专题制图等方面大有市场，甚至一些老牌的 GIS 软件公司都开发相应的软件与它竞争。但是，要建立一个决策支持型的 GIS 应用系统，需要对多层的图形数据和属性数据进行深层次的空间分析，以提供对规划、管理和决策有用的信息。各种空间分析如缓冲区分析、叠置分析、地形分析、资源分配等功能是必要的，现在的 GIS 系统应提供空间统计分析功能。

2. GIS 与 CAD 的区别与联系

计算机辅助设计（computer aided design, CAD）是计算机技术用于机械、建筑、工程和产品设计的系统，它主要用于范围广泛的各种产品和工程的图形，大至飞机小到微芯片等。CAD 主要用来代替或辅助工程师们进行各种设计工作，也可以与计算机辅助制造（computer aided manufacturing, CAM）系统共同用于产品加工中作实时控制。

GIS 与 CAD 系统的共同特点是二者都有坐标参考系统，都能描述和处理图形数据及其空间关系，也都能处理非图形属性数据。它们的主要区别是，CAD 处理的多为规则几何图形及其组合，图形功能极强，属性功能相对较弱。而 GIS 处理的多为地理空间的自然目标和人工目标，图形关系复杂，需要有丰富的符号库和属性库。GIS 需要有较强的空间分析功能，图形与属性的相互操作十分频繁，且多具有专业化的特征。此外，CAD 一般仅在单幅图上操作，海量数据的图库管理能力比 GIS 要弱。

但是 CAD 具有极强的图形处理能力，也可以设计丰富的符号和连接属性，许多用户都把它作为数字制图系统使用。有些软件公司为了充分利用 CAD 图形处理的优点，在 CAD 基础之上，进一步开发出地理信息系统。例如，Intergraph 公司开发了基于 MicroStation 的 MGE，ESRI 公司与 Autodesk 公司合作推出了 ARC-CAD。Autodesk 公司自身又推出了基于 AutoCAD 的地理信息系统软件（或者说地图数据库管理软件）Autodesk Map。

3. GIS 与数据库管理系统的区别与联系

数据库管理系统一般指商用的关系数据库管理系统，如 Oracle、SyBase、SQL Server、Informix Foxpro 等。它们不仅是一般事务管理系统，如银行系统、财务系统、商业管理系统、飞机订票系统等系统的基础软件，而且通常也是地理信息系统中属性数据管理的基础软件，甚至有些 GIS 的图形数据也交给关系数据库管理系统管理。而关系数据库管理系统也在向空间数据管理方面扩展，如 Oracle、Informix、Ingres 等都增加了管理空间数据的功能，许多 GIS 中的图形数据和属性数据全部由商用关系数据库管理系统管理。近年来还出现了非关系数据库（如 MongoDB）统一管理图形数据、属性数据和传感网流式数据的系统，如吉奥公司的 GeoSmarter。

但是数据库管理系统和地理信息系统之间还存在着区别。地理信息系统除需要功能强大的空间数据管理功能之外，还需要具有图形数据采集、空间数据可视化和空间分析等功能。所以，GIS 在硬件和软件方面均比一般事务数据库更加复杂，在功能上也比后者要多很多。例如，电话查号台可看作一个事务数据库系统，它只能回答用户所查询的电话号码，而一个用于通信的地理信息系统除了可查询电话号码外，还可提供所有电话用户的地理分布、电话空间分布密度、公共电话的位置与分布、新装用户距离最近的电信局等信息。

4. GIS 与遥感图像处理系统的区别与联系

遥感图像处理系统是专门用于对遥感图像数据进行处理与分析的软件，主要强调对遥感栅格数据的几何处理、灰度处理和专题信息提取。遥感数据是地理信息系统的重要数据源。遥感数据经过遥感图像处理系统处理之后，或是进入 GIS 系统作为背景影像，或是与经过分类的专题信息系统一起协同进行 GIS 与遥感的集成分析。

一般来说，遥感图像处理系统还不能直接用作地理信息系统。然而，许多遥感图像处理系统的制图功能也较强，可以设计丰富的符号和注记，并可进行图幅整饰，生产精美的专题地图。有些基于栅格的 GIS 除了能进行遥感图像处理之外，还具有空间叠置分析等 GIS 空间分析功能。但是这种系统一般缺少实体的空间关系描述，难以进行某一实体的属性查询和空间关系查询以及网络分析等功能。当前遥感图像处理系统和地理信息系统的发展趋势是两者的进一步集成，甚至研究开发出在同一用户界面内，进行图像和图形处理，以及矢量、栅格影像和 DEM 数据的整体结合的存储方式(龚健雅，1993)。

1.4 GIS 与相关学科的关系

从学科角度定义，地理信息系统(GISystem)属于工程技术学科，地理信息科学(GIScience)属于理科。GIS 与相关学科的关系如图 1-4-1 所示。地理学为研究人类环境、功能、演化以及人地关系提供了认知理论和方法。地图学为地理空间信息的表达提供载体与传输工具。测量学、大地测量学、摄影测量与遥感等为获取地理信息提供了测绘手段。宇航科学与技术为GIS 向航空航天领域发展提供了新的理论和方法。应用数学(包括运筹学、拓扑学、概率论与数理统计等)为地理信息的计算提供数学基础。系统工程为 GIS 的设计和系统集成提供方法论。计算机图形学、数据库、数据结构等为数据的处理、存储管理和表示提供技术和方法。软件工程、计算机语言为 GIS 软件设计提供方法和实现工具。计算机网络、现代通信技术为GIS 提供网络和通信的支撑技术。人工智能、知识工程等为 GIS 提供智能处理与分析的方法

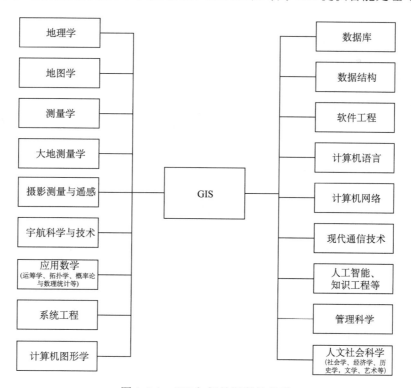

图 1-4-1　GIS 与相关学科的关系

和技术。管理科学为系统的开发和系统运行提供组织管理技术。社会学、经济学、历史学、文学、艺术等为GIS提供人文社会学科交叉的新领域。

1.5 当代GIS的发展

当代地理信息系统在技术方面的进展主要表现在组件GIS、互联网GIS、三维GIS、移动GIS、实时GIS，以及地理信息共享与互操作、地理空间信息公共服务等方面，下面分别予以介绍。

1.5.1 组件GIS

GIS基础软件可以定性为应用基础软件。GIS基础软件往往需要根据某一行业或某一部门的特定需求进行应用开发，因而软件的体系结构和应用系统二次开发的模式对GIS软件的市场竞争力非常重要。

GIS软件大多数都已经过渡到基于组件的体系结构，如图1-5-1所示，一般都采用COM/DCOM技术。组件体系结构为GIS软件工程化开发提供了强有力的保障。一方面组件采用面向对象技术，软件模块化更加清晰，软件模块的重用性更好；另一方面也为用户的二次开发提供了良好的接口。组件接口是二进制接口，可以跨语言平台调用。例如，用C++开发的COM组件可以用VB或Java语言调用，因而二次开发用户可以用VB、Java等语言开发应用系统，大大提高了应用系统的开发效率。

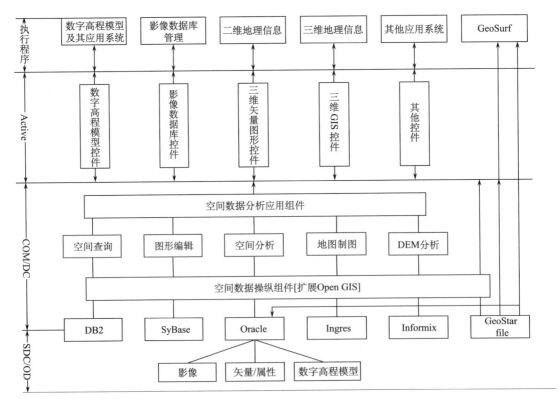

图1-5-1 组件式GIS

1.5.2 互联网 GIS

随着互联网(Internet)的发展,特别是万维网(world wide web,WWW)技术的发展,信息的发布、检索和浏览无论在形式上还是在手段上都发生了革命性的变化。网络的发展为 GIS 提供了机遇和挑战,改变了 GIS 数据信息的获取、传输、发布、共享、应用和可视化等过程和方式。互联网为 GIS 数据在 WWW 上提供了方便的发布与共享方式,互联网的分布式查询为用户利用 GIS 数据提供了有效的工具,WWW 和 FTP(file transport protocol)使用户从互联网下载 GIS 数据变得十分方便。

互联网为地理信息系统提供了新的操作平台,互联网与地理信息系统的结合,即 WebGIS 是 GIS 发展的必然趋势。WebGIS 使用户不必购买昂贵的 GIS 软件,而直接通过 Internet 获取 GIS 数据和使用 GIS 功能,以满足不同层次用户对 GIS 数据的使用要求。WebGIS 提供了用户和空间数据之间的可操作工具,而且 WebGIS 中的数据信息是动态的、实时的。

因为之前技术的原因,一般基于客户端/服务器模式的地理信息系统都不能在互联网上运行,所以几乎每一个 GIS 软件商除了有一个地理信息系统基础软件平台之外都开发了一个能运行于互联网的 GIS 软件。如 ESRI 的 ArcIMS,MapInfo 的 MapXtream,GeoStar 的 GeoSurf 等。图 1-5-2 所示是基于 GeoSurf 开发的互联网 GIS 的应用系统。

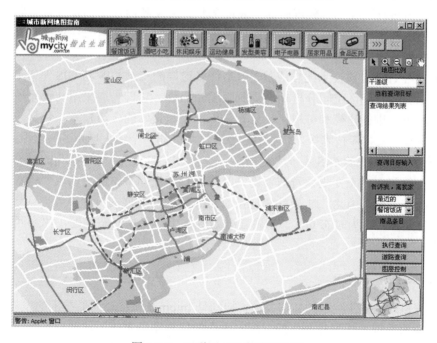

图 1-5-2　互联网 GIS 的应用实例

1.5.3 多维动态 GIS

传统的 GIS 都是二维的,仅能处理和管理二维图形和属性数据,有些软件也具有 2.5 维数字高程模型(DEM)地形分析功能。随着技术的发展,三维建模和三维 GIS 迅速发展,而且具有很大的市场潜力。随着对时态问题和地理过程建模的研究,时态 GIS 的研究逐步得到了重视。多维动态 GIS 已成为当代 GIS 发展的一个重要方向，当前的多维动态 GIS 主要有以下几种：

（1）DEM 地形数据和地面正射影像纹理叠加在一起，形成三维的虚拟地形景观模型，有些系统还能将矢量图形数据叠加进去。这种系统除了具有较强的可视化功能外，通常还具有 DEM 的分析功能，如坡度分析、坡向分析、可视域分析等，还可以将 DEM 与二维 GIS 进行联合分析。

（2）在虚拟地形景观模型之上，将地面建筑物竖起来，可形成城市三维 GIS。城市三维 GIS 对房屋的处理有三种模式：第一种是每栋房屋一个高度，形状也作了简化，形如盒状，墙面纹理四周都采用一个缺省纹理；第二种是房屋形状是通过数字摄影测量实测的，或是通过 CAD 模型导入的，形状与真实物体一致，具有复杂造型，但墙面纹理可能作了简化，一栋房屋采用一种缺省纹理；第三种是在复杂造型的基础上叠加真实纹理，形成虚拟现实景观模型。

（3）真三维 GIS。它不仅表达三维物体表面（地面和地面建筑物的表面），还表达物体的内部，如矿山，地下水等。由于地质矿体和矿山等三维实体不仅表面呈不规则状，而且内部物质也不一样，此时 Z 值不能作为一个属性，而应该作为一个空间坐标。矿体内任一点的值是三维坐标 x, y, z 的函数，即 $P=f(x,y,z)$。在进行三维可视化的时候，z 是 x, y 的函数，如何将 $P=f(x,y,z)$ 进行可视化，表现矿体的表面形状，并反映内部结构是一个难题。所以，当前的真三维 GIS 还有一些"瓶颈"问题。虽然目前推出了一些实用的真三维 GIS 系统，但一般都做了一些简化。

前两种三维 GIS 目前技术比较成熟，但是许多这样的二维 GIS 与 GIS 基础软件脱节，没有与主模块融合在一起，空间分析功能受到限制。另外，它们一般采用文件系统管理数据，不能对大区域范围进行建模和可视化。只有采用空间数据库的主流技术，包括应用服务器中间件技术、分布式数据库技术等，才能够建立大区域（如一个特大城市）的三维空间数据库。

（4）时态 GIS。传统的 GIS 不能考虑时态，随着 GIS 的普及应用，GIS 的时态问题日益突出。例如，土地利用动态变更调查需要用到时态 GIS，空间数据的更新也要考虑空间数据的多版本和多时态问题。因此，时态 GIS 是当前 GIS 研究与发展的一个重要方向。一般在二维 GIS 上加上时间维，称为时态 GIS。如果三维 GIS 之上再考虑时态问题，称为四维 GIS 或三维动态 GIS。

1.5.4 移动 GIS

随着计算机软、硬件技术的高速发展，特别是 Internet 和移动通信技术的发展，GIS 由信息存储与管理的系统发展到社会化的、面向大众的信息服务系统。移动 GIS 是一种应用服务系统，其定义有狭义与广义之分，狭义的移动 GIS 是指运行于移动终端并具有桌面 GIS 功能的 GIS 系统。广义的移动 GIS 是一种集成系统，是 GIS、GNSS、移动通信、互联网服务、多媒体技术等的集成，如基于手机的移动定位服务。移动 GIS 通常提供移动位置服务和空间信息的移动查询，移动终端有手机、掌上电脑、便携机、车载终端等。图 1-5-3 是移动 GIS 的应用实例。

图 1-5-3　移动 GIS 的应用实例

1.5.5　实时 GIS

随着位置服务技术(LBS)和天空地各种传感器的广泛应用,产生了海量的时空序列数据。为了快速接入、存储、管理这些时空序列数据,维护时空关系,描述和分析时空变化过程,满足对日益频发的各种自然和人文突发事件的检测、预警、应急响应以及智慧城市建设等的需求,迫切需要研发一种面向动态地理对象与动态过程模拟的新一代实时 GIS 系统。我们提出了一个通用的实时 GIS 时空数据模型（图 1-5-4）,用于存储与管理在复杂地理现象时空变化过程中所涉及的时空数据,以便支撑实时 GIS 可视化与分析应用(龚健雅等, 2014)。

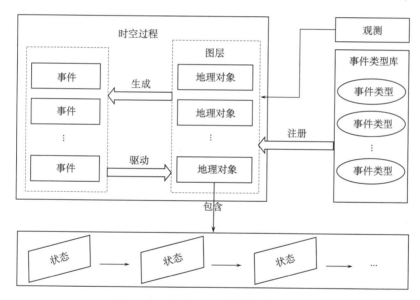

图 1-5-4　实时 GIS 时空数据概念模型

时空过程是地理现象时空变化的总称,包含着有限个地理对象和事件。地理对象是时空过程的主要实体部分,地理对象随时间的变化是时空过程的外在表现。在时空过程中,使用不同的图层对地理对象进行组织与管理,便于对地理对象进行检索与控制。事件是时空过程的另外一个重要的组成部分,是地理对象相互作用的表现形式,也是地理对象相互联系的纽带。事件类型注册到地理对象中,指明了地理对象生成该种类型的事件的生成条件,或者是地理对象受到该种类型事件驱动而产生变化时的驱动条件。当地理对象的时空变化满足事件类型所规定的条件时,地理对象就会生成一个该类型的事件,同样,当事件的属性满足事件类型所规定的条件时,地理对象就对事件的驱动做出响应,即事件驱动地理对象产生变化,从而使整个时空过程处于一个动态变化的过程中。为保证系统的实时性,观测通过传感网的传感器观测服务(sensor observation service, SOS)，获取传感器观测数据，并将实时数据写入对应的地理对象中。地理对象根据变化的观测数据，构建相应的对象状态序列。

1.5.6 地理信息网络共享与互操作

因为数据结构、数据模型、软件体系结构不同，所以不同 GIS 软件的空间信息难以共享。为此，开放地理信息联盟(open geospatial consortium, OGC)和国际标准化组织(ISO/TC211)制定了一系列有关地理信息共享与互操作的标准，当前主要集中于制定基于 Web 服务的地理信息共享标准。Web 服务技术是地理信息共享与互操作最容易实现和推广使用的技术。目前多个国际标准化组织制定的基于 Web 的空间信息共享服务规范，得到了各个 GIS 厂商及应用部门的广泛支持。例如，基于 Web 的地图服务规范，利用具有地理空间位置信息的数据制作地图，并使用 Web 服务技术发布地图信息，可以被任何支持 Web 服务的软件调用与嵌入，使不同 GIS 软件建立的空间数据库可以相互调用地理信息。由于该规范的接口比较简单，得到了许多国家和软件商的支持。

1.5.7 地理空间信息公共服务

随着计算机网络技术的发展和普遍应用，越来越多的地理空间信息被发送到网络上为大众提供服务。例如，谷歌地图、微软地图(bing maps, https://cn.bing.com/ditu)、天地图(https://www.tianditu.gov.cn)、开放街道图(OpenStreet Map，简称 OSM，https://www.openstreetmap.org)、百度地图(https://map.baidu.com)、腾讯地图(https://map.qq.com/)、搜狗地图(https://map.sogou.com)等，都提供了在网络地图上查询各种与位置相关信息的功能。图 1-5-5 所示为天地图提供的武汉市的地图服务。

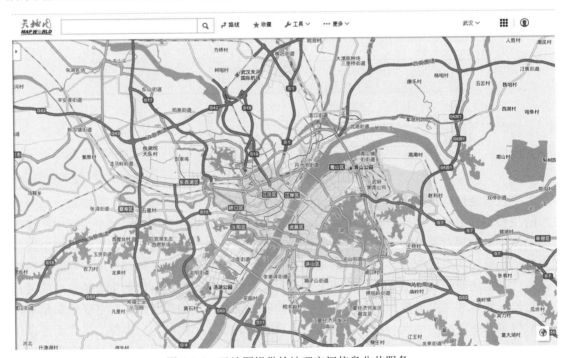

图 1-5-5 天地图提供的地理空间信息公共服务

思 考 题

1. GIS 可应用于哪些领域？结合自己感兴趣的领域论述 GIS 的应用前景。
2. 简述 GIS 的国内外发展历程。
3. 简述对 GIS 相关概念的理解。
4. GIS 有哪些基本特点？
5. 简述 GIS 的特点及其与相关系统的关系。
6. 简述 GIS 与相关学科的关系。
7. 当代 GIS 的发展有哪些新方向？

第 2 章 地理信息系统的构成

2.1 地理信息系统的组成要素

地理信息系统由硬件、软件(含空间分析)、数据和用户四大要素组成,如图 2-1-1 所示。

(1)硬件是 GIS 的支撑,包括各类计算机处理机及其输入输出设备和网络设备。

(2)软件(含空间分析)是支持信息的采集、处理、存储管理、分析和可视化输出的计算机程序系统。GIS 软件中的空间分析是其重要功能,为 GIS 解决各类空间问题提供分析应用工具和模型。

(3)数据是 GIS 的操作对象,是 GIS 的"血液",包括空间数据和属性数据。数据组织与管理的质量,直接影响 GIS 操作的有效性。数据如同汽车中的汽油,没有汽油,汽车就是一堆废铁,同样,没有数据,地理信息系统则毫无使用价值。数据在地理信息系统中有着十分重要的地位。

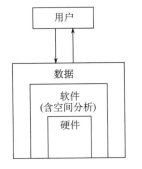

图 2-1-1 地理信息系统的构成

(4)用户是地理信息系统服务的对象,是地理信息系统的主人。GIS 用户包括一般用户和从事系统建立、维护、管理和更新的高级用户,进一步可划分为系统管理人员、系统开发人员、数据操作处理人员、数据分析人员和终端用户等。

使用 GIS 的用户(人员群体)也可以划分为以下七种类型。①地图使用者:从地图上查找感兴趣的内容。②地图生产者:编辑各种专题或综合信息地图。③地图出版者:出版高质量的地图输出产品。④空间数据分析员:根据位置和空间关系完成分析任务。⑤数据录入人员:完成数据编辑。⑥空间数据库设计者:实现数据的存储和管理。⑦GIS 软件设计与开发者:实现 GIS 的软件功能。

随着空间分析研究的发展,人们越来越重视 GIS 的空间分析功能,一些学者将空间分析单列出来,认为 GIS 由五个部分组成,即硬件、软件、数据、空间分析、人员,如图 2-1-2 所示。

因为计算机技术的飞速发展,硬件寿命一般较短,计算机主机的寿命只有 3~5 年,软件寿命约为 5~15 年,而数据的有效寿命,短的只有 1~2 年,长的则可达到 5~70 年或更长。所以地理信息系统的更新包括硬件更新、软件更新和数据更新,而开发和使用地理信息系统的用户亦需要不断进行知识更新和培训。

图 2-1-2 强调空间分析的地理信息系统构成

在 GIS 的四大要素中，数据是核心，用户通过软件和硬件操纵数据。在地理信息系统的构成中，硬件、软件和数据的费用比通常为 1:2:7。由此可见，数据在地理信息系统中有着十分重要的地位。因此，本书在安排上是以数据为主线，按空间数据的获取、表达、处理、管理、分析和可视化显示的顺序展开讨论。实际上，GIS 软件亦是围绕这些功能进行设计的。

2.2 地理信息系统的硬件构成

2.2.1 硬件配置

地理信息系统的硬件配置根据经费条件、应用目的、规模以及地域分布分为单机模式、局域网模式和广域网模式。下面分别予以介绍。

1. 单机模式

对于 GIS 个别应用或小项目的应用，可以采用单机模式，即一台主机附带配置几种输入输出设备，如图 2-1-1 所示。

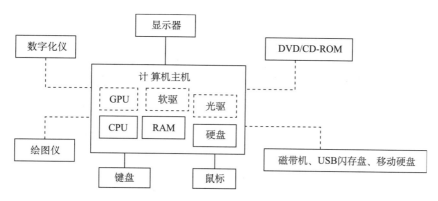

图 2-2-1 单机模式的硬件配置

图 2-2-1 所示的硬件可用来进行地理信息系统应用。计算机主机内包含了计算机的中央处理机(CPU)、内存(RAM)和硬盘，以及其他输入输出控制器和接口，如 USB 控制器、显卡、网卡、声卡等，有的还带有图形处理器(GPU)。以前的一些主机上还安装了光盘驱动器，可以连接 DVD 或 CD，现在的主机一般不带光盘驱动器，而是提供 U 盘接口，可以直接连接 U 盘或活动硬盘。显示器用来显示图形和属性、系统菜单等，进行人机交互。键盘和鼠标用于输入命令、注记、属性、选择菜单或进行图形编辑。磁带机、活动硬盘等主要用来存储数据和程序或与其他系统进行通信。有了 DVD/CD-ROM 以后，磁带机的用处已越来越小，有了 USB 闪存盘和移动硬盘以后，DVD/CD-ROM 的用途越来越小。由于软盘驱动器的存储容量非常小，目前已被逐渐淘汰。数字化仪用来进行图形数字化，由于现在 GIS 的数据源主要是电子形式的数字数据，数字化仪使用得越来越少，一般不再专门配置数字化仪。绘图仪用于输出图形结果。由于现在的地图输出更多的是数字形式，一般也不需要配置专门的绘图仪，可以采取多个部门共享一台绘图仪，或者是到专门提供绘图仪服务的单位进行地图输出。

2. 局域网模式

单机模式只能进行一些小的 GIS 应用项目。因为 GIS 数据量大，靠磁盘(U 盘或移动硬盘)拷贝传送数据难以胜任，使用磁带机或 CD-ROM 太麻烦。所以一般的 GIS 应用工程都需要联网，以便于数据和硬软件资源共享。局域网模式是当前我国 GIS 应用中较为普遍的模式。局域网经过十兆、百兆以太网的变迁，目前已经发展到千兆以太网。千兆以太网具有高效、高速、高性能等特点，已经被广泛应用于包括 GIS 在内的各个领域。一个部门或一个单位一般在一座大楼之内，将若干计算机连接成一个局域网络，联网的每台计算机与服务器之间，或与计算机之间，或与外设之间可进行相互通信。这种基于局域网的配置见图 2-2-2。

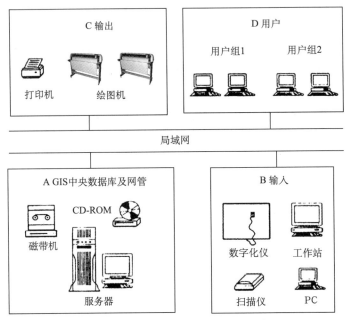

图 2-2-2 局域网模式硬件配置方案

图 2-2-2 的配置说明如下：

(1)方框 A 是整个地理信息系统的数据处理和管理中心，由 1 台或多台服务器组成。它作为中央数据处理与管理中心，负责空间数据的存储管理、备份、动态维护以及系统的网络管理。

(2)方框 B 是输入系统，由数字化仪、扫描仪、图形工作站或微机组成。

(3)方框 C 是输出系统，由绘图仪或打印机等组成。

(4)方框 D 是用户组，由若干台图形工作站或微机组成，用来进行 GIS 的数据处理与分析。

3. 广域网模式

如果 GIS 的用户地域分布较广，用户之间不能使用局域网的专线进行连接，而需要借用公共通信、远程光缆或卫星信道进行数据传输，则需要将 GIS 的硬件环境设计成广域网模式。

在广域网中，每个局部范围仍然设计成如图 2-2-2 所示的局域网配置模式。GIS 中央数据库及网管、输入系统、输出系统、用户组、图像处理系统等通过主干网连接，在本地层面，主干网是一条或一组线路，提供本地网络与广域网的连接；在互联网和其他广域网中，主干网是一组路径，提供本地网络或城域网之间的远距离连接。连接的点一般称为网络节点。除此之外，再设计若干条通道与广域网连接。通过广域网，远距离用户就可进行数据传输。

2.2.2 计算机及网络设备

计算机的核心部件包括中央处理器(CPU)和主存储器(RAM)；主频、字长和内存容量用来描述计算机的主要性能；图形处理器(GPU)的出现，极大地提升了计算机的处理速度。当计算机与网络相连时，网络的配置和传输速度也是影响计算机效率的主要因素。

1. 中央处理器

中央处理器(central processing unit，CPU)是计算机必备和核心部件，主要用来执行程序和控制所有硬件的操作。

主频是 CPU 运算时的工作频率，是 CPU 性能的重要指标。主频越高，CPU 的运算速度越快。主频的单位是 MHz 或 GHz。

字长是中央处理器的另外一个重要指标，是影响计算机效率的一个重要因素。字长由比特位来定义。早期生产的大、中、小型计算机字长都在 32 位比特以下。20 世纪 70 年代末，出现了 8 位、16 位个人用微型计算机。随着微机的发展，现在市场上大多数微机是 32 位、64 位个人计算机。在 GIS 应用中，由于 GIS 数据量大，图形处理频繁，地理信息系统的主流机型是图形工作站，前些年是 32 位，现在的主流图形工作站是 64 位。一般认为图形工作站在 GIS 图形处理方面要优于个人微型计算机，但是随着微机的飞速发展，许多性能和效率接近于图形工作站。当前，微机用于地理信息系统已越来越普遍。

随着计算机技术的快速发展，一台计算机内可以安装多个 CPU，特别是服务器大多数都装有多个 CPU，以便多用户访问时，大大提高服务器的响应速度。另外，由多台计算机的 CPU 协同工作的分布式计算也已达到实用水平。多台计算机形成网络，平时可以独立运行，若遇到大的计算任务，则联合起来，进行协同式的分布式计算。

2. 图形处理器

图形处理器(graphics processing unit，GPU)是一种专门在个人计算机、工作站和一些移动设备上处理绘图计算工作的微处理器。

GPU 主要用于进行各种绘制计算机图形所需的运算，GPU 与 CPU 在内部结构上有许多相似之处，如图 2-2-3 所示。从内部结构上来看，CPU 大部分面积为控制器和寄存器，主要负责计算机的任务管理和调度,其计算能力一般。而 GPU 具有更多的逻辑运算单元(arithmetic logic unit，ALU)可用于数据处理，而非数据高速缓存和流控制，且其高并行结构适合对密集

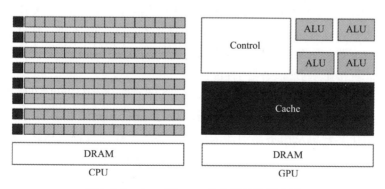

图 2-2-3 CPU 和 GPU 的内部结构示意图

型数据进行并行处理。CPU 在执行计算任务时，一个时刻只能处理一个数据，不存在真正意义上的并行。而 GPU 采用流式并行计算模式，可对每个数据进行独立的并行计算，即流内任意元素的计算不依赖于其他同类型数据。

3. 内存

内存是可以被中央处理器直接快速访问的存储区域，它亦是影响计算机效率的一个重要指标。计算机的内存越大，可以处理的数据量越大，速度也越快。内存的特点是访问速度快，但内存中的程序和数据随着系统的退出或关闭而消失。

内存的容量一般以比特(bit)、字节(Byte，1B=8bits)、千字节(kilobyte，1KB=1024B)、兆字节(megabyte，1MB=1024KB)、吉字节(gigabyte，1GB=1024MB)、太字节(terabyte，1TB=1024GB)、拍字节(petabyte，1PB=1024TB)为单位。内存的容量已经从20世纪50年代的2KB 增加到现今的8GB或更多。微机的内存容量从64KB、640 KB 增加到64MB或128MB，现在增加到16G、32 G 以上。

主频、字长和内存奠定了计算机的效率，即处理速度。衡量处理速度的方法有多种，较流行的有 MIPS 和时钟频率。时钟频率是指每秒变换内存中某一单元内容的次数，即指内存的访问频率，而 MIPS 是指每秒处理的百万级条机器指令数。在微机上通常使用时钟频率作为衡量主机处理速度的一项指标。目前高档微机的时钟频率可达 2GHz 以上。Intel Core i7 的时钟频率在 2.5G～3.2GHz，AMD Ryzen 5 在 3.2G～3.6GHz。图形工作站常采用 MIPS 为指标，早期的工作站的处理速度在 10MIPS 左右，现在可达数百 MIPS，甚至更高。但应该指出的是，MIPS 是基于机器指令的，而不同计算机的机器指令是不同的。

4. 网络

计算机网络品种繁多、性能各异，而且发展很快，这里仅对地理信息系统工程建设过程中的局域网和广域网涉及的设备和互联网技术进行简单介绍，详细内容请参阅计算机网络的有关内容。

1) 局域网

局域网(local area network, LAN)是指小区域的计算机互联网。这里的小区域可以是一座办公大楼、一个校园或一个工厂等。局域网由于通信距离较短，可以采用专用网线，因而有较高的数据传输速率和较低的误码率。各企事业单位的计算机管理网络多为局域网。局域网只能在内部使用，局域网之外无法访问，相对比较安全、便于管理。

(1) 网络服务器。它是网络服务的中心，提供网络的主要资源，用来管理系统中的共享设备。一个局域网中可以有多个服务器，如文件服务器、打印服务器、邮件服务器等，以实现共享资源的分布配置。服务器可以是专用服务器、高性能的微机、工程工作站、小型机或大型主机，其性能直接影响到局域网的性能。

网络服务器通常以客户机/服务器模式或对等模式工作。在客户机/服务器模式下，服务器是集中管理网络资源、执行数据处理功能、提供网络通信和网络服务等功能的计算机系统，而非服务器节点用作客户机从服务器中请求信息或服务。在对等模式中，可使网络的任一工作站作为服务器或客户，或两者兼而有之，网络用户可以无条件地发起通信会话，而其他用户可以访问它们的文件，反之亦然。

(2) 网络工作站。网络工作站分无盘工作站和有盘工作站。可选用微机或工程工作站作为网络工作站，用户通过它来访问网络的共享资源。

(3) 网络适配器。通常称为网卡，是计算机联网的设备，每一台上网的服务器和网络工作站均应装上一块网络适配器，以实现网络资源的共享和相互通信。网络适配器的类型决定着网络的连接方式和信号传输方式，从而获得不同的网络性能。为了实现兼容性，一个网络产品通常能够支持多种网络适配器。

(4) 网络传输介质。包括各种粗细同轴电缆、双绞线和光缆等，双绞线和同轴电缆一般作为建筑物内部局域网的干线；光缆则因其性能优越、价格昂贵，常作为建筑物之间的连接干线，用于构成主干网。

(5) 网络附属设备。网络附属设备随局域网所用的传输介质而定。对于同轴细电缆而言，它一般包括 BNC 插头、T 型插头、终端匹配器；对于同轴粗电缆而言，一般包括收发器、DB-15 插口(AU1 插口)、终端匹配器；在粗细缆混用的情况下，则还包括一个粗转细的锥形同轴接头；对于使用双绞线的情况，包括 RJ-45 插头或双绞线转为 AUI 线的转换部件 10BT MAU、集线器；对于光缆，则包括光收发器、ST 光纤接头等。如果网络中设置有远程工作站，则调制解调器也应包括在内。

(6) 网络软件。网络软件包括网络协议软件、通信软件、网络管理软件和网络操作系统等。网络软件功能的强弱直接影响到网络的性能。若没有有效的网络软件的支持，一个网络将无法正常工作。

2) 广域网

广域网(wide area network, WAN)又称远程网，它最根本的特点就是其计算机的分布范围广，不受地区限制，面向全省、全国乃至全世界。广域网广泛采用了公共通信所使用的电话通道或卫星信道，或者专用光缆。

世界上已经建立了许多为军事、科研和商业服务的广域网，当前非常流行的因特网(Internet)或称互联网也属于广域网的范畴。因特网目前在全世界普及，全世界越来越多的计算机加入因特网。在因特网上，用户不仅可以使用电子邮件与网上用户交换信件，还可以跨地区甚至国界使用远程计算机的资源，查询网上的各种数据库的内容及获取希望得到的各种资料。因特网为普及和推广地理信息系统技术提供了新的技术条件。

3) 网络互联技术

一个孤立的局域网，其资源和作用范围都有限，网络互联的目的就是为了突破单个局域网的限制，扩大网络规模，实现更大范围的资源共享与网络通信。

(1) 网络互联形式。因为网络有各种类型，所以网络的互联也分为几大类，主要有：

a.同构型局域网的互联(LAN-LAN)，指具有相同体系结构和通信协议的局域网互联；

b.异构型局域网的互联(LAN-LAN)，指网络体系结构和通信协议不同的局域网互联；

c.局域网与广域网的互联(LAN-WAN)；

d.两个局域网经由广域网互联(LAN-WAN-LAN)。

在互联网中，网络之间的通信对于用户是透明的，因此，用户可把互联网视为一个大的网络系统。

(2) 网络互联协议。为了实现不同网络不同计算机之间的互联通信，需要制定相应的网络协议或标准。不同网络结构的实现和信息传输性能，与网络协议有密切的关系。最著名的通信标准之一是由国际标准化组织(ISO)提出的开放系统互联标准(Open System Interface, OSI)。它提供了一套通用的网络通信的参考模型。该参考模型包含了七个协议层来定义数据通信的协议功能，每一层都完成数据在网络中传输的一部分功能。这七层协议分别是物理层、数据连接层、网络层、运输层、会话层、表达层和应用层。

由于因特网技术迅速而广泛地普及，在因特网中使用的传输控制协议(TCP/IP)成了网络通信的实际使用标准。与 OSI 七层协议功能相类似，TCP/IP 协议只采用四层协议来完成整个网络通信，包括网络连接层、交互层、主机之间的运输层和应用层。

图 2-2-4 表示 OSI 与 TCP/IP 在结构上的不同。数据在 TCP/IP 与 OSI 中的传输部位和顺序是一致的，即当数据被传入网络时，数据依次由层状结构的上一层转向下一层，最后由整个层状结构的底层完成数据在各种物理媒介上的传输；相反地，当数据从网络中接收时，它按照层次结构顺序被传向整个结构的顶部。数据在各个层次的传输中，各个层都会加入一些控制信息，以保证数据正确地传输。这些控制信息被称为"标题信息"。当数据处于发送的过程时，这些标题信息不断地在各个层次得到增加；而在处于接收过程中时，前一层的标题文件则逐步地减少，最终原始数据在整个层状结构的顶层得到恢复。

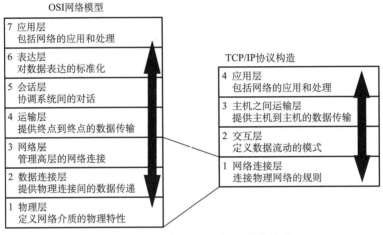

图 2-2-4　OSI 和 TCP/IP 模型结构比较

(3) 网络互联设备。网络的互联取决于互联的模式和所采用的互联设备，这些互联设备又称网络连接器。由于连接层次的不同网络连接器分为四种：中继器、网桥、路由器和网关。它们与 OSI 网络模型的层次对应关系如图 2-2-5 所示。

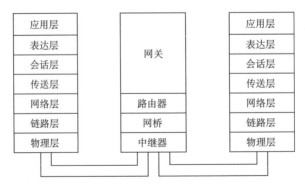

图 2-2-5　网络连接器及其与 OSI 网络模型的关系

a. 中继器(repeater)。中继器是最简单的网间连接器,提供对传送信号的放大和转发。它工作在 OSI 网络模型的物理层中,因而只能连接具有相同物理层协议的 LAN。中继器主要用于扩充 LAN 电缆段的距离,即便在同一个 LAN 中,也能使用中继器以延长介质长度,如图 2-2-6 所示。

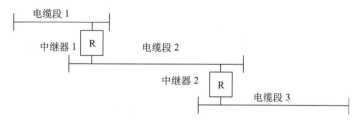

图 2-2-6 中继器的作用

中继器可应用在不同的网络结构上,如以太网、Token Ring 等。令牌总线网 ARCnet 使用的有源接线中枢(active hub)实际上也是一种中继器。中继器使用的数目有一定的限制,例如,在一个以太网中,最多使用 4 个中继器,连接 5 个电缆段。集线器是中继器的一种实现形式,能够提供多端口服务,每个端口相当于一个中继器,也称为多口中继器。因为便于扩展终端数量,局域网组网中经常使用它。相对于下面将介绍的网桥和路由器,中继器需要更多的缓存/存储空间,因为它要完成存储和转发功能,而其性能要低于网桥和路由器。

b. 网桥(bridge)。网桥是一种在数据链路层实现 LAN 互联的存储转发设备。它独立于高层协议,不涉及协议的转换,因此结构简单,往往通过软件或简单的硬件、软件组合来实现,可以实现异构型局域网的互联。

网桥与中继器不同,它监视所链接的子网(可能不止两个)上的全部通信量,但仅仅对需要转发到别的子网的数据才给予转发,而不像中继器全部给予转发。因此它可以在不影响网间通信的前提下,有效地实现子网间的隔离,其中包括隔离错误或无用信息,从而减少整个网络上的总数据通信量,提高网络性能。

网桥分为本地桥和远程桥,远程桥可以利用公共通信线路实现与远程子网的连接。图 2-2-7 为用网桥连接局域网和远程子网的示意图。

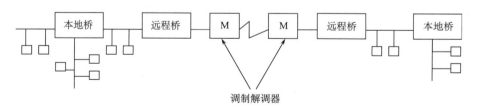

图 2-2-7 用网桥实现网络互联

随着微电子、处理器和存储技术的飞速发展,同时网络系统设计要求高性能网桥具有多个端口,交换机应运而生,它实质上是一个多端口的网桥设备。交换机的基本功能与网桥一样,还具有更强的分段能力、更高的数据传输速率和更灵活的数据帧转发方式。

c. 路由器(router)。尽管网桥与中继器相比有很多优点,但随着网络的扩大,特别是多种平台工作站、服务器及主机连成大规模广域网环境时,网桥在路由选择、拥塞控制和容错及网络管理等方面远远不能满足要求。这主要是因为网桥是基于最佳效果来传送信息的,没有对上面几个方面做周密的考虑。路由器则加强了这些方面的功能,它工作在 OSI 网络模型的网络层,因而能获得更多的网络信息,为到来的信息包找到"最佳路由"。"最佳"的依据有所不同,有的指路径最短,有的指历经的转发点最少,有的指费用最低等。

路由器与协议有关,利用网际协议,它可以为网络管理员提供整个网络的信息以便管理网络。由于路由器的功能比网桥强大,相应地,它的结构比网桥复杂,速度也比网桥慢,不过它具有更大的灵活性和更强的异种网络互连能力,如支持局域网与广域网的互联等。它能够在多网络互联环境中,建立灵活的连接,可用完全不同的数据分组和介质访问方法连接各种子网,是互联网络的枢纽。

d.网关(gateway)。网关又称协议转换器,它工作在 OSI 网络模型的传送层及其上的高层,用于互联不同体系结构的网络或媒体。网关比网桥和路由器有更强的能力,它不仅要连接分离的网络,而且还必须确保从一个网络传输的数据与另一个网络兼容。例如,要将 NOVELL 局域网与 IBM 大型机的网络相连,就必须使用相应的网关,因为它们之间的速度、字符编码、流程控制及通信协议等方面都存在根本的差异,需要由网关进行变换以实现互联。

因为网关连接的是不同体系的网络结构,它只可能针对某一特定应用而言,不可能有通用网关,所以有用于电子邮件的网关,用于远程终端仿真的网关等。无论哪一种网关,都是在应用层进行协议转换的。

2.2.3 存储设备

磁带和磁盘一直是计算机的主要存储装置。计算机磁带的原理源于录像磁带,甚至一些便携机如 PC-1500 直接可以使用录音磁带存储程序和数据。计算机磁带有两种类型,一种是通常见的圆盘磁带,另一种是形似于录像带的盒式数据流磁带。盒式数据流磁带及相应的磁带机体积小、容量大。一盒数据流磁带具有 150MB 以上的存储容量。这种轻便的数据流磁带已在工作站上广泛使用,并已开始应用于微机。

磁盘是一般计算机必备的存储设备。磁盘分硬盘和软盘两种,硬盘的存取速度和存储容量比软盘大得多,单机用的硬盘容量已达 10TB 以上。磁带存储是早期的主要存储应用之一,近些年来,虽然硬盘存储技术取得长足发展,但磁带价格低廉,介质稳定,可以异地脱机保存,运输方便,目前用户通常把并不频繁使用的大数据放在磁带上备份。U 盘的容量已达到 10TB 以上。硬盘和软盘驱动器和 U 盘接口以往通常安装在主机的机箱内,现在已推出了外接硬盘、活动硬盘等。

激光技术的应用使计算机的存储容量有较大突破。例如,可读光盘(写一次,读许多次)CD-ROM 存储容量可达 1GB,可擦写光盘(optical disk)容量达到 1GB。现在更多的是直接使用活动硬盘(1TB 以上),甚至是直接使用云存储器(理论上说容量无限)。地理信息系统是数据密集型系统,如果没有高密度的存储介质和较快的传输速度,地理信息系统和遥感图像处理系统很难在微机上得到应用。

一个普通硬盘的容量可达 10TB,这样的存储容量完全可以满足一般地理信息系统的要求,但是对于基于影像的地理信息系统而言,这样的硬盘仍然不够。现在市场上出现了硬盘阵列、光盘阵列等装置。这些装置是把上百个硬盘插入一个硬盘柜中,或把几百个光盘插入一个光盘柜中形成一个容量达几百个或几千个 TB 的逻辑盘,服务器能对逻辑盘进行数据的统一调度和存取。

随着硬件技术的发展，计算机存储设备有了长足的进步。在硬盘存储技术上，固态硬盘（SSD）逐渐兴起，固态硬盘是由固态电子芯片阵列制成的硬盘，根据存储介质的不同，固态硬盘主要有闪存式和 DRAM 式两种类型。相比于传统的机械硬盘（HDD），固态硬盘具有数据存取速度快、防震抗摔、能耗低等特点，采用固态硬盘可以有效地加快 GIS 程序在操作系统上的执行效率。目前固态硬盘的主要缺点是成本较高。

在便携式存储设备上，USB 闪存盘大量普及。USB 闪存盘简称 U 盘，是一种用 USB 接口的无须物理驱动器的微型高容量移动存储产品，通过 USB 接口与电脑连接，可实现即插即用。USB 闪存盘的发展经历了 1.0，2.0 以及 3.0 版本，目前的 USB3.0 在数据的传输速率上有了很大的提升，并且具有体积小、连接灵活、便于携带等优点。

云存储本身不是一种存储设备，它是一种基于云计算的数据存储解决方案，在近年来得到快速发展。云计算是一种通过网络按需提供可动态伸缩的廉价计算服务，云存储技术使得用户可以通过网络将数据存储在云服务商提供的在线存储空间内，无须依赖本地的存储环境，节约了大量软硬件资源。它不仅具有数据存储功能，还具有应用软件功能，可以看作是服务器和存储设备的集合体。利用云存储技术可以大量减少地理信息系统服务器的数量，降低建设成本，减少数据传输环节，提高系统性能和效率，保证整个系统的高效稳定运行。但是云存储技术也在数据安全、数据质量等问题上面临诸多挑战。

2.2.4 输入设备

1. 数字化仪

数字化仪是 GIS 图形数据输入最基本的设备之一，使用方便，得到了普遍应用，其中全电子式坐标数字化仪精度高。这种设备利用电磁感应原理，在台板的 X、Y 方向上有许多平行的印刷线，每隔 $200pm(1pm=1\times10^{-12}m)$ 一条，游标中装有一个线圈，当线圈中通有交流信号时，十字丝的中心便产生一个电磁场，当游标在台板上运动时，台板下的印刷线上就会产生感应电流。印刷板周围的多路开关等线路可以检测出最大的信号位置，即十字丝中心所在的位置，从而得到该点的坐标值。数字化仪工作站如图 2-2-8 所示。

数字化仪的精度受数字化桌本身的分辨率、数字化方式、操作者的经验和技能等多种因素影响。大多数用于制图的数字化桌具有 0.2mm 的分辨率。因为数字化桌是一种手动的仪器，受过训练的操作员的跟踪精度通常为 0.2mm 左右，所以一般商用的数字化桌基本上能满足要求。但是选择数字化桌时要注意，数字化桌的实际分辨率一般比标定分辨率低。标定分辨率为 0.025mm 的数字化桌，测试时的实际分辨率可能在 0.07~0.025mm。如果购买标定分辨率为 0.2mm 的数字化桌，可能就满足不了 GIS 数据质量要求。随着扫描仪的发展，这种桌面式的数字化仪已经被淘汰。

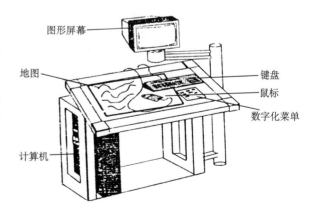

图 2-2-8　数字化仪工作站示意图

2. 扫描仪

扫描仪是 GIS 图形及影像数据输入的一种重要工具。随着地图识别技术、栅格矢量化技术的发展和效率的提高，人们寄希望于将繁重枯燥的手扶跟踪数字化交给扫描仪和软件来完成。

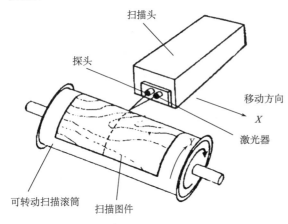

按照辐射分辨率划分，扫描仪分为二值扫描仪、灰度值扫描仪和彩色扫描仪。二值扫描仪每个像素 1 比特，取值 0 或 1，用于线划图和文字的扫描和数字化。灰度值扫描仪每个像素点 8 比特(8 bits=1Byte)，分 256 个灰度级(0～255)，可扫描图形、影像和文字等。彩色扫描仪通过滤光片将彩色图件或像片分解成红绿蓝三个波段，分别各占 1 Byte，所以加在一起每个像素占 3 Byte，连同黑白图像每个像素占 4 Byte。

图 2-2-9 滚筒扫描仪的原理示意图

按照扫描仪的结构分为滚筒扫描仪(图 2-2-9)、平台扫描仪(图 2-2-10)和 CCD 摄像扫描仪。滚筒扫描仪是将扫描图件装在圆柱形滚筒上，然后用扫描头对它进行扫描。扫描头在 X 方向运转，滚筒在 Y 方向上转动。平台扫描仪的扫描部件上装有扫描头，可在 X、Y 两个方向上对平放在扫描桌上的图件进行扫描。CCD 摄像扫描仪在摄像架上对图件进行中心投影摄影而取得数字影像。扫描仪又有透光和反光扫描之分。

按照扫描方式又可分为以栅格数据形式扫描的栅格扫描仪和直接沿线划扫描的矢量扫描仪。栅格扫描仪扫描得到的影像，需要进行目标识别和栅格到矢量的转换。已有许多专家和公司研究全自动地图扫描仪，但至今仍未取得满意结果。人机交互的半自动地图扫描矢量化软件已投入市场。

矢量扫描仪则是直接跟踪被扫描材料上的曲线并直接产生矢量数据的扫描仪，用得较多的是激光扫描。地图的透明膜片复制品投影到操作员面前的屏幕上，操作员用光标引导激光束，要数字化某曲线时，则将激光束引导到该线的起点，激光束自动沿线移动并记录坐标，碰到连接点或扫描等高线时碰到起始点就停止移动，操作员又进行引导，一旦一条线扫描完成后就由另一激光束在屏幕上绘出该线，操作员在该线上加入一个识别符供以后连接属性用。

扫描仪的分辨率可以用像素大小(10～100μm)或每英寸的网点数(dpi)表示。两者的转换关系是：400dpi 大约相当于 64μm×64μm 像素大小，每 1cm²

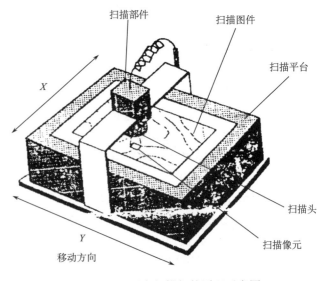

图 2-2-10 平台扫描仪的原理示意图

约有 25000 个像素；1000dpi 则相当于 2500μm×2500μm 像素大小，每 1cm² 约有 155000 个像素，这相当于 20 线对/mm。因为目前大部分地图都已经转化成了数字地图，所以现在扫描数字化也很少用了。

3. 摄影测量仪器

摄影测量通俗地说就是通过"摄影"进行"测量"，具体而言，就是通过摄影所获得的"影像"，获取空间物体的几何信息。它的基本原理来自测量的交会方法。摄影测量是 GIS 数据获取的重要方式之一。摄影测量的发展经历了模拟摄影测量、解析摄影测量和数字摄影测量三个阶段，三个阶段分别研制出模拟测图仪、解析测图仪、全数字摄影测量工作站等。

(1) 模拟测图仪。模拟测图仪是依赖于精密的光学机械、结构非常复杂的摄影测量仪器，如图 2-2-11 所示。

图 2-2-11　模拟测图仪

图 2-2-12　解析测图仪

(2) 解析测图仪。解析测图仪是利用电子计算机与立体坐标量测仪相连接，用严格的数学方法计算像点坐标和模型坐标的几何关系、模型坐标与地面坐标以及图面坐标几何关系的摄影测量仪器，如图 2-2-12 所示。

(3) 全数字摄影测量工作站。全数字摄影测量工作站（或称软拷贝摄影测量系统）处理的是完整的数字影像。若原始资料是像片，则首先需要利用影像扫描仪对影像进行全数字化。利用传感器直接获取的数字影像可直接进入计算机，或记录在磁带上，通过磁带机输入计算机。全数字摄影测量工作站主要设备是一台计算机。为了便于操作员观测立体，需要配有立体显示卡和立体观察眼镜。此外，为了测量地物方便，有些用于测量矢量线划图的数字立体摄影测量工作站还装配有手轮、脚盘，模拟解析测图仪的工作方式。第一套全数字摄影测量系统是 20 世纪 60 年代美国建立的 DAMS(digital automatic map compilation system)。到 20 世纪 90 年代，随着计算机的飞速发展，许多全数字摄影测量系统已相继建立，如 Helava 的 DPW(digital photogrammetry workstation)、武汉测绘科技大学(现武汉大学)研制的全数字摄影测量系统 VirtuoZo(图 2-2-13)，以及中国测绘科学研究院的 JX4。

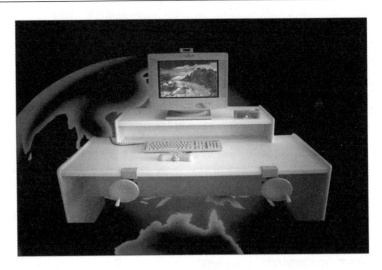

图 2-2-13　全数字摄影测量系统 VirtuoZo

4. 其他仪器

全站型速测仪、GPS 接收机等测量仪器，它们能以数字形式自动记录测量数据，也可用来进行 GIS 数据采集，也可以从经济上出发，将经纬仪等与电子平板结合起来进行野外测量数据采集。

随着传感器技术、传感网技术和物联网技术的发展，传感网设备、物联网设备逐步成为当代 GIS 不可或缺的重要输入设备。利用各种温度传感器、湿度传感器，各种环境监测设备，各种视频识别 RFID 设备，甚至普通大众拥有的智能手机，可以构成获取各种自然地理要素和人文地理要素数据的传感网和物联网，无所不在的传感网和物联网设备逐步成为地理信息系统的重要数据输入设备。

上述用于 GIS 数据输入的设备，应当考虑其输出数据格式如何与 GIS 基础软件数据格式的一致性或转换问题，即要注意数据的软件接口。例如，在德国蔡司 P 系列仪器上，采用了 PHOCUS 软件，可将数据变换成 SHP（ArcGIS）、DLG（美国地质调查局）、DXF（AutoCAD）、SICAD（西门子）、ISIF（Intergraph 公司）及 EDBS 等文件格式。

2.2.5　输出设备

1. 矢量绘图机

矢量绘图机是早期最主要的图形输出设备。原理是利用计算机控制绘图笔（或刻针），在图纸或膜片上绘制或刻绘出图形来。矢量绘图机分为滚筒式和平台式两种（图 2-2-14 和图 2-2-15）。

矢量绘图机的输出质量主要取决于控制绘图笔的马达的步进量。对制图而言，步进量不应大于 0.054mm。绘图的灵活性和绘图速度则很大程度上取决于绘图软件，即绘制字母和符号等复杂图形的程序功能。

2. 栅格式绘图设备

最简单的栅格绘图设备是行式打印机。虽然它的图形质量粗糙、精度低，但速度快，作为输出草图还是有用的。市场上常用的激光打印机是一种阵列式打印机。高分辨率阵列打印

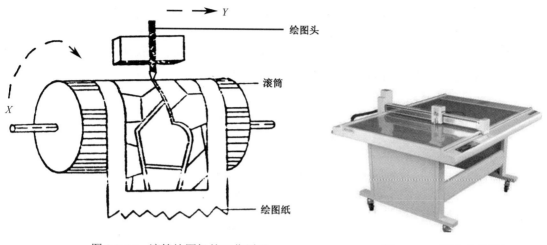

图 2-2-14　滚筒绘图机的工作原理　　　图 2-2-15　平台式绘图机

机源于静电复印原理，它的分辨率可达每英寸 600 点甚至 1200 点。它解决了行式打印机精度差的问题，具有速度快、精度高、图形美观等优点。某些阵列打印机带有三色色带，可打印出多色彩图。

另一种高精度实用绘图设备是喷墨绘图仪。它由栅格数据的像元值控制喷到纸张上的墨滴大小，控制功能仍然来自于静电电子数目。高质量的喷墨绘图仪具有 5760×1440dpi 的分辨率，并且用彩色绘制时能产生几百种颜色，甚至真彩色。这种绘图仪能绘出高质量的彩色遥感影像图。

3. 图形终端

许多图形输出并不要求产生硬拷贝，而只是在终端上显示地图。实际上用户用这种终端的机会比用硬拷贝绘图机要多。图形终端在数据输入、编辑和检索等阶段都要用到。

现在微机上常见的 VGA 卡或 HDMI 卡及其适配器可以用来支持基于微机的数字测图系统或地理信息系统。但一个实用的运行系统应该配有高分辨率的图形终端，分辨率应达到 4096×2160 像素。这种终端能显示彩色地图。图形终端除显示屏幕外，一般需要有图形卡或称为图形芯片的支持，如 NVIDIA 的 TITAN 显卡，其显存已达到 12G，最高分辨率为 7680×4320 像素。

立体显示终端是最令人兴奋的进展之一，如 Tekt-Ronix 生产的 4128 立体显示系统和与 IBM PC 计算机兼容的 SGS-430 三维转换器等。立体图形终端将在制图和摄影测量方面发挥重要作用。如 Intergraph 公司和 Leica 公司推出的数字摄影测量工作站，配置立体显示终端，使影像匹配的结果叠置在终端显示的立体模型上，让人对结果的好坏一目了然。同时可用人机交互编辑进行修正，其立体显示的效果胜过一般的立体测图仪。

2.3　地理信息系统的软件构成

2.3.1　GIS 程序集的软件层次

软件是 GIS 的核心，关系到 GIS 的功能。图 2-3-1 为 GIS 的软件层结构。最下面两层为操作系统和系统库,它们与硬件有关,故称为系统软件。再上一层为标准软件,用于保证图形、数据库、窗口系统及 GIS 其他部分能够运行。这三层统称为基础软件。上面三层包含 GIS 基础软件包、GIS 应用软件包,以及 GIS 与用户的界面和接口软件,代表了地理信息系统的能力和用途。本节主要阐述 GIS 基础软件的主要功能。

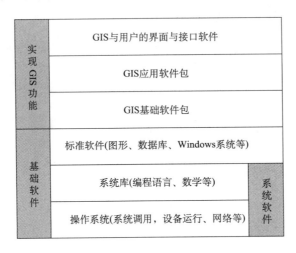

图 2-3-1 GIS 的软件层结构

2.3.2 GIS 基础软件的五大子系统

按照 GIS 对数据进行采集、加工、管理、分析和表达,可将 GIS 基础软件分为五大子系统(图 2-3-2),即空间数据输入与转换子系统、图形及属性编辑子系统、空间数据存储与管理子系统(空间数据库管理系统)、空间查询与空间分析子系统及制图与输出子系统。下面分别对它们进行介绍。

1. 空间数据输入与转换子系统

空间数据输入与转换子系统(图 2-3-3)包括将文本数据、现有地图、野外测量数据、航空像片、卫星遥感数据等转换成计算机兼容的数字形式的各种处理转换软件。许多计算机操纵的工具都可用于输入,如人机交互终端、数字化桌、扫描仪、数字摄影测量仪器、活动硬盘、U 盘等。针对不同的仪器设备,系统配备相应的软件,并保证将得到的数据归化后储存到地理数据库中。

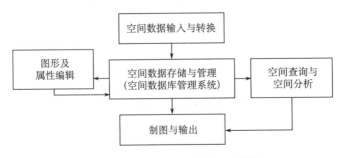

图 2-3-2 GIS 基础软件的主要模块

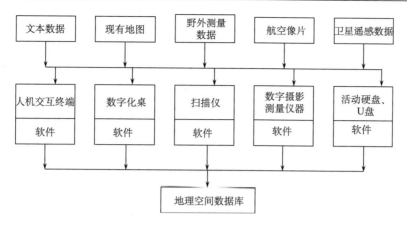

图 2-3-3 空间数据输入与转换子系统

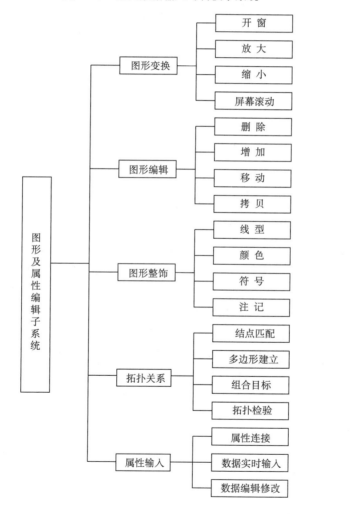

图 2-3-4 图形及属性编辑子系统

2. 图形及属性编辑子系统

现在的地理信息系统都具有很强的图形编辑功能,如 ESRI 的 ArcMap 系统、GeoStar 的

GeoEdit 模块、超图的 SuperMap 系统、中地数码的 MapGIS 系统等，除负责数字化仪的数据输入外，主要功能是用于图形编辑。一方面，原始输入数据有错误，需要编辑修改；另一方面，需要修饰图形，设计线型、颜色、符号、注记等，还要建立拓扑关系，进行图幅接边，输入属性数据等。其功能模块如图 2-3-4 所示。

这里的属性数据输入虽然也可以在前述的数据输入子系统中输入，但在图形编辑系统中设计属性数据的输入功能可以直接参照图形输入数据，实现图形数据与属性数据的连接。

3. 空间数据存储与管理子系统(空间数据库管理系统)

空间数据存储与管理子系统，即空间数据库管理系统(图 2-3-5)，涉及地理对象(地物的点、线、面)的位置、空间关系以及属性数据如何组织，使其便于计算机处理和系统用户理解等。用于组织数据库的计算机程序称为数据库管理系统(DBMS)。数据模型决定了数据库管理系统的类型，通用数据库的模型一般采用层次模型、网状模型或关系模型。关系数据库管理系统是最流行的商用数据库管理系统，然而关系模型在表达空间数据方面却存在许多缺陷，致使许多 GIS 软件仅是属性数据采用关系模型，而图形数据采用拓扑数据模型。一个有发展前景的模型可能是面向对象数据模型，它既可以表达图形数据又可以有效地表达属性数据。目前，一些扩展的关系数据库管理系统如 Oracle、MySQL 和 PostgreSQL 等增加了空间数据类型，可用于管理 GIS 的图形和属性数据。

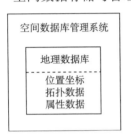

图 2-3-5 空间数据库管理系统

空间数据存储与管理子系统管理的内容包括：①矢量地理要素(点、线、面)的位置、空间关系(拓扑数据)和属性数据的组织与管理；②栅格数据的组织与管理；③数字高程模型数据的组织与管理；④其他类型数据的组织与管理等。

4. 空间查询与空间分析子系统

虽然数据库管理系统一般提供了数据库查询语言，如 SQL 语言，但对于 GIS 而言，需要对通用数据库的查询语言进行补充或重新设计，使之支持空间查询。例如，查询与某个乡相邻的乡镇、穿过一个城市的公路、某铁路周围 5km 的居民点等，这些查询问题是 GIS 所特有的。空间查询包括：位置查询、属性查询、拓扑查询等。一个功能强的 GIS 软件，应该设计一些空间查询语言，以满足常见空间查询的要求。

空间分析是比空间查询更深层的应用，内容更加广泛，可能包括地形分析、网络分析、叠置分析、缓冲区分析、决策分析、空间统计等。随着 GIS 应用范围扩大，GIS 软件的空间分析功能将不断增加。空间查询与空间分析模块如图 2-3-6 所示。

图 2-3-6 空间查询与空间分析子系统

GIS 相对于一般的信息系统的重要区别体现在其具有较强的空间分析能力。GIS 的空间分析功能能够回答和解决以下五类问题。

(1) 位置问题。位置问题解决在特定的位置有什么或是什么的问题。位置可表示为绝对位置和相对位置，前者由地理坐标确定，后者由空间关系确定。例如，河流、道路、房屋的位置问题可以由坐标确定；某个省相邻的省有哪些？从某地出发可否到达另一地点？这些问题都可以由空间关系分析来解决。

(2) 条件问题。条件问题解决符合某些条件的地理实体在哪里的问题。例如，在某个地区寻找面积不小于 1000 平方米的不被植被覆盖的，且地下条件适合于大型建筑的区域问题，即通常所说的选址问题。

(3) 变化趋势问题。变化趋势问题，是指利用综合数据分析，识别已发生或正在发生的地理事件或现象，或某个地方发生的某个事件随时间变化的过程和趋势。例如，城市扩张过程、土地沙漠化过程等。

(4) 模式问题。分析已发生或正在发生事件的相关原因。例如，某个交通路口经常发生交通事故，某个地区犯罪率经常高于其他地区，生物物种非正常灭绝等问题，分析造成这种结果的因果关系如何。

(5) 模拟问题。解决某个地区如果具备某种条件，会发生什么的问题。主要是通过模型分析，给定模型参数或条件，对已发生或未发生的地理事件、现象、规律进行演变、推演和反演等。例如，对洪水发生过程、地震过程、沙尘暴过程等的模拟。

5. 制图与输出子系统

地理信息系统的一个重要功能就是计算机地图制图，它包括地图符号的设计、配置与符号化、地图注记、图框整饰、统计图表制作、图例与布局等项内容。此外对属性数据也要设计报表输出，并且这些输出结果需要在显示器、打印机、绘图仪或数据文件中输出，软件亦应具有驱动这些设备的能力。图形与属性输出子系统如图 2-3-7 所示。

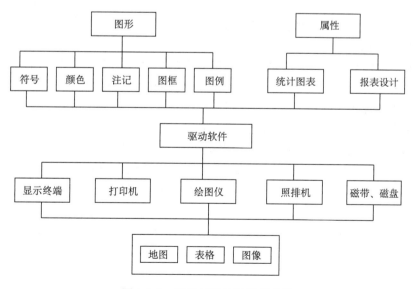

图 2-3-7　图形与属性输出子系统

2.4 地理信息系统的主要功能

不同的地理信息系统软件具有不同的应用领域,因而其具体功能上也存在一些差异,但是总体来说,大同小异。地理信息系统一般具有地理空间数据获取、表达、处理、管理、分析、可视化与制图输出六个主要功能,具体说明如下。

1. 地理空间数据获取

空间数据是 GIS 的"血液",建立地理信息系统,首先要获取数据。空间数据获取是地理信息系统最基础的功能。空间数据获取的方式包括:野外数据采集、地图数字化、摄影测量数据获取、影像地图数字化、遥感图像处理、点云数据获取、属性数据获取、空间数据转换等。具体内容将在第 3 章详细介绍。

2. 地理空间数据表达

地理空间数据表达是将物理世界的地理实体、地理现象在计算机内进行数字化表达,表达成 GIS 系统可以处理的地理对象。地理空间数据表达最关键的一步就是建立地理参考系统,即将地球球面上的地理实体和地理现象投影到地图平面。具体的表达方式包括:矢量数据表达、栅格数据表达,以及空间对象关系的表达。具体的数据表达模型有:规则镶嵌结构、四叉树数据结构、不规则镶嵌结构等。具体内容将在第 4 章进行详细介绍。

3. 地理空间数据处理

地理空间数据处理是指对来源、尺度、结构和格式不同的地理空间数据进行处理,从而为后期的地理空间数据管理、空间分析和可视化表达服务,具体包括:几何变换、拓扑关系建立、矢量数据错误编辑、图幅拼接与接边、矢量栅格数据转换等。具体内容将在第 5 章详细介绍。

4. 地理空间数据管理

地理空间数据管理是对地理空间数据进行组织和管理,具体包括:空间数据组织、空间数据索引、空间数据库管理系统、空间数据查询等。具体内容将在第 6 章详细介绍。

5. 地理空间数据分析

地理空间数据分析是 GIS 的重要功能,是 GIS 的核心和灵魂,主要作用是从地理空间数据中提取和传输空间信息。具体包括:矢量数据空间分析、栅格数据空间分析、三维数据空间分析、空间数据统计分析等。具体内容将在第 7 章详细介绍。

6. 地理空间数据可视化与制图输出

地理空间数据可视化与制图输出是将前期的空间数据处理与分析的结果以地图制图和空间可视化的形式输出,是直接展现给用户,关系到用户的合理使用和进一步使用。主要内容包括:地图制图、地学可视化、地形数据可视化等。具体内容将在第 8 章详细介绍。

以上六个方面是地理信息系统的基本功能。因为 GIS 在具体应用过程中往往需要结合应用需求进行二次开发,所以可以将 GIS 工程设计与开发作为 GIS 的一个扩展功能,具体内容将在第 9 章详细介绍。

思 考 题

1. 一个完整的地理信息系统由哪几部分组成？如何构建一个地理信息系统？
2. 地理信息系统的基础软件包括哪几个子系统？
3. GIS 可以解决哪些空间分析问题？请举例说明。
4. 地理信息系统的主要功能包括哪些？

第3章 地理空间数据获取

3.1 概　　述

地理空间数据是 GIS 的"血液"。实际上，整个 GIS 都是围绕着空间数据的采集、表达、加工、存储、分析和可视化展开的。空间数据源、空间数据的采集方法、生产工艺、数据的质量都直接影响到 GIS 应用的潜力、成本和效率。GIS 空间数据采集的方法是根据已有的数据源形式、现有设备条件、人员和财力状况等来选定的。

3.1.1 空间数据的内容

地表现象异常复杂，有自然地物和人工地物，各种地物形状各异、关系复杂。但是，在 GIS 中人们将它们进行抽象，用数字表达可以归结为以下几种类型：数字线划数据、数字栅格地形图、影像数据、数字高程模型，以及地物的属性数据等。

(1) 数字线划数据，也称矢量数据，在测绘行业"4D"产品中的数字线化图(digital line graph，DLG)，是将空间地物直接抽象为点、线、面等实体，用坐标描述它们的位置和形状，且保存空间地物间的空间关系和相关的属性信息。数字线划图是基于地理实体的数据，且拓扑关系较为复杂，通常用抽象图形(符号、颜色、宽度)表达空间地物。这种抽象的概念直接来源于地形测图的思想。一条道路虽然有一定的宽度，并且弯弯曲曲，但是测量时，测量员首先把它看作是一条线，并在一些关键的转折点上测量它的坐标，用一串坐标描述出它的位置和形状。当要清绘地图时，根据道路等级给它配赋一定宽度、线型和颜色。这种描述也非常适用于计算机表达，即用抽象图形表达地理空间实体。大多数 GIS 都以数字线划数据为核心。

(2) 数字栅格地形图(digital raster graph，DRG)：是纸质地形图的数字化产品。每幅图经过扫描、纠正、图像处理及数据压缩处理后，形成在内容、几何精度和色彩上与地形图保持一致的栅格文件。它可以由矢量形式的数字线划图通过 GIS 转换而成，特点是生产速度快。DRG 是栅格图像，表面和线划图(DLG)一致，但实质不同，通常作为某种信息系统的背景使用，如电力信息系统的重点在电力线，但是可以将数字栅格地形图作为背景底图。

(3) 影像数据。影像数据包括卫星遥感影像和航空影像，它可以是彩色影像，也可以是灰度影像。影像数据在现代 GIS 中起着越来越重要的作用，主要原因一是数据源丰富；二是生产效率高；三是它直观而又详细地记录了地表的自然现象，人们使用它可以加工出各种信息。例如，可以基于遥感影像数据进一步采集数字线划数据。在 GIS 中，影像数据一般需要经过几何和灰度加工处理，使它变成具有定位信息的数字正射影像。影像数据在测绘行业的"4D"产品中指数字正射影像(digital orthograph map，DOM)，是利用数字高程模型对扫描处理的数字化的航空像片或卫星遥感影像，经过像元纠正，再进行影像镶嵌，根据图幅范围剪裁生成的数据。

(4) 数字高程模型(digital elevation model，DEM)：是在高斯投影平面上规则格网点或三角网点平面坐标(x, y)及其高程(z)的数据集,用来表示地表物体的高程信息。因为高程数据的采集、处理以及管理和应用都比较特殊,所以在 GIS 中往往作为一种专门的空间数据来讨论。数字高程模型可以由数字摄影测量方法采集得到,也可以由其他测量方法,如野外测量或扫描数字化之后,经过数据内插处理得到。

(5)属性数据(attribute data):是描述空间地物的数量、质量、等级等特征的数据,是 GIS 的重要特征。因为 GIS 中既存储了图形数据,又存储了属性数据,才使 GIS 如此丰富,应用如此广泛。属性数据包含两方面的含义,一是它是什么,即它有什么样的特性,划分为地物的哪一类,这种属性一般可以通过判读,考察它的形状和与其他空间实体的关系来确定;第二类属性是实体的详细描述信息。例如,一栋房子的建造年限、房主、住户等,这些属性必须经过详细的调查,如地理调查、社会调查等才能得到。属性数据往往以表格的形式存在,但也可以以可视化方式描述属性数据,如道路宽度、颜色可以反映道路的不同等级、饼图可以反映不同属性值之间的比例。实际 GIS 建库工作中,属性数据的采集工作量比图形数据还要大,如地籍信息系统中的宗地描述数据。

3.1.2 空间数据的基本特征

空间数据描述的是现实世界各种现象的三大基本特征:空间特征、专题(属性)特征和时间特征。对于 GIS 来说,时间特征和专题特征常常被视为非空间属性。空间实体的特征值可通过观测或对观测值处理与运算来得到。例如,可以通过测量直接得到某一点的重力值,而该点的重力异常则是通过计算出来的属性值。下面对这三种特征分别进行描述。

1. 空间特征

空间特征是地理信息系统或者说空间信息系统所独有的。空间特征是指空间地物的位置、形状和大小等几何特征,以及与相邻地物的空间关系。空间位置可以通过坐标来描述,GIS 中地物的形状和大小一般是通过空间坐标来体现。这一点不完全像 CAD 系统,在 CAD 中,一个长方形可能由长和宽来描述它的形状和大小,而在 GIS 中,即使是长方形的实体,大多数 GIS 软件也是由 4 个角点的坐标来描述的。GIS 的坐标系统有相当严格的定义,如经纬度表示的地理坐标系,一些标准的地图投影坐标系或任意的直角坐标系等。

日常生活中,人们对空间目标的定位不是通过记忆其空间坐标,而是通过某一目标与其他更熟悉的目标间的空间位置关系,如一个学校是在哪两条路之间,或是靠近哪个道路岔口,一块农田离哪户农家或哪条路较近等。通过这种空间关系的描述,可在很大程度上确定某一目标的位置,而一串纯粹的地理坐标对人的认识来说几乎没有意义。但是对计算机来说,最直接最简单的空间定位方法就是使用坐标。

在地理信息系统中,直接存储的是空间目标的空间坐标。对于空间关系,有些 GIS 软件存储部分空间关系,如相邻、连接等关系,而大部分空间关系则是通过空间坐标进行运算得到,如包含关系、相交关系等。实际上,空间目标的空间位置就隐含了各种空间关系。

2. 专题(属性)特征

专题特征,也称属性特征,是指空间现象或空间目标的属性特征,是指除了时间和空间特征以外的空间现象的其他特征,如地形的坡度、坡向,某地的年降水量、土壤酸碱度、土地覆盖类型、人口密度、交通流量、空气污染程度等。这些属性特征数据可能是专门采集的,也可能是从其他信息系统收集的,因为这类特征在其他信息系统中都可能存储和处理。

3. 时间特征

严格来说，空间数据总是在某一特定时间或时间段内采集得到或计算得到的。因为有些空间数据随时间的变化相对较慢，所以时间特征有时被忽略。而在很多情况下，GIS 用户又把时间处理成专题属性，或者说，在设计属性时，考虑多个时态的信息，这对于大多数 GIS 软件来说是可以做到的。当数据考虑时间特征时就成为时态数据，如地籍数据就具有非常明显的时间特征。进行 GIS 建设时应该考虑数据更新问题。目前，静态 GIS 相对比较成熟，考虑时间特征的时空 GIS 成为 GIS 研究的重点和难点。

3.1.3 空间数据测量的尺度与精度

空间目标的描述包括了定性描述和定量描述。定性描述是指对空间目标的鉴别、分类和命名。定性描述主要表现在属性方面，对地物的分类通常就是一种定性描述，如土地利用类型、植被类型或者岩石类型等，它们也可能被赋以一定的数值作为类型的标识，但是并不代表量化的概念。

定性描述对不同的 GIS 应用领域或地区可能是不同的，描述的详细程度也可能不尽相同。例如，对土地利用类型的分类，有些系统可能仅划分为水田、旱地、林地等，而有些系统则要求将旱地进一步细分为菜地、小麦地、高粱地等。不同的系统，其命名的尺度也不相同。

对空间目标的定量描述包括图形和属性两个方面。图形主要指它的空间坐标，属性指一些量化指标，如工农业产值、职工工资等。对于空间坐标的测量，测量的尺度主要取决于采样点的取舍和坐标测量的精确度或者说有效值。虽然地理信息系统没有严格的比例尺概念，但是一定的比例尺的空间数据还是决定了空间数据的密度、空间坐标的精确有效位和相应的影像数据的空间分辨率，甚至对空间目标的抽象程度。例如，一条公路在大比例尺的 GIS 中可以看成是一个面状地物，需要测两边的边线，细小的拐弯都要测它的坐标，坐标的精度可能精确到厘米。而对于小比例尺的 GIS 而言，该条公路被抽象成线，而且仅测量它的主要拐点的坐标，坐标的精度可能只需要精确到分米甚至到米。但是，GIS 中的比例尺概念又不完全等同于地图。例如，按 1:1 万比例尺规范建立的地理信息系统，可以输出 1:1.5 万甚至 1:2 万比例尺的地图。关于 GIS 中空间目标的测量尺度和精度，一般原则是计算机输出的地图要满足同等比例尺地图的精度要求，即图上的 0.1mm。

3.1.4 数据来源

GIS 的数据来源有多种。按照数据的内容，可以划分为基础制图数据、自然资源数据、调查统计数据、数字高程数据、法律文档数据、已有系统数据等。①基础制图数据：包括地形数据和人文景观数据；②遥感图像数据：航空遥感、卫星遥感数据等；③数字高程数据：关于地表位置布局的高程测量数据；④自然资源数据：描述自然资源性质、分布的数据；⑤调查统计数据：统计部门经过调查分析所得到的各种统计数据；⑥法律文档数据：与所建立的 GIS 有关的法律文档数据；⑦多媒体数据：视频、音频数据等；⑧已有系统数据：构建 GIS 数据库时，一部分数据是从已有系统中导入的。

按照数据来源的不同，数据源可以分为原始数据(第一手数据)或经过处理加工后的数据(第二手数据)，同时又可将数据源分为非电子数据和电子数据两类。大多数 GIS 中的数据是第二手数据，当然它们都是电子数据。第二手数据主要包括地图、图像等(陈俊和宫鹏,1998)。

表 3-1-1 列出了第一手数据和第二手数据的来源。

表 3-1-1 不同数据种类及其来源

项目	第一手数据	第二手数据
非电子数据	平板仪测图、工程测量 各种测量记录 航空像片 人口普查、社会经济调查	地图 统计图表
电子数据	全站仪、GNSS 数据、遥感数据、地球物理数据、地球化学数据等	数据库

GIS 空间数据采集的任务就是将非电子的第一手数据或第二手数据变成电子数据,并进一步加工处理成符合 GIS 要求的空间数据。

由于数字测绘技术的快速发展,目前大多数测绘产品均为数字形式。采用全站仪或 GNSS 进行野外数字地形测图、数字摄影测量以及遥感技术得到的测绘产品均为数字形式,但它们的数据格式往往不能完全满足 GIS 数据建库需要,这时就需要通过空间数据转换方法满足数据建库要求。除此之外,不同 GIS 系统之间的数据有时也需要采用空间数据转换的方式达到共享。关于空间数据转换的内容将在第 5 章介绍。

3.2 野外数据采集

对于大比例尺的城市地理信息系统而言,野外数据采集可能是一个主要手段。野外数据采集涉及地形测量的整套技术和生产工艺,详细内容请参阅地形测量的有关教程,这里仅概略介绍与 GIS 数据采集有关的内容。

3.2.1 传统外业数据采集

1. 平板仪测量

平板仪测量获得的数据是非电子数据。平板仪曾经是野外碎部测量的一种传统仪器,它能同时测定地面点的平面位置和点间高差。平板仪测量是根据图解相似测量原理进行测图,如图 3-2-1 所示,地面上的 A、B、C 三点通过方向投影和比例尺缩小,在地形图上变为 a、b、c 三点,且三角形 ABC 与三角形 abc 相似。平板仪测量包括小平板仪测量和大平板仪测量,测量的产品都是纸质地图。在传统的大比例尺地形图的生产过程中,一般在野外测量获取铅笔草图,然后用小笔尖着墨清绘成聚酯薄膜的底图。当用户需要用图时再晒蓝图提供给用户使用。

如果要将这种测量结果变成电子数据,可以在野外平板测量获得铅笔草图以后,利

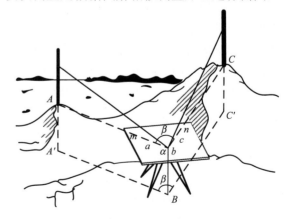

图 3-2-1 平板仪测量示意图

用手扶跟踪数字化或扫描数字化,在计算机屏幕上,进行编辑修改、注记与符号化。这种作业方式是将原来清绘的工序改成在计算机上进行,既可以获得所需要的地图,又可以得到 GIS 所需要的空间数据。

2. 经纬仪测量

经纬仪是一种根据测角原理设计的测量水平角、竖直角和视距的测量仪器,分为光学经纬仪和电子经纬仪两种,目前最常用的是电子经纬仪,测角精度比光学经纬仪高。电子经纬仪的出现,提高了角度的观测精度,同时简化了测量和计算的过程,也为绘制地图提供了更精确的数据。

无论是平板仪测量还是经纬仪测量,都是早期的模拟测量,相对于现代测量手段来说,存在测量强度大、测量精度低、测量效率低等缺点。但在过去它们是空间数据获取的主要方法。

3.2.2 全站仪数据采集

全站仪是电子经纬仪和激光测距仪的集成,它可以同时测量空间目标的距离和方位数据,并且可进一步得到空间目标的大地坐标数据。

全站仪作为 GIS 的空间数据采集方法,有两种主要的方式:一种是测记法模式,另外一种是电子平板方式。

(1)测记法模式:即外业草图法+电子手簿法(存储卡)。它将全站仪与电子手簿相连,或直接利用全站仪的存储卡,在野外测量时先将空间目标的坐标数据存储在电子手簿(或全站仪存储卡)中,同时在野外人工绘制草图。回到室内以后,将电子手簿的数据导入到计算机内,根据电子手簿中空间目标的编码关系和野外绘制的草图进行适当的编辑处理,则可得到数字地图或者说 GIS 中的空间数据。这种工作方式设备成本较低,不需要将计算机带到野外,主要缺点是工作繁琐,既要注意电子手簿中地物目标的编码,又要绘制草图,室内编辑的工作量较大。在获取电子手簿内的空间目标的数据之后,对空间数据进行处理和制图也有两种模式,一种是用 AutoCAD 图形软件进行图形的处理与制图,另一种是自行编制数字制图软件进行空间数据处理与制图,如南方公司的 CASS 软件。这种测图模式是一种简单实用且方便的测图方法,也是当前地面数字测图的主流作业模式。

(2)电子平板方式:它将便携机直接与全站仪相连,测量的结果直接显示在屏幕上,在野外直接进行空间目标的图形连接和编辑处理,然后进行符号化、注记与制图。电子平板方法具有即测即所得、直观性强、及时发现错误等优点,但是因为受电脑在野外作业的影响,所以具有电脑使用寿命短、外业劳动强度大、测绘成本偏高、工作不方便等劣势。目前,电子平板方式主要应用于地形图的修测和补测工作。

3.2.3 GNSS 数据采集

全球导航卫星系统(global navigation satellite system,GNSS),泛指所有的导航卫星系统,包括全球的、区域的、增强的,如美国的全球定位系统(global positioning system,GPS)、俄罗斯的 GLONASS、欧洲的 Galileo、中国的北斗导航卫星系统(BeiDou navigation satellite system,BDS,简称北斗系统),以及相关的增强系统。基于 GNSS 的数据采集已经成为 GIS 的重要数据采集手段。这里主要讨论基于 GPS 的数据采集、基于北斗系统的数据采集,以及

GPS 与北斗组合导航数据采集。

1. GPS 数据采集

GPS 是由美国国防部研制建立的一种具有全方位、全天候、全时段、高精度的全球导航卫星系统。GPS 自 1958 年开始研制,1964 年正式投入使用,主要由三部分组成:空间部分、控制部分和用户部分。

(1)空间部分:包括 24 颗卫星,分布在 6 个轨道面上,每条轨道上有 4 颗卫星,轨道面之间的夹角为 60°,并且与赤道面的交角为 55°,以保证覆盖极地地区。卫星轨道高度约为 20200km,运行周期为 11h 58min。同一地面观测站上,每天出现的卫星分布图形相同,只是每天提前 4min。位于地平线以上的卫星颗数随着时间和地点的不同而不同,最少可见 4 颗,最多可见到 11 颗。

每颗卫星发射两种频率的无线电波用于定位。第一频率 L1,位于 1575.42MHz,第二频率 L2,位于 1227.6MHz。载波频率由两种伪码[pseudo-random noise(PRN)code]和一条导航消息调制而成,载波频率及其调制由星上原子钟控制。

(2)控制部分:GPS 的控制系统由设在印度洋、大西洋、太平洋、夏威夷以及美国本土的五个监测站组成。其中,设在美国本土科罗拉多州斯普林斯市(Colorado Springs)的监测站为监测总站。卫星监测站的功能是监测卫星运行状况,确定其轨道和星上原子钟的工作状态,传送信息到各卫星上。

(3)用户部分:GPS 用户使用适当的接收机接收卫星信号码及载波相位并提取传播的消息。将接收到的卫星信号码与接收机产生的复制码匹配比较,便可确定接收机至卫星的距离。如果接收机能够同时接收 4 颗以上卫星的信号(图 3-2-2),根据三维空间后方交会的原理,由卫星的位置和接收机与卫星的距离,即可计算出 GPS 接收机天线所在位置的 3 维地心坐标(以 WGS84 为标准的椭球面坐标)。若用于高精度的大地测量,则需要记录并处理载波或信息波的相位数据。

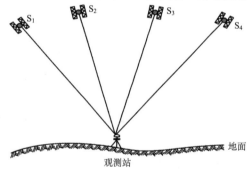

图 3-2-2 GPS 测量的原理

在 GPS 测量过程中,带有多种误差。例如,在计算距离时把信号传输速度视为恒定的光速,事实上信号穿过电离层和地表对流层时会减慢速度,这样会导致距离不准确。卫星电子钟和卫星轨道可能会出现很小的误差,这种误差美国国防部可通过监测站进行修正。另外,由其他目标反射的卫星信号也会引起干扰导致误差。而最严重的误差则是由美国国防部加入干扰,人为降低信号质量造成的,这种误差可高达 100m。目前美国政府已经取消了人为干扰的误差。

为了消除各种误差,可使用差分 GPS 来测量地面点的坐标。差分 GPS 是通过使用两个或更多的 GPS 接收机来协同工作,原理是将一台 GPS 接收机安置在已知点上,作为基准站,另一台接收机用于空间目标的测量。因为在已知位置的基点可以确定卫星信号中包含的某些误差(如电离层的影响误差),所以可大大降低 GPS 的定位误差。当然要想得到精确的结果,基准站位置的精度至关重要。

差分纠正一般可以通过两种方法实现,即实时法和后处理法。①实时法通过在基站播送各卫星的误差改正数到其他 GPS 接收机,其他接收机在计算位置时将误差剔除,这需要一套专门无线电收发装置；②后处理法要求基站接收机和其他接收机同时测量，并分别存储卫星信号，待完成野外测量后再进行差分改正。如果基站和空间目标测量用的 GPS 接收机距离在 100km 范围内，普通 8 通道以上的接收机差分改正后可达 2～5m 的定位精度。若使用双频率(L1 和 L2)大地测量用 GPS 接收机，经较长时间的观测和差分改正，定位精度可达毫米级。但如果不使用差分改正，只在某一观测站用单个接收机按一定频率(每秒或每 5 秒)接收较长时间的信号(如 3min 以上)则可以得到 2cm 以内的精度。可见 GPS 测量的精度与观测时间有关。

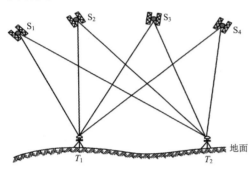

图 3-2-3 实时差分 GPS 原理

如果要将 GPS 用于 GIS 的空间数据采集，实时差分的 GPS 是必需的。GIS 中的空间目标的坐标精度要求达到分米和厘米级，而且测量一个目标点的时间不可能像大地测量一样持续几十分钟或几个小时，并且通常要求数据能够实时处理，因此需要采用实时差分的 GPS 系统。这种系统已经问世，测量精度可达厘米级，并且一台基站接收机可以带多台测量用接收机，工作原理如图 3-2-3 所示。GPS 用于数字测图的方式与电子平板仪类似，外业采用 GPS 测量碎部点坐标、绘制草图，内业数据导入成图系统配合草图绘制地形图。

GPS 用于 GIS 空间目标测量的另一个障碍是信号失锁的问题。在高层建筑的城区往往收不到 4 个或 4 个以上 GPS 卫星信号，特别是测量建筑物的房角时，失锁的现象相当普遍。因此采用的方案是将实时差分的 GPS 接收机与全站仪联合起来进行城区空间目标的测量。GPS 用于测站的快速定位，房角则使用全站仪测量。GPS 联合全站仪可能是一种新的测量模式。

2. 北斗系统数据采集

北斗系统(BDS，曾用名 COMPASS)是中国着眼于国家安全和经济社会发展需要，自主建设、独立运行的卫星导航系统，是为全球用户提供全天候、全天时、高精度的定位、导航和授时服务的国家重要空间基础设施。我国的北斗系统是 20 世纪 80 年代提出的"双星快速定位系统"的发展计划。自 2000 年 10 月 31 日和 12 月 21 日两颗试验导航卫星成功发射，标志着我国已建立起第一代独立自主的导航定位系统。目前，北斗系统已经初步具备区域导航、定位和授时能力，定位精度 10m，测速精度 0.2m/s，授时精度 10ns。

北斗系统由空间段、地面段和用户段三部分组成。空间段计划由 35 颗卫星组成，包括 5 颗静止轨道卫星(GEO)、27 颗中地球轨道卫星(MEO)、3 颗倾斜同步轨道卫星(IGSO)。5 颗静止轨道卫星定点位置分别为东经 58.75°、80°、110.5°、140°、160°，中地球轨道卫星运行在 3 个轨道面上，轨道面之间相隔 120°均匀分布。到 2020 年左右，北斗系统会覆盖全球。地面段包括主控站、时间同步/注入站和监测站等若干地面站。用户段即北斗导航定位接收机，包括北斗兼容其他卫星导航系统的芯片、模块、天线等基础产品，以及终端产品、应用系统与应用服务等。

早期的"北斗一号"采用双星定位技术，其原理是利用两颗地球同步卫星进行双向测距，配合数字高程地图完成三维定位。导航定位有两种方式：一是用户向中心站发出请求，中心站对其进行定位后将位置信息广播出去，由该用户接收获取；二是由中心站主动进行指定用户的定位，定位后不将位置信息发送给用户，而由中心站保存。定位原理图如图3-2-4所示。

地面中心站通过向卫星1和卫星2同时发送询问信号，经卫星转发器向服务区内的用户广播。有导航定位要求的用户接收机向两颗卫星发送响应信号，经卫星发回地面中心站。地面中心站接收并解调用户发来的信号，然后根据用户申请服务内容，进行相应的数据处理，再由中心站将最终计算出的用户三维坐标经加密，通过卫星发送给用户，完成导航定位。

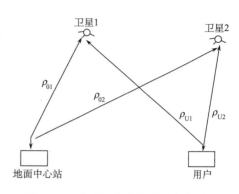

图3-2-4　北斗导航定位系统定位原理

"北斗一号"导航定位系统的优点是：卫星数量少、投资小，用户设备简单价廉，能实现一定区域的导航定位；卫星还具备短信通信功能，能满足当前我国海、陆、空运输导航定位需求。缺点是不能覆盖两极，赤道附近定位精度差，只能进行二维主动式定位，且需提供用户高程数据，不能满足高动态和保密的军事用户要求，用户数量受一定限制。

鉴于"北斗一号"的性能和技术指标方面的问题，我国实施了"北斗二号"卫星导航定位系统(又称"北斗二代"卫星导航定位系统)，到2020年将建成由35颗卫星组成的北斗全球卫星导航系统。"北斗二代"包含35颗卫星，它们在距离地面2万多千米，以固定的周期环绕地球运行。卫星这样分布，使我们在地面上任意一点都可以同时观测到4颗以上的卫星，因此北斗系统采用四星定位。由于卫星的位置精确可知，在接收机对卫星观测中，可得到卫星到接收机的距离，利用三维坐标中的距离公式，利用3颗卫星，就可以组成3个方程式，解算出观测点的位置(X, Y, Z)。考虑到卫星的时钟与接收机时钟之间的误差，实际上有4个未知数，即(X, Y, Z)和钟差，因而需要引入第4颗卫星，形成4个方程式进行求解，从而得到观测点的经纬度和高程。

北斗系统的5颗GEO和5颗IGSO高轨道卫星，使得北斗系统较GPS系统有一定优势，尤其是在有高大建筑物阻挡的楼间恶劣环境下，高轨道卫星信号可以更容易地被接收机接收。研究表明，无论是在楼顶开放环境还是在楼间恶劣环境下，北斗系统比GPS系统都表现出更稳定的定位效果。

3. GPS与北斗组合导航定位系统数据采集

GPS、BDS、GLONASS及Galileo卫星导航定位系统，本身都存在着各自固有的缺陷或人为施加的干扰，使用单一的卫星导航定位系统存在着很大风险。单一传感器提供的信息很难满足目标跟踪或状态估计的精度要求，采用多个传感器进行组合导航定位，并将多类信息按某种最优融合准则进行最优融合，可望提高目标跟踪、定位或状态估计的精度。多传感器组合导航定位(多星座卫星组合、卫星导航与惯性导航的组合等)成为导航定位系统的发展趋势。

例如，可以将北斗和GPS进行组合定位(吴甜甜等，2014)。以北斗系统和GPS系统为基础，选出位置精度因子(position dilution of precision，PDOP)较小的组合，分析其单点定位误差，并且分别对比在楼顶开放环境和楼间恶劣环境下的不同卫星组合的定位效果。实验中使用北斗/GPS双系统测量型接收机。组合选星方法采用两种形式：一种是以北斗卫星为基础，

再添加 n 颗 GPS 卫星的方法，并从所有组合中选出 PDOP 最小的一组；另一种是以 n 颗北斗卫星再加上 m 颗 GPS 卫星的组合方式，同样是选取 PDOP 最小的一组组合。实验结果都表明，利用合适的选星方法实现卫星组合，使用较少的卫星即可实现较好的定位效果，尤其是在楼间恶劣环境下，利用少量卫星实现定位的方法是十分必要且有效的。

采取卫星组合导航定位具有明显的性能优势：①GPS/BDS/GLONASS/Galileo 全部建成后，卫星覆盖率将极大增强，有 100 颗以上卫星，提高了导航定位的连续性。②多星座提高了卫星星座的几何结构，增强了可用性。③多卫星信号组合可以很容易地探测和诊断某类卫星信号的故障和随机干扰，并及时予以排除或及时给用户发送预警信息，提高导航系统的抗干扰能力，从而提高系统的完好性。④多卫星系统可提高相位模糊度搜索速度。利用多种导航卫星信号有利于误差补偿，提高导航定位的精度和可靠性。

卫星组合导航定位也存在一定的缺点：①存在信号遮挡。当接收机天线被建筑物、隧道等遮挡时，卫星信号中断，无法定位。②抗干扰能力差。当存在人为干扰时，接收机码环环路很容易失锁，导致接收机无法定位。③多类卫星信号在同一载体上常形成互相干扰。

3.3　地图数字化数据采集

当数据源是纸质地形图时，地图数字化方法是唯一手段。地图数字化过去是 GIS 获取空间数据的主要手段之一，相比野外测量，它具有简便、效率高的特点，但它的精度比野外测量差。

3.3.1　地图数字化原理

数字化是将数据由模拟格式转化为数字格式的过程，早期的地形图都是纸质的，要进入计算机必须进行数字化。通常纸质地图数字化方式有手扶跟踪数字化、扫描数字化两种方式，无论哪种方式，它们的关键都是建立设备(图像)坐标与地图坐标之间的映射关系，也称为(图幅)定向，如图 3-3-1 所示。

假设设备(图像)坐标为 (x, y)，地图坐标为 (X, Y)，可以建立两者之间的坐标线性变换关系式，如式(3-3-1)。关系式有 6 个未知的坐标变换系数，需要知道 3 个点在两种坐标系下的坐标才能解算。为了提高精度，通常需要进行多余观测，所以实际工作中至少需要 4 个点来进行定向，并采用最小二乘法来解算变换参数。若要考虑图形的非线性变形，可采用双线性或二次多项式变换公式。

$$\begin{cases} X_i = a_0 + a_1 x_i + a_2 y_i \\ Y_i = b_0 + b_1 x_i + b_2 y_i \end{cases} \tag{3-3-1}$$

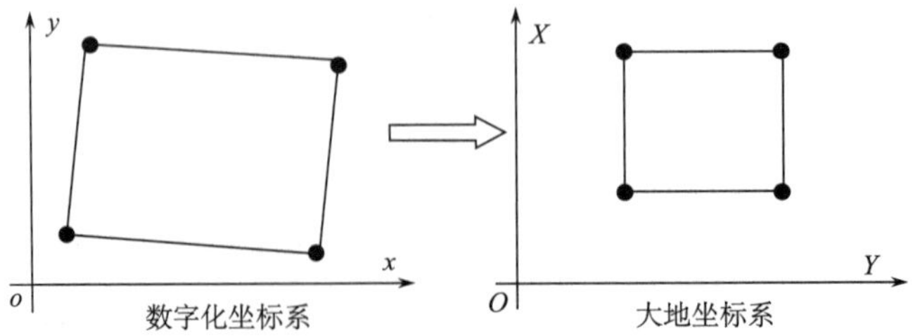

图 3-3-1　图幅定向原理图

地图数字化一般过程为：建立数字化资料与设备(图像)坐标的关系、图幅定向处理、图层要素设置、地图要素数字化、数字化编辑处理。

3.3.2 手扶跟踪数字化

使用数字化仪进行地图数字化有以下三个主要步骤。

(1) 连接数字化仪。因为不同的数字化仪硬件接口不完全相同，所以在进行数字化仪连接时有一系列参数需要设置，包括通信口、数字化仪型号、通信的波特率、数据停止位、奇偶校正位等基本参数，以及数字化板感应原点、数据流方式、分辨率、输出格式等高级参数的设置。一般情况下，按照说明书，设置基本参数即可。

(2) 图板定向。将图板上地图的图廓点或大地控制点作为定向的地面坐标(X_i, Y_i)，用数字化仪的游标十字丝对准相应的图廓点或控制点，系统自动读取这些坐标(x_i, y_i)，按公式(3-3-1)进行坐标变换系数解算，建立数字化仪设备坐标与地图坐标的关系。在图板定向以后，软件系统一般会报告定向误差，若误差超限，则需要重新定向。

(3) 图形数字化。一般有两种作业方式：流方式和点方式。流方式数字化时，将十字丝置于曲线的起点并向计算机输入一个按流方式数字化的命令，让它以等时间间隔或X和Y方向以等距离间隔记录坐标，操作员则小心地沿曲线移动十字丝并尽可能让十字丝经过所有弯曲部分。在曲线的终点，用命令或按钮告诉计算机停止记录坐标。点方式数字化时，作业员选择图上曲线上的拐点，逐点按键，计算机记录每一个按键的坐标。

为了方便作业，有些 GIS 软件在数字化仪上还设置了其他功能。如图板菜单，将系统的部分功能菜单设置在图板上或者将地物分类编码及符号贴在图板上，用户点取符号编码即选择了该类地物。此外，为注记方便，一些常用的字符也贴在图板上，如池塘、果园、林地等，直接使用数字化板进行汉字注记。由于手扶跟踪数字化存在劳动强度大、精度相对较低、设备成本高等缺点，目前已逐步被淘汰，用户越来越少。

3.3.3 扫描数字化

由于扫描仪性能价格比的提高和扫描数字化作业效率的提高，扫描数字化变得越来越普遍。扫描数字化的第一步是将地图进行扫描。根据扫描仪的不同、地图种类和用户的要求不同，可分别得到二值影像、灰度影像和彩色影像。扫描的分辨率随用户需要而定，一般为300～500dpi，目前市场上的工程扫描仪都能满足地图扫描分辨率的要求。

地图扫描以后，将数字栅格影像输入到扫描数字化的软件中，接下来进行图形定向。图形定向的原理与手扶跟踪数字化所述的图板定向类似。将图廓点或控制点的大地坐标输入到计算机内，用鼠标点取对应的像点坐标，解算定向参数。由于当前的工程扫描仪误差较大，特别是不均匀的扫描误差加上图纸的不均匀变形，可能产生较大的扫描误差，用图框的四点定向，解算仿射变形参数，难以满足精度要求。处理不均匀变形误差有两种方案，第一种方法是扫描标准格网，在每个格网内建立一个误差方程，解算每个格网的改正参数并存入计算机，以后用该扫描仪每扫描一张图纸，用这一系列(每个格网)的改正参数进行误差纠正。第二种方法是扫描有公里格网的地形图时，输入每个格网的大地坐标，由每个小格网解算一套改正参数，用每个格网的改正数纠正该格网内的影像，即可消除扫描仪和图纸的不均匀误差。

地图扫描数字化可以有两种方式：自动矢量化和交互式矢量化。对于分版的等高线图、水系图、道路网等，采用自动矢量化效率较高。对于城市的大比例尺图，可能只有采用交互式矢量化。

自动矢量化一般先将灰度影像变换成二值影像，如果是彩色影像还要先进行分版处理，再从多级的灰度影像到二值影像。二值影像自动矢量化的方法有多种(陈晓勇，1991)，一般包括细化、断线连接、去毛刺、矢量跟踪等。对于等高线的自动矢量化，赋高程是一项重要内容，要保证每条等高线的高程值没有错误。

交互式矢量化是采取人机交互的方式，对地图上每个图形实体逐条线划进行矢量化。当线划的状态比较好时，计算机自动跟踪，直到不能跟踪的位置(如分叉处)停止，然后人机交互引导，再继续往前跟踪。为了提高作业效率，有些软件增加计算机自动化的功能，如使用 GeoScan 软件，在一个多边形内或外点取一点，计算机能自动提取多边形拐点的坐标。对于一些虚线或陡坎线，系统也能自动跳过虚线或陡坎线的毛刺进行自动跟踪。此外，该软件还增加了数字和汉字识别功能，大大提高了地图数字化的作业效率。图 3-3-2 所示为扫描矢量化的图形界面与工作状态。

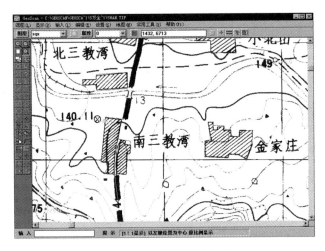

图 3-3-2　扫描矢量化软件

3.3.4　数字化编辑处理

1. 数字化编辑的内容

数字化过程中，因为存在设备误差、人为错误或原始地形图的错误，导致数字化结果不可避免带有误差和错误(图 3-3-3)，这些错误都必须得到及时纠正。所以，数字化地形图在入库之前都要进行数字化编辑处理，其目的是改正数字化过程中的错误或误差、维护采集对象拓扑关系的一致性(逻辑一致性、几何一致性)、进行图幅接边。具体编辑内容包括：①空间图形数据的编辑；②属性数据的编辑；③空间实体间关系的编辑；④空间图形与属性数据之间关系的编辑；⑤图廓整饰与邻图接边。

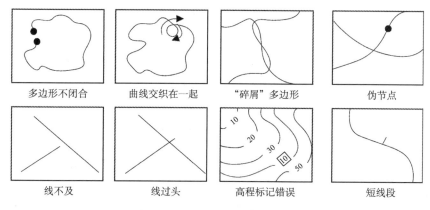

图 3-3-3 数字化错误示例

2. 数字化编辑处理

如果出现如图 3-3-3 所示的错误时,大多数情况下很难用目视的方法找到。通常地图数字化软件或 GIS 软件具有发现上述错误的功能,或编制一个小插件对出现的特定错误的地方进行提示性标注,如用红颜色画一可见的圆来圈定出现错误的地方,这样,数字化作业员就能快速找到错误之处并进行纠正处理。当误差在容许范围内时,系统也可以自动改正错误。如自动删除面积小于一定值的"碎屑"多边形、删除长度小于一定值的短线段,自动删除伪节点,当线不及或过头时自动计算节点等。

地图数字化时,应注意地物分层的正确性、地物符号应用的正确性以及地物数字化方向的正确性。GIS 中设置不同图层是分类表示各种不同地物地貌要素、满足不同应用需求、输出不同用处专题图的手段。每种地物必须按建库要求赋予一定地物编码并按分层要求放在规定的图层,但同一地物不能赋予多个图层。有的数字化软件是一个图层只有一种地物,但 GIS 允许一个图层放置多种不同的地物,如道路图层可以放置铁路、高速公路、省道、县道、车站、桥梁等与道路相关的地物。分层通常是根据国家基础比例尺地形图建库标准进行。对每类地物应配置一个符号,为检验地物符号选择的正确性,在数字化过程中通常打开数字化软件中带符号显示的功能开关,这样在数字化过程中即时显示数字化的地物符号。数字化时还应注意数字化方向,对于一些线状符号,如陡坎、围墙,数字化方向不同,符号化的方向正好相反。通常数字化软件的符号系统都会统一采用左推或右推规则,左推时符号定位线在右侧,符号沿左侧绘制,反之亦然。所以在数字化时,应了解数字化软件和 GIS 软件的符号系统的左右推的规则是否一致。

3.4 摄影测量数据采集

摄影测量在我国基本比例尺测图生产中起到了关键作用,我国绝大部分 1:1 万和 1:5 万基本比例尺地形图使用的是摄影测量方法。同样,在 GIS 空间数据采集的过程中,随着数字摄影测量技术的推广,摄影测量亦将起着越来越重要的作用。

3.4.1 基本原理

摄影测量包括航天摄影测量、航空摄影测量和地面摄影测量。地面摄影测量一般采用倾斜摄影或交向摄影,航空摄影一般采用垂直摄影,航天摄影测量一般采用两线阵或者三线阵扫描成像。摄影机镜头中心垂直于聚焦平面(胶片平面)的连线称为像机的主轴线。航空摄影测量规定当主轴线与铅垂线方向的夹角小于3°时为垂直摄影。航空摄影测量的原理如图3-4-1所示。

航空摄影测量一般采用量测用摄影机,像机的主距是相对固定的,为便于量测胶片,每张像片的四周或四角设有量测框标。如图3-4-2所示,由对边框标的连线相交的点,是像片的几何中心。该点一般与主光轴相交于像片的像主点 P。通过镜头中心的铅垂线与像片相交的点 N 称为像底点,主光轴 OP 与通过像底点的铅垂线 ON 的夹角等分线与像片相交的点 I 称为等角点。当摄影完全垂直时,P、I、N 三点重合。

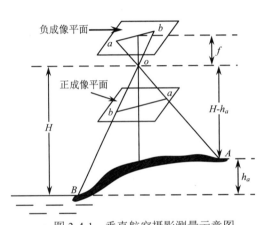

图 3-4-1　垂直航空摄影测量示意图

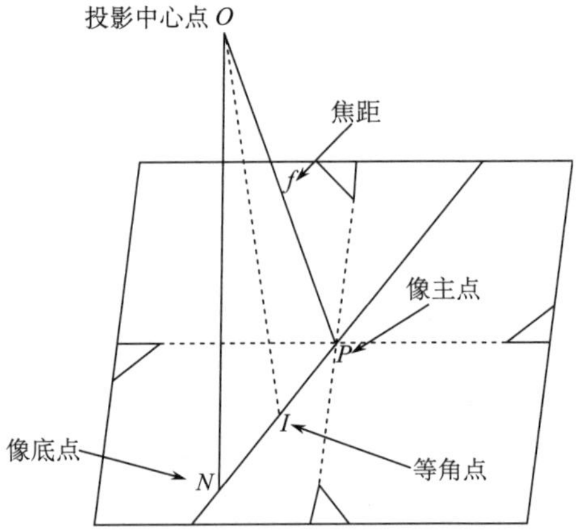

图 3-4-2　航空像片的像主点、像底点和等角点

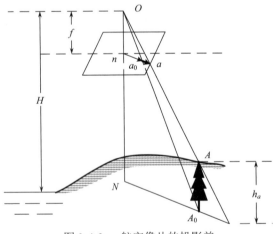

图 3-4-3　航空像片的投影差

航空像片上存在两种主要误差,一是像片倾斜误差,二是由于地形起伏引起的投影差。虽然摄影时尽量保持垂直,但由于飞机和摄影机的波动,难免会产生误差。垂直摄影由于保持倾角在 3°以内,故倾斜误差不大,而且可以通过恢复摄影时的方位,自动改正该项误差。航空像片最大的误差是投影差,即地形起伏造成的点位移。由于摄影像片是中心投影,根据中心投影原理可得任一像点比例尺的计算公式为

$$S = 1/(H_a/f) = 1/[(H-h_a)/f] \quad (3\text{-}4\text{-}1)$$

式中,H_a 是 A 点的航高;H 是绝对航高;h_a 是 A 点的高程;f 是像机的焦距。

从式(3-4-1)可以看出,航空像片的比例尺是随地物点的高程而变化的,即当地面有起伏时,像片的比例尺是不定的,即像片存在误差,不能当作地图使用。通常所说的比例尺只是一个平均比例尺概念。例如,图3-4-1中 AB 两点的平均比例尺为

$$\overline{S} = \frac{1}{\overline{AB}/\overline{ab}} \qquad (3\text{-}4\text{-}2)$$

如图 3-4-3 所示,设某点 A 的参考平面 A_0 的航高为 H,该点对应的高程为 h_a,像片上该点到像底点的距离为 na,则该点的投影差为

$$\delta_a = a_0 a = \frac{h_a \cdot na}{H} \qquad (3\text{-}4\text{-}3)$$

从式(3-4-3)可以看出,高程投影差与三个因素有关,第一个因素是该点的高程,高程越大,投影差越大。第二个因素与该点离像底点的距离有关,离像底点的距离越远,投影差越大。第三个因素与航高有关,航高越大,投影差越小。

由于像片上存在各种误差,摄影测量学者发展了一系列理论、方法和仪器来解决这一问题,如纠正仪、微分纠正仪、单投影仪和数字微分纠正仪等,利用这些仪器可以消除影像图的倾斜误差和投影差,使得整张图上的比例尺相同,这样得到的影像图就是正射影像。摄影测量有效的方式是立体摄影测量,具体过程是对同一地区同时摄取两张或多张重叠的像片,在室内的光学仪器上或通过计算机恢复它们的摄影方位,重构地形表面,即把野外的地形表面搬到室内进行观测。航空摄影测量对立体覆盖的要求是当飞机沿一条航线飞行时像机拍摄的任意相邻两张像片的重叠度(航向重叠)不少于 55%~65%,在相邻航线上两张邻近像片的旁向重叠应保持在 30%。

摄影测量工作者为立体像对或者说立体模型的观测研究出一系列航测仪器,包括多倍仪、立体量测仪、立体坐标量测仪、精密立体测图仪、解析测图仪、数字摄影测量工作站等。前面的一些仪器设备大部分是生产模拟地图用的仪器,仅有解析测图仪和经过数字化改造的精密立体测图仪,以及数字摄影测量工作站可以用于 GIS 的空间数据采集。

3.4.2 解析摄影测量

这里所说的解析摄影测量包含经过数字化改造的精密立体测图仪,其工作原理与解析测图仪类似,只不过在精密立体测图仪中,恢复摄影方位和空间交会是由机械实现,而解析测图仪由计算机解算实现。但是它们测量的空间实体的坐标都直接进入计算机内,由计算机进行编辑、处理和制图。

解析摄影测量除用于解析空中三角测量的像点坐标观测以外,主要用于数字线划图的生产。由于将野外的地形"搬到"了仪器内,在解析测图仪或立体测图仪上对照"真实"的地形进行量测,其速度比外业测量大大提高。例如,测量一条道路,仅需用测标切准道路中心点,摇动手轮和脚盘,得到测标轨迹的坐标,即为道路的空间坐标数据。

解析摄影测量用于数字测图需要进行内定向、相对定向和绝对定向。内定向是确定像框和像主点与仪器上像片盘之间的关系。相对定向是恢复两张相邻像片摄影时的关系,使各观测点消除上下视差,便于立体模型的观测。绝对定向是将立体模型纳入到地面坐标系统中。绝对定向的原理与图板定向类似,不过摄影测量的绝对定向是三维空间的绝对定向,需要解算 X、Y、Z 三维坐标的定向参数。

若要获取高精度数字高程模型,解析摄影测量方法是一个重要手段。获得数字高程模型最直接最精确的方法是直接量测每个格网的高程值。按照 X、Y 方向的步距,人工立体切准格网高程点,可直接得到数字高程模型。利用解析测图仪获取数字高程模型的另一种方案是

先跟踪等高线,并加测一些地形特征点线,构成不规则三角网,再内插成格网,建立数字高程模型。

3.4.3 数字摄影测量

数字摄影测量一般指全数字摄影测量。在上一节的解析摄影测量中,操作仪器也是由计算机控制,输出的结果也是数字线划图或数字高程模型,但是那里的像片是模拟的,观测系统是机械和光学的。而全数字摄影测量则不同,影像是数字的,而且不再有光学机械,所有的数据处理过程全部在计算机内进行。

数字摄影测量继承立体摄影测量和解析摄影测量的原理,同样需要内定向、相对定向和绝对定向,在计算机内建立立体模型。但是因为像片进行了数字化,数据处理在计算机内进行,所以可以加入许多人工智能的算法,使它进行自动内定向、自动相对定向、半自动绝对定向。不仅如此,还可以进行自动相关、识别左右像片的同名点、自动获取数字高程模型,进而生产数字正射影像。还可以加入某些模式识别的功能,自动识别和提取数字影像上的地物目标。

当前,用数字摄影测量方法生产数字高程模型和数字正射影像的技术已经成熟,而且我国在该领域处于领先地位,武汉大学(原武汉测绘科技大学)和中国测绘科学研究院都推出了实用系统。在数字线划图的生产方面,一般采用人机交互方法,类似于解析测图仪的作业过程。半自动识别和提取空间目标的方法已开始在一些数字摄影测量系统中实现。有关摄影测量更详细的内容,读者可以参考王之卓(1979)、李德仁和郑肇葆(1992)、张祖勋和张剑清(1996)等的摄影测量著作。

3.5 遥感图像处理数据采集

3.5.1 遥感技术

遥感(remote sensing,简称 RS),即遥远地感知事物,泛指通过非接触传感器遥测物体的几何与物理特性的技术,也就是不直接接触目标物体,在距离地物几百米到几千米甚至上千米的飞机、飞船、卫星上,使用遥感传感器接收地面物体反射或发射的电磁波信号,并以图像胶片或数据磁带记录下来,传送到地面,经过信息处理、判读分析和野外实地验证,最终服务于资源勘探、动态监测和有关部门的规划决策。通常把这一接收、传输、处理、分析判读和应用遥感数据的全过程称为遥感技术。

较之野外测量或野外观测的数据采集方式,遥感数据有下列优点。

(1)增大了观测范围。

(2)能够提供大范围的瞬间静态图像。这种优势对动态变化的现象非常重要,例如,可根据一系列在不同时间获得的洪泛区图像研究洪水在大面积范围内的变化,这一点靠野外测量的方法很难做到,因为当我们从一点到达另一点的时候,所观测的洪水趋势已与上一点的观测时间不同了,所以得不到一个大范围的瞬时静态图像。随着视频遥感卫星的研制成功与发射,我们现在可以直接获取动态视频遥感影像,直接从空中进行动态观测。

(3)能够进行大面积重复性观测。即使是人类难以到达的偏远地区也能够做到这一点,特别是利用卫星平台可以周期性地获取某地区的遥感数据。

(4) 大大加宽了人眼所能观察的光谱范围。人眼敏感的光谱范围大致在 0.4～0.7μm 波长的可见光波段，而目前的遥感技术所使用的电磁波波段除了可见光波段，已经扩展到 X 射线、紫外、红外、微波波段。利用其他对电磁波敏感的器件，可以使光谱范围增大到从 X 射线(波长为 0.1nm 级)到微波(波长在数十厘米)。其中对温度敏感的热红外传感器可以不受昼夜限制根据不同物体的温度进行成像；利用微波技术制成的雷达不仅不受限于昼夜的光照条件，而且可以穿透云层从而达到全天候的成像能力。

(5) 空间详细程度高。航空遥感图像的空间分辨率可高达厘米级甚至毫米级，在野外实地观察，人眼往往难以注意到这样的空间细节。商用卫星遥感数据的空间分辨率将达到 30cm 左右，而数字航空摄影或利用其他航空传感器也可以达到 10～30cm 的空间分辨率。军用卫星实际上已经达到 10～15cm 的空间分辨率。

一般的多光谱传感器仅限于紫外至短波红外的范围，只有比较昂贵的热红外传感器和雷达使用长于该范围的光谱波长。其中可见光和近红外适合于植被分类和制图，短波红外的 1.5～1.8μm 适合估算植物水分，2.3～2.4μm 适合岩性识别，热红外适合温度探测，而雷达图像适合测量地面起伏和对多云地区进行制图。在微波范围也有微波辐射计等传感器，适用于土壤水分制图和冰雪探测，但这类传感器分辨率低，多用于气候和水文研究。

3.5.2 遥感数据及其特征

1. 遥感数据的分辨率

遥感数据的分辨率包括空间分辨率(地面分辨率)、光谱分辨率、时间分辨率和温度分辨率。

1) 空间分辨率

遥感图像的空间分辨率反映了对地物记录的详细程度。例如，1m 分辨率比 10m 分辨率的遥感影像记录的空间信息更为详细。一般传感器的空间分辨率由其瞬时视场的大小决定，即由传感器内的感光探测器单元在某一特定的瞬间从一定空间范围内能接收到一定强度的能量而定，但一般使用其名义分辨率，具体公式为

$$\text{名义分辨率} = \text{图像某行对应于地面的实际距离} / \text{该行的像元数} \qquad (3\text{-}5\text{-}1)$$

雷达是一种自身发射电磁能又回收这种能量的主动式系统，有真实孔径雷达和合成孔径雷达之分。因为真实孔径雷达需要很大的天线才可达到较高的雷达图像分辨率，所以现在基本上采用的主要是合成孔径雷达。这种雷达不受实际天线长度的限制，而是运用多普勒原理达到较长天线的效果。雷达图像的空间分辨率有两种：距离分辨率和方位分辨率。

(1) 距离分辨率：由雷达发送信号脉冲持续的时间和信号传播方向与地面的夹角决定，称为距离分辨率。该方向与飞行方向的地面轨迹在平面上几乎垂直。当雷达信号向其飞行底线方向传播信号时，这种分辨率达到无穷大。而在雷达侧视方向随着信号与偏离地底线的角度的增高距离分辨率不断改善，所以雷达图像都是在侧视方向得到的，这种成像雷达称为侧视雷达。雷达与利用声波进行海底测深的声呐系统操作原理接近。

(2) 方位分辨率：由雷达波束的宽度和地物离飞行底线的距离决定，而波束宽度又与雷达波长成正比，与天线的长度成反比，这种分辨率称为方位分辨率。该分辨率量测的是沿平

行于飞行底线方向的分辨能力。方位分辨率随着地物离雷达的地面距离的增加而降低,而距离分辨率则随地物离雷达的地面距离增加而提高。

2) 光谱分辨率

光谱分辨率是指传感器所能记录的电磁波谱中某一特定的波长范围值,波长范围值越窄,光谱分辨率越高,传感器的波段数就越多。例如,Landsat TM 影像只有 7 个波段,MODIS 影像有 36 个波段,Hperion 成像光谱仪的波段数是 242 个,光谱分辨率为 10nm。高光谱遥感是用很窄且连续的光谱通道对地物进行连续遥感成像的技术,是遥感技术发展历史上的一次革命性的飞跃。高光谱分辨率的成像光谱仪为每一个成像像元提供很窄的成像波段,其分辨率高达纳米数量级,光谱通道多达数十甚至数百个以上,而且各光谱通道间往往是连续的。高光谱遥感相对于传统遥感,能获得更多的光谱空间信息,在对地观测和环境调查中能够提供更为广泛的应用(张淳民等,2018)。

3) 时间分辨率

时间分辨率指的是重复获取某一地区卫星图像的周期。一般来说,高时间分辨的影像其空间分辨率较低。自然资源的动态监测对既具有高时间分辨率又具有高空间分辨率的遥感数据提出了迫切需求。

4) 温度分辨率

温度分辨率是热红外遥感特有的指标,是指可以探测到的最小温度值。目前,热红外遥感的温度分辨率可以达到 0.5K,不久的将来可达到 0.1K。

2. 扫描式传感器所获图像的几何特性

扫描式传感器与垂直摄影和倾斜摄影的几何特性如图 3-5-1 所示。从图中可以看出中心投影与多条带中心投影的区别,水平面上的直线在扫描传感器所得到的图像上会变形,而且任何垂直于平面的物体都在图像上沿垂直于飞行方向向远处移位。这一特点使得不同飞行方向对林区或高层建筑区获取的多光谱扫描图像有不同的影响。当飞行方向与太阳方位平行时,所得图像上森林或高层建筑的阴影可得到均衡分布,即一棵树或一座楼房阴阳面的影像均可得到,这是比较理想的情况。而当飞行方向与太阳方位垂直时,会得到具有阴阳两个条带的图像,即在飞行底线的一侧物体影像基本来自阳面,而在另一侧则基本来自阴面,这会增加对物体的识别难度。对具有垂直中心投影的航空像片来说,飞行方向与太阳方位无关。

3. 侧视雷达图像的几何特性

侧视雷达图像在航向的变形,即同样大小的物体随着离飞行底线距离的增加而变小,与倾斜航空像片类似。但是其与飞行底线垂直方向上的变形则较复杂,在无起伏的平原地区,同样大小的地物离雷达的距离越近,其在图像上的尺寸越小;而当地形起伏时面向雷达的山坡回射信号强而背坡弱,有时甚至会出现由山顶到山麓的成像倒错,如两排山在垂直中心投影下本应按山峰-山谷-山峰的空间次序排列,在雷达图像上却会以山峰-山峰-山谷的次序排列(图 3-5-2)。因为雷达图像这些复杂的几何特性,水平方向上的几何纠正比航空像片和扫描式遥感影像的几何校正难度大得多,所以雷达影像不太直接用于专题制图。但是利用雷达影像进行高度测量却可以达到很高精度,这一技术称为雷达干涉测量学。近些年来,为了同时利用雷达影像上丰富的地形起伏信息和可见光近红外影像丰富的光谱信息,常常需要利用图像融合技术对这两种图像进行融合处理。

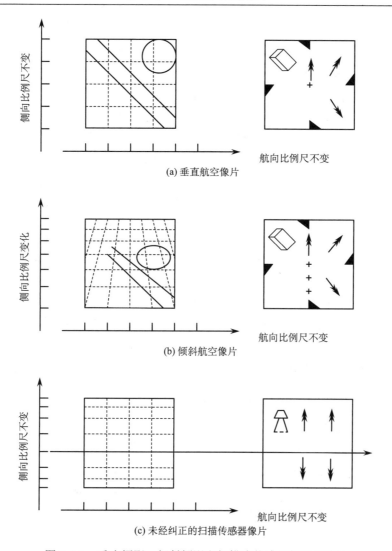

图 3-5-1　垂直摄影、倾斜摄影和扫描式传感器的几何特性

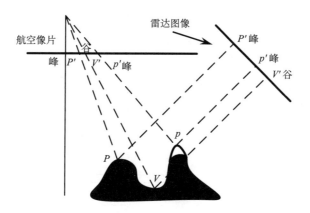

图 3-5-2　雷达图像的几何特性

4. 常用的卫星数据

常用的卫星数据按照其应用领域，可以划分为气象卫星数据、资源卫星数据、环境卫星数据、制图卫星数据等；按照其分辨率可以划分为中低分辨率卫星数据、高分辨率卫星数据等。

我国近几年也发射了一系列遥感卫星，除了气象、海洋、资源、环境减灾系列卫星以外，还发射了天绘一号、资源三号卫星等用于航天摄影测量获取空间数据。我国在高分辨率对地观测系统重大专项的支持下，已成功发射了一系列高分卫星，包括高分一号高分宽幅、高分二号亚米全色、高分三号 1m 雷达、高分四号同步凝视等多颗卫星，极大丰富了我国自主对地观测数据源。

3.5.3 遥感图像处理系统

对于 GIS 数据采集而言，遥感图像处理系统与 GIS 有着密切的关系。

能够从宏观上观测地球表面的事物是遥感的特征之一，所以通过遥感平台上的传感器采集的遥感数据几乎都是作为图像数据处理的。为此，遥感中所进行的数据处理除一部分外都属于图像处理的范畴，甚至可看成是数字图像处理。因此，遥感数据处理大多是在数字图像处理系统中进行的。通过遥感图像处理的方式获取数据是 GIS 数据获取的重要方式之一。

1. 遥感图像数据处理流程

图 3-5-3 是遥感图像数据处理的流程，图 3-5-4 是遥感图像数据处理的内容概要。

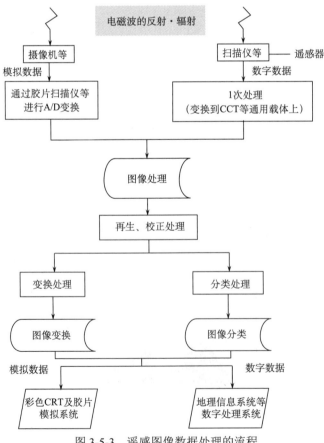

图 3-5-3 遥感图像数据处理的流程

遥感图像数据处理的流程包括如下关键步骤。

(1) 观测数据的输入：采集的数据中包括模拟数据和数字数据两种，为了把像片等模拟数据输入到处理系统中，必须用胶片扫描仪等进行 A/D 变换。对数字数据来说，因为数据多记录在特殊的数字记录器中（HDDT 等），所以必须转换到一般的数字计算机都可以读出的 CCT（computer compatible tape）等通用载体上。

(2) 再生、校正处理：对于进入到处理系统的观测数据，首先进行辐射量失真及几何畸变的校正，对于 SAR 的原始数据进行图像重建。其次，按照处理目的进行变换、分类，或者变换与分类结合的处理。

(3) 变换处理：变换处理意味着从某一空间投影到另一空间上，通常在这一过程中观测

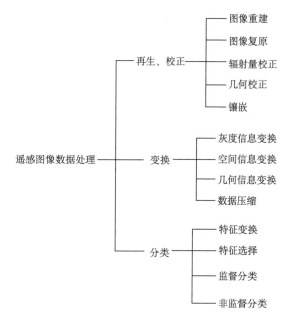

图 3-5-4　遥感图像数据处理的内容

数据所含的一部分信息得到增强。因此，变换处理的结果多为增强的图像。

(4) 分类处理：分类是以特征空间的分割为中心的处理，最终要确定图像数据与类别之间的对应关系。因此，分类处理的结果多为专题图的形式。

(5) 处理结果的输出：处理结果可分为两种情况，一种是经 D/A 变换后作为模拟数据输出到显示装置及绘图仪上；另一种是作为地理信息系统等其他处理系统的输入数据而以数字数据输出。

2. 遥感图像处理系统的基本功能

遥感图像处理系统的基本功能包括以下内容。

(1) 文件管理。打开、关闭图像数据文件，打印输出图像，多种图像数据格式的转入转出，包括 TGA、TIFF、GIF、PCX、BSQ、BMP、BIL、RAW、IMG 等。

(2) 图像编辑。任意形状裁减、粘贴，可以画直线、椭圆、矩形、多边形等。

(3) 图像浏览。建立图像多级金字塔，可以快速缩放和漫游。

(4) 图像几何处理。包括图像旋转、镜像、参数法纠正、投影变换、仿射变换纠正、类仿射变换纠正、二次多项式纠正、三次多项式纠正、数字微分纠正、图像镶嵌、图像与图像配准等。

(5) 图像增强。方法有：线性拉伸、分段线性拉伸、指数拉伸、对数拉伸、平方根拉伸、LUT 拉伸、饱和度拉伸、反差增强、直方图均衡、直方图规定化等。

(6) 图像滤波。方法有：均值滤波、加权滤波、中值滤波、保护边缘的平滑、均值差高通滤波、Laplacian 高通滤波、梯度算子、LOG 算子、方向滤波、用户自定义卷积算子等。

(7) 图像运算。分为：逻辑运算、比较运算、代数运算等。

(8) 图像统计。可以对多幅图像统计，对多个波段的同一个多边形区域进行统计，可以统计图像之间的相关系数、协方差阵、协方差阵的特征值和特征向量等。

(9) 图像分类。方法有：最大似然法、最小距离法、等混合距离法、多维密度分割等；

分类后处理方法有：变更专题、统计各类地物面积。

(10)图像变换。方法有：傅里叶(逆)变换、彩色(逆)变换、主分量(逆)变换等。

(11)图像融合。方法有：加权融合、彩色变换融合、主分量变换融合等。

(12)遥感图像制图。包括图框设计与图廓整饰信息的输入，地图注记等。

3.5.4 数字影像地图数字化

遥感图像目前一般采用数字图像处理方法，特别是对 GIS 数据采集而言。能够从宏观上观测地球表面的事物是遥感的特征之一，所以通过遥感平台上的传感器采集的遥感数据几乎都是作为图像数据处理的。通过对数字影像地图进行数字化从而获取地理空间数据是地理信息系统数据获取的重要方式之一。

数字影像包括航天遥感影像、航空摄影影像及无人机遥感影像等，其以覆盖面积大、地物表达全、获取速度快、人员投入少等特点，逐渐成为数字地图生产与更新的主要数据源。目前，利用已经获取的数字正射影像图(DOM)数据，直接在其上进行数字化，从而得到地物要素的矢量数据，是数字化地图生产与更新的一种主要作业方式，如图 3-5-5 所示。

图 3-5-5　数字影像的地图数字化示意图

数字影像地图数字化的流程如图 3-5-6 所示，具体包括以下步骤。

(1)获得数字正射影像图 DOM。DOM 是对数字影像进行数字微分纠正和镶嵌而得到的正射影像，具有精度高、信息丰富、直观逼真、获取快捷等优点。采用 DOM 作为数据源可以有效地避免因影像变形而降低地图定位的准确性。

(2)建立投影坐标系。根据地图生产与更新的需要，将影像转换成规定的投影坐标。

(3)地物判读。根据规定的地物分类规范，目视判读 DOM 的地物种类，如居民地、道路、水系、植被的范围，从而确定地类边界。

(4)对影像数据进行地图数字化。通过手动、半自动或自动(还不成熟)等方式，圈定地物位置、走向或覆盖范围，然后建立拓扑关系，并录入相应属性信息。

(5)外业调绘。外业调绘分为修测和补测。例如，由于高楼、树木阴影等的遮挡会造成一些地物无法判读，这部分需要进行外业调绘，并标注属性信息。

(6)外业调绘成果再进行地图数字化。将外业调绘的成果绘制于数字地图上，对地图数据进行更新与完善，如有拓扑变化，还需要重新建立拓扑关系。

(7)经检查验收之后，输入数据库。包括定位精度、拓扑关系及专题属性等方面的检查，检查合格后，导入数据库中，形成最新状态的数字地图。

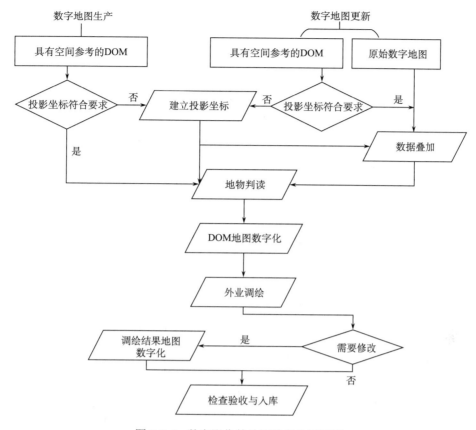

图 3-5-6 数字影像的地图数字化流程图

为保证这种数字地图生产或更新方法的成图质量，在作业过程中应尽量减少不必要的精度损失，要做好检查工作，控制每一个可能出现问题的环节，避免重复作业。

基于数字图像的地图数字化工艺流程较简单、现实性强、设备硬软件投入较少、生产成本较低，特别适用于小区域、地形复杂地图生产与更新。但该方法的人机交互处理工作量较大、自动化程度较低、生产周期长、效率低，而且测绘精度与作业员技术水平关系密切，易出错。

3.5.5 遥感与 GIS 的结合

在构建地理信息系统时，常常需要将遥感与 GIS 结合在一起综合使用。GIS 与遥感的结合有以下几个层次，如图 3-5-7 所示。

(1) 最低层次：栅格影像与矢量 GIS 的线划图叠加，遥感影像或航空数字正射影像作为 GIS 的一个基础层。这种层次的结合仅涉及两个技术问题，一是如何在内存中同时显示栅格影像和 GIS 中的矢量数据，并且要能够同比例尺缩放与漫游，这一技术随着计算机内存容量的增加能够完全解决；另一个需要解决的技术问题是几何定位，要使影像上和 GIS 中的同名点线相互套合，如果 GIS 的数据是从该影像上采集得到，相互之间的套合不成问题，如果 GIS 数据由其他线划图数字化得到，那么，即使是同一地区，影像和线划都难以完全重合，因为生产线划图和线划图的数字化产生误差，两者的误差分析已成为 GIS 和遥感的一个重要研究课题。

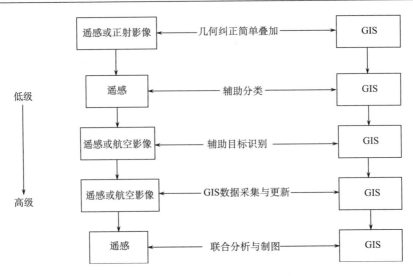

图 3-5-7 遥感与 GIS 结合的层次

(2) 第二个层次：用 GIS 的数据作为辅助信息，进行多光谱遥感的地物分类。在 GIS 中选择一些有代表性的区域作为监督分类的训练样区，或者用非监督分类的结果与 GIS 中的地物进行对比、校正或确定分类结果的地物类型。

(3) 第三个层次：与第二个层次类似，不过这里涉及线性目标的识别或人工地物的边缘提取，所用的影像可能是单波段的灰度影像。这里所采用的技术可能比遥感影像分类更深奥。它主要根据几何特征对线性目标或人工地物进行识别，如在立体影像中提取道路或建筑物。在这一层次，GIS 中的信息也是很有用的。可以在 GIS 数据库中发现不少知识，如道路网的布设规律，道路所对应影像灰度等。这些先验知识都可以用于目标的识别或校正。但是在遥感界和数字摄影测量领域，影像的目标识别虽然已列为一个重要的研究课题，但是 GIS 作为辅助信息仍然没有得到十分有效地利用。

(4) 第四个层次：利用遥感和数字摄影测量技术对 GIS 进行数据采集和对 GIS 数据库进行更新。对遥感分类的结果进行矢量化，构建拓扑关系，输入属性，制作专题图或符号地图。利用数字摄影测量重建地形表面，生成 DEM，直接作为 GIS 的一个层；影像识别获取地物目标的线划图，本身就是矢量数据，很容易进入 GIS，问题是需要将它们集成在一起。遥感或数字摄影测量所得到的矢量数据，直接就采用 GIS 软件接受的数据格式或通过 API 函数写入到 GIS 数据库中，而不是经过数据的转换进入某一个地理信息系统。遥感或数字摄影测量用于 GIS 的数据库更新则相对复杂一些，最简单直接的方式是采用人工判别和手工作业的方法进行 GIS 的更新。但是如果能利用某一种手段或程序，自动标示出已经变化的区域和地物目标，并自动更新 GIS 数据库，则是一种最有意义、最富有挑战性的方法。

(5) 最高层次：GIS 和遥感进行最高级别的结合是两者之间进行联合的空间分析。例如，利用遥感影像圈定洪水淹没的区域，与该地区原有的 GIS 套合，进行叠置分析，即可得到被洪水淹没的农田、房屋、人口等统计数据。用遥感进行水稻估产时，若利用准确的 GIS 数据进行套合，既可以从遥感影像上发现一些影响水稻产量的特征，也可以通过 GIS 与遥感的联合分析得到水稻的耕种面积和产量。这种将 GIS 和遥感结合的方式大大扩充了 GIS 软件的空间分析功能。

以上五种结合方式的划分,并不是依照技术的进展进行阶段性地划分。实际上有些软件,可能同时具有以上五种结合方式的处理能力,也可能有些软件具有利用影像进行 GIS 数据采集的能力而缺乏利用 GIS 信息辅助影像目标识别的功能。从软件系统的发展来看,GIS 与遥感已经达到了"无缝结合"的阶段(图 3-5-8),将来的发展可能采取集成化程度更高的整体结合方式(图 3-5-9)。

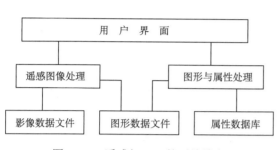

图 3-5-8 遥感与 GIS 的无缝结合

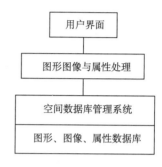

图 3-5-9 遥感与 GIS 的整体集成

遥感图像已经逐步成为地理信息系统最重要的数据源,直接利用遥感图像提取地理空间信息已经成为地理信息系统获取空间数据的主要方式。有关遥感图像处理的更详细内容,请参考《测绘学概论》(宁津生等,2004)和《遥感原理与应用》(孙家抦,2013)。

3.6 点云数据采集

随着 LiDAR 等激光遥感技术的发展,基于点云的数据采集正逐步成为地理信息系统的重要数据源之一。LiDAR 是 light detection and ranging 的英文缩写,称为激光雷达,是激光扫描与探测系统的简称。LiDAR 测量技术是 20 世纪 90 年代发展起来的一门遥感技术,具有精确、快速、直接获取三维信息的优势,受到越来越广泛的关注与应用。LiDAR 是激光扫描测距技术、计算机技术、高精度动态载体姿态测量技术(INS)和高精度动态 GNSS 差分定位技术迅速发展的集中体现,为快速高效获取测区的三维信息提供了强有力的技术支持。它作为一种新兴的空间对地观测技术,在三维空间信息的实时获取方面产生了重大突破,可以快速、主动、实时、直接获得大范围地表及地物密集采样点的三维信息,迅速在测绘、林业等相关行业推广应用,同时广泛而深入地应用于地形测绘、土地利用分类、海岸带监测、城市三维建模、城市变化检测及城市道路提取与规划等领域。

20 世纪 80 年代,以美国和德国为首的发达国家开始积极开展机载激光雷达技术的可行性研究,其标志性成果是 1990 年德国 Ackermann 教授领衔研制的在斯图加特大学诞生的世界上第一个激光断面测量系统。1989 年至 1993 年,斯图加特大学两位博士生将 GNSS 接收机、惯性测量系统 IMU 以及激光扫描仪集成在一起,利用 GNSS 获取扫描仪中心的位置坐标和 IMU 测定扫描仪的三个姿态角的功能,完成了一系列的测量试验,当时的系统就成为现代 LiDAR 系统的雏形。1993 年,德国出现首个商用机载激光雷达系统 TopScan。目前,生产激光雷达系统的公司主要有 Leica、Optech、TopoSys、Riegl、IGI、TopEye、TopScan 等。

三维激光扫描仪作为现今时效性最强的三维数据获取工具可以划分为不同的类型。按照三维激光扫描仪的有效扫描距离进行分类，可分为短距离激光扫描仪、中距离激光扫描仪、长距离激光扫描仪、航空激光扫描仪四种，其中长距离和航空激光扫描仪主要用于 GIS 的空间数据采集。扫描距离大于 30m 的三维激光扫描仪属于长距离三维激光扫描仪，主要应用于建筑物、矿山、大坝、站场、大型土木工程等的测量。例如，奥地利的 Riegl、瑞士的 Leica、美国的 Faro 等都属于这类扫描仪，扫描距离达到 100~1000m。航空激光扫描仪的扫描距离通常大于 1000m，并且需要配备精确的导航定位系统，可用于大范围的地形扫描测量，即通常所称的机载 LiDAR 系统，该系统主要是通过激光雷达来发射脉冲信号至被测物，反射后的信号传递至 LiDAR 系统，然后根据后台数据分析获得被测物的各项目标数据。该系统使得测量数据的获取和处理更加快捷，因此广泛应用于地形测绘、环境监测、城市三维建模、地球科学、行星科学等众多领域。

通常情况下，LiDAR 系统按照搭载平台的不同可以分为：机载(或星载)激光扫描系统、地面型激光扫描系统、便携式激光扫描系统。其中机载 LiDAR 多用于大比例尺地形测量，如地形图绘制等；而地面 LiDAR 适合更精细、更高精度的复杂地物量测，如古建筑三维模型重建、复杂场馆量测等。不管是机载 LiDAR 还是地面 LiDAR，其本质都是利用光的反射原理。LiDAR 系统包括一个单束窄带激光器和一个接收系统，激光器产生并发射一束光脉冲，打在物体上并反射回来，最终被接收器所接收，接收器准确地测量光脉冲从发射到被反射回的传播时间。因为光脉冲以光速传播，所以接收器总会在下一个脉冲发出之前收到前一个被反射回的脉冲。鉴于光速是已知的，传播时间即可被转换为对距离的测量。结合激光器的高度、激光扫描角度、从 GNSS 得到的激光器的位置和从 INS 得到的激光发射方向，就可以准确地计算出每一个地面光斑的坐标(X, Y, Z)。激光束发射的频率可以从每秒几个脉冲到每秒几万个脉冲，这样，一个频率为每秒一万次脉冲的系统，接收器将会在一分钟内记录六十万个点。

LiDAR 技术的优点：①采用主动性的工作方式，不受日照和天气条件的限制，能够全天候实施对地观测；②具有很强的穿透能力，能部分地穿透树林遮挡，直接获取真实地面的高精度三维地形信息；③作业安全，能进行危险地区(如沼泽地带、大型垃圾堆等)的测图工作；④可以同其他技术手段集成使用(如可与传统的航空摄影测量及红外遥感等结合组成一套新的功能更强的遥感系统)，为空间信息智能化处理提供新的融合数据源；⑤作业周期快，易于更新，而且时效性强，可很快提取测区的 DEM 数据。

基于 LiDAR 点云的测量包括机载 LiDAR 点云测量和地面 LiDAR 点云测量两类。

机载 LiDAR 集成三维激光扫描、高动态载体位置姿态测量(GNSS/IMU)和高精度同步控制等，由测量系统载体、差分 GNSS 系统、惯性导航系统(IMU)、三维激光扫描设备、CCD 相机成像设备、同步作业控制装置和计算机存储设备构成。三维激光扫描测距装置测量传感器到地面点的距离；高精度惯性导航系统测量扫描装置主光轴的空间姿态参数；基于差分技术的全球导航卫星定位系统(GNSS)用于确定扫描中心的空间位置；高分辨率 CCD 数码相机，用于获取对应地面的彩色数码影像，最终用以上数据制作正射影像。目前国内外常用的作业平台主要是固定翼飞机和直升机，此外，还有飞艇、热气球等航空器。

机载 LiDAR 测量是由空间可以确定坐标的一点(扫描器中心)发射出的激光脉冲经地表物体返回到接收器，并由时间间隔测量装置自动记录时间，并计算出地表物体到空中点的向量距离，从而由空间点坐标、向量距离计算出地面点三维坐标。首先，机载 GNSS 通过与地面 GNSS 接收机同步接收卫星信号，利用差分 GNSS 技术解算得到激光扫描中心某一瞬间的空间位置。同时，惯性导航系统(IMU)实时测量飞机的三维姿态角度、速度和加速度，并结合 GNSS 所获取的空间位置，拟合推导出激光扫描中心各个瞬间的空间位置及其姿态角。激光扫描测距系统则通过发射和接收激光脉冲，并通过时间间隔测量装置计算回波的往返时间，通过其往返时间可计算出激光扫描中心到地表物体的距离。进一步利用 GNSS 所获取的空间位置以及 IMU 确定的三维姿态角和空间距离即可计算出地表物体的空间位置。此外，还必须顾及一些系统安置偏差参数，如激光测距光学参考中心相对于 GNSS 天线相位中心的偏差，激光扫描器机架的三个安装角，即倾斜角、仰俯角和航偏角，IMU 机体同载体坐标轴间的不平行等。这些参数都需要通过一定的检校方法来测定。

航空摄影测量与机载 LiDAR 测量技术之间有着显而易见的差异，综合比较如表 3-6-1 所示。表中内容说明如下：

表 3-6-1 航空摄影测量与机载 LiDAR 测量的主要区别

项目	摄影测量	LiDAR 系统
测量方式	被动式测量	主动式测量
数据采集方式	覆盖整个摄影区域	逐点采样
地面点坐标	间接获取地面三维坐标	直接获取地面三维坐标
数据特点	获取高质量的灰度影像或多光谱数据	能够识别比激光斑点小的物体，如输电线等
技术水平	软硬件经多年发展已比较成熟	新技术需不断发展，具有很大发展潜力
传感器类型	可利用的传感器类型很多(多光谱、线阵 CCD 等)	可供选择传感器类型较少
飞行计划制定	飞行计划相对简单	飞行计划相对复杂，要求较苛刻
飞行带宽	相同飞行高度下飞行带宽较宽，覆盖面积大	飞行带宽较窄，容易形成漏飞区域
气候影响	受天气影响	理论上能全天候采集数据，实际上背景反射越弱，测距效果越好
自动化程度	数据处理自动化程度低，特别是处理航片时需要人工干预	容易实现数据处理自动化
采样率	GNSS(INS 可选)，GNSS/INS 数据采样率低	GNSS/INS 数据采样率高

(1) 航空摄影测量处理的数据是灰度影像，主要产品有 DEM、DSM 和正射影像；机载 LiDAR 可直接获取地表物体三维点云坐标以及强度信息，影像包括真彩色影像和近红外影像，获取数据多元化，制作 2D 和 3D 产品更加方便、快捷。

(2) 航空摄影测量处理理论及方法非常成熟，处理过程较复杂。作为一种多传感器集成系统，机载 LiDAR 集成度高，数据后期处理自动化程度高，处理速度快。

(3) 机载 LiDAR 采取激光脉冲测量，获取的原始数据精度较高，密度也大，但其是离散点测量，数据采集并不能保证采集到关键点地形。在地形起伏的地方得到的 DEM 往往因平滑而丢掉一些重要的地形特征信息，但在较平坦地区，其精度可达到 10cm 左右。

(4) 机载 LiDAR 与航空摄影测量相比，存在更多影响误差的因素，误差传播模型更加复杂。机载 LiDAR 系统的高程精度受到平面精度的影响，系统的姿态误差对高程精度的影响会随着扫描角的增大而增大，尤其是飞行高度较高时，以及在坡度较大的地方，平面位置的精度也会影响高程精度。

(5) 由于激光扫描角度的限制，在大面积作业时，航空摄影测量比机载 LiDAR 更具优势。假设飞行高度和飞行速度相同，航带间的重叠度也一样，航空摄影测量(FOV 为 75°时)拍摄的区域面积是机载 LiDAR 扫描面积的 2 倍以上。

(6) 生产时间上，航空摄影测量要比机载 LiDAR 生产周期长。

(7) 就成本而言，对于同一项任务，机载 LiDAR 实现的成本仅为航空摄影测量实现成本的 25%~33%。

机载 LiDAR 是一种方便、快速、经济的空间数据获取方法，具有很大的发展潜力。随着计算机技术和硬件设施的发展，其在数据处理和系统集成方面将有更大的提升潜力。伴随技术的日益成熟，其应用领域也将越来越广。

机载 LiDAR 数据处理的作业流程包括外业测量、LiDAR 数据预处理、后处理等。外业测量过程包括制订飞行计划、设定 GNSS 基站、设置控制点、进行激光扫描测量等。通过外业测量，可获得机载 LiDAR 点云数据。LiDAR 数据预处理主要包括误差校正、数据拼接、点云去噪等几个步骤。LiDAR 数据后处理包括：LiDAR 点云滤波、LiDAR 点云分类、构建三维模型等。

机载激光雷达测量技术的出现有望在建筑物的三维重建方面产生突破。高精度、高分辨率的机载激光雷达数据不仅提供场景表面细致的三维信息，同时还能提供一定波谱的强度信息，这将在很大程度上改变传统通过航空影像进行建筑物三维重建的局限性。首先根据分割后的激光脚点数据确定建筑物的平面位置，然后通过平面匹配等过程重建出建筑物顶部的结构模型。建筑物的侧面纹理由数码相机获得，而建筑物的顶面纹理则由航空遥感数据获得，对于无法获取的纹理信息，可简单地以人工纹理或某一颜色表示。

地面 LiDAR 系统是将三维激光扫描仪器安装在固定的三脚架上或移动测量车上对地表的地物、地貌进行测量与建模。其工作过程与机载 LiDAR 相近，主要包括点云数据获取、点云数据预处理、三维建模、模型修补等。

机载 LiDAR 点云数据具有较高的高程精度，但缺乏光谱、纹理信息，而单片或单景高分辨率影像具有较高的平面精度，但是缺乏高程信息，必须有立体像对，才能获得高程。在困难地区，即使有立体像对也难以获得较高的高程精度。因此，融合 LiDAR 点云和高分辨率光学影像，是三维可视化、地物三维提取、三维线划图(3D DLG)提取的有效途径之一。

LiDAR 直接获得点位三维坐标的功能提供了传统二维数据缺乏的高度信息，同时利用高分辨率的数码相机同步获取地面的地物地貌真彩色或红外数字影像信息，作为一种数据源，对目标进行分类识别或作为纹理数据源。影像数据具有明显的建筑物轮廓边缘信息，但得到的高程精度没有平面位置精度高，而 LiDAR 数据具有较高的点位精度，但其点位很难正好是建筑物边缘点。

为提高建筑物的建模精度，可以利用 LiDAR 获得的点云数据和摄影测量获得的影像数据相结合的方式。例如，可以综合利用 LiDAR 数据和摄影测量的影像数据进行屋顶面片的提取(程亮等，2013)。

3.7 属性数据获取

属性数据亦称为统计数据或专题数据。属性数据是对目标的空间特征以外的目标特性的详细描述。属性数据包含了对目标类型的描述和对目标的具体说明与描述。目标类型的定义是每个空间目标所必需的，所以该项内容也称为地物类型的定义，有些 GIS 软件直接将该项内容记录到空间数据中，以便进行符号化和分层分类显示。其他说明信息则视需要而定。有些地物类型可能不需要说明属性,如陡坎、小路等,而有些地理目标的属性很多,如在地籍信息系统中,一个地块的属性可能有30~40项,包括了地块的面积、位置坐落、使用年限、价格、批准日期等。

属性数据一般采用键盘输入。输入的方式有两种,一种是对照图形直接输入,另一种是预先建立属性表输入属性,或从其他统计数据库中导入属性,然后根据关键字或目标标识(OID)与图形数据自动连接。

属性数据一般为字符串和数字。但随着多媒体技术的发展,图片、录像、声音和文本等也常作为空间目标的描述特性,所以也可以作为属性数据进行收集和处理。

属性数据获取主要在于资料的收集,主要包括:城市人口、交通信息等社会环境数据,水系、基础地质等自然资源数据,土地资源、矿产资源等自然资源与能源数据。在建立地理信息系统之前,首先要进行详细的用户调查,调查需要存储哪些属性数据,这些属性数据在什么单位收集等。

3.8 众源地理数据获取

众源地理数据主要是指那些来源广泛,通常由非专业个人或单位生产的地理数据。它随着导航定位、互联网等现代技术的发展和普及而产生,并逐步成为一种重要的地理空间数据获取方式。用户利用智能手机、iPad、GNSS 接收机等收集某一时刻的位置信息,然后借助 Web2.0 的标注和上传功能,使得用户成为数据和信息的提供者。代表性的众源地理数据有 GNSS 路线数据(如 OpenStreetMap,简称 OSM),用户协作标注编辑的地图数据(如 Wikimapia),各类社交网站数据(如 Twitter,Facebook 等),街旁用户签到的兴趣点数据等。

众源地理数据的出现与日渐增多将深刻影响现有地理信息科学的发展方向和产业化模式。众源地理数据需要解决如何与已有数据源融合进行低成本、快速、高精度的数据更新问题。公众对地理信息传播和共享的需求是众源地理数据产生的社会条件,同时,地理信息相关知识和技术逐渐被公众认识和了解也推动了其发展。众源地理数据中蕴含着丰富的人文信息和知识,需要利用空间数据和时空大数据分析技术提取信息、挖掘知识。

众源地理数据处理与分析的关键技术包括(单杰等,2014;2017):

(1)众源地理数据的质量评价。众源地理数据一般由缺乏足够地理信息知识和专业训练的非专业人士提供,因此存在数据质量问题,需要对其进行质量分析和评价。

(2)众源地理数据的信息提取与更新。以众源地理数据作为数据源,具有低成本和高时效的优势,可以实现地理信息的快速提取和及时更新。例如,Goodchild指出,在研究印度洋海啸等严重自然灾害时,从传统的遥感影像上获取道路因影像有云或浓烟遮蔽而受限制时,利用当地众源用户在 Google Earth 上及时标识的地物信息可以更加有效地补充数据库(Goodchild,2017)。

(3)众源地理数据的分析与挖掘。众源地理数据作为一种由大众采集并向大众提供的开放地理数据,蕴含着丰富的空间信息和规律性知识。利用空间数据分析和挖掘方法可以从中提取信息、挖掘知识,从而为具体应用提供服务。众源地理数据分析与挖掘技术包括:众源地理数据拓扑分析、利用众源地理数据探索地理空间的无标度特性、利用众源地理数据进行导航分析、众源交通数据挖掘等(单杰等,2014)。

3.9 空间数据质量

我们在获取地理空间数据时，必须要考虑空间数据的质量。数据质量是指数据适用于不同应用的能力，只有了解数据质量之后才能判断数据对某种应用的适宜性。

3.9.1 空间数据质量的概念

空间数据质量是指地理数据正确反映现实世界空间对象的精度、一致性、完整性、现势性及适应性的能力。

空间数据质量可从以下几个方面来考察。

(1)准确度(accuracy)：即测量值与真值之间的接近程度，可用误差(error)来衡量。如两地间的距离为 100km，从地图上量测的距离为 98km，那么地图距离的误差为 2km；若利用 GNSS 量测并计算两点间的距离为 99.9km，则误差是 0.1km，因而利用 GNSS 比地图量测距离更准确。

(2)精度(precision)：即对现象描述的详细程度。如对同样两点，用 GNSS 测量可得 9.903km，而用工程制图尺在 1:100000 地形图上量算仅可得到小数点后两位，即 9.85km，9.85km 比 9.903km 精度低，但精度低的数据并不一定准确度也低。如在计算机中用 32bit 实型数来存储 0~255 范围内的整数，并不能因为这类数后面带着许多小数位而说这类数比仅用 8bit 的无符号整型数存储的数更准确，它们的准确度实际上是一样的。若要测地壳移动，用精度仅在 2~5m 的 GNSS 接收机测量当然是不可能的，需要用精度在 0.001m 量级供大地测量用的 GNSS 接收机。准确度与精度可以用图 3-9-1 的 A、B 两人打靶图结果来描述，图(a)、(b)中 A、B 准确度一致，但 A 的精度高于 B，而图(c)中 A 的准确度低于 B，但 A 的精度高于 B。

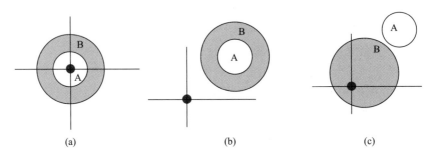

图 3-9-1 数据准确度、精度图示表达

(3)不确定性(uncertainty)：指某现象不能精确测得，当真值不可测或无法知道时，我们就无法确定误差，因而用不确定性取代误差。统计上，用多次测量值的平均来计算真值，而用标准差来反映可能的误差大小。因此可以用标准差来表示测量值的不确定性。然而欲知标准差，就需要对同一现象做多次测量。例如，由于潮汐的作用，海岸线是某一瞬间海水与陆地的交界，是一个大家熟知的不能准确测量的值；又如高密度住宅或常绿阔叶林，当地图或数据库中出现这类多边形时，我们无法知道住宅密度究竟多高，该处常绿阔叶林中到底有哪几种树种，而只知道一个范围，因而这类数据是不确定的。一般而言，从大比例尺地图上获

得的数据，其不确定性比小比例尺地图上的小，从高空间分辨率遥感图像上得到的数据的不确定性比低分辨率数据的小。

(4) 相容性(compatibility)：指两个来源的数据在同一个应用中使用的难易程度。例如，两个相邻地区的土地利用图，当要将它们拼接到一起时，两图边缘处不仅边界线可良好地衔接，而且类型也一致，称两图相容性好，反之，若图上的土地利用边界无法接边，或者两个城市的统计指标不一致造成了所得数据无法比较，则称为相容性差或不相容。这种不相容可以通过统一分类和统一标准来减轻。

另一类不相容性可从使用不同比例尺的地图数据看到，一般土壤图比例尺小于1:100000，而植被图则在 1:15000 至 1:150000 之间，当使用这两种数据进行生态分类时，可能出现两种情况：①当某一土壤的图斑大小使它代表的土壤类型在生态分类时可以被忽略；②当土壤界线与某植被图斑相交时，它实际应该与植被图斑的部分边界一致，这种状况使得本该属于同一生态类型的植被图斑被划分为两类，造成这种状况的原因可能是土壤图制图时边界不准确，或由于制图综合所致。显然，比例尺的不同会造成数据的不相容。

(5) 一致性(consistency)：指对同一现象或同类现象的表达的一致程度。例如，同一条河流在地形图和在土壤图上的形状不同，或同一行政边界在人口图和土地利用图上不能重合，这些均表示数据的一致性差。

逻辑的一致性指描述特征间的逻辑关系表达的可靠性。这种逻辑关系可能是特征的连续性、层次性或其他逻辑结构。例如，水系或道路是不应该穿越一个房屋的，岛屿和海岸线应该是闭合的多边形，等高线不应该交叉等。有些数据的获取，由于人力所限，是分区完成的，在时间上就会出现不一致。

(6) 完整性(completeness)：指具有同一准确度和精度的数据在特定空间范围内完整的程度。一般来说，空间范围越大，数据完整性可能越差。数据不完整的例子很多，例如，计算机从 GNSS 接收机传输位置数据时，由于软件受干扰的缘故，只记录下经度而丢失了纬度，造成数据不完整；GNSS 接收机无法收到 4 颗或更多的卫星信号而无法计算高程数据；某个应用项目需要 1:50000 的基础底图，但现有的地图数据只覆盖项目区的一部分。

(7) 可得性(accessibility)：指获取或使用数据的容易程度。保密的数据按其保密等级限制使用者的多少，有些单位或个人无权使用；公开的数据则按价钱决定可得性，太贵的数据可能导致用户另行搜集，造成浪费。

(8) 现势性(timeliness)：指数据反映客观现象目前状况的程度。不同现象的变化频率是不同的，如地形、地质状况的变化一般来说比人类建设要缓慢。但地形可能会由于山崩、雪崩、滑坡、泥石流、人工挖掘及填海等原因而在局部区域改变，由于地图制作周期较长，局部的快速变化往往不能及时地反映在地形图上，对那些变化较快的地区，地形图就失去了现势性。城市地区土地覆盖变化较快，这类地区土地覆盖图的现势性就比发展较慢的农村地区会差些。

数据质量的好坏与上述种种数据的特征有关，这些特征代表着数据的不同方面。它们之间有联系，如数据现势性差，那么用于反映现在的客观现象就可能不准确；数据可得性差，就会影响数据的完整性；数据精度差，则数据的不确定性就高；等等。

3.9.2 空间数据误差来源及其类型

1. 数据误差或不确定性的来源

数据的误差大小即数据的不准确程度是一个累积的量。数据从最初采集,经加工最后到存档及使用,每一步都可能引入误差。如果在每步数据处理过程中都能做质量检查和控制,则可了解不同处理阶段数据误差的特点及其改正方法。误差分为系统误差和随机误差(偶然误差)两种,系统误差一经发现易于纠正,而随机误差则一般只能逐一纠正,或采取不同处理手段以避免随机误差的产生。从对数据的处理过程来看,GIS 数据误差的主要来源如表 3-9-1 所示(陈俊和宫鹏,1998);而按误差特征来看,GIS 数据的误差来源如表 3-9-2 所示。

表 3-9-1 空间数据的主要误差来源(按数据处理过程)

数据处理过程	误差来源
数据采集	野外测量误差:仪器误差、记录误差 遥感数据误差:辐射和几何纠正误差、信息提取误差 地图数据误差:原始数据误差、坐标转换、制图综合及印刷等误差
数据输入	数字化误差:仪器误差、操作误差 不同系统格式转换误差:栅格-矢量互换、三角网-等值线互换
数据存储	数值精度不够 空间精度不够:格网或图像太大、地图最小制图单元太大
数据处理	分类间隔不合理 多层数据叠加引起的误差传播:插值误差、多源数据综合分析误差 比例尺太大引起的误差
数据输出	输出设备不精确引起的误差 输出的媒介不稳定造成的误差
数据使用	对数据所包含信息的误解 对数据信息使用不当

表 3-9-2 空间数据的主要误差来源(按误差特征)

误差特征	误差来源
明显误差	数据年代、地图比例尺、数据格式、数据的可接近性、数据代价
原始测量误差	位置误差、属性误差、数据输入输出误差、观测者偏差、获取数据时不同环境所引起的误差、自然变化
数据处理误差	计算机字长引起的误差、处理模型引起的误差、逻辑误差、地图叠置误差、拓扑关系所造成的误差、分类及处理方法引起的误差

2. 数据的误差类型

史文中(2005)按数据处理过程分析了数据误差的累积过程。他将地形图的误差分为五类:①地形图的位置误差;②地形图的属性误差;③时间误差;④逻辑不一致性误差;⑤不完整性误差。将数据转换和处理的误差分为三类:①数字化误差;②格式转换误差;③不同 GIS 系统间数据转换误差。将利用 GIS 的数据进行各种应用分析时的误差分为两类:①数据层叠加时的冗余多边形；②数据应用时由应用模型引进的误差。

这些误差分类对于了解误差分布特点、误差源和处理方法，以及误差产生的特点有很多好处。归纳起来，数据的误差主要有四大类，即几何误差、属性误差、时间误差和逻辑误差。数据不完整性可以通过上述四类误差反映出来。事实上检查逻辑误差，有助于发现不完整的数据和其他三类误差。对数据进行质量控制或质量保证或质量评价，一般先从数据逻辑性检查入手。如图 3-9-2 所示，桥或停车场等与道路是相接的，如果数据库中只有桥或停车场，而没有与道路相连，则说明道路数据被遗漏，而使得数据不完整。属性误差的例子如多边形边界两旁的属性类型应该不相同；同一类生态环境条件下，早发生林火的地区植被长势比晚发生林火的区域差，是时间误差的例子。这些均可从图 3-9-2 中看到。

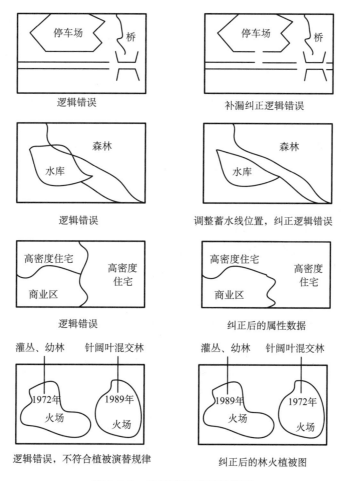

图 3-9-2　各类逻辑错误及修正

3.9.3　几何误差及其描述

在二维平面上的几何误差主要反映在点和线上。

1. 点误差

关于某点 A 的点误差即为测量位置 (x, y) 与其真实位置 (x_0, y_0) 的差异（x_0, y_0 用比 x, y

更精确的测量方法得到,如 x_0,y_0 可以在野外使用高精度 GNSS 或全站仪测量方法得到)。点误差可通过计算坐标差和距离的方法得到。

坐标误差定义为

$$\begin{cases} \Delta x = x - x_0 & X\text{轴方向坐标误差} \\ \Delta y = y - y_0 & Y\text{轴方向坐标误差} \end{cases} \quad (3\text{-}9\text{-}1)$$

可见,理想状态下,$\Delta x = \Delta y = 0$,否则,Δx,Δy 可正可负。距离误差可以有多种定义,一般采用欧氏距离:

$$\Delta D = (\Delta x^2 + \Delta y^2)^{1/2} \quad (3\text{-}9\text{-}2)$$

理想状态下 $\Delta D = 0$,否则 $\Delta D > 0$。

为了衡量整个数据采集区域或制图区域的点误差,一般抽样测算$(\Delta x,\Delta y)$或 ΔD。抽样点应随机分布于数据采集区内,并具有代表性。这样抽样点越多,所测的误差分布就越接近于点误差的真实分布。但是,测量(x,y)代价也会很大,所以抽样点数的多少受到费用的限制。

对点误差的统计分布研究并不多,但是人们常常假定其分布是正态的,并根据这一假定来确定误差的置信域。假设已知 4 个点的测量值和真实位置,相应的坐标误差和距离误差及其平均误差和平均误差的标准差列于表 3-9-3,若测量误差为随机的,而且抽样点的个数较多,Δx、Δy 的平均值应当接近于 0。若平均值偏离 0,则有系统误差。还可以用 Δx、Δy 来分析误差相对于真值的分布和方向。

表 3-9-3 中 ΔD 的平均值 1.46 可以反映点误差的平均幅度,而它仅反映有 50%左右的点误差落在 0～1.46。要达到更高的置信域,需要使用标准差,如图 3-9-3 所示。欲确定 80%或 95%的置信域,需从正态分布表中查得相应的 Z 值,即 $Z_{80\%}=0.84$,$Z_{95\%}=1.645$。置信域为

$$D = Z \cdot S + M \quad (3\text{-}9\text{-}3)$$

表 3-9-3 误差举例

项目	测量值/m		真实位置/m		坐标误差		距离误差
	x	y	x_0	y_0	Δx	Δy	ΔD
点 A	49	51	50	50	−1	1	1.41
点 B	148	35	150	35	−2	0	2.00
点 C	170	131	170	130	0	1	1.00
点 D	101	169	100	170	1	−1	1.41
平均误差 M					−0.5	0.25	1.46
标准差 S					1.29	0.96	0.41

由图 3-9-3 可知,在 80%和 95%置信度时的置信域分别为 1.80 和 2.13。95%置信度和对应置信域[0,2.13]意味着 95%的点误差落在[0,2.13],严格地说应该是点误差落入[0,2.13]区间的概率为 0.95。

按点误差的正态分布假设,可以建立点误差的分布模型(图 3-9-4)。这种分布模型由 Δx,Δy 的均值和协方差矩阵确定。每个点误差分布频率椭圆刻划着一个概率水平 P,即点误差落

入椭圆内的概率为 P。

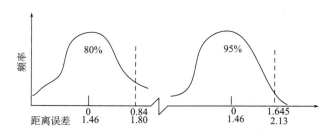

图 3-9-3 置信域与标准差

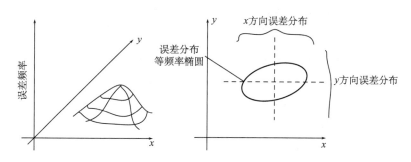

图 3-9-4 点误差的分布模型

2. 线误差

线在 GIS 数据库中既可以表示线状目标,又可以通过连成的多边形表示面状目标。有些线在真实世界中是容易找到的,如道路、河流、市政或行政边界线等,而有些线却在现实世界中难以找到,如按数学投影定义的经纬线,按高程绘制的等高线,或者是气候区划线和土壤类型界线等。前一类的线性特征的误差主要产生于测量和对数据的后续处理,后一类线性特征的线误差及在确定线的界限时的误差,被称为解译误差(史文中,2005)。所以,在研究由于对自然现象分类产生的类型界线,如地质类型、植被类型、土壤类型、气候类型以及更为综合的类型,如生态类型、自然区划类型等界线时,应注意解译误差。解译误差与属性误差直接相关,若没有属性误差,则可以认为那些类型界线是准确的,解译误差为零。

从另一个角度看,线分为直线、折线、曲线与直线混合的线。确定和表达直线或折线的误差与曲线的误差是不同的。GIS 中的折线误差、曲线误差对比如图 3-9-5 所示,其中黑色实线为真实位置,虚线为测量位置。

直线的误差分布一般以线的起点和终点处最大而中点误差最小(史中文,2005)。而用折线表达的曲线误差,一般在折线线段端点处较小,而在线段中点处较大(图 3-9-5)。

我们可以把直线和折线误差分布的特点分别看作是"骨头型"和"车链型"的误差分布带模式(图 3-9-6)。但是需要强调的是,对于现实世界中的曲线,这种误差分布带的模式是不合理的。对于曲线的误差分布或许应当考虑"串肠型模式"(图 3-9-7)。

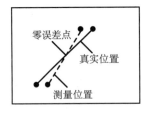 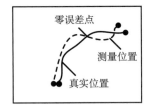

图 3-9-5 GIS 中折线与曲线误差的比较

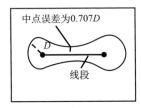 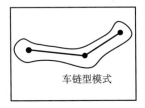

图 3-9-6 直线和折线误差分布带模式

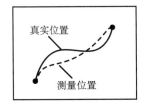 

图 3-9-7 串肠型模式的误差表示方法

3.9.4 属性误差及其描述

1. 属性误差

属性数据可以分为命名、次序、间隔和比值四种测度。间隔和比值测度的属性数据误差可以用点误差的分析方法进行分析评价，这里主要讨论命名和次序这类属性。多数专题数据制图之后都用命名或次序数据表现。例如，土地覆盖图、土地利用图、土壤图、植被图等的内容主要为命名数据，而反映坡度、土壤侵蚀度或森林树木高度的数据多是次序数据。如将土壤侵蚀度划分为四级，用 1 代表轻度侵蚀，而用 4 代表最重的侵蚀。考察空间任意点处定性属性数据与其真实的状态是否一致，只有两种答案，即对或错。因此我们可以用遥感分类中常用的准确度评价方法来评价定性数据的属性误差。

定性属性数据的准确度评价方法比较复杂。它受属性变量的离散值(如类型的个数)，每个属性值在空间上的分布和每个同属性地块的形态和大小，检测样点的分布和选取，以及不同属性值在特征上的相似程度等多种因素的影响。估算属性误差的方法请参阅《实用地理信息系统——成功地理信息系统的建设与管理》一书(陈俊和宫鹏，1998)。

2. 属性数据的不确定性

下面以土地利用类型为例简单介绍属性数据的不确定性。假设某地共有城市、植被、裸地和水面四类。土地利用图一般根据航空像片解译或对卫星遥感数据进行计算机分类得到。熟悉遥感的人都知道，一个图像像元有多种土地利用类型。航空像片解译的结果是一个个的多边形，某个多边形往往是合并了许多不同的土地覆盖类型的结果，所以也常常包含其他土地利用成分。例如，城市中有水面，但如果水面面积较小，它就被合并到城市土地利用的其他类型中。对于其他类型来说，也有同样的情况。很少有整片完全裸露的土地，裸地上也多多少少有植被覆盖，当植被覆盖在10%以下时，整块地都会被分为裸地。可见，我们最终得到的土地利用图是不确定的。我们难以确定某个土地利用类型中其他土地利用类型到底含有多大的比例，而且这种比例在空间上的分布是变化的，因此，根据这类土地利用类型图所得到的面积统计一般会有偏差。例如，一块被分类为植被类型的土地如果实际由30%的裸地、10%的水面和60%的植被覆盖所组成，在这种情况下如果记录了植被类型，则有40%的不确定性。如果我们在航空像片解译或遥感图像分类时将其他类型可能占的比例也估算出来，那么就可以大大降低不确定性。如果在上面的例子中我们得到的各类比例为植被 55%、裸地28%、水面15%、城市 2%，则植被被低估 5%，裸地被低估 2%，水面被高估 5%，城市被高估 2%。这样总的不确定性是四类土地利用类型估计误差的绝对值之和，即 14%。由此可见若对每块地增加记录内容，即由原来的只记录最主要的一类变为记录所有各类的估计比例，便可大大减少不确定性。当然这样做显然会大大增加存储数据的量。

那么如何估计一个地块中各类地物所占的比例呢？在遥感中一般使用贝叶斯分类确定每类的概率，用此概率作为每类在像元中的比例(Gong and Howarth, 1990)。遥感中求概率的方法已在许多有关遥感图像处理的书中有详细介绍，此处不再赘述。

3.10　空间数据元数据

我们在获取地理空间数据的同时，应该采集空间数据的元数据。

3.10.1　元数据的概念与类型

1. 元数据的概念

元数据(metadata)一词中，"meta"是希腊语词根，意思是改变，原意是关于数据变化的描述，是关于数据的数据(陈述彭等，1999)。元数据亦称为描述性数据，它说明数据的内容、质量、状况和其他有关特征的背景信息。

事实上，在过去的模拟时代，图书馆的图书卡片、一本书的介绍等都是元数据，纸质地图中的图例、图名、坐标系统、比例尺、出版日期等也属于元数据。在以计算机为主的数字时代，元数据是指关于数据的描述性数据，它作为数据库的重要组成部分，其作用和目的是促进数据集，特别是数据库中数据集的高效利用。通过元数据可以检索、访问数据库，可以有效利用计算机的系统资源，可以对数据进行加工处理和二次开发等。

元数据对数据集的描述内容包括:对数据集中各数据项、数据来源、数据所有者及数据序代(数据生产历史)等的说明；对数据质量的描述，如数据精度、数据的逻辑一致性、数据完整性、分辨率、源数据的比例尺等；对数据处理信息的说明，如量纲的转换等；对数据转换方法的描述；对数据库的更新、集成方法的说明等。

元数据应尽可能多地反映数据集自身的特征规律，以便用户对数据集能准确、高效与充分的开发与利用。不同领域的数据库，其元数据的内容会有很大差异。

元数据的作用非常广泛。例如，通过元数据可以检索、访问数据库，利用计算机系统资源，对数据进行加工和二次开发；帮助数据生产单位有效地管理和维护空间数据，建立数据文档；提供有关数据生产单位数据存储、数据分类、数据内容、数据质量、数据交换网络及数据销售等方面的信息，便于用户查询检索地理空间数据；提供通过网络对数据进行查询检索的方法或途径，以及与数据交换和传输有关的辅助信息；帮助用户了解数据，以便就数据是否能满足其需求做出正确的判断；提供有关信息，以便用户处理和转换有用的数据。

2. 元数据的类型

根据不同的分类原则，元数据的分类体系和内容有很大的差异。通常从元数据的内容、描述对象和作用等三方面来进行分类(陈述彭等，1999)。

根据元数据的内容，可以将元数据分为科研型元数据、评估型元数据和模型元数据三种类型。

(1)科研型元数据：帮助科研工作者高效获取所需数据，其主要目标是帮助用户获取各种来源的数据及其相关信息。它不仅包括诸如数据源名称、作者、主体内容等传统的图书管理式的元数据，还包括数据拓扑关系等。

(2)评估型元数据：主要服务于数据利用的评价，包括数据最初收集情况、收集数据所用的仪器、数据获取的方法和依据、数据处理过程和算法、数据质量控制、采样方法、数据精度、数据的可信度和数据潜在应用领域等。

(3)模型元数据：用于描述数据模型，其内容包括模型名称、模型类型、建模过程、模型参数、边界条件、引用模型描述、建模使用软件、模型输出等。

根据元数据的描述对象分类，可以划分为数据层元数据、属性元数据和实体元数据。

(1)数据层元数据：指描述数据集中每个数据的元数据，内容包括日期邮戳(指最近更新日期)、位置戳(指示实体的物理地址)、量纲、注释(如关于某项的说明见附录)、误差标识(可通过计算机消除)、缩略标识、存在问题标识(如数据缺失原因)、数据处理过程等。

(2)属性元数据：关于属性数据的元数据，内容包括为表达数据及其含义所建的数据字典、数据处理规则(协议)，如采样说明、数据传输线路及代数编码等。

(3)实体元数据：描述整个数据集的元数据，内容包括：数据集区域采样原则、数据库的有效期、数据时间跨度等。

根据元数据在系统中所起的作用，可以将元数据分为系统级(system-level)元数据、应用级(application-level)元数据两类。

(1)系统级元数据：指用于实现文件系统特征或管理文件系统中数据的信息，例如，访问数据的时间、数据量的大小、在存储设备中的当前位置、如何存储数据块以保证服务控制质量等。

(2)应用级元数据：指有助于用户查找、评估、访问和管理数据等与数据用户相关的信息。例如，文本文件内容的摘要信息、图形快照、描述与其他数据文件关系的信息。它往往用于高层次的数据管理，用户通过它可以快速获取合适的数据。

根据元数据的作用，还可将元数据分为说明元数据、控制元数据两种类型。

(1)说明元数据：专为用户使用数据服务的元数据，一般用自然语言表达。例如，元数据覆盖的空间范围、元数据图的投影方式及比例尺的大小、数据集的说明文件等。这类元数据多为描述性信息，侧重于对数据库的说明。

(2)控制元数据：用于计算机操作流程控制的元数据，它由一定的关键词和特定的句法来实现。其内容包括数据存储和检索文件、目标的检索和显示、分析查询及显示、数据转换方法、根据索引项把数据绘制成图、数据模型的建设和利用等。这类元数据主要是与数据库操作有关的方法的描述。

3.10.2 空间数据元数据描述

1. 空间数据元数据的概念

空间数据元数据是说明地理空间数据的数据。空间数据作为具有确切的地物位置信息、属性信息和时空信息的综合数据集,空间数据元数据就是对这些空间数据的详细描述或说明,主要包括以下几个方面(陈述彭等,1999)。

(1) 类型(type):在元数据标准中,数据类型指该数据能接收的值的类型。

(2) 对象(object):对地理实体的部分或整体的数字表达。

(3) 实体类型(entity type):对于具有相似地理特征的地理实体集合的定义和描述。

(4) 点(point):用于位置确定的 0 维地理对象。

(5) 结点(node):拓扑连接两个或多个链或环的一维对象。

(6) 标识点(label point):显示地图或图表时用于特征标识的参考点。

(7) 线(line):一维对象的一般术语。

(8) 线段(line segment):两个点之间的直线段。

(9) 线串(string):由相互连接的一系列线段组成的没有分支的线段序列组成。

(10) 弧(arc):由数学表达式确定的点集组成的弧状曲线。

(11) 链(link):两个结点之间的拓扑关联。

(12) 链环(chain):非相切线段或由结点区分的弧段构成的有方向无分支序列。

(13) 环(ring):封闭状不相切链环或弧段序列。

(14) 多边形(polygon):在二维平面中由封闭弧段包围的域。

(15) 外多边形(universe polygon):数据覆盖区域内最外侧的多边形,其面积是其他所有多边形的面积之和。

(16) 内部区域(interior area):不包括其边界的区域。

(17) 格网(grid):组成一规则或近似规则的棋盘状镶嵌表面的格网集合,或者组成一规则或近似规则的棋盘状镶嵌表面的点集合。

(18) 格网单元(grid cell):表示格网最小可分要素的二维对象。

(19) 矢量(vector):有方向线的组合。

(20) 栅格(raster):同一格网或数字影像的一个或多个叠加层。

(21) 像元(pixel):二维图形要素,它是数字影像最小要素。

(22) 栅格对象(raster object):一个或多个影像或格网,每一个影像或格网表示一个数据层,各层之间相应的格网单元或像元一致且相互套准。

(23) 图形(graph):与预定义的限制规则一致的 0 维(node 点)、一维(link 或 chain)和二维(多边形)有拓扑相关的对象集。

(24) 数据层(layer):集成到一起的面域分布空间数据集,用于表示一个主体中的实体,或者有一公共属性或属性值的空间对象的联合(association)。

(25) 层(stratum):在有序系统中数据层、级别或梯度序列。

(26) 纬度(latitude):在中央经线上度量,以角度单位度量离开赤道的距离。

(27) 经度(longitude)：经线面到格林尼治中央经线面的两面角。

(28) 经圈(meridian)：穿过地球两极的地球的大圆圈。

(29) 坐标(ordinate)：在笛卡尔坐标系中沿平行于 x 轴和 y 轴测量的坐标值。

(30) 投影(projection)：将地球球面坐标中的空间特征(集)转化到平面坐标体系时使用的数学转化方法。

(31) 投影参数(projection parameters)：对数据集进行投影操作时用于控制投影误差、变形实际分布的参考特征。

(32) 地图(map)：空间现象的空间表征，通常以平面图形表示。

(33) 现象(phenomenon)：事实、发生的事件、状态等。

(34) 分辨率(resolution)：由涉及到或使用的测量工具或分析方法能区分开的两个独立测量或计算的值的最小差异。

(35) 质量(quality)：数据符合一定使用要求的基本或独特的性质。

(36) 详述(explicit)：由一对数或三个数分别直接描述水平位置和三维位置的方法。

(37) 介质(media)：用于记录、存储或传递数据的物理设备。

(38) 其他。

2. 空间元数据的内容

如图 3-10-1 所示，空间元数据标准体系由两层组成。其中第一层是目录层，它提供的空间元数据复合元素和数据元素，是地理信息系统中查询空间信息的目录信息；目录信息相对概括了第二层中的一些选项信息，是空间元数据体系内容中比较宏观的信息。第二层是空间元数据标准的主体，由 8 个标准部分和 4 个引用部分组成，包括了全面描述地理空间信息的必选项、条件可选项及可选项的内容。

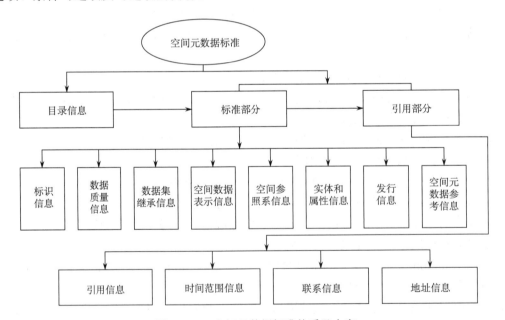

图 3-10-1　空间元数据标准体系及内容

下面对元数据本身及其组成地理空间元数据的各个部分做较为详细的说明。

1) 空间元数据

空间元数据是关于数据集内容、质量、表示方式、空间参考、管理方式及数据集的其他特征的数据，位于整个标准体系的最上段，属于复合元素，由两个层次组成。

在构成空间元数据标准内容的两个层次中，第一层目录信息主要用于对数据集信息进行宏观描述，适合在国家级空间信息交换中心或区域以及全球范围内管理和查询空间信息时使用；第二层则作为详细或全面描述地理空间信息的空间元数据标准内容，是数据集生产者在提供数据集时必须提供的信息。

2) 标准部分

标准部分有八项内容。

(1) 标识信息。是关于地理空间数据集的基本信息。通过标识信息，数据集生产者可以对有关数据集的基本信息进行详细的描述，如描述数据集的名称、作者信息、所采用的语言、数据集环境、专题分类、访问限制等，同时用户也可以根据这些内容对数据集有一个总体的了解。

(2) 数据质量信息。它是对空间数据集质量进行总体评价的信息。通过这部分内容，用户可以获得有关数据集的几何精度和属性精度等方面的信息，也可以知道数据集在逻辑上是否一致，以及它的完备性如何，这是用户对数据集进行判断，以及决定数据集是否满足他们需求的主要依据。数据集生产者也可以通过这部分对数据集的质量评价方法和过程进行详细的描述。

(3) 数据集继承信息。它是建立该数据集时所涉及的有关事件、参数、数据源等的信息，以及负责这些数据集的组织机构信息。通过这部分信息便可以对建立数据集的中间过程有一个详细的描述。例如，当一幅数字专题地图的建立经过航片判读、清绘、扫描、数字地图编辑以及验收等过程时，应对每一过程有一个简要描述，使用户对数据集的建立过程比较了解，也使数据集生成的每一过程的责任比较清楚。

(4) 空间数据表示信息。它是数据集中表示空间信息的方式。它由空间表示类型、矢量空间表示信息、栅格空间表示信息、影像空间表示信息以及传感器波段信息等内容组成，是决定数据转换以及数据能否在用户计算机平台上运行的必要信息。利用空间数据表示信息，用户便可以在获取该数据集后对它进行各种处理或分析。

(5) 空间参照系信息。它是有关数据集中坐标的参考框架以及编码方式的描述，是反映现实世界与地理数字世界之间关系的通道，如地理标识参照系统、水平坐标系统、垂直坐标系统以及大地模型等。通过空间参照系中的各元素，可以知道地理实体转换成数字对象的过程以及各相关的计算参数，使数字信息成为可以度量和决策的依据。当然，它的逆过程也是成立的，即可以由数字信息反映出现实世界的特征。

(6) 实体和属性信息。它是关于数据集信息内容的信息，包括实体类型、实体属性、属性值、域值等方面的信息。通过该部分内容，数据集生产者可以详细地描述数据集中各实体的名称、标识码以及含义等内容，也可以使用户知道各地理要素属性码的名称、含义以及权威来源等。

在实体和属性信息中，数据集生产者可以根据自己数据的特点，在详细描述和概括描述之间选择其一，以描述数据集的属性等特征。

(7) 发行信息。它是关于数据集发行及其获取方法的信息，包括发行部门、数据资源描述、发行部门责任、订购程序、用户订购过程以及使用数据集的技术要求等内容。通过发行信息，用户可以了解到数据集在何处、怎样获取、获取介质以及获取费用等信息。

(8) 空间元数据参考信息。它是有关空间元数据当前现状及其负责部门的信息，包括空间元数据日期信息、联系地址、标准信息、限制条件、安全信息以及空间元数据扩展信息等内容，是当前数据集进行空间元数据描述的依据。通过该空间元数据描述，用户便可以了解所使用的描述方法的实时性等信息，从而加深对数据集内容的理解。

3) 引用部分

(1) 引用信息。它是引用或参考数据集所需要的简要信息，自己从不单独使用，而是被标准内容部分有关元素引用，主要由标题、作者信息、参考时间、版本等信息组成。

(2) 时间范围信息。它是关于有关事件的日期和时间的信息。该部分是引用标准内容部分有关元素时要用到的信息，自己不单独使用。

(3) 联系信息。它是与数据集有关的个人和组织联系时所需要的信息，包括联系人的姓名、性别、所属单位等信息。该部分是引用标准内容部分有关元素时要用到的信息，自己不单独使用。

(4) 地址信息。它是同组织或个人通信的地址信息，包括邮政地址、电子邮件地址、电话等信息。该部分是描述有关地址元素的引用信息，自己不单独使用。

3.10.3 空间数据元数据标准问题

伴随人类对数字地理信息重要性认识的加深，元数据标准化这一问题便逐渐成为共享地学信息的瓶颈之一。同一般数据相比，地理空间数据是一种结构比较复杂的数据类型，既涉及对空间特征的描述，也涉及对属性特征及它们之间关系的描述。因此，地理空间数据的元数据标准的建立比一般数据复杂，并且由于种种原因，某些数据组织或数据用户开发出来的空间数据元数据标准很难被地学界广泛接受。但是建立空间数据元数据标准是空间数据标准化的前提和保证，只有建立起规范的空间数据元数据标准，才能有效利用和共享空间数据。目前，空间数据元数据已形成了一些区域性或部门性的标准。表 3-10-1 列出了有关空间数据元数据的几个现有主要标准。

表 3-10-1 空间数据元数据标准

元数据标准名称	建立标准的组织
CSDGM 地理空间数据元数据内容标准	FGDC，美国联邦空间数据委员会
GDDD 数据集描述方法	MEGRIN，欧洲地图事务组织
CGSB 空间数据集描述	CSC，加拿大标准委员会
CEN 地学信息-数据描述-元数据	CEN/TC287
DIF 目录交换格式	NASA
ISO 地理信息	ISO/TC211

1) 美国 FGDC 元数据标准

美国联邦空间数据委员会（Federal Geographical Data Committee，FGDC）的地理空间元数

据标准是影响较大的标准之一，FGDC 元数据标准自 1995 年开始在美国国内执行，加拿大、印度等国也已采用它作为自己的国家标准。ISO/TC211 则基于该标准，研究制定了相应的国际标准。

FGDC 的地理空间数据的元数据内容标准 (Content Standards for Digital Geographic Metadata, CSDGM) 其实是一个参考文件，说明一组地理空间数据的元数据的信息内容，提供与元数据有关的术语和定义，说明哪些元数据是必需的、可选的、重复出现的，或者是按 CSDGM 产生规则编码的，等等，向用户说明数据获取、使用和评价过程中需要知道的事情。第二版 CSDGM 包括 7 个主要子集和 3 个次要子集，见表 3-10-2。

表 3-10-2　CSDGM 子集一览表

主要子集	次要子集
标识信息	引用文献信息
数据质量信息	时间信息
地理空间数据组织信息	联系信息
地理空间参照系统信息	
实体及属性信息	
发行信息	
元数据参考信息	

2) ISO/TC211 的元数据标准

ISO/TC211 地理信息元数据标准(ISO19115:2003)的目的是提供一个描述地理空间数据集的过程，以使用户能够定位和访问地理数据，并确定所拥有数据的适宜性。具体方法为通过建立一个元数据术语、定义及扩展的公用集合，使地理数据的管理、检索和使用更加有效，为那些不熟悉地理空间数据的用户很方便地提供表征他们所需要的地理数据信息。ISO19115:2003 已经转化为中国国家标准。

该标准以 FGDC 等标准为基础，按照国际标准化组织制定的标准规则要求制定。其工作范围是：定义说明地理信息和服务所需要的信息，提供有关地理数据标识、覆盖范围、质量、空间和时间模式、空间参照系统、发行等信息。该标准适用于数据集编目、数据交换网络，以及数据集的详尽说明。

该标准确定了两级元数据：①一级元数据：编目信息，包含数据集编目所需的最少的元数据内容；②二级元数据：包含 8 个子集和 3 个可重复的实体，见表 3-10-3。标准定义了每个元数据子集、实体和元素的 8 个特征，即名称、标识码、定义、性质、条件、最大出现次数、数据类型和值域。

表 3-10-3　ISO19115:2003 两级元数据

8 个子集	3 个可重复实体
标识信息	文献引用信息实体
数据质量信息	负责单位信息实体
数据集继承信息	地址信息实体
空间数据表示信息	
空间参照系信息	
应用要素分类信息	
发行信息	
元数据参考信息	

3) CEN/TC287 元数据标准

早在 1992 年，欧洲标准化技术委员会 CEN/TC287 就开始了有关数字地理信息标准化方面的工作，并成立了 4 个工作组，从地理信息标准化框架(WG1)、地理信息模型和应用(WG2)、地理信息传输(WG3)、地理信息定位参考系统(WG4)等方面开展标准的制定工作。其目的是通过建立一系列结构化标准来建立一种用于定义、描述、传输和表现现实世界的方法，以促进地理空间信息的使用。其中，地理元数据标准的研究由 WG2 中的第 9 小组来执行，该小组所提交的地理信息元数据标准(CEN/TC287)将元数据分为标识信息、数据集综述信息、数据集质量信息、空间参照信息、范围信息、数据定义、分类信息、管理信息、元数据参考及元数据语言 10 部分，以此来描述数据集(吴信才，2009)。

3.10.4 空间元数据的作用

空间元数据具有多要素多层次的结构体系，相应的空间元数据的功能或作用也就可以从不同方面、不同角度来分析(何建邦等，2003)。

1. 元数据对数据生产者和用户的作用

地理信息元数据可以用来辅助地理空间数据，帮助数据生产者和用户解决下列问题：

(1) 帮助数据生产单位有效地管理和维护空间数据，建立数据文档，并保证即使其主要工作人员退休或调离时，也不会失去对数据情况的了解。

(2) 提供有关数据生产单位数据存储、数据分类、数据内容、数据质量、数据交换网络及数据销售等方面的信息，便于用户查询、检索地理空间数据。

(3) 提供通过网络对数据进行查询、检索的方法或途径，以及与数据交换和传输有关的辅助信息。

(4) 帮助用户了解数据，以便就数据是否能满足其要求做出正确的判断。

(5) 提供有关信息，以使用户处理和转换有用的数据。

(6) 帮助数据所有者查询所需空间信息。例如，它可以按照不同的地理区间、指定的语言及具体的时间段来查找空间信息资源。

2. 元数据对地理信息共享的作用

传统的地理信息系统从体系结构到数据格式都存在封闭性的缺点，即不同的地理信息系统，它们的数据存储格式不同，针对不同的应用，人们所关心的属性也不同，从而形成地理数据不具有互操作性。纯粹的地理空间信息一旦离开了它的开发环境，就不被理解和识别，数据的使用者甚至不能准确获知数据集的内容。此外，用户也无从知道数据的开发时间和数据质量等特点，因而也无法判断该数据集是否可以满足用户的特定应用需求。这就是说地理信息共享离不开地理信息的元数据，离不开元数据标准。从地理信息共享的角度上看，元数据可以为所有用户提供包括数据内容、质量、状态及相关特性的数据编目，并且当数据转换时，元数据可以提供处理和解释数据所必需的信息。总之，元数据及其标准为地理信息共享提供了指示路标和入门的钥匙。

3. 元数据操作工具的作用

地理信息元数据操作工具建立在地理信息系统的分布式数据库基础上，其主要功能包括以下几个方面：

(1) 指导用户编写元数据，并把用户编写的元数据输入到元数据库中。

(2) 提供对元数据的查询、检索功能，提供友好的查询用户界面。

(3) 实现对元数据的维护、管理及表示等功能。

4. 元数据库的作用

元数据库的主要作用包括以下几个方面(吴信才，2009)：

(1) 对各地理信息数据库来说，元数据库的各种信息有助于数据库的维护与管理。

(2) 对地理信息共享来说，信息管理中心主结点的一级元数据及操作工具可以从宏观上引导用户发现所需的信息，并提供更详细信息的线索；通过各个分结点的二级数据库进一步了解信息，确定需要获取的数据内容以及获取途径和方法，并支持通过网络传输查询结果。

(3) 对内部用户来说，通过元数据库及其操作工具，既可查询、检索其他站点的信息，也可维护、管理自己的元数据库。

(4) 对外部用户来说,通过元数据库及其浏览工具可以发现信息、概括或详细地了解信息,并通过适当途径获取信息。

思 考 题

1. 空间数据的基本内容有哪些?空间数据有哪些基本特征?
2. 地理空间数据的获取方式有哪些?各有什么特点?
3. 简述野外数据采集的方法和特点。
4. 简述地图数字化数据采集的方法和特点。
5. 简述摄影测量数据采集的方法和特点。
6. 简述遥感图像处理数据采集的方法和特点。
7. 简述基于点云的数据采集方法和特点。
8. 简述属性数据获取的方法和特点。
9. 简述众源地数据获取的方法和特点。
10. 简述空间数据质量的概念。如何考察空间数据的质量?
11. 空间数据的不确定性包含了哪些方面?你认为哪几个方面的数据质量是难以保证和最需要注意的?
12. 请分析在地理空间数据获取过程中采集和组织空间元数据的重要作用。

第4章 地理空间数据表达

4.1 地理空间与地理系统

4.1.1 地理空间

空间是一个复杂的概念，具有多义性，既有与时间对应的含义，也有"宇宙空间"的含义。空间一般指一系列结构化物体及其相互间联系的集合。从空间的类型与性质来看，空间可以分为绝对空间与相对空间、一般空间与地理空间、具体空间与抽象空间、客观空间与主观空间等四组类型。

地理空间(geographic space 或 geo-spatial)是指包含地球表面及其近地表空间，是地球上大气圈、水圈、生物圈、岩石圈和智慧圈交互作用的区域，是物质、能量、信息的形式与形态、结构、过程、功能关系上的分布方式和格局及其在时间上的延续。地理空间被定义为具有空间参考信息的地理实体或地理现象发生的时空位置集。上至大气电离层，下至地幔莫霍面的区域内物质与能量发生转化的时空载体，是宇宙过程对地球影响最大的区域。其中地球表面的一切地理现象、一切地理事件、一切地理效应、一切地理过程都发生在以地理空间为背景的基础上。

常用的欧氏空间是对物理空间的一种数学理解与表达，基于欧氏距离公式，可以实现二维平面空间中目标的距离、面积等数学指标的量算，是人们实现空间目标的表达和进行空间分析最常用的数学基础。

拓扑空间是另一种理解和描述物理空间的数学方法，是定义 GIS 中拓扑关系的数学依据和基础。从数学角度来看，度量空间是拓扑空间的一个特例，而欧氏空间是度量空间的一个特例。

GIS 中的地理空间被定义为绝对空间和相对空间两种形式。绝对空间由一系列不同位置的空间坐标组成，如坐标、角度、方位、距离等。相对空间由不同实体之间的空间关系构成，如相邻、包含、关联等。

4.1.2 地理系统

地理系统是开放的复杂系统。钱学森指出："地理系统是一个开放的复杂巨系统。"所谓开放系统，就是说地理系统和其他系统有关联，有交往，既有能量物质的交往，又有信息的交往，而不是封闭的。例如，地球表层，一方面接受从地球以外传来的光和其他各种波长的电磁波，另一方面又从地球表层辐射红外线，此外还有天体运动产生的外力作用，有各种外来的高能粒子、尘埃粒子、流星、高层大气，也有分子溢出。地球表层还受到地球内部运动的各种影响，以及地磁场的影响等。所谓巨系统，就是它有成千上万个子系统，所谓复杂的巨系统，就是子系统的种类非常多。人是一种子系统，还有种类繁多的植物和动物，山山水水以及地下矿产等，形成了复杂巨系统的内部层次，其结构多变而难以分清确定。

地理系统主要涉及地球表层空间，按照层次划分，可分为岩石圈、水圈、生物圈、大气圈和电离层，它们之间在空间上有交叉。地理信息系统目前所涉及的范围主要在岩石圈和大气圈之间。

地理系统虽然异常复杂，但是它可以归结为两大方面：自然环境系统和社会经济环境系统(图 4-1-1)。而且，地理系统中的各种要素特征，都与地理空间位置有关(图 4-1-2)。综合研究地理系统中的生物圈、水圈和岩石圈三大要素的空间分布规律及其相互关系和相互影响是地理科学的重要任务。

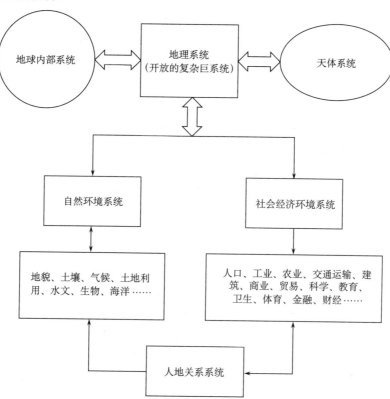

图 4-1-1　地理系统的内部构成及其与外部系统联系(梁启章,1995)

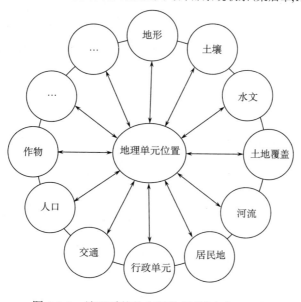

图 4-1-2　地理系统的空间特征(梁启章,1995)

4.2 地理参考系统

4.2.1 地球形状和大小

地球近似一个球体,它的自然表面是一个极其复杂而又不规则的曲面,有高山、丘陵、平地、凹地和海洋。在陆地上,最高点珠穆朗玛峰高出海平面 8844.43m,在海洋中,最深点为–11022m 的马里亚纳海沟,两点高差近两万米。因为地球表面不规则,它不可能用数学公式来表达,也就无法实施运算,所以在地球科学领域,必须寻找一个形状和大小都很接近的球体或椭球体来代替它。

大地测量中用水准测量方法得到的地面上各点的高程是依据一个理想的水准面来确定的,我们通常称它为大地水准面。大地水准面是假定海水处于"完全"静止状态,把海水面延伸到大陆之下形成包围整个地球的连续表面。大地水准面所包围的球体,我们称为大地球体。大地水准面虽比地球的自然表面要规则得多,但还是不能用一个简单的数学公式表示出来,这是因为大地水准面上任何一点的铅垂线都与大地水准面成正交,而铅垂线的方向又受地球内部质量分布不均匀的影响,致使大地水准面产生微小的起伏,它的形状仍是一个复杂的、还不能作为直接依据的投影面。为了便于测绘成果的计算,我们选择一个大小和形状同它极为接近的旋转椭球面来代替,即以椭圆的短轴(地轴)为轴旋转而成的椭球面,称为地球椭球面,它包围的形体称为地球椭球体。它是一个纯数学表面,可以用简单的数学公式表达。有了这样一个椭球面,我们即可将其当作投影面,建立与投影面之间一一对应的函数关系。

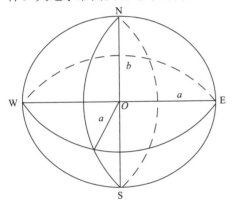

图 4-2-1 地球椭球体

地球椭球体的形状和大小常用下列符号表示(图 4-2-1):长半径 a(赤道半径)、短半径 b(极轴半径)、扁率 α、第一偏心率 e 和第二偏心率 e',这些数据又称为椭球体元素。它们的数学表达式为

$$\text{扁率} \quad \alpha = a - b / a \tag{4-2-1}$$

$$\text{第一偏心率} \quad e^2 = \left(a^2 - b^2\right) / a^2 \tag{4-2-2}$$

$$\text{第二偏心率} \quad e'^2 = \left(a^2 - b^2\right) / b^2 \tag{4-2-3}$$

决定地球椭球体的大小,只要知道其中两个元素就可以了,但其中必须有一个是半径(a 或 b)。

偏心率 e、e' 除了和 a、b 有关系外,它们之间还存在着下列关系:

$$e^2 = \frac{e'^2}{1 + e'^2} \tag{4-2-4}$$

$$e'^2 = \frac{e^2}{1 - e^2} \tag{4-2-5}$$

$$e^2 \approx 2\alpha \tag{4-2-6}$$

几种常用的地球椭球体元素如表 4-2-1 所示。

表 4-2-1 几种地球椭球体元素

椭球体名称	年代	长半轴 a/m	短半轴 b/m	扁率 α
白塞尔(Bessel)	1841	6337397	6356079	1∶299.15
克拉克(Clarke)	1866	6378206	6356584	1∶295.0
克拉克(Clarke)	1880	6378249	6356515	1∶293.5
海福特(Hayford)	1910	6378388	6356912	1∶297
克拉索夫斯基	1940	6378245	6356863	1∶298.3
IUGG*	1967	6378160	6356775	1∶298.25
IUGG16 届大会推荐	1975	6378140	6356755	1∶298.257
WGS-84 系统	1984	6378137	6356752	1∶298.257223563
2000 国家大地坐标系	2000	6378137	6356752	1∶298.257222101

*IUGG(International Union of Geodesy and Geophysics)为国际大地测量与地球物理联合会的缩写。

我国在 1952 年以前采用表 4-2-1 所列的海福特椭球体,从 1953 年起采用克拉索夫斯基椭球体。20 世纪 70 年代末,我国测量工作者利用天文大地测量资料,对全国进行了天文大地网的平差工作,建立了新的 80 坐标系。80 坐标系采用国际大地测量与地球物理联合会(IUGG)1967 年提出的参考椭球体。1984 年定义的世界大地坐标系(WGS-84)使用的椭球长短半轴长度与克拉索夫斯基椭球体参数又有所不同,它们分别是 6378137m 和 6356752m。目前我国采用 2000 国家大地坐标系,椭球参数与 WGS-84 基本相同,只是偏心率略有差别。

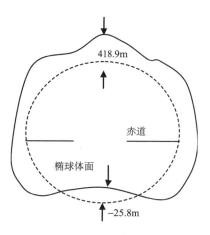

图 4-2-2 梨状椭球体

近年来,有学者根据人造地球卫星的轨道参数资料推算地球形状,认为地球既不是球体,也不是旋转椭球体,而是一个梨状体,北极位于梨柄处,而南极位于梨底。假定以赤道海平面到地心的半径作一圆,则北极海平面高出此圆 418.9m,而南极海平面低于此圆 25.8m,如图 4-2-2 所示。

4.2.2 参考椭球体

1. 参考椭球体的概念

地球除了绕太阳公转外,还绕着自己的轴线自转,如图 4-2-3 中自转轴线 PP_1 称为"地轴",它和地球椭球体的短轴相重合,并和地面相交于 P、P_1 两点,这两点就是地球的两极。在北面的 P 点叫做北极,在南面的 P_1 点叫做南极。

垂直于地轴,并通过地心的平面叫做赤道平面。赤道平面与地球表面相交的大圆(交线)叫做赤道。平行于赤道的各个圆叫做纬圈(纬线)、小圆或平行圈。显然赤道是最大的一个平行圈,它的半径为 a,如图 4-2-3 中的 $EFGE_1$。

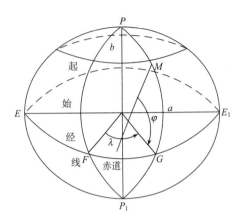

图 4-2-3 参考椭球体、大地坐标系

通过地轴垂直于赤道面的平面叫做经面或子午面，它和地球表面相交的线叫做经圈（经线）或子午圈，如图 4-2-3 中的 PFP_1。所有的子午圈长度彼此都相等，均为一长半径等于 a、短半径等于 b 的椭圆。

由地球椭球体上的任一点 M，可以引一垂线垂直于该点的地平线（切线），这条垂线称为法线，此线与赤道面相交所构成的角，叫做地理纬度（简称纬度），通常用希腊字母 φ 表示。纬度以赤道为 0°，向北、南两极各以 90°计算，向北叫做北纬，向南叫做南纬。

通过地球表面上某点，如图 4-2-3 中 M 点的经线面与起始经线面间的夹角叫做地理经度（简称经度），通常以希腊字母 λ 表示。经度以起始经线为 0°，我国采用国际统一的以通过英国伦敦格林尼治天文台的经线作为起始经线，向东、西各以 180°计算，向东称东经，向西称西经。

地面上任一点 M 的位置，在测绘工作中，通常用经度（λ）和纬度（φ）来决定，写成 $M(\varphi, \lambda)$。经线和纬线是地球表面上两组正交（相交 90°）的曲线，这两组正交的曲线构成的坐标，称为地理坐标系。

地表面某两点经度值之差称为经差，某两点纬度值之差称为纬差。如若两点在同一经线上，其经差为零；如在同一纬线上，其纬差为零。

根据球面上两个点的经、纬度，便可以计算两点间的最短距离 D，即大地线距离。

$$\begin{cases} D = RZ \\ Z = \arccos\left[\sin\varphi_1\sin\varphi_2 + \cos\varphi_1\cos(\lambda_1 + \lambda_2)\right] \end{cases} \quad (4\text{-}2\text{-}7)$$

式中，R 是地球半径，一个被广为接受的地球半径是 6371.11km；Z 是弧度；(φ_1, λ_1)，(φ_2, λ_2) 分别是给定两点的经纬度。D 是在假定地球是球体的条件下计算出来的，实际地球接近于椭球体。采用椭球体参数计算，其公式与式(4-2-7)有所不同。

2. 我国参考椭球体的演变

1) 1954 年北京坐标系采用的参考椭球体

我国在 20 世纪 50~70 年代的 20 余年中，鉴于当时的历史条件，借助于苏联 1942 年普尔科沃坐标系，在平面基准方面完成了全国天文大地网实测和局部平差，建立了北京 1954 坐标系。1954 年北京坐标系采用的参考椭球体是在对白塞尔椭球体使用多点定位的方法重新定位定向所求得的克拉索夫斯基椭球体，大地原点是 1942 年大地坐标系原点，位于苏联的普尔科沃。其椭球体参数为

$$a = 6378245, \quad f = 1:298.3$$

2) 1980 年西安坐标系采用的参考椭球体

从 20 世纪 70 年代后期至 90 年代末，在平面基准方面，重点完成了天文大地网的整体平差，并在 1978 年国际大地测量协会(IAG)推荐的参考椭球体的基础上，建立了 1980 年大地坐标系，其大地原点在陕西省泾阳县永乐镇。它采用的椭球体参数为

$$a = 6378140, \quad f = 1:298.257$$

3) 2000 国家大地坐标系采用的参考椭球体

2000 国家大地坐标是一种地心坐标系，坐标原点在地球质心（包括海洋和大气的整个地球质量的中心），Z 轴由原点指向历元 2000.0 的地球参考极的方向，该历元的指向由国际时间局给定的历元为 1984.0 的初始指向推算。X 轴由原点指向格林尼治参考子午线与地球赤道面（历元 2000.0）的交点，Y 轴与 Z 轴、X 轴构成右手正交坐标系。它采用的椭球体参数为

$$a = 6378137，f = 1:298.257222101$$

4.2.3 地理坐标系

地球表面上任意一点的空间位置，需要三个参数来表示。它可以是三维空间直角坐标，也可以是二维坐标（平面直角坐标或经纬度）和高程的组合。

地理坐标系使用三维球面来定义地球表面位置。一个地理坐标系包括角度测量单位、本初子午线和参考椭球体三部分。

对地球椭球体而言，其围绕旋转的轴叫地轴。地轴的北端称为地球的北极，南端称为南极；过地心与地轴垂直的平面与椭球面的交线是一个圆，这就是地球的赤道；过英国格林尼治天文台旧址和地轴的平面与椭球面的交线称为本初子午线。

以地球的北极、南极、赤道和本初子午线等作为基本要素，即可构成地球椭球面的地理坐标系统。地理坐标系是指用经纬度表示地面点位的球面坐标系。在大地测量学中，对于地理坐标系统中的经纬度有三种描述：即大地经纬度、天文经纬度和地心经纬度。

1. 大地经纬度

在测量工作中，点在参考椭球面上的位置可以用大地经度 L 和大地纬度 B 来表示。大地坐标系是椭球面坐标系，它的基准面是参考椭球面，基准线是法线。大地经度是指过参考椭球面上某一点的大地子午面与起始子午面之间的二面角，大地纬度是指过参考椭球面上某一点的法线与赤道面的夹角。大地经纬度在大地测量中得到广泛采用。

2. 天文经纬度

天文经纬度是以大地水准面和铅垂线为依据，通过地面天文测量的方法得到。天文经度（λ）在地球上的定义为起始子午面与过观测点的子午面所夹的二面角；天文纬度（φ）在地球上的定义为过某点的铅垂线与赤道平面之间的夹角。铅垂线与法线不一定重合，它们之间的偏差称为垂线偏差。

可以根据铅垂线与法线的关系将天文经纬度（λ, φ）改算为大地经纬度（L, B）。通常精确的天文测量成果可作为大地测量中定向控制及校核数据之用。

3. 地心经纬度

地心，即地球椭球体的质量中心。地心经度等同于大地经度，地心纬度是指参考椭球体面上的任意一点和椭球体中心连线与赤道面之间的夹角。地理研究和小比例尺地图制图对精度要求不高，故常把椭球体当作正球体看待，地理坐标采用地球球面坐标，经纬度均用地心经纬度。地图学中常采用大地经纬度。

4. 空间直角坐标系

以椭球体中心 O 为原点，起始子午面与赤道面交线为 X 轴，赤道面上与 X 轴正交的方向为 Y 轴，椭球体的旋转轴为 Z 轴，构成右手直角坐标系 $O\text{-}XYZ$，在该坐标系中，P 点的位置

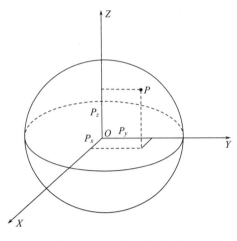

图 4-2-4 空间直角坐标系

用 OP 在 3 个坐标轴上的投影 P_x、P_y、P_z 表示,如图 4-2-4 所示。

5. 平面直角坐标系

在测量工作中,仅采用大地坐标和空间直角坐标表示地面点的位置在有些情况下是不方便的,需要采用平面直角坐标系。

平面直角坐标系有高斯平面直角坐标系、独立平面直角坐标系及建筑施工坐标系。由于测量工作中的角度是按顺时针测量,直线的起始方向是以纵坐标轴北方向顺时针方向度量的,若将纵轴作为 X 轴,横轴作为 Y 轴,并将一、二、三、四象限的顺序也按顺时针排列,这样就可以完全不变地使用三角函数计算公式,而又与测量中规定的直线方向及测角习惯一致。因此,测量工作的平面直角坐标系与解析几何中所用的平面直角坐标系有所不同,它是以纵轴为 X 轴并表示南北方向,以横轴为 Y 轴并表示东西方向。

4.3 地图投影

4.3.1 地图投影的概念

在数学中,投影(project)的含义是指建立两个点集间一一对应的映射关系。在地图学中,地图投影就是指建立地球表面上的点与投影面上点之间的一一对应关系。地图投影的基本问题就是利用一定的数学法则把地球表面上的点表示到投影面上。因为地图通常表示在平面上,所以投影面必须为平面或可扩展曲面,通常选择圆柱面和圆锥面。用数学公式表达为

$$\begin{cases} x = f_1(\varphi,\lambda) \\ y = f_2(\varphi,\lambda) \end{cases} \quad (4\text{-}3\text{-}1)$$

这是地图投影的基本公式。要想得到具体的投影方程式,还需要给定某种投影条件方能实现。根据投影的性质和条件不同,投影公式的具体形式是多种多样的。这种在地球表面和投影平面之间建立点与点之间函数关系的数学方法,称为地图投影。

4.3.2 地图投影变形

用地图投影的方法将地球椭球面展为平面,虽然可以保持图形的完整和连续,但这种"完整"是通过对投影范围内某一区域的均匀拉伸和对另一区域均匀缩小来实现的,即经过投影后生成的地图与地球椭球面上相应的距离、面积和形状不能保持完全相等和图形的完全相似。也就是说,通过地图投影并按比例尺缩小绘制成的地图,存在长度、面积和形状(角度)的变化,这种变化称为地图投影变形。地图投影的变形是不可避免的,一种投影方式不存在这种变形就存在另外一种或两种变形,如图 4-3-1 所示。为满足地图制图的要求,必须掌握地图投影的性质和规律,以便对投影变形加以控制。例如,要使投影后角度保持不变,那么

长度和面积就要改变；要使投影后长度保持不变，那么角度和面积就要改变。

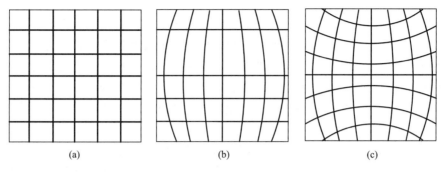

图 4-3-1　地球椭球面上经纬格网投影的三种情况

1. 长度变形

长度变形可以用长度比来衡量。长度比是投影面上的一微小线段与地球椭球面上相应的微小线段之比，通常用 μ 表示。μ 只代表一个比例，不代表长度变形值。通常以 $V_\mu=\mu-1$ 的值来代表长度变形。长度变形值有正负，正值表示投影后长度增加，负值表示投影后长度变短。值为 0 表示投影后无变形。

长度变形的情况因投影方法不同而异。在同一投影上，长度变形不仅随不同的点位不同而异，而且在同一点的不同方向线也不一样。因此地图上的比例尺不可能处处相等，只有在无变形点和无变形线上才能保持投影长度比为 1。如图 4-3-1(a) 所示，经线上没有长度变形，但在纬线上随着纬度的增加，长度变形也逐渐增大；如图 4-3-1(b) 所示，中央经线上没有长度变形，随着经差的增加经线的长度变形增大。

2. 面积变形

面积变形可以用面积比和面积相对变形值来表示。投影平面上微小面积与地球椭球面上相应的微小面积之比称为面积比，记为 P。面积比是个变量，它随点的位置不同而变化。通常以面积的相对变形值来衡量面积变形的大小，以 V_p 表示，则有 $V_p=P-1$。当 $V_p>0$ 时，表示投影后面积增大；当 $V_p<0$ 时，表示投影后面积缩小；当 $V_p=0$ 时，表示投影后面积不变。如图 4-3-1(a) 所示，同一纬度带内，纬差相等的网格面积相等，而实际上地球椭球面对应经纬格网的面积是随着纬度的增加而减小的，因此纬度越高，面积比例越大，相对变形值就越大。这些面积不是按照同一比例缩小的。

3. 角度变形

角度变形是指投影面上任意两方向线所夹的角度与地球椭球面上相应两方向线夹角之差。实际上，过地球椭球面上的一点可以引许多方向线，每两条方向线均可构成一个夹角，它们投影到平面上后，一般不与原来的角度相等，而且不同方向所组成的夹角产生的变形一般也不一样。如图 4-3-1(b) 中，只有中央经线和各纬线相交成直角，其余的经线和纬线均不呈直角相交，而在地球椭球面上经线和纬线处处都呈直角相交，这表明存在角度变形。而图 4-3-1(c) 中，经线与纬线呈直角，角度不变形，但长度和面积变形是显而易见的，因为同一纬度带内，纬差相等的网格面积不相等、纬线长度不等。通常在研究角度变形时，一般不一一研究每一个角度的变形，而是研究一点上可能有的最大变形。

4.3.3 地图投影的类型

球面或椭球面地球几何模型可以被投影到许多种表面上,常用的有平面、柱面和锥面。各种表面又可以与地球模型相切或相割,所以地图投影的种类很多,据估计超过了 200 种。

可以通过以下方式来理解地图投影的概念:想象在地球内有一个灯泡,灯泡的光线照射到地球的各个点上,这些点投影到套在地球上的各种形状(圆锥、圆柱或平面)的纸上,将这张纸裁开以后展开形成的平面地图就是各种投影。下面介绍三种主要的投影。

1. 方位投影

用平面与地球模型相切或相割而将球面或椭球面上的点转换到平面上的投影叫做方位投影。例如,一个常用的方位投影是球极等角方位投影。假设一个平面在北极与球面相切,可用下述公式将地理坐标(φ, λ)转换成极坐标(γ, θ):

$$\begin{cases} \gamma = 2\tan(90 - \varphi/2) \\ \theta = \lambda \end{cases} \quad (4\text{-}3\text{-}2)$$

2. 圆锥投影

将球面或椭球面上的点置换到锥面上的投影。假设球面与锥面沿某一纬度相切(该纬度称为标准纬度φ_0),可由下述公式实现地理坐标向极坐标的变换。

$$\begin{cases} \gamma = \tan(90 - \varphi) + \tan(\varphi_0 - \varphi) \\ \theta = \lambda \sin \varphi_0 \end{cases} \quad (4\text{-}3\text{-}3)$$

该投影有等距性质,兰勃特等角(双纬线)圆锥投影是常用的一种投影方式。

3. 圆柱投影

将球面或椭球面上的点转换到柱面上的投影叫做圆柱投影,常见的墨卡托投影是圆柱投影。假设圆柱与球面在赤道处相切,可用下列公式实现投影变换:

$$\begin{cases} x = \lambda \\ y = \ln \tan(45 + \varphi/2) \end{cases} \quad (4\text{-}3\text{-}4)$$

根据投影面相切或相割于地球不同的位置,以上投影可以进一步分成正轴投影、斜轴投影和横轴投影,因此有 9 种情况,如图 4-3-2 所示。

4.3.4 我国常用的地图投影

1. 我国常用的地图投影类型

我国 GIS 应用工程使用的投影一般采用与我国基本地形图系列一致的地图投影系统:大中比例尺(1:50 万以上)的高斯-克吕格投影[横轴等角切(椭)圆柱投影]和小比例尺(1:100 万以下)的兰勃特投影(正轴等角割圆锥投影)。这种投影系统的选择基于以下原因。

(1)我国基本比例尺地形图(1:100 万、1:50 万、1:25 万、1:10 万、1:5 万、1:2.5 万、1:1 万、1:5000)除 1:100 万外均采用高斯-克吕格投影。

(2)我国 1:100 万地形图采用了兰勃特投影,其分幅原则与全球统一使用的国际百万分之一地图投影保持一致。

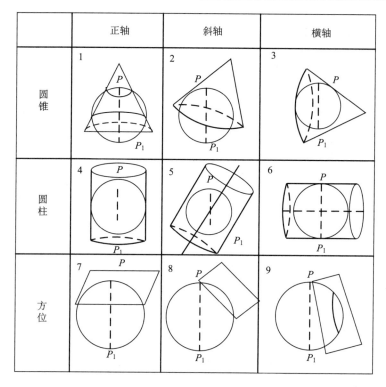

图 4-3-2　几种常用的地图投影

(3) 我国大部分省区图以及大多数这一比例尺的地图也多采用兰勃特投影和属于同一投影系统的 Albers 投影（正轴等面积割圆锥投影）。

(4) 兰勃特投影中，地球表面上两点间的最短距离（即大圆航线）表现为近于直线，这有利于地理信息系统中的空间分析和信息量度的正确实施。

因此，我国的地理信息系统中配置高斯-克吕格投影和兰勃特投影既适合我国国情，也符合国际上通用的标准。这里我们主要对这两种投影及其计算予以说明，并简要介绍其他几种投影。

1) 高斯-克吕格投影

高斯-克吕格投影是一种横轴等角切椭圆柱投影。它是将一椭圆柱横切于地球椭球体上，该椭圆柱面与椭球体表面的切线为一经线，投影中将其称为中央子午线，然后根据一定的约束条件即投影条件，将中央经线两侧规定范围内的点投影到椭圆柱面上从而得到点的高斯投影（图 4-3-3）。

高斯投影的条件为：
(1) 中央经线和地球赤道投影成为直线且为投影的对称轴。
(2) 等角投影。
(3) 中央经线上没有长度变形。
(4) 根据高斯-克吕格投影的条件推导出的高斯-克吕格投影的计算公式为

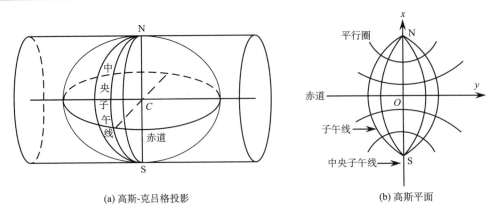

(a) 高斯-克吕格投影　　　　　　　(b) 高斯平面

图 4-3-3　高斯-克吕格投影示意图

$$\begin{cases} X = S + \dfrac{\lambda^2 N}{2}\sin\varphi\cos\varphi + \dfrac{\lambda^4 N}{24}\sin\varphi\cos^3\varphi\left(5 - \tan^2\varphi + 9\eta^2 + 4\eta^4\right) + \cdots \\ Y = \lambda N\cos\varphi + \dfrac{\lambda^3 N}{6}\cos^3\varphi\left(1 - \tan^2\varphi + \eta^2\right) + \dfrac{\lambda^5 N}{120}\cos^5\varphi\left(5 - 18\tan^2\varphi + \tan^4\varphi\right) + \cdots \end{cases} \quad (4\text{-}3\text{-}5)$$

式中，X、Y 为点的平面直角坐标系的纵、横坐标；φ、λ 为点的地理坐标，以弧度计，λ 从中央经线起算；S 为由赤道至纬度 φ 处的子午线弧长；N 为纬度 φ 处的卯酉圈曲率半径；$\eta = e'^2\cos^2\varphi$，其中 $e'^2 = (a^2 - b^2)/b^2$ 为地球的第二偏心率，a、b 则分别为地球椭球体的长短半轴。

高斯-克吕格投影由于是等角投影，故没有角度变形，其沿任意方向的长度比都相等，其面积变形是长度的两倍。对高斯-克吕格投影长度变形的研究可以依下述长度比表达式进行：

$$\mu = 1 + \dfrac{1}{2}\cos^2\varphi\left(1 + \eta^2\right)\lambda^2 + \dfrac{1}{6}\cos^4\varphi\left(2 - \tan^2\varphi\right)\lambda^4 - \dfrac{1}{8}\cos^4\varphi\lambda^4 + \cdots \quad (4\text{-}3\text{-}6)$$

由该长度比公式可以分析出高斯-克吕格投影变形具有以下特点：①中央经线上无变形；②同一条纬线上，离中央经线越远，变形越大；③同一条经线上，纬度越低，变形越大；④等变形线为平行于中央经线的直线。

由此可见，高斯-克吕格投影的最大变形处为各投影带在赤道边缘处，为了控制变形，我国地形图采用分带方法，即将地球按一定间隔的经差(6°或 3°)划分为若干相互不重叠的投影带，各带分别投影。1:2.5 万至 1:50 万的地形图均采用 6°分带方案，即从格林尼治零度经线起算，每 6°为一个投影带，全球共分为 60 个投影带。我国领土位于东经 72°到 136°之间，共包括 11 个投影带(13 带～22 带)。1:1 万及更大比例尺地形图采用 3°分带方案，全球共分为 120 个投影带。图 4-3-4 给出了高斯投影的 6°带和 3°带分带方案。

2) 正轴圆锥投影

圆锥投影从几何上讲，仍可以设想是用一圆锥面，将其套在地球(椭)球体上，将地球表面上的要素投影到圆锥面上，然后将圆锥面沿某一母线(正轴情况下为一经线)展开，便得到了该投影(图 4-3-5)。

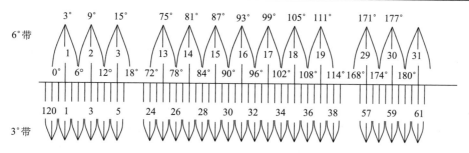

图 4-3-4　高斯-克吕格投影的 6°带和 3°带分带

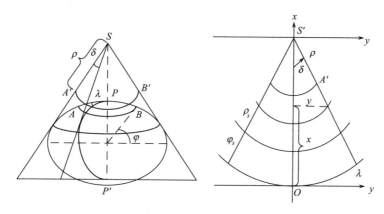

图 4-3-5　正轴圆锥投影

在正轴圆锥投影中，经线都表现为交于一点的直线束，纬线表现为同心圆圆弧，圆心即直线束的交点。正轴圆锥投影计算的一般公式可写为

$$\begin{cases} \delta = \alpha\lambda \\ \rho = f(\varphi) \end{cases}$$

$$\begin{cases} X = \rho_s - \rho\cos\delta \\ Y = \rho\sin\delta \end{cases} \tag{4-3-7}$$

式中，δ 为投影后经线间的夹角；λ 为经差；α 为投影常数；ρ 为纬圈的投影半径；ρ_s 为制图区域最低纬度的投影半径。

正轴圆锥投影变形计算的一般公式为

$$\begin{cases} m = -\dfrac{\mathrm{d}\rho}{M\mathrm{d}\varphi} \\ n = \dfrac{\alpha\rho}{\gamma} \\ P = m \times n \\ \sin\dfrac{\omega}{2} = \dfrac{|m+n|}{|m-n|} \end{cases} \tag{4-3-8}$$

公式(4-3-7)和公式(4-3-8)均为圆锥投影坐标与变形计算的一般公式，根据进一步对正轴圆锥投影变形性的要求和对变形分布的控制，可分别得到各种正轴圆锥投影的具体投影及变形计算式。

其中正轴等角割圆锥投影也称兰勃特投影，投影后纬线为同心圆弧，经线为同心圆半径。兰勃特投影的变形分布规律是：角度没有变形；两条标准纬线上没有任何变形；等变形和纬线一致，即同一条纬线上的变形处处相等；在同一经线上，两标准纬线外侧为正变形(长度比大于1)，而两标准纬线之间为负变形(长度比小于1)。兰勃特投影的变形比较均匀，变形绝对值也比较小；同一纬线上等经差的线段长度相等，两条纬线间的经纬线长度处处相等。

地理信息系统中配置高斯-克吕格投影和兰勃特投影，并不意味着系统仅处理这两种投影提供的数据或仅以这两种投影为输出模式。实际上系统可以接收具有任意地理基础的数据和以其他地图投影系统进行输出，但系统的一切分析和运算是在其所选定的地理基础上进行的。其存储的标准数据格式也是以系统的配置为准，当对其他类型的投影系统有需求时，系统应能提供相应的投影转换模块。一些大型 GIS 软件(如 ArcGIS、GeoStar 等)，都提供了上百种投影方法。不同投影系统间的相互转换可参阅有关地图投影的著作。

3) 墨卡托投影——等角正切圆柱投影

假设地球被围在一个空的圆柱里，其标准纬线与圆柱相切，然后再假想地球中心有一盏灯，把球面上的图形投影到圆柱体上，再把圆柱体展开，就是一幅选定标准纬线的"墨卡托投影"绘制出的地图。

墨卡托投影没有角度变形，由每一点向各方向的长度比相等。它的经纬线都是平行直线，且相交成直角，经线间隔相等，纬线间隔从标准纬线向两极逐渐增大。

在地图上保持方向和角度的正确是墨卡托投影的优点。墨卡托投影地图常用作航海图和航空图，如果循着墨卡托投影图上两点间的直线航行，方向不变可以一直到达目的地，因此它对船舰在航行中进行定位、确定航向都具有重要作用，给航海者带来很大方便。《海底地形图编绘规范》(GB/T 17834—1999)中规定 1:25 万及更小比例尺的海图采用墨卡托投影，其中基本比例尺海底地形图(1:5 万，1:25 万，1:100 万)采用统一基准纬线 30°；非基本比例尺图以制图区域的中纬为基准纬线，基准纬线取至整度或整分。

4) UTM 投影(通用横轴墨卡托投影)——横轴等角割圆柱投影

该投影为横轴等角割圆柱投影，可以改善高斯投影，原理是用圆柱割地球于两条等纬度圈上，投影后这两条割线上没有变形，但离开这两条割线越远则变形越大，在两条割线以内长度变为负值，在两条割线以外长度变为正值。

UTM 投影的特点是：中央子午线长度变形比为 0.9996；该投影将世界划分为 60 个投影带，每带经度差为 6°；投影带用数字 1,2,3,…,60 连续编号，第 1 带在 177°W 和 180°W 之间，且连续向东计算；其他同高斯投影。

UTM 投影已经被美国、日本、加拿大、泰国、阿富汗、巴西、法国等约 80 个国家采用作为地形图的数学基础。有的国家局部采用 UTM 投影作为地图数学基础。我国的卫星影像资料常采用 UTM 投影。

2. GIS 中地图投影配置的一般原则

GIS 中地图投影配置应遵循以下原则：①所配置的投影系统应与相应比例尺的国家基本地图投影系统一致；②系统一般只考虑至多采用两种投影系统，一种服务于大比例尺的数据处理与输入输出，另一种服务于中小比例尺；③所用投影以等角投影为宜；④所用投影应能与网格坐标系统相适应，即所采用的网格系统在投影带中应保持完整。

4.3.5 地形图的分幅与编号

为便于地形图的测绘、使用和管理，各种比例尺地形图通常需要按规定的大小进行统一分幅，并进行系统的编号。地形图的分幅可分为以下两大类：一是按经纬线划分的梯形分幅法，它主要用于国家基本比例尺系列的地形图；二是按平面直角坐标格网划分的矩形分幅法，一般用于大比例尺地形图。

1. 梯形分幅与编号

我国基本比例尺地形图包括1:100万，1:50万，1:25万，1:10万，1:5万，1:2.5万，1:1万和1:5000等8种。它们都采用梯形分幅，统一按经纬度划分。考虑到分带投影、地图使用、相邻比例尺地形图缩编等因素，地图梯形分幅与编号的基本原则是：

(1)地形图的分隔必须以投影带为基础、按经纬度划分。

(2)地形图的幅面大小要适宜，且不同比例尺的地形图幅面大小要基本一致。

(3)小比例尺地形图应包含整幅的较大比例尺图幅。

(4)图幅编号应能反映不同比例尺之间的联系，以便进行图幅编号与地理坐标之间的换算。

目前我国使用的图幅编号有两种：20世纪70~80年代我国基本比例尺地形图的分幅与编号；现行的国家基本比例尺地形图分幅与编号。

1) 20世纪70~80年代地形图的分幅与编号

20世纪70年代以前，我国基本比例尺地形图分幅与编号以1:100万地形图为基础，如图4-3-6所示箭头上方的数字表示分幅数，箭头下方为分幅编号，其中虚线表示现在已经不用。基本比例尺地形图之间的划分存在着层次关系，例如，1:10万的图是将1幅1:100万的图划分成12行12列，共144幅，编号则是从上到下、从左到右依次编号为1, 2, 3, …, 144。

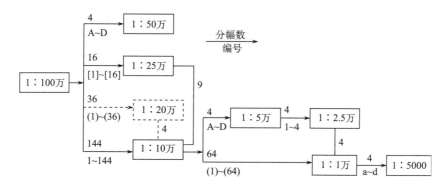

图4-3-6 我国基本比例尺地形图分幅编号关系图(林文介,2003)

1:100万地形图的分幅采用国际1:100万地图分幅标准。每幅1:100万比例尺地形图的范围是经差6°、纬差4°。由于图幅面积随纬度增加而迅速减小，规定在纬度60°至76°之间2幅合并，即每幅图为经差12°、纬差4°。在纬度76°至88°之间4幅合并，即每幅图为经差24°、纬差4°。我国位于北纬60°以下，故没有合幅图。

1:100万地形图的编号采用国际统一的行列式编号。从赤道起分别向南向北，每纬差4°

为一行，至纬度 88°各分为 22 横行，依次用大写拉丁字母(字符码)A，B，C，…，V 表示。以两极为中心，以纬度 88°为界的圆用 Z 表示。从经度 180°起，自西向东每经差 6°为一列，分为 60 纵列，依次用阿拉伯数字(数字码)1，2，3，…，60 表示。一幅 1:100 万比例尺地形图，其编号由该图所在的行号与列号组合而成，即"横行-纵列"。为区分南、北半球，分别在编号前加 N 或 S。由于我国领土全部位于北半球，所以省略 N。

2) 现行地形图分幅与编号

为了便于计算机管理和检索，1992 年国家技术监督局发布了新的《国家基本比例尺地形图分幅和编号》(GB/TI3989—92)国家标准，自 1993 年 7 月 1 日起实施。新标准仍以 1:100 万比例尺地形图为基础，1:100 万比例尺地形图的分幅经、纬差不变，但划分全部由 1:100 万地形图逐级加密划分。编号也以 1:100 万地形图编号为基础，采用行列编号方法，由其所在 1:100 万比例尺地形图的图号、比例尺代码和图幅的行列号共 10 位码组成。这样编码长度相同，编码系列统一为一个根部，便于计算机处理（图 4-3-7）。各种比例尺代码表见表 4-3-1。

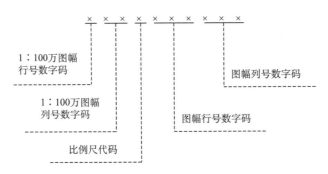

图 4-3-7　1:50 万~1:5000 地形图图号的构成

表 4-3-1　比例尺代码

比例尺	1:50 万	1:25 万	1:10 万	1:5 万	1:2.5 万	1:1 万	1:5000
代码	B	C	D	E	F	G	H

2. 矩形分幅与编号

大比例尺地形图的图幅通常采用矩形分幅，图幅的图廓线为平行于坐标轴的直角坐标格网线。以整千米、百米或五十米坐标进行分幅，1:500、1:1000 及 1:2000 地形图一般采用 50cm×50cm 正方形分幅，或 40cm×50cm 矩形分幅，也可以根据实际工程需要采用其他规格的任意分幅。值得一提的是，当 1:5000 地形图采用矩形分幅时，通常采用 40cm×40cm 正方形分幅。

矩形分幅时，地形图的编号主要采用图廓西南角坐标千米数标号法，也可以选用流水号或行列编号法。例如，某幅 1:1000 地形图西南角坐标为 $x=84500m$，$y=16500m$，则该图幅编号为 84.5-16.5。

4.3.6　我国常用坐标系统及高程系统

1. 坐标系统

与 4.2.2 节中所介绍的参考椭球体的演变对应，我国先后经历了 1954 年北京坐标系、1980

年西安大地坐标系、2000 国家大地坐标系。此外，有些也采用 WGS-84 坐标系和独立坐标系。

1) 1954 年北京坐标系

1954 年北京坐标系属参心坐标系，是苏联 1942 年坐标系的延伸。

2) 1980 年西安大地坐标系

该坐标系建立后，实施了全国天文大地网平差，平差后提供的大地点成果属于 1980 年国家大地坐标系，它与原 1954 年北京坐标系的成果不同，使用时必须注意所用成果相应的坐标系统。

3) 2000 国家大地坐标系

其椭球参数参见 4.2.2 节。经国务院批准，我国自 2008 年 7 月 1 日起启用 2000 国家大地坐标系。

4) WGS-84 坐标系

WGS-84 坐标系是全球定位系统(GPS)采用的坐标系，属地心坐标系。WGS-84 坐标系采用 1979 年国际大地测量与地球物理学联合会第 17 届大会推荐的椭球参数：坐标系的原点位于地球质心；Z 轴指向 BIH 1984.0 定义的协议地球极(CIP)方向；X 轴指向 BIH 1984.0 的零子午面和 CIP 赤道的交点；Y 轴垂直于 X、Z 轴，X、Y、Z 轴构成右手直角坐标系。椭球参数：长半轴 $a=6378137$m、扁率 $f=1:298.257223563$。

5) 独立坐标系

独立坐标系分为地方独立坐标系和局部独立坐标系两种。

许多城市基于实用、方便的目的(如减少投影改正计算工作量)，以当地的平均海拔高程面为基准面，过当地中央的某一子午线为高斯投影带的中央子午线，构成地方独立坐标系。地方独立坐标系隐含着一个与当地平均海拔高程面相对应的参考椭球，该椭球的中心、轴向和扁率与国家参考椭球相同，只是长半轴的值不一样。

大多数工程专用控制网均采用局部独立坐标系，若需要将其放置到国家大地控制网或地方独立坐标系，应通过坐标变换完成。对于范围不大的工程，一般选测区的平均海拔高程面或某一特定高程面(如隧道的平均高程面、过桥墩顶的高程面)作为投影面，以工程的主要轴线为坐标轴，例如，对隧道工程而言一般取与贯通面垂直的一条直线作为 X 轴。

2. 高程系统

所谓高程，就是点到基准面的垂直距离。根据所选择基准面的不同，高程有所不同，如大地坐标系中的大地高就是选择参考椭球面为基准的高程。因此，今后若不专门指出，通常所说的高程就是以大地水准面为基准的，即某点沿铅垂线方向到大地水准面的距离，称为绝对高程或海拔，简称高程，用 H 表示。

为了建立全国统一的高程系统，必须确定一个高程基准面，通常采用大地水准面作为高程基准面。大地水准面的确定是通过验潮站长期验潮来确定的，我国的验潮站设在青岛。青岛地处黄海，因此，我国的高程基准面以黄海平均海水面为准。为了将基准面可靠地标定在地面上和便于联测，在青岛的观象山设立了永久性"水准点"，用精密水准测量方法联测求出该点至平均海水面的高程，全国的高程都是从该点推算的，故该点又称为"水准原点"。

我国常用的高程系统主要有：1956 年黄海高程系和 1985 国家高程基准。

1) 1956 年黄海高程

以青岛验潮站 1950~1956 年验潮资料计算得到的平均海水面作为全国的高程起算面，并测得"水准原点"的高程为 72.289m。凡以此值推求的高程，统称为 1956 年黄海高程。

2) 1985 国家高程基准

随着我国验潮资料的积累，为提高大地水准面的精确度，国家又根据 1952~1979 年的青岛验潮观测值，推算出黄海海水面的平均高度，并求得"水准原点"的高程为 72.260m。由于该高程系是国家在 1985 年确定的，故把以此值推求的高程称为 1985 国家高程基准。

除以上两种高程系统外，在我国的不同历史时期和不同地区曾采用过多个高程系统，如大沽高程基准、吴淞高程基准、珠江高程基准等。不同高程系间的差值因地区而异，而这些高程系统在 1950 年之后在我国的某些行业中也使用过。例如，吴淞高程基准一直为长江的水位观测、防汛调度以及水利建设所采用；黄河水利部门曾经使用大沽高程系统等。因为各种高程系统之间存在差异，所以我国从 1988 年起，规定统一使用 1985 国家高程基准。

4.4 地理空间对象及其表达方法

4.4.1 地理实体与地理现象

地理实体指具有地理空间参考位置的地理实体特征要素，具有相对固定的空间位置和空间关系、相对不变的属性。地理实体特征要素包括离散特征要素和连续特征要素。例如，井、电力和通信线的杆塔、山峰的最高点、道路、河流、边界、市政管线、建筑物、土地利用和地表覆盖类型等为离散特征要素；温度、湿度、地形高程、植被指数、污染浓度等为连续特征要素。

地理现象指发生在地理空间中的地理事件特征要素，具有空间位置、空间关系和属性随时间变化的特性。例如，台风、洪水过程、天气过程、地震过程、空气污染等为地理现象。对于地理现象，需要在时空地理信息系统中将其视为动态空间对象进行处理和表达，记录位置、空间关系、属性之间的变化信息，进行时空变化建模。

地理现象相对于地理实体的最典型区别是：地理现象是在一个特定的时间段存在的，具有一个发生、发展到消亡的过程。

4.4.2 地理实体的类型

地理信息系统就是人们通过对各种地理实体和地理现象进行观察、抽象、综合取舍，得到实体目标，然后对实体目标进行定义、编码结构化和模型化，以数据形式存入计算机内，为后续的处理、分析和应用提供基础。目前的 GIS 还处于静态 GIS 阶段，对于考虑随时间变化的地理现象的时空 GIS 还不太成熟。下面重点对地理实体的类型进行介绍。

1) 呈点状分布的地理实体

呈点状分布的地理实体如城镇、乡村居民地、交通枢纽、车站、工厂、学校、医院、火山口、震中、山峰、隘口、基地等。这种点状地物和地形特征部位，其实也不能说它们全部都是分布在一个点位上，其中可区分出单个点位、集中连片和分散状态等不同情况，如果从较大的空间规模上来观测这些地物,就能把它们都归结为呈点状分布的地理实体。为此就能用一个点位的坐标(平面坐标或地理坐标)来表示其空间位置。而它们的属性可以有多个描述,不受限制。需要说明的是:如果我们从较小的空间尺度上来观察这些地理实体,或者说观察它们在实地上的真实状态,它们中的大多数将可以用线状或面状特征来进一步描述。例如,作为一个点在小比例尺地图上描述的一个城市在大比例尺地图上则表示了十分详细的城市道路分布状况,一个火车站描述了详细的路轨分布和站台管理设施等,因此它们的空间位置数据将包括许多线状地物和面状地物。

2) 呈线状分布的地理实体

呈线状分布的地理实体如河流、海岸线、铁路、公路、地下管网、行政边界等,有单线、双线和网状之分。实际地面上的水面、路面都可能是狭长的或区域的面状,因此,线状分布的地理实体,它们的空间位置数据可以是一线状坐标串也可以是一封闭坐标串。

3) 呈面状分布的地理实体

呈面状分布的地理实体如土壤、耕地、森林、草原、沙漠等,具有大范围连续分布的特点。有些面状分布的地理实体有确切的边界,如建筑物、水塘等,有些现象的分布范围从宏观上观察好像具有一条确切的边界,但是在实地上并没有明显的边界,如土壤类型的边界只能说是专家们研究的结果。显然,描述面状特征的空间数据一定是封闭坐标串,通常面状地物亦称为多边形。

4) 呈体状分布的地理实体

有许多地理实体从三维观测的角度,可以归结为体,如云、水体、矿体、地铁站、高层建筑等,它们除了平面大小以外,还有厚度或高度,只是由于对于三维的地理空间目标研究不够,并缺少实用的商品化系统进行处理和管理,人们一般将三维现象处理成二维对象。

4.4.3 地理空间对象的表示方法

地理空间对象是地理实体和地理现象在空间/时空信息系统中的数字化表达形式,具有随表达尺度变化而变化的特性。地理实体和地理现象是在现实世界中客观存在的,地理空间对象是地理实体和地理现象的数字化表达。

地理空间对象包括离散对象和连续对象。离散对象采用离散方式对地理对象进行表达,每个地理对象对应于现实世界的一个实体对象元素,具有独立的实体意义,称为离散对象。离散对象采用点、线、面、体等几何要素表达。离散对象随着表达的尺度不同,对应的几何元素会发生变化。例如,一个城市在大尺度上表现为面状要素,在小尺度上表现为点状要素;河流在大尺度上表现为面状要素,在小尺度上表现为线状要素。离散对象一般采用矢量要素进行表达。连续对象采用连续方式对空间对象进行表达,每个对象对应于一定取值范围的值域,称为连续对象或空间场。连续对象一般采用栅格要素进行表达。

从地理实体/地理现象到地理空间对象,再到地理数据,再到地理信息的发展,反映了人类认识的巨大飞跃。地理信息属于空间信息,其位置的识别是与地理数据联系在一起的,具有区域性。

1. 空间数据模型

现实世界中的事物是彼此相关联的,任何一个事物都不可能孤立存在,因此反映客观世界事物之间的联系必然复杂。为了能够更好地描述客观事物,以便计算机系统进行有效的管理，通常需要按照一定的规则(模型)来建立描述客观实体本身以及实体之间联系，这种表示实体以及实体之间联系的模型称为数据模型(data model)。地理空间的各种地理现象错综复杂，人们从不同角度去认知地理空间可以产生不同的空间数据模型。描述地理现象的空间数据模型可以分为两大类：基于对象(object-based)的空间数据模型和基于域(field-based)的空间数据模型。

在基于对象的建模中，关键是把空间信息抽象成明确的、可识别的和相关的事物或实体，称为对象。例如，可以通过公园中的森林、河流、道路等来刻画一个公园，所有这些实体是可区分和可识别的。在二维 GIS 中，点、线、面是地理空间中三类基本空间对象，而在三维 GIS 中，则增加了体对象。基本对象之间的组合可以构成复杂对象，每个对象有一套刻画它的属性集。对象模型很适合表示有固定形状的空间实体，如湖泊、道路网和城市。这种对象模型是概念化的，可以用矢量(vector)数据结构将其映射到计算机中。

在对象模型中可以进一步划分出网络模型(王家耀，2001)。网络模型与对象模型类似，都是描述相互联系的地理对象，不同之处是它通过路径连接多个地理现象之间的相互关系。实际应用中，诸如铁路、公路、管线、通信线路、自然界中的物流，以及矿山开采中的巷道网都可以用网络模型来表达。

场模型通常用于表示连续的无固定形状的概念，如温度场、云区、大气污染、土壤类型等。一个场就是一个函数，它将基本参照框架映射到一个属性域上，例如，温度场最常用的属性域是摄氏和华氏。在计算机中场模型用栅格(raster)数据结构来实现。栅格数据结构把基本空间划分成均匀格网，因为场值在空间上是自相关的(它们是连续的)，所以每个栅格的值一般采用位于这个格子内所有场点的平均值表示。场还可以用不规则三角网、等高线和点格网等方法来表示。

2. 地理空间对象定义

地理空间对象，简称为空间对象(spatial object)，也称空间目标。它是对现实地理世界进行抽象得到的结果，是地理实体和地理现象在空间(时空)信息系统中的数字化表达形式。例如，控制点、池塘、活树篱笆、公路等，可以分别定义为一个地理空间对象或空间目标；一条跨省域的整条国道则是由相互连接成串的多个对象组成的空间对象，是由多个简单空间对象组成的复杂空间对象。地理实体和地理现象是在现实世界中客观存在的。地理空间对象是地理实体和地理现象的数字化表达。地理空间对象的抽象过程如图 4-4-1 所示。首先通过对现实地理世界的观察，分析其特征、关系和行为，进一步通过选择、分析、抽象、综合和模拟等，实现现实地理世界的数字化表达，得到地理空间对象，通过对地理空间对象进行测量、表达、编码、组织、建立关系等，得到地理空间对象的属性特征。

地理空间对象包括离散对象和连续对象。离散对象采用离散方式对地理对象进行表达，每个地理空间对象对应于现实世界的一个实体对象元素，具有独立的实体意义，称为离散对象。离散对象采用点、线、面和体等几何要素表达。离散对象随着表达尺度的不同，对应的几何元素会发生变化。例如，一个城市在大尺度上表现为面状要素，在小尺度上表现为点状要素；河流在大尺度上表现为面状要素，在小尺度上表现为线状要素等。连续对象采用连续方式对空间对象进行表达，每个对象对应于一定取值范围的值域，称为连续对象，或空间场。连续对象一般采用栅格要素进行表达。

地理信息属于空间信息，其位置的识别是与数据联系在一起的，具有区域性。地理信息又具有多维结构的特征,即在同一 XY 位置上具有多个专题和属性的信息结构。例如,在一个地面点位上,可取得高度、地耐力、噪声、污染、交通等多种信息。而且,地理信息具有明显的时序特征,即具有动态变化的特征,这就要求及时采集和更新它们,并根据多时相的数据和信息来寻找随时间变化的分布规律,进而对未来进行预测或预报。

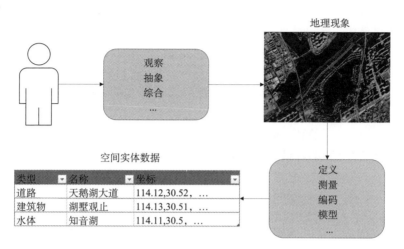

图 4-4-1 地理空间对象的抽象过程

无论采用哪种空间数据模型来描述地理空间,我们都需要将现实世界的地理实体或地理现象进行抽象得到地理空间对象。

对地理空间对象的描述包括:

(1)识别码,用于区别不同的空间实体,通常用对象标识码(OID)来表示,如同为一级公路类型的不同公路。

(2)位置,可用坐标描述,也可用其他形式(如邮政编码)。

(3)空间特征,是位置信息的一种,如维数、类型及实体的组合。地理空间对象的维数可以分为零维、一维、二维、三维,甚至四维(三维+时间)。

(4)行为和功能,是指在数据采集过程中不仅要重视静态描述,还要收集那些动态的变化,如岛屿的侵蚀、水体污染的扩散、建筑的变形等。

3. 地理空间对象的分类

地理空间对象的定义与数据模型和数据结构有关,不同的系统有所不同。这里引用美国空间数据交换标准(STDS)对空间对象的定义。本节阐述的空间对象代表简单对象,它们是地理数字空间处理所必需的,并可用于构成代表对现实世界更复杂的认识的较高级的对象,下列定义在平面、欧氏几何以及简单的曲面(如球和椭球体)中有效,每个对象类型与一个或多个字符对象表示的代码相联系。空间对象可以分为零维、一维、二维、三维空间对象,以及由它们聚合而成的组合空间对象。组合空间对象由简单空间对象聚合而成,具体说来,一个组合空间对象由一个或多个其他简单的或复杂的空间对象组成。

1)零维空间对象的定义

表明几何位置的零维对象由两个或三个一组的坐标说明其位置。零维对象有以下四种类型:

(1) 实体点。是一个用于标识点状特征的位置的点(或面特征衰减为一点)，如塔、浮标、建筑物、车站等。

(2) 标号点。用于显示地图插图和文本信息(如特征名称点)，它有助于特征识别。

(3) 面点标识。在某面之内标明该面属性信息的点。

(4) 节点。节点是指一条连线或链的端点，是两条或多条连线或链的拓扑连接点。

2) 一维空间对象的定义

一维对象可分为以下几种类型：

(1) 线段。两点间的直线。

(2) 弦列。弦列是点的序列，表示一串互相联结无分支的线段。弦列可与其自身或其他弦列相交。

图 4-4-2 拓扑连线

(3) 弧。弧是形成一条曲线的点轨迹，该曲线可由数学函数定义。

(4) 拓扑连线。拓扑连线是两个节点的拓扑连接，表明两个节点是否相连，但不考虑用什么方式(如线段或弧)相连。它由节点的顺序确定其方向，如始节点为 A，终节点为 B，如图 4-4-2 所示。

(5) 链。链是一个非相交线段和(或)弧的无分支而有方向的序列。它的两端以节点为界，这些节点不一定是相异的。

下列三种对象为链的特殊情况，但它们具有上述定义的一般情况的所有特性。①全链。全链是一条可以显性地定位左右多边形和始终端节点的链。它是一个二维拓扑面的组成部分，如图 4-4-3(a)所示。②面链。面链是一条可以显性地定位左右多边形但不能定位始终端节点的链。它是一个二维拓扑面的组成部分，如图 4-4-3(b)所示。③网链。网链是一条可以显性地定位始终端节点但不能定位左右多边形的链。它是一网络的组成部分，如图 4-4-3(c)所示。

图 4-4-3 链的三种形式

(6) 环。环是一个由不相交的链、弦列或弧连接而成的闭合序列，一个环表示一个封闭的边界，但不表示封闭内的面积。①G 环。由线段、弦列或弧连接而成的封闭环，可以无方向。如图 4-4-4(a)所示。②GT 环。是由全链或面链连接而产生的环，有方向。如图 4-4-4(b)所示。

图 4-4-4 环

3）二维空间对象的定义

面是一个有界连续的二维对象，可以包括也可以不包括其边界。

(1) 内面。不包括其边界的面，如图 4-4-5(a) 所示。

(2) G 多边形。是由一个内面、一个外 G 环和零个或多个不相交的不嵌套的内 G 环组成的面，无论内环还是外环，不能与同一 G 多边形的任何其他环相交或同边，如图 4-4-5(b) 所示。

(3) GT 多边形。GT 多边形是一个并仅仅是一个两维拓扑面的两维面元。GT 多边形的边界可以由其边界链产生的 GT 环加以定义。一个 GT 多边形也可以通过多个链直接定义(这些链或是边界集合，或是全集合)。定义 GT 多边形链的全集可以通过检查与多边形有关的链来产生，如图 4-4-5(c) 所示。

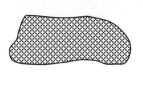 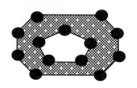 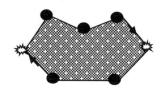

(a) 内面　　　　　　　(b) G多边形　　　　　　(c) GT多边形

图 4-4-5　面

(4) 广义多边形。广义多边形定义为被 GT 多边形覆盖的面的周边以外的面，二者组成完整的两维的拓扑面。该多边形的边界由一个或多个的内部环表示。它无外部环，广义多边形的属性或许不存在，或许是完全不同于被覆盖面的属性。如图 4-4-6 所示。

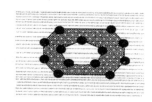

图 4-4-6　广义多边形

(5) 像元。像元是一个二维的图素，它是最小的不可再分的图像元素。

(6) 网格单元。表示一个格网中的网格单元。

4）三维空间对象的定义

(1) 体元。体元是一种表示三维实体的体元素，是一种方形实体，是三维实体中最小的不可再分割的元素。体元的三维坐标是 (x, y, z)。每个体元长宽高表示它的大小。另外，它还可能有非空间维，如时间变量。

(2) 标识体元。它类似于多边形内的标识点。标识体元用来标识一个三维体空间，也是一种最小的不可再细分的体元素。它的三维坐标是 (x, y, z)，表示体元在体空间的位置。

(3) 三维组合空间目标。三维空间目标可以由二维空间目标组合，也可能由三维体元构成。

(4) 体空间。三维空间实体，可以划分为体元表示，即为体元的聚集目标，如图 4-4-7(a) 所示；它也可以是由不规则表面表示的体空间，如图 4-4-7(b) 所示。

5）聚合空间对象的定义

现实世界的各种现象比较复杂，往往由不同的空间单元组合而成，例如，根据某些空间分析，有时需要几种空间单元组合起来描述一个特殊任务。复杂实体有可能由不同维数和类型的空间单元组合而成；某一类型的空间单元组合形成一个新的类型或一个复合实例；某一类型的空间实体可能由其他类型的空间实体转换而来；某些空间实体具有二重性，也就是说，由不同的维数组合而成。

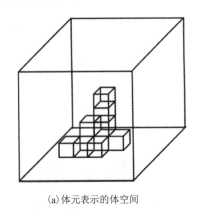 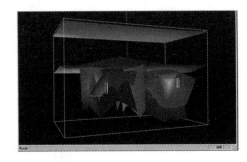

(a) 体元表示的体空间　　　　　　　　　　(b) 不规则体表面表示的体空间

图 4-4-7　体空间

聚合空间对象可以分为：格网、图像、层、栅格、图形、平面图形、二维拓扑面、网络等。

(1) 格网。是某种面的规则或接近规则图形的镶嵌。如果这种镶嵌是一个规则的多边形，如正方形、等边三角形或正六边形的重复排列，那么它是规则的；如果这种镶嵌是一"几乎"规则的多边形，如非直角的平行四边形或非等边三角形重复排列，那它是接近规则的。格网中的属性可以是单值，如图像中的像素是单值的；也可以是一个集合，如一幅矢量地图或一幅遥感影像。

(2) 图像。是灰度或彩色像元集合，如航空像片及遥感影像。它是格网的特例。

(3) 层。是表示某一种专题的实体(对象)或在众多空间对象中具有公共属性或属性值的空间对象的集合，如道路层、水系层、植被层。在栅格数据中，特指与部分或全部网格或图像有关的属性值的二维矩阵，如图 4-4-8 所示。

(4) 栅格。是同一类型网格或图像的一系列覆盖层，如图 4-4-9 所示。

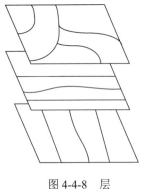 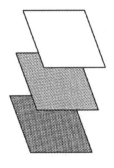

图 4-4-8　层　　　　　　　　　　图 4-4-9　栅格

(5) 图形。图形是拓扑学意义上相互关联的零维(节点)，一维(拓扑连线或链)，有时包括二维(GT 多边形)对象的集合，这些对象遵循所定义的一套限制规则，许多规则集合可以用于区分不同类型的图形,这里采用三种类型,即平面图形、网络和二维拓扑面。所有这三种类型都遵循下列规则:每条拓扑连线或链以一对有序的但不一定相异的节点为端点;一个节点可以是一条或多条拓扑连线或链的端点;拓扑连线和链只能在节点处相交。

平面图形和网络是图形的两种特殊类型,而一个二维拓扑面则是一个平面图形的更为特殊的类型。

(6)平面图形。是指组成图形的节点、拓扑连线或链对象均在同一平面上的图形,或者可以表示在一个平面上。拓扑连线或链只可能在节点相交,如图4-4-10(a)所示。

(7)二维拓扑面。是指一个平面图形及相关联的二维对象。每条链连接两个且只连接两个GT多边形,GT多边形是相互排斥的,并且完全占据整个表面,如图4-4-10(b)所示。

(8)网络。是不关联二维对象的图形,它由节点、拓扑连线组成,它们可以不在一个平面上,如图4-4-10(c)所示。

(a) 平面图形　　　　(b) 二维拓扑面　　　　(c) 网络

图 4-4-10　图形三种形式

4.4.4　空间对象关系

利用坐标可以实现空间目标位置的精确表达,然而,在日常生活当中,人们几乎不使用坐标方式来表示某个地理实体的空间分布和位置,而是用空间目标间的相对位置关系来定位某个目标。例如,"操场挨着图书馆,在图书馆的东面"。在上述的空间位置表述中,以图书馆为参考目标,运用了两个目标间的拓扑关系("挨着"属于相邻关系)和方向关系(在图书馆的东面)来实现对目标地物"操场"的位置描述和定位。空间关系是地理实体之间存在的具有空间特性的关系,包括拓扑关系、方向关系和距离关系等,是空间数据组织、查询、分析、推理的基础(Egenhofer,1994;陈军和赵仁亮,1999)。

空间关系有广义和狭义两种定义方式。广义的空间关系指由空间对象的几何特性引起的空间关系、由属性特征引起的空间关系以及由空间特征和属性特征共同定义的空间关系。狭义空间关系指地理实体间具有空间特征的关系(Egenhofer,1994;郭薇和陈军,1997),属于广义空间关系的第一种,主要包括距离关系、方向关系、拓扑关系等,是空间查询、空间推理及空间分析的重要理论和数学基础。空间关系形式化描述模型是空间关系理论研究中的核心内容,其本质是定量化描述人类的空间关系认知,是建立相似性评价及空间关系推理的基础。下面分别介绍拓扑关系、方向关系和距离关系的定义及其表达模型。

1. 拓扑关系

拓扑(topo)一词来源于希腊文,意思是"弹性的",这里弹性意思为在不黏连、不撕裂的前提下随意改变其形状不会改变其相互关系。因此,拓扑关系(topological relationships)是指不考虑度量和方向的、地理实体之间具有拓扑性质的关系，即拓扑变换下的拓扑不变量。通俗地说，拓扑关系是在拓扑变换中(弹性变换)保持不变的空间关系。如图 4-4-11 所示，虽然图(a)~(d)四张图的形状和大小不尽相同，但是它们都具有相同的拓扑关系。

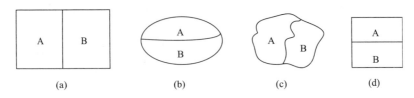

图 4-4-11 拓扑不变量示例

1) 拓扑关系的类型

基于矢量数据模型中点、线、面等空间对象的定义，可以得到对应的空间拓扑关系定义。常用的空间拓扑关系包括重合、包含、位于内部、相交、相离、重叠、邻接等。

(1) 重合关系：重合是指基本几何体与比较几何体完全重合，如图 4-4-12 所示，只有相同维数的空间目标才存在重合关系。例如，某道路的交叉点与路灯位置属于重合关系等。

(2) 包含关系：包含关系是指基本几何体包含比较几何体，是基本几何体的一部分。如图 4-4-13 所示，只有高维目标包含低维目标，或者同维目标包含同维目标，不能包含比自身维数高的几何体。包含的关系非常多，例如，武汉大学包含信息学部，信息学部包含五号教学楼等。

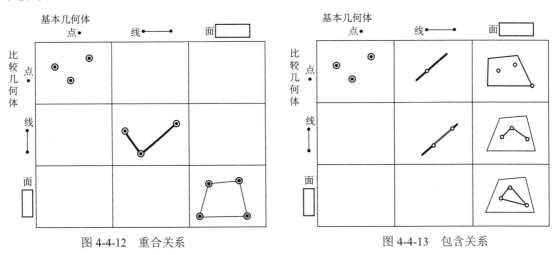

图 4-4-12 重合关系　　　　　　　　　图 4-4-13 包含关系

(3) 位于内部关系：与包含关系相对的是"位于内部"关系，即基本几何体处于比较几何体之内。与包含关系相反，基本几何体不可能位于比自己维数低的比较几何体内，即只能同维或者较低维目标位于比较目标内。例如，信息学部位于武汉大学内部。

(4) 相交关系：若两条线之间存在交叉点，或者两个多边形间存在交叉，称为两个目标之间存在相交关系。如图 4-4-14 所示，线与线、线与面、面与线都可能存在相交关系。

(5) 相离关系：相离关系指基本几何体与比较几何体无共享点，如图 4-4-15 所示。例如，长江与北京市属于相离关系。

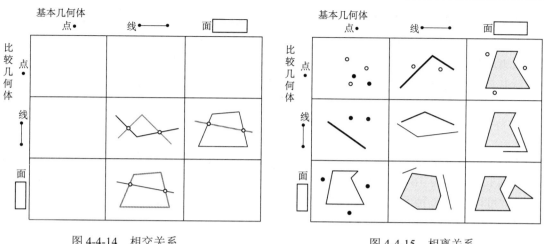

图 4-4-14 相交关系　　　　图 4-4-15 相离关系

(6) 重叠关系：重叠关系是指比较几何体覆盖比较几何体，如图 4-4-16 所示。其限制条件是基本几何体和比较几何体必须是相同维数。

(7) 邻接关系：也称相切关系，是指两个几何体具有公共边或点，如图 4-4-17 所示。例如，湖南和湖北属于邻接关系。

拓扑关系是很多空间分析操作的基础，根据已有的拓扑关系知识，可以建立相应的空间数据约束，用于空间数据检查和质量控制等。拓扑规则的例子包括国家间不能重叠、国界必须封闭、等高线不能相交等。

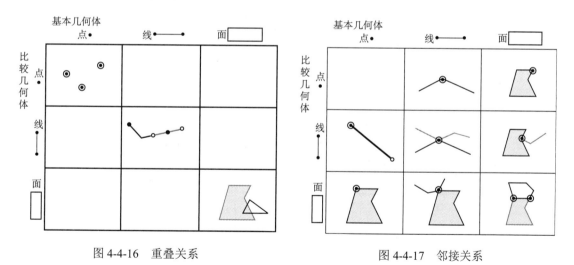

图 4-4-16 重叠关系　　　　图 4-4-17 邻接关系

2) 拓扑关系的描述

为了利用计算机处理定性的、模糊的空间关系，首要任务是实现空间关系的定量化描述，建立空间关系形式化描述模型。常用的拓扑关系描述模型包括 4 交模型（Egenhofer and Franzosa,1991）、9 交模型（Egenhofer and Herring,1991）、RCC 模型（region connection calculus，区域连接演算）（Randell et al.,1992）、空间代数模型（Li, 2001）、V9I 模型（陈军,2002）等。其中，代表性模型是 4 交模型和 9 交模型。

(1) 4 元组模型。4 元组模型，又名 4 交模型，是 Egenhofer 和 Franzosa(1991)提出的一种基于点集拓扑学的二值拓扑关系模型。4 交模型将每个空间实体 A 表示为由边界点集∂A和内部点集A^o构成的集合，两个空间实体间的拓扑关系通过物体 A 的边界(∂A)和内部点(A^o)与物体 B 的边界(∂B)和内部点(B^o)间的交集来描述，其拓扑关系描述矩阵定义为

$$T(A,B) = \begin{bmatrix} \partial A \cap \partial B & \partial A \cap B^o \\ A^o \cap \partial B & A^o \cap B^o \end{bmatrix} \tag{4-4-1}$$

矩阵中的 4 个元素取值为空($\emptyset$)和非空($\neg\emptyset$)，空集用 0 表示，非空用 1 表示，因此 4 交矩阵的取值最多有 16 种取值组合。考虑空间实体的实际情况，排除无现实意义的取值组合，4 交模型可以描述 8 种面-面关系(如图 4-4-18 所示)、16 种线-线关系、13 种线-面关系、3 种点-线关系、3 种点-面关系及 2 种点-点关系。

4 交模型较系统地描述了两个简单空间实体间的拓扑关系，基本可以表示常用的拓扑关系。然而，4 交模型对简单线-线关系以及简单线-面关系的表达存在不唯一性问题。例如，图 4-4-19(a)中线目标 A 的两个端点位于面目标 B 上，而在图 4-4-19(b)中 A 仅有一个端点在 B 上，另一端点则位于 B 的外部，但这两种不同的拓扑关系的 4 交模型表示结果相同。

(2) 9 元组模型。针对 4 交模型的缺陷，Egenhofer 和 Herring (1991)提出了 9 交模型 (9-intersection model)。9 交模型引入空间实体的"外部"，将任意空间目标 A 表示为边界 (∂A)、内部(A^o)和外部(A^-)三个部分的集合，利用目标边界(∂B)、内部(B^o)、外部(B^-) 的相交结果定义 A 和 B 间的拓扑关系。空间目标 A、B 之间空间关系的 9 元组表示为

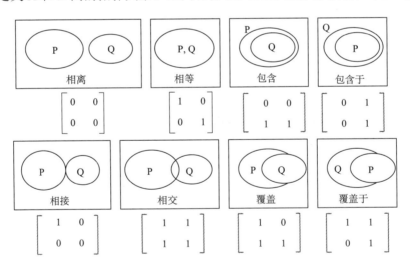

图 4-4-18 4 交模型表示的 8 种面-面关系

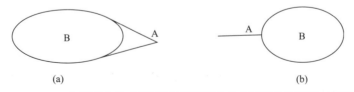

图 4-4-19 4 交模型中线-面间关系不能区分的实例(李成名等，1998)

$$R(A,B) = \begin{bmatrix} \partial A \cap \partial B & \partial A \cap B^o & \partial A \cap B^- \\ A^o \cap \partial B & A^o \cap B^o & A^o \cap B^- \\ A^- \cap \partial B & A^- \cap B^o & A^- \cap B^- \end{bmatrix} \quad (4\text{-}4\text{-}2)$$

和 4 交模型相比,9 交模型将目标外部引入拓扑描述中,解决了 4 交模型存在的线-面、线-线描述问题。然而,尽管 9 交模型可区分 $512(2^9)$ 种关系,但具有实际意义的只有一小部分,其中包括:2 种点-点关系、3 种点-线关系、3 种点-面关系、33 种线-线关系、19 种线-面关系及 8 种面-面关系。9 交模型是目前应用最广的一种模型,被很多流行的商业化 GIS 软件所采用,如 ESRI 公司以 Macro 宏语言的方式将 9 元组模型用于查询命令中;Oracle 将 9 元组和 SQL 相结合,拓展传统的 SQL 查询谓词,使之支持空间域查询。

2. 方向关系

方向关系指源目标相对于参考目标的顺序关系(如左右前后、东南西北等),是自然语言中使用最广的空间关系。方向关系有两种描述方式,即定量方向描述和定性方向描述。

定量方向关系主要以角度为参数,用于军事、测图、建筑物的观测及城市规划等精确方向定位领域。定义方向关系的基本要素包括源目标、参考目标和方向参考等。常用的方向参考包括相对方向参考(前后左右)和绝对方向参考(东南西北)等,显然,方向参考的变化会导致方向关系描述结果的变化。方向关系定量描述模型主要是以角度为参数,实现方向关系定义和描述。

定性方向描述利用东南西北等相对参考,广泛应用于人们日常生活中的相对定位。而方向关系定性描述不确定性因素较多,是研究的重点和难点,其中,代表性的模型包括锥形模型(Peuquet and Zhan,1987)、方向关系矩阵模型(Goyal, 2000)等。

(1)锥形模型:基本思想是将空间目标及其周围的区域划分为带有方向性的互斥的若干个锥形区域(一般为 4 个或者 8 个),利用源目标与方向区域取交结果来定义方向关系。由于锥形模型基于角度定义方向,适合以点为参考目标的方向关系的描述。当参考目标为线状和面状且两个空间目标间的距离小于或接近空间目标的尺寸、两目标相交或缠绕、空间目标为马蹄形时,可能出现错误的结论。如图 4-4-20(b)所示,按照认知习惯,P 目标为东方向,但是锥形模型的判断结果为北方向。针对锥形的表达问题,Peuquet 和 Zhan(1987)利用参考目标的最小外接矩形(minimum boundary rectangle, MBR)代替原来的质点作为参考,克服了原有模型的不能正确表达的部分情形,如图 4-4-20(c)所示,P 目标为东方向;Abdelmoty 和 Williams(1994)将 Egenhofer 的 4 交模型思想与锥形模型结合,提出了四半区域模型,从参考目标 MBR 相邻顶点的 4 条方向线及其交点的连线出发,将参考目标的外部空间划分为四个半无限区域 East(R)、South(R)、West(R)及 North(R),如图 4-4-20(d)所示。

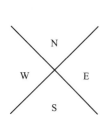
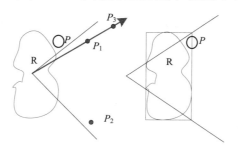

(a) 四方向锥形模型方向的划分　　(b) 原有的锥形模型　　(c) 改进的锥形模型　　(d) 四半区域模型拓展的锥形模型

图 4-4-20　锥形模型

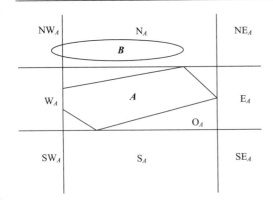

图 4-4-21 方向关系矩阵模型的方向片划分

(2) 方向关系矩阵模型：是另一种最常用的方向关系模型。利用参考目标的 MBR 把平面空间划分为九个方向片(Goyal，2000)，如图 4-4-21 所示，将源目标与这九个方向片分别求交，得到式(4-4-3)所示的方向关系矩阵。方向关系矩阵有 512 种取值组合，但只有 218 种有意义的取值组合。

$$\mathrm{Dir}(A,B) = \begin{bmatrix} \mathrm{NW}_A \cap B & \mathrm{N}_A \cap B & \mathrm{NE}_A \cap B \\ \mathrm{W}_A \cap B & \mathrm{O}_A \cap B & \mathrm{E}_A \cap B \\ \mathrm{SW}_A \cap B & \mathrm{S}_A \cap B & \mathrm{SE}_A \cap B \end{bmatrix} \quad (4\text{-}4\text{-}3)$$

3. 距离关系

距离关系是最基本的空间关系，最常用的点状目标间的平面距离定量计算方法是欧氏距离公式。然而，欧氏距离公式并不是唯一的距离量算方法，其他常用距离计算公式包括 Voronoi 距离、Haudorff 距离、切比雪夫距离等。由于线/面延展性，目标之间的距离是模糊的，不同类型延展性空间目标间的距离往往有多种定义。这里我们只介绍点状目标间的距离量算方式。

1) 欧氏距离

设 $A(a_1, a_2, \cdots, a_n)$，$B(b_1, b_2, \cdots, b_n)$ 为两个空间点对象，其中 a_i 和 b_i 分别为其相应的属性。A 与 B 点间的欧氏距离公式如式(4-4-4)所示。

$$d(A,B) = \|A - B\| = \left[\sum_{i=1}^{n} (a_i - b_i) \right]^{1/2} \quad (4\text{-}4\text{-}4)$$

特别地，若 A 和 B 点的属性值为两个点的二维平面坐标，其对应的欧氏距离即为我们熟悉的平面欧氏距离计算公式：

$$d(A,B) = \sqrt{(x_1 - x_2)^2 + (y_1 - y_2)^2} \quad (4\text{-}4\text{-}5)$$

同理，可以得到三维空间对应的欧氏距离公式为

$$d(A,B) = \sqrt{(x_1 - x_2)^2 + (y_1 - y_2)^2 + (z_1 - z_2)^2} \quad (4\text{-}4\text{-}6)$$

还有一种改进的欧氏距离公式称为标准化欧氏距离（standardized Euclidean distance），是针对简单欧氏距离的缺点而作的一种改进方案。其基本思路为：既然数据各维分量的分布不一样，那先将各个分量"标准化"到均值、方差相等。

假设样本集 X 的数学期望或均值为 m，标准差(方差的开根)为 s，那么 X 的标准化变量 X^* 为

$$X^* = \frac{X - m}{s} \quad (4\text{-}4\text{-}7)$$

标准化后变量的数学期望为 0，方差为 1。由此，可以得到两个 n 维向量 $A(a_1, a_2, \cdots, a_n)$、$B(b_1, b_2, \cdots, b_n)$ 间的标准化欧氏距离的公式为

$$d = \sqrt{\sum_{k=1}^{n}\left(\frac{a_{1k}-b_{2k}}{S_k}\right)^2} \qquad (4\text{-}4\text{-}8)$$

若将方差的倒数看成是一个权重，标准化欧氏距离可以看成是一种加权欧氏距离。

2) 曼哈顿距离

曼哈顿距离(Manhattan)又名马氏距离、绝对值距离、街坊距离，若 $A(a_1,a_2,\cdots,a_n)$，$B(b_1,b_2,\cdots,b_n)$ 为两个空间点对象，其中 a_i 和 b_i 分别为其相应的属性，则两点间的曼哈顿距离定义为

$$d(A,B) = \sum_{i=1}^{n}|a_i - b_i| \qquad (4\text{-}4\text{-}9)$$

特别地，A 和 B 为二维平面坐标点，其平面曼哈顿距离为

$$d(A,B) = |x_1 - x_2| + |y_1 - y_2| \qquad (4\text{-}4\text{-}10)$$

想象在曼哈顿街区要从一个十字路口开车到另外一个十字路口，其驾驶距离不可能是两点间的直线距离，因为你无法穿越大楼等建筑物。而实际驾驶距离就是"曼哈顿距离"，这是曼哈顿距离名称的来由，故其也称为城市街区距离(city block distance)。

3) 切比雪夫距离

切比雪夫距离也称为切氏距离(Chebyshev)。若 $A(a_1,a_2,\cdots,a_n)$，$B(b_1,b_2,\cdots,b_n)$ 为两个空间点对象，其中 a_i 和 b_i 分别为其相应的属性，则两点间的切比雪夫距离定义为

$$d(A,B) = \max_i |a_i - b_i| \qquad (4\text{-}4\text{-}11)$$

从数学的角度看，切比雪夫距离是由一致范数(或称为上确界范数，uniform norm)所衍生的度量，也是超凸度量(injective metric space)的一种。

特别地，在二维平面几何中，将 $A(a_1,a_2)$ 点和 $B(b_1,b_2)$ 点二维平面坐标代入公式(4-4-11)，可以得到二维平面的切比雪夫距离公式为

$$d(A,B) = \max(|x_2 - x_1|, |y_2 - y_1|) \qquad (4\text{-}4\text{-}12)$$

与切比雪夫距离相似的距离度量是国际象棋，棋盘上两个位置间的切比雪夫距离是指王要从一个位子移至另一个位子需要走的步数。国王走一步能够移动到相邻的 8 个方格中的任意一个，那么国王从格子 (x_1,y_1) 走到格子 (x_2,y_2) 最少需要多少步？答案是 $\max(|x_2 - x_1|, |y_2 - y_1|)$ 步。图 4-4-22 是棋盘上所有位置距国王位置的切比雪夫距离。

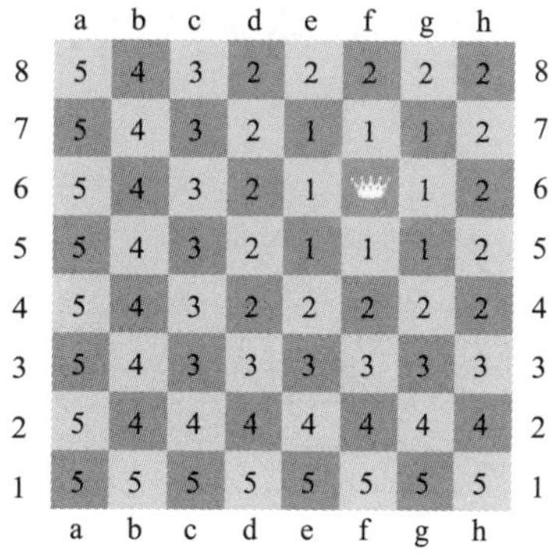

4) 闵可夫斯基距离

闵可夫斯基(Minkowski)距离是一组(类)距离的定义，两个 n 维点 $A(a_1,a_2,\cdots,a_n)$、$B(b_1,b_2,\cdots,b_n)$ 间的闵可夫斯基距离为

图 4-4-22 国际象棋切比雪夫距离

$$d(A,B) = \left[\sum_{i=1}^{n}|a_i - b_i|^m\right]^{1/m} \qquad (4\text{-}4\text{-}13)$$

式中，m 是一个变量，当 $m=1$ 时，为曼哈顿距离；当 $m=2$ 时，为欧氏距离；当 m 趋于无穷大时，为切比雪夫距离。同理，当 A、B 两点为平面几何点的时候，其闵可夫斯基距离定义为

$$d(A,B) = \left[|x_1 - x_2|^m + |y_1 - y_2|^m \right]^{1/m} \tag{4-4-14}$$

5) 马氏距离

假设有 M 个样本向量 $X_1,\cdots,X_m$，其协方差矩阵记为 S，均值记为向量 μ，则样本向量 X 到向量 μ 的马氏距离(Mahalanobis distance)定义为

$$d(X) = \sqrt{(X-\mu)^T S^{-1} (X-\mu)} \tag{4-4-15}$$

其中，协方差矩阵中每个元素是各个矢量元素之间的协方差 $\text{Cov}(X,Y)$：

$$\text{Cov}(X,Y) = E\{[X-E(X)][Y-E(Y)]\} \tag{4-4-16}$$

式中，E 为数学期望。

特别地，两个向量 X_i 与 X_j 间的马氏距离定义为

$$d(X_i, X_j) = \sqrt{(X_i - X_j)^T S^{-1} (X_i - X_j)} \tag{4-4-17}$$

若协方差矩阵是单位矩阵(各个样本向量之间独立同分布)，其公式就转变为欧氏距离公式：

$$d(X_i, X_j) = \sqrt{(X_i - X_j)^T (X_i - X_j)} \tag{4-4-18}$$

若协方差矩阵是对角矩阵，公式则变成了标准化欧氏距离。

马氏距离的优点是与量纲无关，排除了变量之间的相关性的干扰。

6) 汉明距离

汉明距离(Hamming distance)是应用于数据传输差错编码中的一种特殊距离定义。两个等长(相同长度)字符串间的汉明距离为将其中一个字符串变为另一个字符串所需要的最小替换次数。例如，字符串"1111"与"1001"之间的汉明距离为 2。汉明距离主要应用于信息编码中，为了增强容错性，应使得编码间的最小汉明距离尽可能大。

7) 大地测量距离

常用的欧氏距离公式只能计算平面距离，为了精确地定义地球球面上两点间的距离，大地测量中定义了如图 4-4-23 所示的大地测量距离来量算球面上两点间的距离。大地测量距离定义为球面上两点之间的最短连线的长度，即经过这两点的大圆(经过球心的平面截球面所得的圆)在这两点间的一段圆弧的长度。

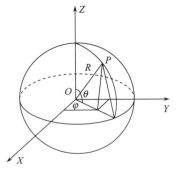

图 4-4-23 大地测量距离

设地球的半径为 R，A 点的纬度、经度为 (x_1, y_1)，B 点的纬度、经度为 (x_2, y_2)，则球面距离定义为

$$d = R \times \arccos[\sin x_1 \sin x_2 + \cos x_1 \cos x_2 \cos(y_1 - y_2)] \tag{4-4-19}$$

由于球面距离与经纬度相关，导致相同的角距离可能对应的球面距离不同。球面距离计算复杂，这是为什么要进行投影的根本原因。

这节介绍了七种常见的距离定义及其基本计算方法,其他距离的定义还有很多。此外,不同的学科和行业应用中由于考虑的因素不同,对距离的定义和理解也不同。例如,在旅游业中的两个点(如城市)旅游时间距离定义为从一个点(城市)到另一个点(城市)的最短时间。

除了定量距离关系外,还有定性的距离关系描述方法。定性距离关系的描述方式为邻近关系,如远、中、近等,根据一定的规则,可以将定量距离分级转换为定性邻近关系。

4.4.5 矢量数据表达

1. 概述

空间对象的计算机表达实际上主要是空间位置、拓扑关系和属性信息。关于空间对象的计算机表达一种是基于矢量的表达,另一种是基于栅格的表达,或者是两种混合的表达。

矢量形式最适应于空间对象的计算机表达。在现实世界中,抽象的线划通常用坐标串表示,坐标串即是一种矢量形式。长期以来,人们对矢量数据结构做了大量研究,研究的焦点在于空间拓扑关系的表达。本节的重点也在于空间关系的表达。

作为一种信息表达,空间关系表达可以用下列信息表达模式来概括:

$$表达 = 信息结构 + 操作 \qquad (4\text{-}4\text{-}20)$$

这表明空间关系表达不仅包括记录信息的结构,而且包括信息操作的机制。事实上,空间关系异常复杂,如果要全部用信息结构表达的方法记录和存储所有对象的空间关系几乎是不可能的,因而必定有一部分空间关系的表达需要用空间操作来完成。

到底哪些空间关系需要预先记录,并存储在数据库中,哪些可以即时计算,用空间操作完成,要看空间关系的重要性,以及操作的复杂度。随着计算机的计算速度越来越快,越来越多的系统把空间关系的表达放在即时操作计算上,而不在数据结构中存储空间关系,如 ArcGIS、MapInfo、MGE 等。

大部分地理信息系统软件所存储的拓扑关系仅仅是前面所述的不同几何类型目标的邻接关系,如 ArcGIS、System 9、DIME 和 TIGER 文件等,因为这些关系是使用最频繁而且最容易记录的拓扑关系。本章所述的拓扑关系实际上也是这种点、线、面目标之间的邻接关系,其他关系可由空间操作完成。

2. 矢量数据结构的基本元素

点实体除存储点实体的 x, y 坐标外,还应存储其他一些与实体有关的数据来描述点实体的类型、制图符号和显示要求。如图 4-4-24 所示。

线实体矢量数据结构的基本内容包括:唯一标识码、线标识码、起始点、终止点、坐标点对系列、

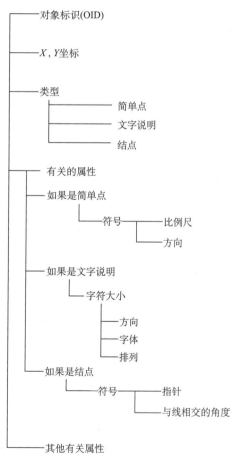

图 4-4-24 点实体矢量数据结构

显示信息、非几何信息等。

多边形数据结构不但表示位置和属性,更重要的是能表达区域的拓扑特征(形状、邻域或层次结构)。

3. 无拓扑关系的矢量数据模型

无拓扑关系的矢量数据模型也称面条数据模型,它仅记录空间目标位置坐标和属性信息,而不记录它的拓扑关系。它可能有两种形式,一种是每个点、线、面目标直接跟随它的空间坐标,也称独立存储方法;另一种方式是点坐标作为一个文件,线和多边形由点号组成,也称点位字典法。

在第一种形式中,每个实体的坐标都独立存储,毫不顾及相邻的多边形或线状和点状地物。具体形式和公式见式(4-4-21)。

$$\begin{cases} 点目标:[目标标识,地物编码,(x,y)] \\ 线目标:[目标标识,地物编码,(x_1,y_1),(x_2,y_2),\ldots,(x_n,y_n)] \\ 面目标:[目标标识,地物编码,(x_1,y_1),(x_2,y_2),\ldots,(x_n,y_n),(x_1,y_1)] \end{cases} \quad (4\text{-}4\text{-}21)$$

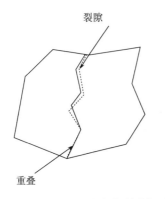

图 4-4-25 多边形环路中的裂隙与重叠

对面状实体而言,最末一点的坐标与第一点相同。

使用这种方法时,除了外轮廓线以外,多边形的边界线数据均获取和存储两次,这就会产生裂隙或重叠(图 4-4-25),并产生数据冗余。为了消除裂隙,一般需要编辑。

为克服独立实体编码的某些局限性,以公用点位字典为基础建立了一些系统。点位字典包含地图上每一个边界点的坐标,然后建立点、线实体和多边形的边界表,它们由点位序号构成。利用点位字典法建立点位字典的数据文件可以消除多边形边界的裂隙和坐标数据的重复存储,但它仍然没有建立各个多边形实体之间的空间关系。图 4-4-26 是两种表述方法的比较。

无拓扑关系矢量数据模型主要用于显示、输出及一般查询;由于公共边重复存储,存在数据冗余,难以保证数据独立性和一致性;对多边形分解和合并不易,邻域处理较复杂,且处理嵌套多边形比较麻烦。它主要用于制图及一般查询,不适合在复杂的空间分析的情况下采用。

4. 拓扑数据模型

目前,有些 GIS 软件所记录的拓扑关系仅是部分邻接拓扑关系,实际上还仅仅是结点、线(或称弧段)、面(或称多边形)之间的关联拓扑关系。因为关联拓扑关系是 GIS 中应用最广,而且最容易记录的关系。至于其他关系,一般可从关联拓扑关系中导出,或通过空间运算得到。关联拓扑关系通常有两种表达方式,全显式表达和半隐含表达。

1)全显式表达

全显式表达是指结点、弧段、面块相互之间的所有关联拓扑关系都用关系表显式地表达出来。例如,对图 4-4-27 所示的关系除了要明确表示从上到下(即面块-弧段-结点)的拓扑关系外,还要用关系表列出结点-弧段-面块之间的关系。这样,对图 4-4-27 所示的拓扑关系可用如表 4-4-1 至表 4-4-4 所示的 4 个表格全部显式表达出来,其中前两个表格表达了从上到下的拓扑关系，后两个表格表达的是从下到上的拓扑关系。全显示表达仍然没有包括点与面或面与点直接的关联关系。这种关系是以弧段为桥梁建立的。

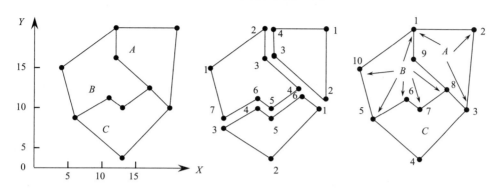

(a) 多边形　　　　　(b) 直接坐标法示意图　　　　(c) 点位字典法示意图

多边形ID	编码	坐标
A	T302	15　14
		17　16
		⋮
		15　14
B	T304	17　14
		……

(d) 多边形文件(直接坐标法)

点号	坐标
1	5　14
2	17　14
3	14　6
4	10　1
……	……

(e) 点坐标文件(点位字典法)

多边形ID	编码	点号串
A	T302	1 2 3 8 9 1
B	T304	1 9 ……

(f) 多边形文件(点位字典法)

图 4-4-26　面条数据模型的两种表达方式

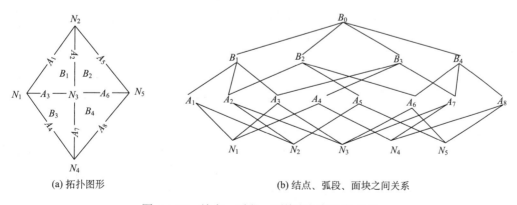

(a) 拓扑图形　　　　　　　　　(b) 结点、弧段、面块之间关系

图 4-4-27　结点、弧段、面块之间的拓扑关系

表 4-4-1　面块-弧段的拓扑关系 $b=b(a)$

面块	弧段
B_1	A_1　A_2　A_3
B_2	A_2　A_5　A_6
B_3	A_3　A_4　A_7
B_4	A_6　A_7　A_8

表 4-4-2　弧段-结点的拓扑关系 $a=a(n)$

弧段	起结点	终结点
A_1	N_1	N_2
A_2	N_2	N_3
A_3	N_1	N_3
A_4	N_1	N_4
A_5	N_2	N_5
A_6	N_3	N_5
A_7	N_3	N_4
A_8	N_4	N_5

表 4-4-3　结点-弧段的拓扑关系 $n=n(a)$

结点	弧段
N_1	A_1　A_3　A_4
N_2	A_1　A_2　A_5
N_3	A_2　A_3　A_6　A_7
N_4	A_4　A_7　A_8
N_5	A_5　A_6　A_8

表 4-4-4　弧段-面块的拓扑关系 $a=a(b)$

弧段	左边面块	右边面块
A_1	0	B_1
A_2	B_2	B_1
A_3	B_1	B_3
A_4	B_3	0
A_5	0	B_2
A_6	B_2	B_4
A_7	B_4	B_3
A_8	B_4	0

由于表 4-4-2 和表 4-4-4 都与弧段有关，通常将这两个表合并在一起形成表 4-4-5 的形式。

表 4-4-5　弧段与结点和面块之间的拓扑关系 $a=a(n,b)$

弧段	起结点	终结点	左多边形	右多边形
A_1	N_1	N_2	0	B_1
A_2	N_2	N_3	B_2	B_1
A_3	N_1	N_3	B_1	B_3
A_4	N_1	N_4	B_3	0
A_5	N_2	N_5	0	B_2
A_6	N_3	N_5	B_2	B_4
A_7	N_3	N_4	B_4	B_3
A_8	N_4	N_5	B_4	0

2) 部分显式表达

仅用前面的部分表格表示几何目标间的拓扑关系，我们称它为部分显式表达或称半隐含表达(龚健雅,1993)。例如，System 9 仅用表 4-4-1 和表 4-4-2 表达从面块到弧段和弧段到结点之间的从上到下的拓扑关系，其他关系由这两个表隐含表达，需要时再建立临时的关系表。美国人口调查局早期的 DIME 文件仅采用了表 4-4-5。而与结点关联的弧段(链段)和与多边形关联的弧段都需要临时使用具体的运算方法查找(毋河海,1991)。

虽然人们对空间拓扑关系进行了大量的研究，也有人提出了更加复杂的关联与邻接关系，例如，结点所关联的多边形，一条弧段关联的下一条弧段，一个面相邻的其他面，等等。但是，到目前为止，各种实用系统和商品化软件所记录的空间拓扑关系都还没有超过表 4-4-1 到表 4-4-5 的范畴，包括公认为拓扑关系最为复杂的系统，如美国人口调查局 20 世纪 90 年代的 TIGER 文件。

实际上，许多系统都是在处理以上几个表的方式上有所不同，由于表 4-4-1 面块关联的弧段和表 4-4-3 结点关联的弧段的数目大小不定，出现了变长记录，而在变长记录不便于直接存储的情况下，出现了复杂的串行指针。例如，美国计算机图形及空间分析实验室提出的 POLYVRT 数据结构和 TIGER 文件都采用了复杂的串行指针，解决这两个表变长记录的存储问题，即物理实现问题(毋河海,1991)。而 ArcGIS、GeoStar 等软件采取了直接存储变长记录的方法，将数据结构变得简单。

采用哪些拓扑关系表更为有效取决于系统的服务对象和系统涉及的其他数据结构。对于一个主要以面状目标为特征的资源管理信息系统，表 4-4-3 可以省略，但对于一个用于网络分析的系统，表 4-4-3 非常重要。但无论如何，表 4-4-1 是必要的，否则就谈不上建立拓扑关系。该表的重要性还在于它建立了多边形公共边界数据共享的桥梁。下面专门讨论这一问题。

3) 拓扑关系与数据共享

建立空间目标之间的拓扑关系与数据共享问题有密切的联系。结点通常是几条弧段的公共交点，弧段也往往是面块的公共边界。建立了一定的拓扑关系，就能解决好数据共享问题。采用表 4-4-1 和表 4-4-2 就能解决多边形公共边界和弧段公共结点的问题。

动态维护空间目标的拓扑关系虽然相当麻烦，但是这种拓扑关系的建立，特别是共享目标的实现，在数据采集和图形编辑时，为维护数据的一致性提供了方便。

如图 4-4-28 所示，建立了表 4-4-2 表达的弧段与结点的拓扑关系和结点坐标数据文件后，当移动结点位置修改其坐标时，仅修改结点的坐标文件，表 4-4-2 的拓扑关系及弧段文件完全不变。否则，所有与此有关的弧段坐标都要修改，如图 4-4-29 所示。

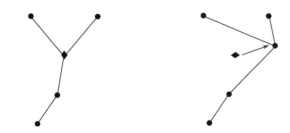

图 4-4-28　建立了弧段-结点拓扑关系的结点移动

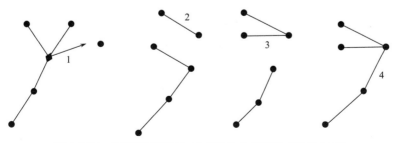

图 4-4-29　没有建立弧段-结点拓扑关系的结点修改过程

同样的道理，建立了面块-弧段拓扑关系的共享边界的修改也方便得多。如图 4-4-30 所示是建立了面块-弧段的拓扑关系的修改过程，边界上内点移动只需进行一次，且只需修改弧段坐标数据文件即可。而没有建立拓扑关系的公共边的修改，则需要分别对两个多边形的数据进行修改，如图 4-4-31 所示。

由于计算机的计算效率越来越高，而外存存取速度提高缓慢，用信息记录的方式表达拓扑关系越来越不受重视。但是数据共享特别是多边形公共边界的共享却依然重要，这不仅涉及边界数据的是否重复采集和公共边界编辑修改的一致性维护，而且对于一些非常复杂的多边形如有许多岛屿，直接数字化一个多边形是很困难的。

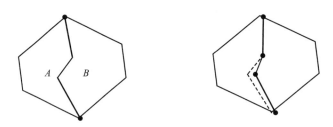

图 4-4-30　建立了面块-弧段关系的修改过程

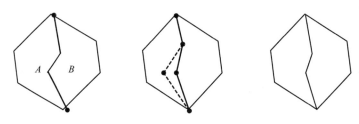

图 4-4-31　没有建立面块-弧段关系的修改过程

5. 属性数据的表达

除几何特征外，空间目标的属性特征分为两种，一种是类别特征，即它是什么；第二种是具体的说明信息，或者说统计信息，以解决两个同类目标的不同特征问题，如道路的宽度、等级、路面质量等。至于第一种特征，一般用类型编码来表达，而第二种特征则用属性数据结构和表格说明。

至于类型的编码，不同的软件处理方式不同。在早期 ArcGIS 版本中，因为它用 Coverage 进行图形管理，每个 Coverage 只能有一个 AAT 和 PAT 表，所以它一般只能将地物类型的编码放在属性表中，作为属性表中的一项内容。在有些面向对象的系统如 GeoStar，它以地物的分类编码为核心，一种或几种地物类型设计一个属性表，并将地物的编码设计在图形数据中，这样在进行地物的符号化和分类或分层显示空间目标时就变得非常迅速，查找属性也相当方便。下面以 GeoStar 为例讨论图形数据与属性数据的连接以及属性数据的表达。

图 4-4-32 是包含了点、线、面多种地物类型的空间目标的地图，它们的空间和属性特征可以由表 4-4-6 至表 4-4-9 这几个表来表达。

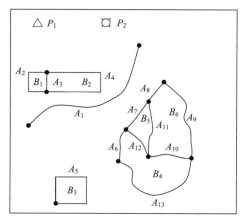

图 4-4-32 包含多种空间目标的地图

表 4-4-6 点状地物空间数据表

目标标识	地物编码	坐标	关联的线目标
P_1	$P201$	143，256	…
P_2	$P302$	157，298	…
…	…	…	…

表 4-4-7 线状地物的空间数据表

目标标识	地物类型编码	坐标串	起结点、终结点、左面、右面
A_1	$A304$	62，354，175，268	…
A_2	$A375$	…	…
A_3	$A376$	…	…
…	…	…	…

表 4-4-8 面状地物的空间数据表

目标标识	地物编码	边界线目标号
B_1	$B705$	A_2，A_3
B_2	$B705$	A_3，A_4
B_3	$B705$	A_5
B_4	$B776$	A_6，A_{12}，A_{10}，A_{13}
…	…	…

表 4-4-9 地物类型特征与制图属性表

地物编码	地物名称	几何类型	制图颜色	制图符号编码	属性表名
$P201$	三角点	点状	黑色	10302	controlpoint
$P302$	导线点	点状	黑色	10308	controlpoint
$B705$	房屋	面状	黄色	40302	building
$B772$	池塘	面状	蓝色	61277	waterbody
$B774$	耕地	面状	品红	61327	landuse
$B776$	林地	面状	绿色	61335	landuse
$A304$	道路	线状	红色	20735	road
$A375$	房屋边界	线状	黑色	30725	无属性
$A376$	地类界	线状	绿色	30832	无属性

有些地物有属性表，有些地物没有。例如，大地控制点的属性如表 4-4-10 所示，建筑物的属性如表 4-4-11 所示，道路的属性如表 4-4-12 所示。其他属性以此类推。属性表的属性项完全取决于用户，可以到几十项甚至上百项。图形与属性数据的连接通过目标标识或系统的内部记录号，如图 4-4-33 所示。

表 4-4-10　大地控制点属性表（controlpoint table）

目标标识	控制点等级	精度	测量年限	测量单位
P_1	三等点	0.04m	1965 年	测绘一大队
P_2	四等点	0.08m	1984 年	测绘二大队
...	...	...	...	...

表 4-4-11　建筑物属性表（building table）

目标标识	所有者	建筑日期	建筑单位	建筑面积	楼层
B_1	武汉市	1985	中南三建	7285	7
B_2	武汉市	1988	武汉一建	13425	7
B_3	武汉大学	1995	黄陂建筑公司	23725	14
...	...	...	...	...	...

表 4-4-12　道路属性表（road table）

目标标识	等级	路面材料	宽度	修建日期	管理单位
A_1	高速	水泥	50	1994	湖北省公路局
...	...	...	...	...	...

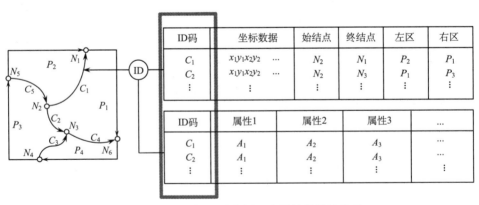

图 4-4-33　通过 ID 建立图形和属性数据的联系

4.4.6　栅格数据表达

1. 栅格数据的概念

栅格数据结构实际就是像元阵列，每个像元由行列号确定它的位置，且具有表示实体属性的类型或值的编码值。点实体在栅格数据结构中表示为一个像元；线实体则表示为在一定方向上连接成串的相邻像元集合；面实体由聚集在一起的相邻像元集合表示。

这种数据结构很适合于计算机处理，因为行列像元阵列非常容易存储、维护和显示。栅格数据是二维表面上地理数据的离散量化值，这就意味着地表一定面积内(像元地面分辨率范围内)地理数据的近似性，例如，平均值、主成分值或按某种规则在像元内提取的值等。另外，像元大小相对于所表示的面积来说较大时，对长度、面积等度量的量测有较大的影响，这种影响除像元的取舍外还与计算长度和面积的方法有关(图 4-4-34)。图中(a)说明 A 点和 C 点之间的距离是 5 单位，但在图(b)中 AC 之间的距离可能是 7 也可能是 4，取决于如何计算：如以像元边线计算则为 7，以像元为单位则为 4。同样图(a)中三角形的面积为 6 平方单位，而图(b)则为 7 平方单位。这种误差随像元的增大而增加。

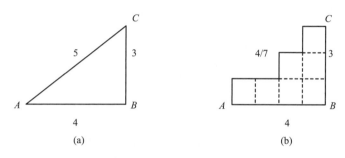

图 4-4-34 栅格数据结构对量测值的影响

1) 栅格数据单元值确定

栅格单元的属性值只能是一个，如果一个栅格单元的地物只有一个地物类型时，则该栅格单元的属性值就是该地物。但当一个栅格对应地面多个地物类型时，如何确定属性值？栅格单元属性值确定方法有中心点法、重要性法、面积占优法以及长度占优法。中心点法是用位于栅格中心的地物类型决定栅格单元代码；重要性法是根据栅格单元内不同地物的重要性，选取最重要的地物类型决定栅格单元代码；面积占优法是以占区域面积最大的地物类型决定栅格单元代码；长度占优法由该栅格单元中线段最长的地物类型决定栅格单元代码。如图 4-4-35 所示，一个

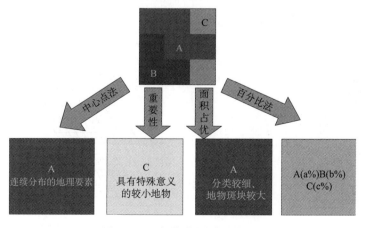

图 4-4-35 栅格数据单元值确定

栅格单元有 A、B、C 三类地物，其中 A 压盖栅格单元中心，C 是重要的地物类型，面积大小依次为 A、B、C。如果采用中心点法，则取 A 值，采用重要性法取 C 值、面积占优法取 A 值，采用百分比法分别记录 A、B、C 所占百分比：A（a%）B（b%）C（c%）。

2) 栅格数据结构坐标系与描述参数

如图 4-4-36 所示，栅格数据结构坐标系采用行、列号来描述栅格单元的位置。坐标系是以坐标轴的纵向（X 方向，向上）为行、以横向（Y 方向，向右）为列。格网分辨率是指栅格在 X 方向或 Y 方向的地面实际距离，即 dx 或 dy，理论上 dx 和 dy 可以不相等，但为了实际数据处理和应用的方便，通常规定 dx 和 dy 相等。为了使栅格数据与地理空间相对应，一个栅格坐标系还需要知道栅格数据西南角的大地坐标或西北角坐标(X_0, Y_0)。

2. 层的概念

栅格数据结构假设地理空间可以用平面笛卡儿空间来描述，但每个笛卡儿平面（即数组）中的像元只能具有一个属性数据，同一像元要表示多种地理属性时则需要用多个笛卡儿平面，每个笛卡儿平面表示一种地理属性或同一属性的不同特征，这种平面称为"层"。图 4-4-37 说明数据层与地表的关系；图 4-4-38 表示把各二维笛卡儿平面数组叠置起来形成三维数组的情形，以便于更好地理解层的概念。

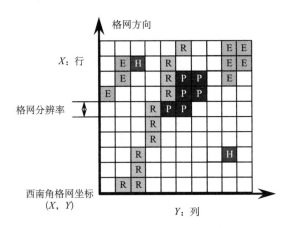

图 4-4-36　栅格数据结构坐标系

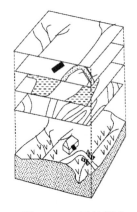

图 4-4-37　层的概念

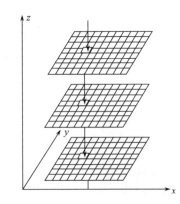

图 4-4-38　栅格数据结构中编码叠置层组成的三维数据

3. 栅格数据的组织方法

假定基于笛卡儿坐标系上的一系列叠置层的栅格地图文件已建立起来，那么如何在计算机内组织这些数据才能达到最优数据存取、最少的存储空间、最短处理过程呢？如果每一层中每一个像元在数据库中都是独立单元即数据值，像元和位置之间存在着一对一的关系，按上述要求组织数据的可能方式有三种(图 4-4-39)：①以像元为记录的序列。不同层上同一个像元位置上的各属性值表示为一个列数组[图 4-4-39(a)]；②以层为基础，每一层又以像元为序记录它的坐标和属性值，一层记录完后再记录第二层[图 4-4-39(b)]。这种方法较为简单，但需要的存储空间最大。如果以像元数组的行列号隐含坐标，则该种方法的存储空间也不太大。③与方法②一样以层为基础，但每一层内以多边形(也称制图单元)为序记录多边形的属性值和充满多边形的各像元的坐标[图 4-4-39(c)]。这三种方法中方法①节省了许多存储空间，因为 n 层中实际上只存储了一层的像元坐标；方法③则节省了许多用于存储属性的空间，同一属性的制图单元的 n 个像元只记录一次属性值。它实际上是地图分析软件包(MAP)中所使用的分级结构，这种多像元对应一种属性值的多对一的关系，相当于把相同属性的像元排列在一起，使地图分析和制图处理较为方便；方法②则是每层每个单元一一记录，它的形式最为简单。

值得指出的是，这里所说的属性值，实际上仅是地物的属性编码，并不是目标的具体说明属性，如楼层高度等。

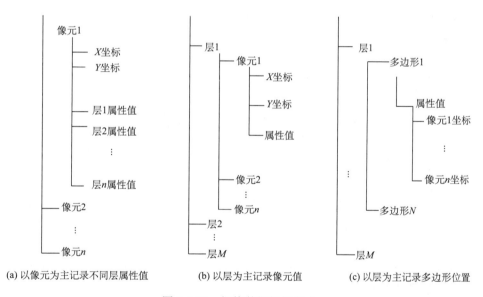

(a) 以像元为主记录不同层属性值　　(b) 以层为主记录像元值　　(c) 以层为主记录多边形位置

图 4-4-39　栅格数据组织方式

4. 网格系统

网格系统可以看作是栅格系统的一种特殊形式，也是基于位置的数据模型，适用于多元、多层次的数据管理系统。二者之间的区别在于：在网格系统中，数据结构逻辑记录是一个网格上的有关信息集合，因此每个网格单元可以独立地存取，而在栅格系统中存取的单位只能是一个扫描行(记录)。在很多情况下，尤其当每个网格单元中只有一个属性值时，网格系统与栅格系统在本质上没有什么区别。栅格数据库一般呈矩阵状，而网格数据库可呈不规则状，如图 4-4-40 所示。由于网格数据结构的特点,可把每个网格信息作为实体("退化成"矢量数据)看待,从而可以建立要素的定性与定位索引,进行诸如针对地理基础数据库的处理操作。

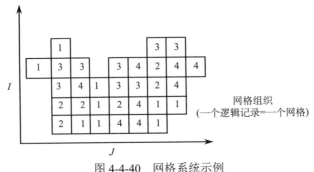

图 4-4-40 网格系统示例

从数据结构上看,网格系统的主要优点在于其数据结构表现为通常的二维矩阵结构,每个网格单元表示二维空间中的一个位置,不管是沿水平方向还是沿垂直方向均能方便地遍历这种结构。处理这种结构的算法很多,并且大多数程序语言中都有矩阵处理功能。此外,这种结构中不需要进行坐标数字化,因为以矩阵形式存储的资料具有隐式坐标。从地理数据处理方面看,这种结构简单的网格系统,便于实现多要素叠置分析,因而是一种重要的空间数据处理工具。

5. 矢量数据结构与栅格数据结构的比较

矢量数据结构具有位置明显、属性隐含的特性,而栅格数据结构具有属性明显、位置隐含的特点。它们各具特色,比较它们的优缺点可以从数据结构精度、数据量、结构复杂度、空间关系表达和分析能力以及制图精度方面去考虑。其实它们的优点和劣势是互补的,即在矢量数据结构中是优点的,在栅格数据结构中有可能就是缺点,反之亦然。

1) 矢量数据结构

(1) 优点:①表示地理数据的精度较高;②严密的数据结构,数据量小;③用网络连接法能完整地描述拓扑关系;④图形输出精确美观;⑤图形数据和属性数据的恢复、更新、综合都能实现;⑥它是面向目标的,不仅能表达属性编码,而且能方便地记录每个目标具体的属性描述信息。

(2) 缺点:①数据结构复杂;②矢量多边形的叠置算法较为复杂;③数学模拟比较困难;④技术复杂,特别是需要更加复杂的硬、软件。

2) 栅格数据结构

(1) 优点:①数据结构简单;②空间数据的叠置和组合容易方便;③各类空间分析都易于进行;④数学模拟方便。

(2) 缺点:①图形数据量大;②用大像元减少数据量时,精度和信息量有损失;③地图输出不精美;④难以建立网络连接关系;⑤投影变换用时多。

从上述比较中用户可以了解栅格和矢量数据结构的适用范围。在转换程序效率不高,硬、软件功能不太全,又要及时开展 GIS 工作时,选用恰当的数据结构是 GIS 有效运行的前提之一。

实际应用中一个 GIS 系统到底采用哪种数据结构?数据结构选择有什么样的原则?我们可以从以下几个方面去考虑:

(1) GIS 所要描述的地理空间要素是实体属性还是位置属性?

(2) 建立 GIS 工程可以获得的数据源及其数据格式。

(3) 对描述的地理空间要素应该达到的位置精度要求。

(4) 实际应用中主要侧重什么类型的空间要素？是矢量的？还是栅格的？或者两者都涉及。是否需要建立拓扑关联关系？

(5) GIS 应用中涉及的空间分析的类型，例如，是网络分析还是叠置分析？

(6) 所需地图产品的类型，等等。

4.5 规则镶嵌结构

所谓镶嵌结构是一种表达空间域或者场对象的空间数据结构，它用规则或者不规则的镶嵌结构覆盖被研究的地理空间表面。规则镶嵌数据结构即用规则的小面块集合来逼近自然界不规则的地理空间。图 4-5-1 列出了二维空间中多种可能的平面规则划分方法。为了便于有

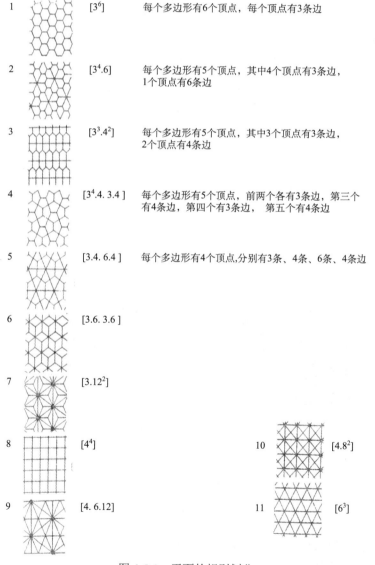

图 4-5-1 平面的规则划分

效地寻址，二维网格单元必须具有简单的形状和平移不变性。在图 4-5-1 所示的 11 种规则网格划分中，只有正方形与正六边形既是规则的又是可平移的，即每个网格单元在整个平面上具有相同的方向。正六边形有 6 个最近的邻域，比只有 4 个邻域的正方形有更好的邻接性。然而，正六边形的层次性较差，即它不能无限地被分割，而正方形则具有无限可分性。此外，很多环境监测数据的采集和图像处理普遍采用正方形面元（像元），这就意味着正方形砌块是分割二维空间的实用形式。具体做法是：用数学手段将一个矩形网格（具有代表性的是正方形网格）叠置在所研究的区域上，把连续的地理空间离散为互不覆盖的面块单元（网格），这样便使描述空间变化的机制简单化了，同时也使得空间关系（如毗邻、方向和距离等）明确，可进行快速的布尔集合运算。在这种结构中每个网格的有关信息都是基本的存储单元，例如，可以是一幅地图数据，这就是 4.4.4 节中提到的网格系统。

4.6　四叉树数据结构

1. 常规四叉树

四叉树数据结构是一种广受关注、被学者进行了大量研究的空间数据结构。有关四叉树数据结构的概念早在 20 世纪 60 年代中期就被应用到加拿大地理信息系统中。

四叉树分割的基本思想是首先把一幅图像或一幅栅格地图（$2^k \times 2^k$，$k>1$）等分成四部分，逐块检查其格网值。如果某个子区的所有格网都含有相同的值，则这个子区就不再往下分割；否则，把这个区域再分割成四个子区域，这样递归地分割，直到每个子块都只含有相同的灰度或属性值为止。这就是常规四叉树的建立过程，代表性的研究学者有 Klinger 等人。图 4-6-1(a)是一个二值图像的区域和编码，图 4-6-1(b)表明了常规四叉树的分解过程及其关系。

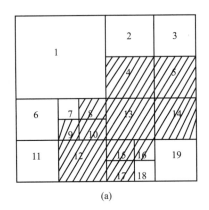
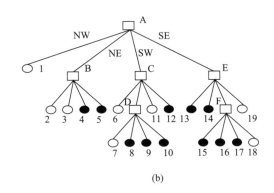

图 4-6-1　常规四叉树及其分解过程

这种称为"top-down"的自上而下的分割方法，先检查全区域，内容不完全相同再进行四分割，往下逐次递归。这种方法需要大量运算，因为大量数据需要重复检查才能确定是否继续进行划分，例如，图 4-6-1(a)中的 7、8、9、10 等格网需要检查 4 次。

常规四叉树也可以采用"bottom-up"的自下而上的方法建立。对栅格数据按照一定的顺序进行检测，如果每相邻四个格网值相同，则进行合并，逐次往上递归。

常规四叉树方法除了要记录叶结点外，还要记录中间结点。结点的命名可以不按严格的规则，结点之间的联系主要靠指针表达。常规四叉树需要占用很大的内存和外存空间。从图 4-6-1(b)可以看出，每个结点需要 6 个量表达：父结点指针（前趋），四个子结点指针（后继）和本结点的灰度或属性值。这些指针不仅增加了存储量，而且增加了操作的复杂性。常规四叉树在数据索引和图幅索引等方面得到应用，而在数据压缩和 GIS 数据结构领域人们则多采用线性四叉树(linear quadtree, LQ)方法。

2. 线性四叉树

线性四叉树只存储最后叶结点信息，包括叶结点的位置、深度和格网值。线性四叉树叶结点的编号需要遵照一定的规则，这种编号称为地址码，隐含了叶结点的位置信息。最常用的地址码是四进制或十进制的 Morton 码(Samet, 1981; Mark and Abel, 1985)。目前以四进制码使用较为普遍(Shaffer et al., 1990)。

1) 基于四进制的 Morton 码及四叉树的建立

基于四进制的 Morton 码的生成和四叉树的建立过程有两种不同的方案：一种是用自上而下分裂的方式在建立四叉树的过程中逐步产生 Morton 码；另一种方案是先计算每个格网的 Morton 码，然后按一定的扫描方式采用自下而上的合并方法建立四叉树。

对于一个 $n \times n (n=2k, k>1)$ 的栅格方阵组成的区域 P，自上而下的分解四叉树的过程如图 4-6-2 所示。

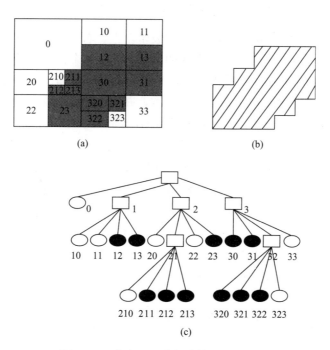

图 4-6-2 自上而下分解线性四叉树过程

第一步分割成四个子象限(P_0, P_1, P_2, P_3)，它们分别包括

$$\begin{cases} P_0 \supset P[i,j](i=1,\frac{1}{2}n; j=1,\frac{1}{2}n) \\ P_1 \supset P[i,j](i=1,\frac{1}{2}n; j=\frac{n}{2}+1,n) \\ P_2 \supset P[i,j](i=\frac{n}{2}+1,n; j=1,\frac{1}{2}n) \\ P_3 \supset P[i,j](i=\frac{n}{2}+1,n; j=\frac{n}{2}+1,n) \end{cases} \tag{4-6-1a}$$

如果有必要再分割到下一层,其子象限分别为

$$\begin{cases} P_{00} \supset P[i,j](i=1,\frac{1}{4}n; j=1,\frac{1}{4}n) \\ P_{01} \supset P[i,j](i=1,\frac{1}{4}n; j=\frac{n}{4}+1,\frac{n}{2}) \\ \quad\cdots\cdots \\ P_{10} \supset P[i,j](i=1,\frac{1}{4}n; j=\frac{n}{2}+1,\frac{3}{4}n) \\ \quad\cdots\cdots \\ P_{33} \supset P[i,j](i=\frac{3}{4}n+1,n; j=\frac{3}{4}n+1,n) \end{cases} \tag{4-6-1b}$$

式中,"$\supset$"表示包含,标号0、1、2、3分别表示左上、右上、左下、右下四个子象限。根据式(4-6-1)可以求得任意一个子象限在全区的位置,并对这个范围内的格网进行检测,若所有格网值相同就不再细分。在分割过程中,标号的位数不断增加,这种标号即为 Morton 码。Morton 码的每一位字数都是不大于3的四进制数,并且每经过一次分割,增加一位数字,分割的次数越多,所得到的子区域越小,相应的 Morton 码位数越大。最后结点的 Morton 码是所有各位上相应的象限值相加,如式(4-6-2)所示。

$$M_Q = q_1 q_2 q_3 \cdots q_k = q_1 \times 10^k + q_2 \times 10^{k-1} + \cdots + q_k \tag{4-6-2}$$

这种方法需要大量的运算,因为大量格网需要重复检测,每个格网检测的次数等于该叶结点 Morton 码的位数。当 $n \times n$ 的矩阵比较大,区域内地物要素比较复杂时,用这种方法建立四叉树的速度比较慢。例如,一个 512×512 的区域,若叶结点的平均码长为7,则检测格网的次数为 7×512×512 约 2×10^6 次。

建立线性四叉树的另一种方式是采用自下而上的合并方法。这种方法是先将二维矩阵元素的下标转换成 Morton 地址码,并将元素按码的升序排列成线性表。Morton 码的形式有多种,这里先介绍基于四进制的 Morton 码,具体过程如下。

将十进制的行列号转换成二进制数表示,转换的数学公式为

$$\begin{cases} I_b = \sum_{k=0}^{[\log_2(II)]} \text{MOD}(I_k,2) \cdot 10^k \\ I_k = II \qquad\qquad\qquad 当k=0时 \\ I_k = \text{INT}(I_{k-1}/2) \qquad 当k>0时 \end{cases} \tag{4-6-3}$$

式中，MOD 为取余函数；INT 为取整函数；II 为十进制行号；I_b 为二进制行号；k 为中间循环变量。同理可计算二进制的列号 J_b，然后按式(4-6-4)计算对应的 Morton 码 M_Q。

$$M_Q = 2 \times I_b + J_b \tag{4-6-4}$$

对于一个 $2^3 \times 2^3$ 的子区域，它的 Morton 码为如表 4-6-1 所示的数字序列。

在排好序的线性表中，依次检查每四个相邻 M_Q 码对应的格网值，如果相同则合并为一个大块，否则将这四个格网记录下来，内容包括 M_Q 码、深度和格网值。第一轮检测完以后依次检查各相邻四个大块的格网值，若其中有一块的值不同，则不作合并，循环下去直到没有能够合并的子块为止。

表 4-6-1 基于四进制的 Morton 码

M_Q 码 列号 行号		JJ	0	1	2	3	4	5	6	7
		J_b	0	1	10	11	100	101	110	111
II	I_b									
0	0		000	001	010	011	100	101	110	111
1	1		002	003	012	013	102	103	112	113
2	10		020	021	030	031	120	121	130	131
3	11		022	023	032	033	122	123	132	133
4	100		200	201	210	211	300	301	310	311
5	101		202	203	212	213	302	303	312	313
6	110		220	221	230	231	320	321	330	331
7	111		222	223	232	233	322	323	332	333

自下而上的合并方法与自上而下的分裂方法能够产生一致的四叉树，但是前者的速度比后者要快，因为大部分格网仅检查一次，仅有少数大块需检查两次或多次，且随着叶结点的增大重复检测的点越来越少。对于一个 $n \times n$ 的区域，总的检查次数至多为

$$\begin{aligned} S &= n \times n + \frac{n}{2} \times \frac{n}{2} + \frac{n}{4} \times \frac{n}{4} + \cdots \\ &= \frac{4}{3} n \times n \end{aligned} \tag{4-6-5}$$

式(4-6-5)相当于自上而下分裂方法对表 4-5-1 的检查次数。图 4-6-3 中仅有一个小格网的灰度不同于其他格网，显然这种情况是很少见的。随着区域增大和相邻格网值的变化，自上而下分裂方法重复检查格网的次数相应增加，而自下而上的合并方法检查格网的次数至多为 $\frac{4}{3} n \times n$。例如，一个 512×512 的区域至多检查 3.5×10^5 次，几乎比前面所述的自上而下方法少一个数量级。

表 4-6-2 列出了对三幅不同大小的遥感图像使用自上

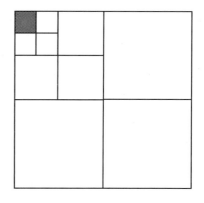

图 4-6-3 一种特殊情况的四叉树分割

而下的分裂方法和排序后用自下而上的合并方法建立四叉树时计算效率的比较。从表中可以看出，随着区域的增大，用自上而下方法建立四叉树的时间迅速增加。

表 4-6-2 两种建立四叉树方法效率的比较

时间	图像Ⅰ(64×64)	图像Ⅱ(128×128)	图像Ⅲ(256×256)
自下而上方法	1.20s	4.23s	26.08s
自上而下方法	1.42s	8.42s	2m 30.20s

2) 基于十进制的 Morton 码及四叉树的建立

上面所介绍的基于四进制的 Morton 码以及建立四叉树的方法仍存在两方面的缺点：一是码的内外存开销大，由于大多数语言不支持四进制变量，需要用十进制长整型表示 Morton 码，显然这是一种浪费；另一问题是运算效率不高，前面已经论述自上而下分裂方法建立四叉树的效率不高，而使用自下而上的方法，虽然在排好序后的线性表中建立四叉树的速度快，但是排序过程需要花费相当的时间。特别是在使用常规的冒泡法排序时，排序比生成四叉树更费时间。

Mark 等人(1989)建议采用十进制的 Morton 码作为线性四叉树的地址码，并且使用自下而上的合并方法建立四叉树。这种十进制的 Morton 码是 0 到 M 的自然数，合并过程的扫描方式可直接按这种自然数码的顺序进行。建立四叉树时可以省去排序的过程，并且可以不用开辟地址码和深度的内存数组，而直接用格网值数组下标代替。采用十进制 Morton 码不仅可以提高运算速度，而且可以节省内外存空间，并且具有与四进制 Morton 码相同的功效。

基于十进制的 Morton 码（简称 M_D 码）形式如表 4-6-3 所示。从表中可以看出，M_D 码正是自下而上合并过程的顺序编号。按自然数顺序的线性表扫描即可产生四叉树，关键问题是找到它们与图像矩阵行、列号的关系。一旦找到这种关系，就可以在逐行逐列读取格网值时先计算与该行、列号对应的 M_{Dk}，即格网值对应的一维数组（即线性表）的下标，因而可将格网

表 4-6-3 基于十进制的 Morton 码

M_D 码 列号 行号		JJ	0	1	2	3	4	5	6	7
		J_f	0	1	4	5	16	17	20	21
II	I_f									
0	0		0	1	4	5	16	17	20	21
1	1		2	3	6	7	18	19	22	23
2	4		8	9	12	13	24	25	28	29
3	5		10	11	14	15	26	27	30	31
4	16		32	33	36	37	48	49	52	53
5	17		34	35	38	39	50	51	54	55
6	20		40	41	44	45	56	57	60	61
7	21		42	43	46	47	58	59	62	63

值直接赋给以 M_{Dk} 为下标的格网值数组单元(即 $Value(M_{Dk})=V_{ij}$)。一旦数据读入完毕,格网值都被送到它们应处的一维数组单元内,如图4-6-4 所示,格网值数组下标顺序扫描产生四叉树。图4-6-5 是图4-6-1(a)用 M_D 码表示的线性四叉树。

作者发展了两种计算 M_D 码的方法:一种是基于数学公式的计算法,另一种是基于按位操作的运算法。数学计算的具体公式和过程如下。

与计算四进制的 Morton 码类似,计算 M_D 时亦先将十进制的行号和列号转换成为一种特殊码,本书称为伪码。伪码采用式(4-6-6)计算。

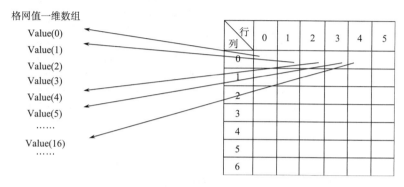

$$\begin{cases} I_f = \sum_{k=0}^{[\log_2(II)]} MOD(I_k,2) \cdot 4^k \\ I_k = II & \text{当} k=0\text{时} \\ I_k = INT(I_{k-1}/2) & \text{当} k>0\text{时} \end{cases} \quad (4\text{-}6\text{-}6)$$

图4-6-4 格网值数组的读入过程

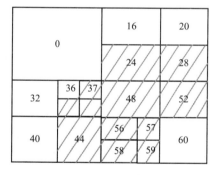

式(4-6-6)中的符号和意义与式(4-6-3)相同。同理可计算列的伪码 J_f。然后用式(4-6-7)计算 M_D 码。

$$M_D = 2 \times I_f + J_f \quad (4\text{-}6\text{-}7)$$

基于 M_D 码的四叉树生成过程与基于 M_D 码的自下而上方法相同。

图4-6-5 按照十进制 Morton 码建立的线性四叉树

图4-6-6 是一幅 CCD 扫描等高线地图,图4-6-7 是使用 M_D 码采取自下而上方法产生的线性四叉树。

当要恢复成栅格矩阵表达时,需要把 M_D 码转换成十进制表示的行、列号,计算方法为

$$\begin{cases} II = \sum_{n-1}^{k=0} INT(T_k/2) \cdot 2^k \\ JJ = \sum_{k=n-1}^{k=0} MOD(T_k,2) \cdot 2^k \end{cases} \quad (4\text{-}6\text{-}8)$$

式(4-6-8)中,$T_k=INT(N_k/4^k)$;$N_k=MOD(N_{k+1},T_{k+1}\cdot 4^{k+1})$(当 $k<n-1$ 时),$N_k=M_D$(当 $k=n-1$ 时)。式中,M_D 为十进制的 Morton 码;II 和 JJ 为行列号;k、T_k、N_k 为中间变量;n 为分裂次数,可表达为 $\log_4 Size$,其中 Size 为区域总像素数目。其基本原理是先将 M_D 码转换为四进制码,

$T_{n-1}, \cdots, T_0$ 为四进制码各位上的分量，然后根据原行列号的二进制数分量相互交叉排列方法反推得到所在的行列号。

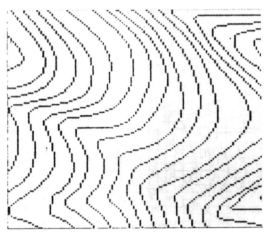

图 4-6-6　CCD 扫描等高线地图　　　　图 4-6-7　基于 M_D 码的扫描等高线的线性四叉树

由行、列号计算 M_D 码以及将 M_D 码转换成相应的行、列号的计算与基于四进制的 Morton 码基本相同。事实上两种方法的计算公式基本类似，只是式(4-6-6)与式(4-6-3)中的幂函数的底数不完全相同，前者为 4，后者为 10。因而两者之间存在一种简单的关系，它们可以相互转换。由 M_Q 码转换成 M_D 码的公式为

$$M_D = \sum_{k=0}^{n-1} m_{Qk} \cdot 4^k \tag{4-6-9}$$

式中，$m_{Q0}, m_{Q1}, m_{Q2}, \cdots, m_{Qn-1}$ 为四进制码各位上的分量，即 $m_{Qn-1}\cdots m_{Q0}m_{Q1}m_{Q2}=M_Q$。同理亦可将 M_D 码转换成 M_Q 码。

然而，在实际应用中，我们不需要进行这种转换。自然数码使用更为方便，它们不仅能省去四叉树地址码的内存数组，采用格网值数组的下标代替，而且前后两个 M_D 码之差即代表了叶结点的大小，因而可省去叶结点深度的内存数组和外存空间。另外，输出结果时，十进制的地址码(即格网值数组下标)比四进制的地址码更省存储空间。一个能用短整型表示的十进制数，四进制表示可能要用长整型。表 4-6-4 给出了对三幅试验图像计算 M_Q 码和 M_D 码以及四叉树建立过程的计算效率和存储效率。

从表 4-6-4 中可以看出，基于十进制的 Morton 码建立四叉树的 M_D 法无论在内外存效率还是在运算速度方面都要优于基于四进制的 Morton 码的 M_Q 法。当使用 C 语言或汇编语言编制程序时，利用按位操作运算，还可将 M_D 码的运算速度进一步提高。

设十进制表示的行、列号在计算机内部的二进制数字分别为

$$II=(i_n i_{n-1}\cdots i_3 i_2 i_1) \quad JJ=(j_n j_{n-1}\cdots j_3 j_2 j_1)$$

十进制的 Morton 码实际上是 II、JJ 中的二进制数字交叉结合的结果，如图 4-6-8 所示。

用按位操作符计算 M_D 码时，首先依次取出 II、JJ 的二进制数中的各位数值 P_{jt} 和 P_{it}：

$$P_{it} = (II \& 2^{t-1}) \quad (t=1,\cdots,n) \tag{4-6-10}$$

式中，"&"为按位操作的与运算；P_{it} 为行号 II 上的二进制数码(0 或 1)。同理可取出列号

JJ 中的各分量 P_{jt}。

在取出行、列号中的二进制各位值以后，将它们依次交叉放入 M_D 码的变量中，此时是利用按位操作的或运算。对于行而言有

$$M_D = M_D | (P_{it} \ll l) \tag{4-6-11}$$

对于列有

$$M_D = M_D | (P_{jt} \ll l-1) \tag{4-6-12}$$

式中，|为按位操作的或运算；$\ll$ 为左移运算。

表 4-6-4 几种线性四叉树编码方法的存储效率和分解时间

方法		图像及大小 效率	图像 I (64×64) 叶结点数 940	图像 II (128×128) 叶结点数 4590	图像 III (256×256) 叶结点数 22628
时间	M_Q 法（冒泡法排序）		1m03s11	8m25s04	1h06m43s07
	M_Q 法（快速排序）		5s49	41s62	2m52s04
	M_D 法		2s08	28s62	2m06s03
内存	M_Q 法		40k	160k	640k
	M_D 法		10k	40k	160k
外存	M_Q 法		12k	40k	193k
	M_D 法		4k	18k	88k

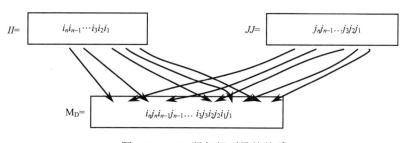

图 4-6-8 M_D 码与行列号的关系

用类似的方法，可由 M_D 码反求行、列号 II、JJ。至此，我们已经看到基于四进制的 M_Q 码和基于十进制的 M_D 码可以由二进制的行、列号导出，只是 M_Q 码以二进制的行列号直接代数相乘和相加得到，而 M_D 码是用行列号的二进制数分量相互交叉排列得到。

表 4-6-5 列出了几种计算 M_D 码方法的 CPU 时间。从表中可以看出，用 C 语言设计的按位操作运算速度比数学计算提高了 3 倍左右，而使用汇编语言设计按位操作运算的速度则又可提高几倍。

表 4-6-5 M_D 码几种计算方法比较

计算方法	计算时间 区域范围	128×128	512×512	1024×1024
由行列号到 M_D 码	数学公式(4-7-6)	5s39	2m06s94	10m02s09
	按位操作(C 语言)	2s09	43s55	3m14s32
	按位操作(汇编语言)	0s54	6s70	26s86
由 M_D 码到行列号	数学公式(4-7-8)	32s85	9m05s85	34m55s60
	按位操作(C 语言)	2s25	43s58	3m14s70
	按位操作(汇编语言)	0s44	7s58	30s27

3. 二维行程编码

线性四叉树的建立过程实际上是按图 4-6-9(a) 所示的方式进行。我们注意到，在生成的线性四叉树表图 4-6-9(c) 中，仍存在前后叶结点的值相同的情况，因而可以采取进一步的压缩表达，即将格网值相同的前后结点合并成一个值，形成图 4-6-9(d) 所示的线性列表。图 4-6-9(d) 也可以从图 4-6-9(b) 中直接得到，先记录入口地址和格网值，依次扫描图 4-6-9(b) 的线性表，若后一格网的格网值不等于前一格网的值，记录后一格网的地址码和相应的格网

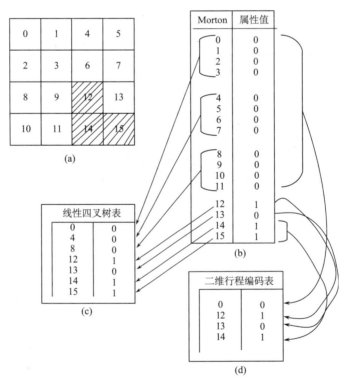

图 4-6-9 线性四叉树及二维行程编码的建立过程

值,可直接形成图 4-6-9(d)的线性表。这种记录方法,非常类似于传统的一维行程编码,所以图 4-6-9(d)也称为二维行程编码(two dimensional run-encoding, 2DRE)表。在这种二维行程编码中,前后两个地址码之差表达了该游程段的格网数,它可以表示该子块的大小。

Morton码	格网值
0	0
7	1
8	0
12	1
13	0
14	1

这种二维行程编码利用了线性四叉树的地址码,但没有结构规则的四叉树,甚至已失去了四叉树的概念。然而它比规则的四叉树更省存储空间,而且对于

图 4-6-10 二维行程编码的插入操作

以后的插入、删除和修改等操作,因不必保持完整的四叉树构形而变得相当简便。例如,在图 4-6-9(d)中的 0 与 12 之间插入一个地址码为 7、格网值为 1 的记录,此时所对应的线性表如图 4-6-10 所示。同时,二维行程编码的删除操作也是很方便的。

表 4-6-6 列举了一维行程编码、线性四叉树和二维行程编码对三幅试验图像所进行的存储量和计算时间(包括存盘时间)的效率比较。从表中可以看出,一维行程编码的存储效率和计算速度与线性四叉树相当,但二维行程编码的存储效率明显优于前两者。

二维行程编码在数据压缩方面具有很高的效率,而线性四叉树具有许多良好的几何特性,例如,叶结点之间可以建立图形拓扑关系(Yang,1990),它们可用来进行快速区域充填和栅格矢量化。由于线性四叉树和二维行程编码采用相同的地址码,它们之间的相互转换非常容易和快速。在本书讨论的数据结构中,几乎将它们视为同一概念,只是根据需要采用不同的形式而已。

表 4-6-6 存储量和计算时间(包括存盘时间)的效率比较

试验图像 效率 项目 方法	图像Ⅰ (64×64)			图像Ⅱ (128×128)			图像Ⅲ (256×256)		
	结点	存储量	时间	结点	存储量	时间	结点	存储量	时间
一维行程编码	1483	6k	8s08	5020	20k	30s70	18191	72k	2m05s56
线性四叉树	940	4k	10s71	4590	18k	42s36	22628	88k	2m42s03
二维行程编码	509	2.5k	8s52	1070	5k	34s60	7452	35k	2m22s91

4. 几种典型的四叉树数据结构

如果不考虑多边形的边界以及点状和线状地物等矢量数据,线性四叉树仅被用来表示面域或图像的栅格数据,它的结构是相当简单的,即为一个三元组的线性表:

$$Q(M, D, V) \tag{4-6-13}$$

其中,M 表示叶结点的地址码;D 为叶结点的深度,用来表示叶结点的大小(若使用 M_D 码可省去该项内容);V 表示该结点的格网属性值。

然而,对于一个多功能的 GIS 来说,需要同时考虑矢量和栅格问题,为此,许多学者围绕四叉树如何结合矢量数据的问题,特别是针对如何处理点、线的矢量数据提出了许多不同的方案。

1) QUILT 系统

QUILT 是美国 Shaffer 等(1990)推出的一个基于线性四叉树的地理信息系统。它的基本地址码采用四进制的 Morton 码。

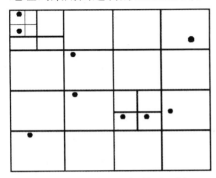

图 4-6-11　点状目标的四叉树

对于点状目标,它采用两个文件结构,一个是矢量坐标文件,与通常基于矢量的系统完全一样,记录该点状目标的标识号和坐标。另外,为了使点状目标与四叉树结构一致,同时建立一个点状目标的四叉树文件。把所有点状目标作为一个覆盖层,分解一棵四叉树,每个叶结点至多能包含一个点状目标,如图 4-6-11 所示。在点状目标的四叉树线性表中,每个记录有两项内容,第一项是地址码,第二项是指针,它指向该叶结点所包含的点状目标在矢量文件中的地址。若该叶结点不含点状目标,第二项为空,该记录仅有一个地址码,这样可能出现许多空白指针。

对于线性数据(包括线状地物和多边形边界)也采用两个结构文件,一个是矢量文件,以每条线段为记录单位建立一个线段文件,包括了该线段的两端点坐标以及有关该线段的属性类型。另一个是线段的四叉树文件,每个叶结点的记录或是空指针,或是指向该叶结点所对应的线段,针对线性数据建立一棵四叉树覆盖整个工作区域。在分裂四叉树的过程中,依据叶结点所含线段的多少来确定是否再分裂结点。QUILT 规定,如果一个叶结点所通过的线段多于四条,则该叶结点进一步分裂。这样,在线段四叉树文件中一个叶结点至多包含四个指针指向相应线段的矢量数据。图 4-6-12 显示了当新线段插入之后,结点上有超过两条线段就

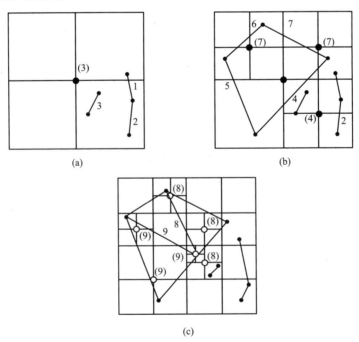

图 4-6-12　线性数据的四叉树表达(Shaffer et al., 1990)

进行分裂的四叉树划分过程。图上每条线段的数字表示插入的顺序，括号中的数字表示结点分解顺序。例如，图 4-6-12（a）中，插入线段 3 后，由于通过结点的线段数超过 2，则进行一次四叉树划分，结点划分的位置（3）表示此结点因线段 3 的插入而划分。

2）边界四叉树方案

Yang 提出了一种增设边界四叉树的方案以支持矢量与栅格结合的空间数据库 (Yang,1990)。在四叉树分解过程中，存储四叉树结点块的同时，记录每个块的四条边和结点块的四个角点。每条边包含 6 个数据，该直线边起点和终点的两对坐标，以及该边左右的叶结点块的属性。对于每个结点块角点，则需要记录与它相关的四条边。这种数据结构有助于矢量边界的快速提取，并可能设立一个新文件记录搜索得到的多边形边界。图 4-6-13(b)表达了图 4-6-13(a)中的结点块、边和角点之间的拓扑关系和它们的层次结构，如与点 1 相连的两条线段 A_1 与 A_2 通过四叉树进行关联，与多边形 S_1 相邻的四条线段 A_1、A_2、A_3、A_4 通过四叉树进行关联。

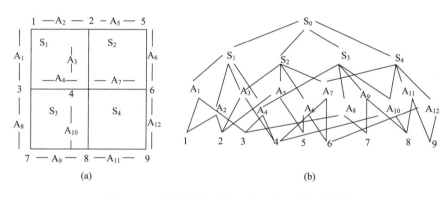

图 4-6-13　四叉树结点块、边和角点的拓扑关系

3）混合数据结构方案

Molenaar 和 Fritsch(1990)提出了一种面向地物的混合数据结构方案：分别设立矢量和栅格两类数据文件，矢量数据使用通常的拓扑数据结构，而栅格数据使用面向地物的四叉树结构管理，即每个叶结点不是储存地物的专题类型，而是设置循环指针，将每个地物分别串联起来，并与矢量结构一起联系到同一地物的标识号上。

在四叉树数据结构方面还有 Ibbs 和 Stevens(1988)提出的矢量数据的四叉树表达方案，他们的方案类似于 QUILT 系统；Gahegan(1989)提出的存储叶结点深度导出 Morton 码；石青云等提出的 CD 码和 VC 码。这三种方法的主要目的在于进一步压缩四叉树的存储空间。

4）矢量栅格一体化结构

龚健雅(1993)提出了矢量栅格合一的一体化数据结构。这种数据结构具有矢量实体的概念，同时又具有栅格覆盖的思想，即它具有栅格矢量两种数据结构的特点。

该数据结构的理论基础是多级格网方法、三个基本约定和线性四叉树编码。多级格网方法是将栅格划分成多级格网：粗格网，基本格网和细分格网，如图 4-6-14 所示。粗格网用于建立空间索引，基本格网的大小与通常栅格划分的原则一致，即是基本栅格的大小。因为基本栅格的分辨率比较低，难以满足精度要求，所以在基本格网的基础上又细分为 256×256 或 16×16 个格网。当然并不是所有的基本格网都分解细分格网，而是有点线通过的格网，再进

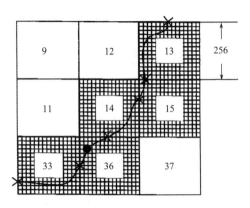

图 4-6-14 矢量栅格一体化数据结构

行细分,这样线划图的精度就可以大大提高,甚至达到矢量的精度要求。粗格网、基本格网和细分格网都采用线性四叉树编码方法,用 Morton 码表示。M0 表示粗格网的地址码,M1 表示点线通过基本格网的地址码,M2 表示坐标点在细分格网的地址码。基本格网和细分格网如图 4-6-14 所示。

由于这些编码规则是基于栅格的,设计的数据结构必定具有栅格的性质。为了使它具有矢量特点,作者提出了点状地物、线状地物和面状地物的三个约定。点状地物仅有空间位置,没有形状和面积,在计算机内仅有一个位置数据;线状地物有形状,没有面积,在计算机内由一组元子填满的路径表达;面状地物有形状和面积,在计算机内由一组填满路径的元子表达的边界线和内部区域组成。这样,三个基本约定分别对点、线、面空间对象在该系统中的表达进行了约定,使得它同时又具有矢量性质,每个点、线、面实体有唯一的标识号,地物类型的编码,以及表示其空间位置的"坐标"(基本格网和细分格网的 Morton 码)。它可以连接属性甚至空间拓扑关系,所以它具有完全的矢量特性。关于矢量栅格一体化数据结构的详细内容请参阅作者编写的《整体 SIS 的数据组织与处理方法》一书。

矢量栅格一体化数据结构具有重要的理论与方法意义。以该理论与方法发展一体化结构建立 GIS 系统具有较多优点:①遥感数据是建立在栅格基础上的,因此很容易实现 RS 和 GIS 的一体化;②大部分的空间分析,基于栅格形式比较高效,因此基于矢量栅格一体化的 GIS 系统具有较强的空间分析能力;③有助于采用面向对象的程序设计方法,提高系统的功能(崔伟宏,1995)。

5)八叉树数据结构

八叉树数据结构是由四叉树进行扩展应用到矿体等真三维现象的一种三维空间数据结构。对于矿体等真三维目标而言,由于矿物的类型、品位、容重等随着三维空间位置不同而变化,因而表达矿体信息必须把 Z 值作为位置坐标,在任何一个空间数据点 (x,y,z) 都有一组属性值。为了适应矿产储量计算和矿山开采,通常将矿体划分成三维栅格,每一个小正方体,通称为体元(voxel),有一个或多个对应的属性数据。

三维栅格比二维栅格占用存储空间大,而使用八叉树数据结构带来的存储空间增长很小,因此一些学者在四叉树基础上提出了用八叉树表示矿体三维目标。八叉树的表达方法与四叉树类似,是一种方体变块模型,属性相同的区域(如类型相同的矿体)用大块表示,而复杂区域用小块表示(图 4-6-15),大块分小块时以一分为八的规则划分,这样我们就可以得到一棵八叉树。

八叉树的构成方法亦可按线性四叉树的构造原理。首先计算扩展的 Morton 码,将二维自

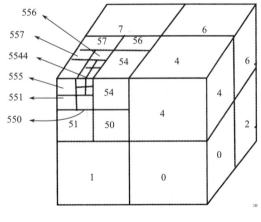

图 4-6-15 八叉树

变量 I、J 扩展为三维自变量 I、J、K，同样按照比特值交叉结合的原理，用按位操作运算，很容易得到八进制或十进制的 Morton 码；例如，

$I=1$	$=0$	0	0	1
$J=4$	$=0$	1	0	0
$K=3$	$=0$	0	1	1

二进制 Morton 码 = 000　010　001　101
八进制 Morton 码 =　0　　　2　　　1　　　5
十进制 Morton 码 = 0+128+8+4+1=141

与线性四叉树类似，采用十进制的 Morton 编码，既可节省码的存储空间，又可省去排序过程。按照自然数的编码记录，依次检查每八个相邻的 Morton 码对应属性值，如果相同则合并为一个大块，否则将这八个方块标识记录；第一轮检测完成以后，再依次检查每八个大块，若其中有一块的属性值不同或某子块已标识记录，则不作合并，否则进一步合并，循环下去直到没有能够合并的子块为止。

4.7　不规则镶嵌结构

1. 泰森多边形

不规则镶嵌结构是指用来进行镶嵌的小面块具有不规则的形状或边界。最典型的不规则镶嵌是沃罗诺伊(Voronoi)图(泰森多边形)和狄洛尼(Delaunay)三角网。

Delaunay 三角网和 Voronoi 图是计算几何中的两种主要几何构造，但它们的研究历史比计算几何早得多。Voronoi 图是俄国数学家 M. G. Voronoi 于 1908 年发现的几何构造并以他的名字命名。早在 1850 年，另一位数学家 G.L.Dirichelt 同样研究过该几何构造，有时 Voronoi 图也称为 Dirichelt 格网。由于 Voronoi 图在空间剖分上的等分性特征，在许多领域获得了应用，也产生了多种叫法，通常以最先将其应用到专业领域的专家的名字命名。在地理学界，最先应用 Voronoi 图的是气象学家 A.H.Thiessen，他在研究随机分布气象观测站时，对每个观测点建立封闭的多边形范围，这种多边形被称为 Thiessen 多边形。在生物学领域 Voronoi 图被称为 Winger-Seitz 单元或 Blum 变换。

Delaunay 三角网是俄国数学家 B.Delaunay 于 1934 年发现的。Delaunay 三角网是 Voronoi 图的对偶，将 Voronoi 图中各多边形单元的内点连接后得到一个布满整个区域而又互不重叠的三角网结构。

Voronoi 图或者称泰森多边形是一种重要的混合结构：融图论与几何问题求解为一体，是矢/栅空间模型的共同观察途径。如果把空间邻接定义为多边形邻接，并把围绕各个物体的 Voronoi 多边形的边界用等距离准则来确定，则所有地图上的物体(此处为点和线段)就具有明确邻居。从这个思想出发，就可导出一种统一的途径来处理许多空间问题。

Voronoi 多边形在很多学科中都是一种重要的几何构造，很多几何问题可用 Voronoi 多边形得出有效的、精致的、在某种程度上还可以说是最佳的解。在二维空间，Voronoi 多边形在

求解"全部最近邻居"问题、构造凸壳、构造最小扩展树以及求解"最大空圆"（largest empty circle）等问题中，被用作优化算法的第一个步骤。在模式识别中，Voronoi 多边形的应用也越来越广泛。Voronoi 多边形的建立也是计算两个平面图形集合之间最小距离优化算法的预处理步骤。Voronoi 多边形在地理学、气象学、结晶学、天文学、生物化学、材料科学、物理化学等领域均得到广泛应用（晶体生长模型、天体的爆裂等），例如，在考古学中，用 Voronoi 多边形来绘制古代文化中心的影响范围，以及用 Voronoi 多边形来研究竞争的贸易中心地的影响；在生态学中，一种生物体的幸存者依赖于邻居的个数，它要为争取食物和光线而斗争。

Voronoi 多边形是不规则的最基本的和最重要的几何构造。设有平面点集 $S(P_1, P_2, \cdots, P_n)$，其对应的 Voronoi 多边形为 $V(P_1)$，$V(P_2)$，$\cdots$，$V(P_n)$，此处 $V(P_i)$ 由距 P_i 最近的所有点组成，并且平面点集内的点满足式(4-7-1)。

$$V(P_i) = \{x, d(x, P_i) \leqslant d(x, P_j), i, j = 1, 2, 3, \cdots, n, i \neq j\} \tag{4-7-1}$$

式中，$d(x, P_i)$ 为点 x 与点 P_i 之间的欧氏距离。式(4-7-1)表示属于 $V(P_i)$ 的每一个点 x 到 P_i 比到 S 的任何其他点 $P_j (i \neq j)$ 都近，即 $V(P_i)$ 的内部是到 P_i 点比到 S 的其余点更近的全部点的轨迹。

到 P_i 点比到 P_j 点更近的全部点的轨迹是一个包含 P_i 的半平面 $H(P_i, P_j)$，其边界是连线 P_iP_j 的垂直二等分线。而以 P_i 为最近点的所有点的轨迹是包括 P_i 点的所有($n-1$ 个)半平面的交。

$$V(P_i) = \cap H(P_i, P_j) \quad i \neq j \tag{4-7-2}$$

由此得出结论，$V(P_i)$ 为一凸多边形。图 4-7-1 是由一组给定点所定义的 Voronoi 图。

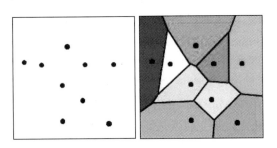

图 4-7-1　由一组给定点所定义的 Voronoi 图

在不少情况下，不规则网格具有某些优越性，主要表现在：可以消除数据冗余，网格的结构本身可适应于数据的实际分布。这种模型是一种变化分辨率模型，因为基本多边形的大小和密度在空间上是变动的。

不规则网格能进行调整，以反映空间每一个区域中数据事件的密度。这样，每个单元可定义为包含同样多数据事件，其结果是数据越稀疏，则网格单元越大；数据越密集，则网格单元越小。单元的大小、形状和走向反映着数据元素本身的大小、形状和走向，这对于目测分析不同类型是很有用的。

Voronoi 多边形可很有效地用于计算许多问题，诸如邻接、接近度（proxomoty）和可达性分析等，以及解决最近点问题（closest point problem）、最小封闭圆问题。

尽管各种不规则网格能很好地适用于特定的数据类型和一些分析过程，但对于其他一些空间数据处理和分析任务却无能为力，例如，很难把两个不规则的网格覆盖在一起，生成不规则网格过程是相当复杂的和浪费时间的。由于这两个原因，使许多不规则网格除了用于一些特定场合以外，作为数据库的数据模型需作进一步的研究。

将 Voronoi 多边形中参考点连接起来，即形成了 Delaunay 三角网。它在地理信息系统或者说数字高程模型 TIN 模块中广泛使用。

2. 不规则三角网 TIN

不规则三角网（triangulated irregular network，TIN）是一种表示数字高程模型的方法，其特点是既减少规则格网方法带来的数据冗余，又能够更准确地表达地形特征，同时在计算（如坡度）效率方面又优于纯粹基于等高线的方法。

TIN 表示法利用所有采样点取得的离散数据，按照优化组合的原则，把这些离散点连接成相互连接的不相交的三角形面片。对于 TIN 模型，其基本要求主要有以下两点：①求最佳的三角形几何形状，每个三角形尽量接近等边形状；②保证最邻近的点构成三角形，即三角形的边长之和最小。所以，TIN 的建立应尽可能保证每个三角形是锐角三角形或三边的长度

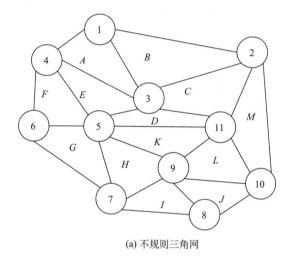

(a) 不规则三角网

Triangle ID	Adjacent Triangles	Nodes
A	B E	1 3 4
B	A C	1 2 3
C	B D M	2 3 11
D	C E K	5 3 11
E	A D F	3 4 5
F	E G	4 5 6
G	F H	5 6 7
H	G I K	5 7 9
I	H J	7 8 9
J	I L	8 9 10
K	D H L	5 9 11
L	J K M	9 10 11
M	C L	2 10 11

Nodes ID	X	Y	Z
1	X_1	Y_1	Z_1
2			
3			
4			
5			
⋮	⋮	⋮	⋮
11	X_{11}	Y_{11}	Z_{11}

(b) 三角形、相邻三角形及其顶点表　　(c) 顶点坐标表

图 4-7-2　TIN 数据结构

近似相等，避免出现过大的钝角和过小的锐角。TIN 的数据存储方式比格网 DEM 复杂，它不仅要存储每个点的高程，还要存储其平面坐标、每个三角形的三个顶点、三角形及邻接三角形等关系。TIN 模型在概念上类似于矢量数据结构。

不规则三角网有多种数据组织和存储方法（张祖勋和张剑清，1996）。最常用的方式是把三角形作为一个基本的空间对象，并记录组成其本身的三个顶点和与它相邻的三角形。假定有一个如图 4-7-2(a) 所示的三角网，为有效组织 TIN 数据，可建立两个表。如图 4-7-2(b) 记录每个三角形的标识符、相邻三角形标识符和它的三个顶点的编号；如图 4-7-2(c) 记录每个顶点的坐标值。这样，三角形及其相互关系，以及三角形与结点关系的查找，就可以容易地进行。

TIN 结构用一个格网覆盖整个地区，并试图用格网的每个单元及其属性（坡度、坡向、明暗色调等）组合起来表达地表形态。在这一方面，TIN 结构与栅格数据结构思路相同。另一方面，TIN 的地面单元不是方形，而是不规则的三角形，它不能像栅格数据结构那样采取方便计算机运作的矩阵形式，因而又不得不借助于矢量数据的方法来描述三角形地面单元的点、线及其拓扑关系。由此可见，TIN 数据结构兼具栅格和矢量两种数据结构的部分特点，从某种意义上说，它是介于栅格和矢量两种数据结构中间，具有过渡色彩的一种数据结构。

不规则三角网数字高程由连续的三角面组成，三角面的形状和大小取决于不规则分布的测点，或节点的位置和密度。不规则三角网与高程矩阵方法的不同之处是随地形起伏变化的复杂性而改变采样点的密度和决定采样点的位置，因而它能够避免地形平坦时的数据冗余，又能按地形特征点如山脊、山谷线、地形变化线等表示数字高程特征。

思 考 题

1. 从某一空间地理现象到数据库或数据文件中的记录需要经过哪些过程？各个过程所起的作用是什么？
2. 请举例说明哪些是我们日常最容易见到的空间对象？
3. 分析存储空间拓扑关系的优缺点。
4. 请分析 Voronoi 和 Delaunay 三角网图形相互转换的过程，它们各有哪些方面的应用潜力？
5. 如何实现二维行程编码的过程？
6. 以线性四叉树表示栅格矩阵时，如何由十进制 Morton 码推算行列号？

第 5 章 地理空间数据处理

空间数据的来源、尺度、结构和格式众多,在地理信息系统建设中需要解决多源数据的集成问题。此外,在数据生产过程中,不可避免地存在一定的误差和错误,在进行空间数据分析之前,需要首先检查和修改这些错误,保证数据及相关分析操作的精度和质量。本章重点介绍空间数据处理的基本算法、几何变换、空间数据转换、矢量栅格数据转换、拓扑关系建立,以及矢量数据的常见错误及编辑、图幅拼接与接边等空间数据处理的基本方法。

5.1 空间数据处理基本算法

5.1.1 点状数据处理基本算法

常用的点目标处理基本算法包括点到点的距离、点到线的距离等参数的计算。

1. 点到点的距离

(1) 两点之间的直线距离。设在平面笛卡儿坐标系中的两点 $A(x_1, y_1)$ 和 $B(x_2, y_2)$,则两点的欧氏距离为

$$d = |AB| = \sqrt{(x_2 - x_1)^2 + (y_2 - y_1)^2} \tag{5-1-1}$$

式(5-1-1)用于计算两点间的直线距离。

(2) 两点之间的球面距离。两点之间的球面距离,也称为大地测量距离。若已知 A、B 两点的经纬度坐标为 (x_1, y_1) 和 (x_2, y_2),地球半径为 R,计算两点间的球面距离公式为

$$d = R \times \arccos(\sin x_1 \sin x_2 + \cos x_1 \cos x_2 \cos(y_1 - y_2)) \tag{5-1-2}$$

因为球面距离与经纬度相关,导致相同的角距离可能对应的球面距离不同。所以,在地图中,往往需要将球面坐标通过投影转换为平面直角坐标,便于距离和面积的量算。

在地理信息系统中,除了欧氏距离,更多的是计算非欧氏距离,如曼哈顿距离、切比雪夫距离、闵可夫斯基距离、马氏距离、汉明距离、大地测量距离(球面距离)等。详细介绍参见 4.4 节中的相关内容。

2. 点到线的距离

为求点到线目标的距离,首先要确定点到直线段的距离,如图 5-1-1 所示。

设有一直线段 l,其两个端点的坐标分别为 (x_A, y_A)、(x_B, y_B),另一给定点 P 的坐标为 (x_P, y_P),根据解析几何,其直线方程为

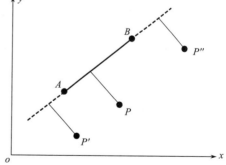

图 5-1-1 点到直线距离

$$ax + by + c = 0 \tag{5-1-3}$$

式中,$a = y_B - y_A$;$b = x_A - x_B$;$c = y_A x_B - x_A y_B$。

此时点 P 到直线 L 的线距离为

$$D = |ax_p + by_p + c| / \sqrt{a^2 + b^2} \tag{5-1-4}$$

代入参数 a、b、c，可得

$$D = |y_B x_p - y_A x_p + x_A y_p - x_B y_p + y_A x_B - x_A y_B| / \sqrt{(y_B - y_A)^2 + (x_A - x_B)^2} \tag{5-1-5}$$

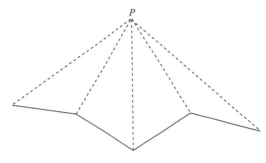

图 5-1-2 点到线目标顶点的距离

图 5-1-1 所示情况为点在一条直线的两点之间。如果点在两端点的外边，即垂足在 AB 两点的延长线上，如 P' 和 P'' 时只能求得点到直线的延长线的距离。

在 GIS 中通常要求点到一条线目标(包含多条折线段)的距离，这时求点到线目标的距离是先求点到线目标各条折线段内的距离(不是延长线上的距离)，然后比较，距离最小的值即为点到该线目标的距离。这个操作比较费时，因为要计算该点到每条折线段的距离，然后进行比较。有些情况下，可能仅需要计算点到一个线状目标顶点的距离，然后取其最小值，如图 5-1-2 所示。

5.1.2 线状目标基本操作算法

线状目标的基本操作算法包括几何计算、拓扑关系判断及多种常用处理算法等。

1. 几何计算

线目标的几何计算主要是计算由多个线段组成的线目标的长度。由矢量数据的存储原理可知，矢量线的长度为组成矢量线的各线段长度之和，即

$$L = \sum_{i=1}^{n} d_i \tag{5-1-6}$$

2. 拓扑关系判断

判断两点是分离还是重合可以根据式(5-1-1)计算其距离，若距离为零则表示两点重合。同样道理，可以使用式(5-1-4)判断点是否在直线上，若 D 为零，则点在直线上。

线相交是重要的拓扑关系判断算法，不仅在数据编辑、数据清理中需要，而且在多边形的叠置中也需要用到。下面重点讨论线的相交算法。线与面相交算法将在面目标基本操作算法部分介绍。

设有两条线段 AB 和 CD，它们的端点坐标分别为 (x_A, y_A)，(x_B, y_B)，(x_C, y_C)，(x_D, y_D)，如图 5-1-3 所示。

则两条线段的交点坐标为

$$\begin{cases} x_i = \dfrac{(y_C x_D - x_C y_D)(x_A - x_B) - (y_A x_B - x_A y_B)(x_C - x_D)}{(y_B - y_A)(x_C - x_D) - (y_D - y_C)(x_A - x_B)} \\ y_i = \dfrac{(y_A x_B - x_A y_B)(y_D - y_C) - (y_C x_D - x_C y_D)(y_B - y_A)}{(y_B - y_A)(x_C - x_D) - (y_D - y_C)(x_A - x_B)} \end{cases} \tag{5-1-7}$$

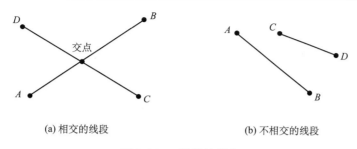

(a) 相交的线段　　　　　　　(b) 不相交的线段

图 5-1-3　线段的相交

但是，按照上述公式计算交点可能会有问题，求出的交点可能不是在两条线之间，而是在它们的延长线上；也可能两条线没有交点，如图 5-1-3(b)所示。因此，需要用一种参数表达的方法来计算交点。若要使交点在 AB 之间，应有参数 t 在 0 与 1 之间，则有参数方程：

$$\begin{cases} x = x_A + t(x_B - x_A) \\ y = y_A + t(y_B - y_A) \end{cases} \quad (5\text{-}1\text{-}8)$$

式中，$0<t<1$。

同理，可以得到关于线段 CD 的参数方程：

$$\begin{cases} x = x_C + s(x_D - x_C) \\ y = y_C + s(y_D - y_C) \end{cases} \quad (5\text{-}1\text{-}9)$$

将式(5-1-8)和式(5-1-9)两个方程合起来解算参数 t 和 s，得

$$\begin{cases} t = \dfrac{(x_C - x_A)(y_C - y_D) - (x_C - x_D)(y_C - y_A)}{(x_B - x_A)(y_C - y_D) - (x_C - x_D)(y_B - y_A)} \\ s = \dfrac{(x_B - x_A)(y_C - y_A) - (x_C - x_A)(y_B - y_A)}{(x_B - x_A)(y_C - y_D) - (x_C - x_D)(y_B - y_A)} \end{cases} \quad (5\text{-}1\text{-}10)$$

式中，$0<t<1$；$0<s<1$。

使用式(5-1-10)先求出 t 和 s。如果 t 和 s 均在 0 和 1 之间，则存在交点，代入它们各自的公式，求出两线段的交点。

3. 常用处理算法

在矢量数据处理和分析的过程中，经常需要进行线目标的光滑处理、曲线化简等。

1) 曲线光滑算法

矢量数据模型的本质是利用离散的点表现现实世界中连续的地物，为了将地物的现实形态表达出来，经常会遇到由离散点绘制光滑曲线的任务。曲线光滑的本质是依据地物特征，采用合理的方法和数学模型，利用光滑的曲线真实表达地物特征的过程(闫浩文等，2017)。例如，要利用不规则三角网生成等值线，首先求等值线上的各个点，然后如何将这些离散点连成一条光滑的曲线，需要用曲线光滑算法。曲线光滑经典算法包括线性迭代光滑法(抹角法)、二次多项式平均加权插值法、五点求导分段三次多项式插值法、张力样条函数法等。

(1)线性迭代光滑法(抹角法)。线性迭代法又名抹角法，如图 5-1-4 所示，它是通过一次次的迭代抹去尖角(每次迭代抹去一批转折点)，直至达到最终要求的曲线光滑程度。

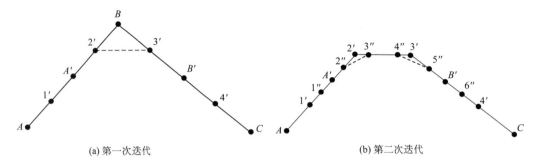

图 5-1-4 线性迭代法过程

如图 5-1-4 所示，设平面上一曲线数据点为 $A, B, C, \cdots, N$，先取前三点 A, B, C 进行线性迭代处理：①以 A, B, C 为激活点，分别取 AB, BC 的 4 等分点 $1', 2', 3', 4'$，连接，抹去 B 点；②以上次迭代得到的 $1'、2'、3'、4'$ 为激活点，再进行上述迭代，取 $\overline{1'2'}$、$\overline{2'3'}$、$\overline{3'4'}$ 三个区间的 4 等分点位 $1'', 2'', 3'', 4'', 5'', 6''$，连接 $2''$ 和 $3''$ 抹去点 $2'$，连接 $4''$ 和 $5''$ 抹去 $3'$；③如此反复迭代直至达到要求。

迭代次数与所得到的插值点数间的关系为

$$M = 2^N + 2 \tag{5-1-11}$$

式中，M 为插值点数；N 为插值次数。

迭代次数由数据点列的距离和夹角大小而定，曲线光滑要求通常为弦弧间偏差小于视觉分辨率或在图解精度之内，一般而言，迭代 4 次就足够了。

迭代法的优点是计算简单，缺点是每次抹角过程得到的曲线不经过原数据点。因此，对于要求曲线必须通过已知数据点的任务，如道路中心线、边界线等情况是不适用的。对于绘制精度要求不高的任务，如绘制等值线等，迭代法是一种简单有效的曲线光滑方法。

(2) 二次多项式平均加权插值法。又称为正轴抛物线加权平均插值法，其基本思想是按照数据点的顺序，利用每三个相邻点作一条正轴抛物线。

设平面上非等距节点组 $(x_1, y_1), (x_2, y_2), \cdots, (x_n, y_n)$，累加弧长为

$$s_{i+1} = s_i + \sqrt{(x_{i+1} - x_i)^2 + (y_{i+1} - y_i)^2} \tag{5-1-12}$$

以 s 作为参数，建立地图上的曲线多值函数方程：

$$\begin{cases} x = X(s) = a + bs + cs^2 \\ y = Y(s) = d + es + fs^2 \end{cases} \tag{5-1-13}$$

设经过 1、2、3 点的曲线方程为

$$\begin{cases} X_1(s) = a_1 + b_1 s + c_1 s^2 \\ Y_1(s) = d_1 + e_1 s + f_1 s^2 \end{cases} \tag{5-1-14}$$

将三个点的坐标代入公式，得

$$\begin{bmatrix} 1 & s_1 & s_1^2 \\ 1 & s_2 & s_2^2 \\ 1 & s_3 & s_3^2 \end{bmatrix} \begin{bmatrix} a_1 \\ b_1 \\ c_1 \end{bmatrix} = \begin{bmatrix} x_1 \\ x_2 \\ x_3 \end{bmatrix}$$

$$\begin{bmatrix} 1 & s_1 & s_1^2 \\ 1 & s_2 & s_2^2 \\ 1 & s_3 & s_3^2 \end{bmatrix} \begin{bmatrix} d_1 \\ e_1 \\ f_1 \end{bmatrix} = \begin{bmatrix} y_1 \\ y_2 \\ y_3 \end{bmatrix}$$

求解上述方程,得到 a_1、b_1、c_1、d_1、e_1、f_1 的值,建立经过 1、2、3 三点的抛物线方程。

同理,求经过 2、3、4 三点的抛物线方程:

$$\begin{cases} X_2(s) = a_2 + b_2 s + c_2 s^2 \\ Y_2(s) = d_2 + e_2 s + f_2 s^2 \end{cases} \tag{5-1-15}$$

在重叠的 2 和 3 点间建立两条抛物线弧的加权平均插值曲线,即

$$\begin{cases} X_{2\text{-}3}(s) = W_1(s) X_1(s) + W_2(s) X_2(s) \\ Y_{2\text{-}3}(s) = W_1(s) Y_1(s) + W_2(s) Y_2(s) \end{cases} \tag{5-1-16}$$

式中,$W_1(s)$、$W_2(s)$ 为两条抛物线弧的权函数。

插值曲线不仅要通过已知点,且在已知点上具有一阶导数连续:

$$\begin{cases} X'_{2\text{-}3}(s_2) = W'_1(s_2) X_1(s_2) + W_1(s_2) X'_1(s_2) + W'_2(s_2) X_2(s_2) + W_2(s_2) X'_2(s_2) = X'_1(s_2) \\ X'_{2\text{-}3}(s_3) = W'_1(s_3) X_1(s_3) + W_1(s_3) X'_1(s_3) + W'_2(s_3) X_2(s_3) + W_2(s_3) X'_2(s_3) = X'_2(s_3) \end{cases}$$

因此,权函数需要满足以下条件:

$$\begin{cases} W_1(s) + W_2(s) = 1 \\ W_1(s_2) = 1, W_1(s_3) = 0 \\ W_2(s_2) = 0, W_2(s_3) = 1 \end{cases}$$

设

$$\begin{cases} W'_1(s_2) = W'_1(s_3) = 0 \\ W'_2(s_2) = W'_2(s_3) = 0 \end{cases}$$

由上式求权函数 $W_1(s)$ 和 $W_2(s)$。

若将满足上述条件的权函数限制为三次多项式,则得到唯一的解:

$$\begin{cases} W_1(s) = \left(1 - \dfrac{s - s_2}{s_3 - s_2}\right)^2 \left[1 + 2\left(\dfrac{s - s_2}{s_3 - s_2}\right)\right] \\ W_2(s) = \left(\dfrac{s - s_2}{s_3 - s_2}\right)^2 \left[3 - 2\left(\dfrac{s - s_2}{s_3 - s_2}\right)\right] \end{cases} \tag{5-1-17}$$

将上式代入式(5-1-16),得到 2 和 3 点之间的加权平均曲线函数。

对后续点依次采用相同方法处理,最后得到一条光滑曲线。为了保证有效插值点从第一点到最后一点,开曲线在首末点处各补一点;而闭曲线由于首末点相同,将倒数第二点作为首点的补点,第二点作为末点补点。

(3)五点求导分段三次多项式插值法,简称五点法,是经典曲线光滑算法。其基本思想是利用 5 个相邻的数据点建立一个三次多项式曲线方程,要求曲线整体具有连续的一阶导数,以保证曲线光滑性。各点的一阶导数由该点及相邻的前 2 点、后 2 点共同决定(共 5 点)。

设拟合曲线的方程为

$$Y = p_0 + p_1 X + p_2 X^2 + p_3 X^3 \tag{5-1-18}$$

式中，p_0、p_1、p_2、p_3 为待定系数，在任意两个相邻的数据点间建立联合方程组：

$$\begin{cases} Y_i = f(X_i) \\ Y_{i+1} = f(X_{i+1}) \\ \dfrac{\mathrm{d}X}{\mathrm{d}Y}\bigg|_{X=X_i} = k_i \\ \dfrac{\mathrm{d}X}{\mathrm{d}Y}\bigg|_{X=X_{i+1}} = k_{i+1} \end{cases} \tag{5-1-19}$$

利用上式已知的 4 个条件，可以求得两个离散点间的一条三次多项式曲线。按顺序对已知的 N 个数据点依次、逐段求两个相邻点的曲线，可以得到最终光滑曲线。

现在的关键问题在于求出每个数据点上的一阶导数。五点法本质就是利用五点来确定中间一点的导数。下面以一个实例来说明五点法的算法思想和过程。

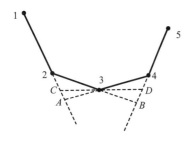

图 5-1-5　五点法决定中间点导数条件

如图 5-1-5 所示，设平面上有个 5 个数据点 (x_i, y_i) $(i=1,2,3,4,5)$，要求第 3 点处的导数。$\overline{12}$ 与 $\overline{34}$ 的延长线相交于点 $A(x_A, y_A)$，$\overline{23}$ 和 $\overline{45}$ 延长线交于点 $B(x_B, y_B)$，第 3 点的切线分别与 $\overline{12}$ 的延长线和 $\overline{45}$ 的延长线相交于点 $C(x_C, y_C)$ 和点 $D(x_D, y_D)$，则五点法的条件是：

$$\frac{\overline{2C}}{\overline{CA}} = \frac{\overline{4D}}{\overline{DB}} \tag{5-1-20}$$

用 m_1、m_2、m_3、m_4、k 分别表示线段 $\overline{12}$、$\overline{23}$、$\overline{34}$、$\overline{45}$、$\overline{CD}$ 的斜率，并设 $a_i = x_{i+1} - x_i$，$b_i = y_{i+1} - y_i$，则

$$\begin{cases} m_1 = \dfrac{y_2 - y_1}{y_2 - x_1} = \dfrac{b_1}{a_1} = \dfrac{y_C - y_2}{x_C - x_2} = \dfrac{y_A - y_2}{x_A - x_2} \\ m_2 = \dfrac{y_3 - y_2}{x_3 - x_2} = \dfrac{b_2}{a_2} = \dfrac{y_B - y_3}{x_B - x_3} \\ m_3 = \dfrac{y_4 - y_3}{x_4 - x_3} = \dfrac{b_3}{a_3} = \dfrac{y_3 - y_A}{x_3 - x_A} \\ m_4 = \dfrac{y_5 - y_4}{x_5 - x_4} = \dfrac{b_4}{a_4} = \dfrac{y_4 - y_B}{x_4 - x_B} = \dfrac{y_4 - y_D}{x_4 - x_D} \\ k = \dfrac{y_3 - y_C}{x_3 - x_C} = \dfrac{y_D - y_3}{x_D - x_3} \end{cases} \tag{5-1-21}$$

上述方程可以转换为

$$\begin{cases} x_3 - x_A = a_3\left(\dfrac{a_1b_2 - a_2b_1}{a_1b_3 - a_3b_1}\right) \\ x_B - x_3 = a_2\left(\dfrac{a_3b_4 - a_4b_3}{a_2b_4 - a_4b_2}\right) \\ x_3 - x_C = \dfrac{a_1b_2 - a_2b_1}{a_1k - b_1} \\ x_D - x_3 = \dfrac{a_3b_4 - a_4b_3}{b_4 - a_4k} \end{cases} \tag{5-1-22}$$

由五点法条件可得

$$\left|\dfrac{x_2 - x_C}{x_C - x_A}\right| = \left|\dfrac{x_4 - x_D}{x_D - x_B}\right|$$

在上式等号左侧和右侧分子、分母都加上 $(x_3 - x_3)$，则方程可转换为

$$\left|\dfrac{x_2 - x_C + x_3 - x_3}{x_C - x_A + x_3 - x_3}\right| = \left|\dfrac{x_4 - x_D + x_3 - x_3}{x_D - x_B + x_3 - x_3}\right|$$

化简后得到

$$\left|\dfrac{(x_3 - x_C) - a_2}{(x_3 - x_A) - (x_3 - x_C)}\right| = \left|\dfrac{a_3 - (x_D - x_3)}{(x_D - x_3) - (x_B - x_3)}\right| \tag{5-1-23}$$

将式(5-1-22)代入式(5-1-23)，得 k 的二次方程：

$$|S_{12}S_{24}|(a_3k - b_3)^2 = |S_{13}S_{34}|(a_2k - b_2)^2$$

式中，$S_{ij} = a_ib_j - a_jb_i, i \neq j$。

对上式两边进行开平方：

$$\sqrt{|S_{12}S_{24}|}(a_3k - b_3) = \sqrt{|S_{13}S_{34}|}(a_2k - b_2)$$

即

$$k = \dfrac{|S_{12}S_{34}|^{\frac{1}{2}} b_2 + |S_{12}S_{24}|^{\frac{1}{2}} b_3}{|S_{12}S_{34}|^{\frac{1}{2}} a_2 + |S_{12}S_{24}|^{\frac{1}{2}} a_3}$$

令 $w_2 = |S_{12}S_{34}|^{\frac{1}{2}}$，$w_3 = |S_{12}S_{24}|^{\frac{1}{2}}$，则上式可表示为

$$k = \dfrac{w_2b_2 + w_3b_3}{w_2a_2 + w_3a_3} \tag{5-1-24}$$

至此，求得满足条件式(5-1-20)下数据点 3 的导数表达式。

五点法在数学上严谨，可以保证光滑后的曲线通过所有的原始数据点，且整条曲线具有连续一阶导数。在数据点比较密集的时候，该算法效果好。但是，如果曲线存在急转弯情况，光滑效果不好，且连续迂回的曲线光滑结果有时会出现自身相交情况。

(4) 张力样条函数法。"样条"一词来源于工程制图领域。工程绘图人员为了将一些指定点连接成一条光顺曲线，使用富有弹性的细木条或薄钢条(样条)用压铁压在指定点，再沿着样条画出所需要的光滑曲线。由样条形成的曲线在连接点处具有连续的坡度与曲率，用于

描述这些曲线的函数表达式，被称为样条函数。样条函数包括规则样条函数法和张力样条函数法。其中，张力样条函数根据建模现象的特性来控制表面的硬度，使用受样本数据范围约束更为严格的值来创建不太平滑的表面。

张力样条函数方法的特点是通过调整张力系数 δ 来得到光滑曲线。当张力样条函数退化为分段线性函数，结点间为折线连接。

首先介绍单值张力样条函数方法。已知平面上已知结点组 (x_1,y_1)，(x_2,y_2)，$\cdots$，(x_n,y_n)，且 $x_1<x_2<\cdots<x_n$。给定一个常数，试求一个具有二阶连续导数的单值函数 $y=f(x)$，使之满足：

$$y_i = f(x_i)$$

且要求 $f''(x)-\sigma^2 f(x)$ 必须连续地在每个区间 $[x_i,x_{i+1}]$（$i=1,2,\cdots,n-1$）上呈线性变化，即

$$f''(x)-\sigma^2 f(x)=\left[f''(x_i)-\sigma^2 y_i\right]\frac{x_{i+1}-x}{h_i}+\left[f''(x_{i+1})-\sigma^2 y_{i+1}\right]\frac{x-x_i}{h_i} \quad (5\text{-}1\text{-}25)$$

式中，$h_i = x_{i+1} - x_i$。

上式是一个二阶非齐次变系数线性微分方程，其解为通过所有数据点 $[x_i,y_i]$（$i=1,2,\cdots,n$）的单值张力样条函数：

$$f(x)=\frac{1}{\sigma^2 \sinh(\sigma h_i)}\{f''(x_i)\sinh[\sigma(x_{i+1}-x)]+f''(x_{i+1})\sinh[\sigma(x-x_i)]\}+\left[y_i-\frac{f''(x_i)}{\sigma^2}\right]\frac{x_{i+1}-x}{h_i}$$
$$+\left[y_{i+1}-\frac{f''(x_{i+1})}{\sigma^2}\right]\frac{x-x_i}{h_i} \quad (x_i<x<x_{i+1}, i=1,2,\cdots,n-1;\ h_i=x_{i+1}-x_i)$$

$$(5\text{-}1\text{-}26)$$

式中，$\sinh$ 为双曲正弦函数。显然，若能确定各个数据点的二阶导数 $f''(x_i)$，就能完全确定上述张力样条函数。下面根据结点关系式给出二阶导数的求解过程。

对式(5-1-26)进行微分，可得

$$f(x)=\frac{1}{\sigma \sinh(\sigma h_i)}\{-f''(x_i)\cosh[\sigma(x_{i+1}-x)]+f''(x_{i+1})\cosh[\sigma(x-x_i)]\}$$
$$-\frac{1}{h_i}\left[\left(y_i-\frac{f''(x_i)}{\sigma^2}\right)-\left(y_{i+1}-\frac{f''(x_{i+1})}{\sigma^2}\right)\right] \quad (x_i<x<x_{i+1},i=1,2,\cdots,n-1;\ h_i=x_{i+1}-x_i)$$

由 $f(x_i^+)=f(x_i^-)$，可得到结点关系式：

$$a_i\frac{f''(x_{i-1})}{\sigma^2}+b_i\frac{f''(x_i)}{\sigma^2}+c_i\frac{f''(x_{i+1})}{\sigma^2}=d_i \quad (5\text{-}1\text{-}27)$$

式中，$a_i=\frac{1}{h_{i-1}}-\frac{\sigma}{\sinh(\sigma h_{i-1})}$；$b_i=\sigma\coth(\sigma h_{i-1})-\frac{1}{h_{i-1}}+\sigma\coth(\sigma h_i)-\frac{1}{h_i}$；$c_i=\frac{1}{h_i}-\frac{\sigma}{\sinh(\sigma h_i)}$；$d_i=\frac{y_{i+1}-y_i}{h_i}-\frac{y_{i+1}-y_i}{h_{i-1}}$。

式(5-1-27)是含有 n 个未知量的 n–2 个方程的线性方程组，要得到唯一确定解，需要附

加两个方程，可以根据已知的端点条件列出这两个方程。下面分开曲线和闭曲线来讨论端点条件方程。

对于开曲线（非周期函数），可以给出两个端点处的导数条件：
$$f'(x_1) = y'_1, \quad f'(x_n) = y'_n$$

代入式(5-1-26)，整理后得到首末点上的结点关系式：

$$\begin{cases} b_1 \dfrac{f''(x_1)}{\sigma^2} + c_1 \dfrac{f''(x_2)}{\sigma^2} = d_1 \\ a_n \dfrac{f''(x_{n-1})}{\sigma^2} + b_n \dfrac{f''(x_n)}{\sigma^2} = d_n \end{cases} \tag{5-1-28}$$

式中，$b_1 = \sigma \cot h(\sigma h_1) - \dfrac{1}{h_1}$；$c_1 = \dfrac{1}{h_1} - \dfrac{\sigma}{\sin h(\sigma h_1)}$；$d_1 = \dfrac{y_2 - y_1}{h_1} - y'_1$；$a_n = \dfrac{1}{h_{n-1}} - \dfrac{\sigma}{\sin h(\sigma h_{n-1})}$；$b_n = \sigma \cot h(\sigma h_{n-1}) - \dfrac{1}{h_{n-1}}$；$d_n = y'_n - \dfrac{y_n - y_{n-1}}{h_{n-1}}$。

由式(5-1-27)和式(5-1-28)合并组成的线性方程组为

$$\begin{bmatrix} b_1 & c_1 & & & \\ a_2 & b_2 & c_2 & & \\ & \ddots & \ddots & \ddots & \\ & & a_{n-1} & b_{n-1} & c_{n-1} \\ & & & a_n & b_n \end{bmatrix} \begin{bmatrix} \dfrac{f''(x_1)}{\sigma^2} \\ \dfrac{f''(x_2)}{\sigma^2} \\ \vdots \\ \dfrac{f''(x_{n-1})}{\sigma^2} \\ \dfrac{f''(x_{n-2})}{\sigma^2} \end{bmatrix} = \begin{bmatrix} d_1 \\ d_2 \\ \vdots \\ d_{n-1} \\ d_n \end{bmatrix} \tag{5-1-29}$$

方程组(5-1-29)有唯一的一组解 $\dfrac{f''(x_i)}{\sigma^2}(i=1,2,\cdots,n)$。将此解代入式(5-1-26)，就可以得到所求的张力样条函数。

对于闭曲线（周期函数），按结点序列，将点1当作点 $n+1$，点 n 当作点0，即
$$f(x_{n+1}) = f(x_1), \quad f'(x_{n+1}) = f'(x_1), \quad f''(x_{n+1}) = f''(x_1),$$
$$f(x_0) = f(x_n), \quad f'(x_0) = f'(x_n), \quad f''(x_0) = f''(x_n)$$

由上述条件可以得到首末结点的关系式为

$$\begin{cases} a_1 \dfrac{f''(x_n)}{\sigma^2} + b_1 \dfrac{f''(x_1)}{\sigma^2} + c_1 \dfrac{f''(x_2)}{\sigma^2} = d_1 \\ a_n \dfrac{f''(x_{n-1})}{\sigma^2} + b_n \dfrac{f''(x_n)}{\sigma^2} + c_n \dfrac{f''(x_1)}{\sigma^2} = d_n \end{cases} \tag{5-1-30}$$

式中，$a_1 = \dfrac{1}{h_n} - \dfrac{\sigma}{\sin h(\sigma h_n)}$；$b_1 = \sigma \cot h(\sigma h_n) - \dfrac{1}{h_n} + \sigma \cot h(\sigma h_1) - \dfrac{1}{h_1}$；$c_1 = \dfrac{1}{h_1} - \dfrac{\sigma}{\sin h(\sigma h_1)}$；

$$d_1 = \frac{y_2 - y_1}{h_1} - \frac{y_1 - y_n}{h_n}; \quad a_n = \frac{1}{h_{n-1}} - \frac{\sigma}{\sin h(\sigma h_{n-1})}; \quad b_n = \sigma \cot h(\sigma h_{n-1}) - \frac{1}{h_{n-1}} + \sigma \cot h(\sigma h_n) - \frac{1}{h_n};$$

$$c_n = \frac{1}{h_n} - \frac{\sigma}{\sin h(\sigma h_n)}; \quad d_n = \frac{y_1 - y_n}{h_n} - \frac{y_n - y_{n-1}}{h_{n-1}}\text{。}$$

将式(5-1-27)和式(5-1-30)合并，可以得到下列线性方程组：

$$\begin{bmatrix} b_1 & c_1 & & & a_1 \\ a_2 & b_2 & c_2 & & \\ & \ddots & \ddots & \ddots & \\ & & a_{n-1} & b_{n-1} & c_{n-1} \\ c_n & & & a_n & b_n \end{bmatrix} \begin{bmatrix} \dfrac{f''(x_1)}{\sigma^2} \\ \dfrac{f''(x_2)}{\sigma^2} \\ \vdots \\ \dfrac{f''(x_{n-1})}{\sigma^2} \\ \dfrac{f''(x_{n-2})}{\sigma^2} \end{bmatrix} = \begin{bmatrix} d_1 \\ d_2 \\ \vdots \\ d_{n-1} \\ d_n \end{bmatrix} \quad (5\text{-}1\text{-}31)$$

上述方程组中的系数矩阵分布在对角线方向，以及左下角（c_n）和右上角（a_1）。这个线性方程组也是严格对角占优的，因此是非奇异的，可以得到唯一组解 $\dfrac{f''(x_i)}{\sigma^2}(i=1,2,\cdots,n)$，将其代入式(5-1-26)，可以得到所求的张力样条函数。

在地图中用曲线描述的地物，多为近似极限姿态，特征点间的曲线应取最短的为好，因此，要选择合适的张力系数。由于式(5-1-27)是按非线性方式变化的，为了消除其非线性特性，需要采用规范化的张力系数，即

$$\begin{cases} \sigma = \dfrac{\sigma'(n-1)}{x_{n-1} - x_1}, & \text{开曲线情况} \\ \sigma = \dfrac{\sigma' n}{x_{n+1} - x_1}, & \text{闭曲线情况} \end{cases} \quad (5\text{-}1\text{-}32)$$

在实际应用中，可以根据公式预先进行试验，找出适合于地图上曲线要求的 σ 值作为标准，当 $\dfrac{x_n - x_1}{n-1}$ 的比值发生变化时，可以由标准的 σ 值来计算改变的值。这样做可以保证在任何比例变化下，具有相同规范化张力系数的样条具有相似的曲线外貌。

上面介绍的是单值张力样条函数方法，为了满足大挠度与多值函数的需求，须采用参数方程定义多值函数：

$$\begin{cases} x = x(s) \\ y = y(s) \end{cases}$$

且满足：

$$\begin{cases} x_i = x(s_i) \\ y_i = y(s_i) \end{cases} \quad (i = 1, 2, \cdots, n) \quad (5\text{-}1\text{-}33)$$

式中，$x(s)$ 和 $y(s)$ 都是张力样条函数，可参照单值函数方法求出：

$$\begin{cases} x(s) = \dfrac{x''(s_i)}{\sigma^2} \cdot \dfrac{\sinh[\sigma(s_{i+1}-s_i)]}{\sinh[\sigma h_i]} + \dfrac{x''(s_{i+1})}{\sigma^2} \cdot \dfrac{\sinh[\sigma(s-s_i)]}{\sinh[\sigma h_i]} \\ \qquad + \left[x_i - \dfrac{x''(s_i)}{\sigma^2} \right] \dfrac{s_{i+1}-s}{h_i} + \left[x_{i+1} - \dfrac{x''(s_{i+1})}{\sigma^2} \right] \dfrac{s-s_i}{h_i} \\ y(s) = \dfrac{y''(s_i)}{\sigma^2} \cdot \dfrac{\sinh[\sigma(s_{i+1}-s_i)]}{\sinh[\sigma h_i]} + \dfrac{y''(s_{i+1})}{\sigma^2} \cdot \dfrac{\sinh[\sigma(s-s_i)]}{\sinh[\sigma h_i]} \\ \qquad + \left[y_i - \dfrac{y''(s_i)}{\sigma^2} \right] \dfrac{s_{i+1}-s}{h_i} + \left[y_{i+1} - \dfrac{y''(s_{i+1})}{\sigma^2} \right] \dfrac{s-s_i}{h_i} \end{cases} \quad (5\text{-}1\text{-}34)$$

式中，s_i 为累加弦长，即

$$s_{i+1} = s_i + \sqrt{(x_{i+1}-x_i)^2 + (y_{i+1}-y_i)^2} \tag{5-1-35}$$

且满足 $s_1 < s_2 < \cdots < s_n$。h_i 为分段弦长，s 为可变参数。可以证明上述参数方程的系数矩阵严格对角占优，能确保方程组具有唯一组解。对应的张力系数计算公式为

$$\begin{cases} \sigma = \dfrac{\sigma'(n-1)}{s_n}, & \text{开曲线情况} \\ \sigma = \dfrac{\sigma' n}{s_{n+1}}, & \text{闭曲线情况} \end{cases} \tag{5-1-36}$$

张力样条函数算法方法严谨，且可以选择合适的张力系数，可以满足绘制不同曲线的要求。但是，曲线上所有结点须同时参与计算，不太经济，计算量相对较大。

2) 曲线化简

与曲线光滑相反，曲线化简是删除或者说压缩一部分曲线上的采样点。这一功能在 GIS 中经常用到，例如，在扫描数字化时，直接由栅格矢量化得到的点比较密，需要压缩和减少采样点。

下面介绍曲线化简的特征点筛选法。

设曲线由点序 $\{P_1, P_2, \cdots, P_r\}$ 构成，它们的 x, y 坐标为 $\{(x_1, y_1),(x_2, y_2),\cdots,(x_r, y_r)\}$。在自动抽取特征点时，如图 5-1-6 所示。假设处理区间由 P_M（起点）到 P_N（终点），根据一条曲线段的起点和终点建立直线方程：

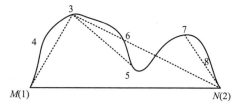

图 5-1-6 曲线化简过程

$$\dfrac{y-y_M}{x-x_M} = \dfrac{y_M-y_N}{x_M-x_N} \tag{5-1-37}$$

将式(5-1-37)化简成一般式，则有

$$Ax + By + C = 0 \tag{5-1-38}$$

式中，$A = \dfrac{y_M-y_N}{\sqrt{(y_M-y_N)^2+(x_M-x_N)^2}}$；$B = \dfrac{x_N-x_M}{\sqrt{(y_M-y_N)^2+(x_M-x_N)^2}}$；$C = \dfrac{x_M y_N - x_N y_M}{\sqrt{(y_M-y_N)^2+(x_M-x_N)^2}}$。

若 P_i 为 P_M 到 P_N 间的任意一点，d_i 为 P_i 点到直线 $P_M P_N$ 的距离，则有

$$d_i = |Ax_i + By_i + C|$$

取 $d_h = \max(d_m, \cdots, d_n)$，并给开关量 P 赋值：

$$P = \frac{1}{2\sin(d_h - \varepsilon)[1 + \sin(d_h - \varepsilon)]} \tag{5-1-39}$$

式中，ε 为控制数据压缩的极差（被舍去的点距离特征点连线之间的最大偏差，一般取图上 0.2mm）。

当 $d_h > \varepsilon$ 时，$P=1$；当 $d_h \leqslant \varepsilon$ 时，$P=0$。当 $P=0$ 时，P_N 作为留取点抽出，并依次排在前一个留取点之后。

这样，M、N 的初始值是 1 和 R，以后，当某段曲线不能以直线逼近时，则进一步处理从原起点到偏差最大点之间的曲线段；反之，则再处理原终点到距离最近的一个被记录点间的一段，直至多余点被删除，以实现曲线的化简。特征点筛选法以信息损失为代价，换取了空间数据容量的缩小。

3) 平行线处理

(1) 直线段的平行线。若线段 AB 的斜率为

$$k = \tan \alpha$$

式中，α 是 AB 的方向角，如图 5-1-7 所示，若距离 AB 为 d 的平行线与过 A、B 两点法线的交点为 A'、B'，且四点的坐标分别为 (x_a, y_a)、(x_b, y_b)、$(x_{a'}, y_{a'})$ 及 $(x_{b'}, y_{b'})$，则

$$\begin{cases} x_{a'} = x_a + d\cos\left(\alpha \pm \dfrac{\pi}{2}\right) \\ y_{a'} = y_a + d\sin\left(\alpha \pm \dfrac{\pi}{2}\right) \\ x_{b'} = x_b + d\cos\left(\alpha \pm \dfrac{\pi}{2}\right) \\ y_{b'} = y_b + d\sin\left(\alpha \pm \dfrac{\pi}{2}\right) \end{cases} \tag{5-1-40}$$

(2) 折线的平行线。当线目标是多个顶点的折线时，平行线的绘制较复杂，要考虑很多复杂的情况。这里只介绍求包含两条线段折线的平行线算法。如图 5-1-8 所示，ABC 为一折线目标，B' 的坐标不是在 AB 和 BC 的法线方向，而是在角 ABC 的平分线上。

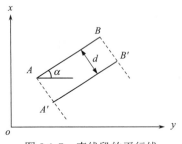
图 5-1-7 直线段的平行线

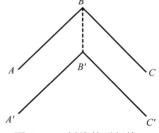
图 5-1-8 折线的平行线

(3) 曲线的平行线。对于圆弧样条内插，曲线的平行绘制只需要将圆弧的半径 r 加或减平行曲线间距 d 作为平行圆弧的半径 R，即

$$R = r \pm d \tag{5-1-41}$$

圆心及起始方位角和终止方位角均不变。

若已知曲线内插的参数方程为

$$\begin{cases} x = x(t) \\ y = y(t) \end{cases} \tag{5-1-42}$$

则过 $P_i(x_i, y_i)$ 的法线方程为

$$\begin{cases} x = x_i + \lambda \dfrac{\mathrm{d}y}{\mathrm{d}x} \\ y = y_i - \lambda \dfrac{\mathrm{d}x}{\mathrm{d}y} \end{cases} \tag{5-1-43}$$

由法线方程及平行线间距 d 可求出平行曲线上的点 P'，再由这些点建立起平行曲线的参数方程，此时曲线上的斜率应取基本曲线上相应的数据点已求出的斜率，不必重新计算。

4) 直角平差处理

由于存在扫描纠正误差、测量误差，使得一些直角目标，例如，建筑物相邻边本是垂直的直线段相互不垂直，即产生所谓的伪矩形，其表现形式为图形线划发生变形和扭曲，图形的内角与多边形的实际直角存在差异(蒋捷和陈军，2000)。伪矩形与实际存在地物存在差异，因此，需要将伪矩形直角化。如图 5-1-9 所示，直角化问题的关键在于将伪矩形转换为标准矩形，同时使得每个拐点的位移尽量最小(应国伟等，2014)。

直角化处理的本质是利用垂直条件，对其测量坐标进行平差处理，以解算的坐标值代替人工量测的坐标值，恢复原有目标边界的直角特征。但其改正值应在允许的精度范围内，否则应重新量测。若一个几何模型中存在 r 个多余观测，则可以产生 r 个条件方程，利用条件方程建立函数模型的平差方法，就是条件平差。下面以直角房屋为例，介绍利用条件平差方法实现直角化处理的过程。

图 5-1-10 中的矩形表示由 1、2、3、4 四个点组成的矩形房屋。该矩形房屋由 4 个数字化点构成，则其观测数 $n=8$。但是，确定一个平面矩形的必要观测数 $t=5$，存在多余观测数 $r=8-5=3$，因此，可建立 3 个条件方程式。设某点的数字化坐标观测值为 $P_i(x_i, y_i)$，其改正数为 (v_{x_i}, v_{y_i})，平差值为 $\widehat{P_i}(\widehat{x_i}, \widehat{y_i})$，则有

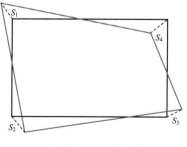

图 5-1-9 直角化处理

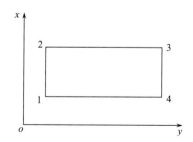

图 5-1-10 直角房屋示例

$$\begin{cases} \widehat{x_i} = x_i + v_{x_i} \\ \widehat{y_i} = y_i + v_{y_i} \end{cases} \tag{5-1-44}$$

设 ij 方向的方位角平差值为 $\widehat{T_{ij}}$，则有

$$\widehat{T_{ij}} = \arctan\left[\left(\widehat{y_j} - \widehat{y_i}\right)/\left(\widehat{x_j} - \widehat{x_i}\right)\right] \tag{5-1-45}$$

若 P_j 是直角顶点，P_i 与 P_k 是直角边上的两点，$P_i(x_i, y_i)$，$P_j(x_j, y_j)$ 与 $P_k(x_k, y_k)$ 三点构成直角的充要条件为

$$\arctan\left[\frac{\left(\widehat{y_j} - \widehat{y_i}\right)}{\widehat{x_j} - \widehat{x_i}}\right] - \arctan\left[\frac{\left(\widehat{y_k} - \widehat{y_i}\right)}{\widehat{x_k} - \widehat{x_i}}\right] = \frac{\pi}{2} \tag{5-1-46}$$

将上式线性化，则有

$$(a_{ij} - a_{ik})v_{x_i} - a_{ij}v_{x_j} + a_{ik}v_{x_k} + (b_{ij} - b_{ik})v_{y_i} - b_{ij}v_{y_j} + b_{ik}v_{y_k} + w_i = 0 \tag{5-1-47}$$

式中，$a_{ij} = -(\sin T_{ij})/s_{ij}$；$a_{ik} = -(\sin T_{ik})/s_{ik}$；$v_{x_i}$，$v_{x_j}$，$v_{x_k}$，$v_{y_i}$，$v_{y_j}$，$v_{y_k}$ 均为改正数；$b_{ij} = (\cos T_{ij})/s_{ij}$；$b_{ik} = (\cos T_{ik})/s_{ik}$；$w_i = U_i - \pi/2$；$U_i = T_{ij} - T_{ik}$。

要注意的是，公式中的 j、i、k 为顺时针方向顺序分布，若为逆时针方向，则公式中的系数要反号。式(5-1-47)的矩阵形式方程为

$$AV + W = 0 \tag{5-1-48}$$

式中，

$$A = \begin{bmatrix} (a_{12} - a_{14}) & a_{21} & 0 \\ -a_{12} & (a_{23} - a_{21}) & a_{32} \\ 0 & -a_{23} & (a_{34} - a_{32}) \\ a_{14} & 0 & -a_{34} \\ (b_{12} - b_{14}) & b_{21} & 0 \\ -b_{12} & (b_{23} - b_{21}) & b_{32} \\ 0 & -b_{23} & (b_{34} - b_{32}) \\ b_{14} & 0 & -b_{34} \end{bmatrix}^T$$

$$V = \left[v_{x_1}, v_{x_2}, v_{x_3}, v_{x_4}, v_{y_1}, v_{y_2}, v_{y_3}, v_{y_4}\right]^T$$

$$W = \left[U_1 - \frac{\pi}{2}, U_2 - \frac{\pi}{2}, U_3 - \frac{\pi}{2}\right]^T$$

利用条件平差方法对条件方程组(5-1-48)进行求解，构建法方程：

$$AA^T K + W = 0 \tag{5-1-49}$$

上式解为

$$K = -\left(AA^T\right)^{-1} W \tag{5-1-50}$$

$$V = A^T K \tag{5-1-51}$$

最后，利用式(5-1-44)求原有数据点的坐标平差值，即可使得改正后的数据点满足垂直条件。

5.1.3 多边形目标基本操作算法

与线目标的基本操作算法相似，多边形目标的基本操作算法包括几何计算、拓扑关系判断（如点在多边形内的判别、线与多边形相交、多边形与多边形相交等），以及多边形区域填充等。

1. 几何计算

多边形的几何计算主要包括多边形周长、面积及重心的计算。与线目标周长相似，多边形目标周长是所有线段两点之间距离的总和。设多边形 S 由顶点 $P_1, P_2, \cdots, P_n$ 组成，坐标分别为 (x_1,y_1)，(x_2,y_2)，$\cdots$，(x_n,y_n)，则 S 的面积为

$$S = \frac{1}{2}\left(\sum_{i=0}^{n-2}(x_i y_{i+1} - x_{i+1} y_i) + (x_n y_1 - x_1 y_n)\right) \tag{5-1-52}$$

在很多 GIS 空间分析任务中经常需要求多边形的重心。多边形重心是多边形顶点 x 坐标和 y 坐标的平均值，即

$$\begin{cases} C_x = \dfrac{\sum_{i=1}^{n} x_i}{n} \\ C_y = \dfrac{\sum_{i=1}^{n} y_i}{n} \end{cases} \tag{5-1-53}$$

要注意的是，重心不一定是在多边形内，当多边形为凹多边形时，重心有可能落在多边形外。

2. 点在多边形内的判别

点在多边形内的判别方法包括射线法(铅垂线法、平行线法)、角度计算法(弧长法)等。

1) 射线法

点在多边形内的判别最直接的方法是射线法，又称铅垂线法或平行线法。其基本思想是以待判别点为始点，画任一方向的直线(该直线可以是铅直线或平行线)，然后统计该直线与多边形的交点。如图 5-1-11 所示，当交点个数为奇数时，该点在多边形内；若为偶数，则点在多边形外。

然而，在一些特殊情况下，射线法可能产生判断错误。如图 5-1-12 所示，这些特殊情况包括点在多边形的边上、点和多边形顶点重合、射线经过多边形边、射线经过多边形顶点等。例如，对于点在多边形的边上这种特殊情况，射线出发的始点是否应该算作交点呢？不管算不算交点，都会陷入两难的境地——同样落在多边形边上的点，可能会得到相反的结果。点在多边形顶点本质上是第一种情况的特例，同样存在判断困难。第三种特殊情况是当射线刚好经过多边形顶点的时候，应该算一次还是两次穿越？第四种情况是射线刚好经过多边形的一条边，是第三种情况的一种特例，即射线连续通过了多边形两个相邻的顶点。可以通过增加附加判断方法来解决特殊情况下射线法的判断错误问题。对于第一种情况，需要判断点是否在线上，方法很多，最简单的方

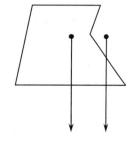

图 5-1-11 点在多边形内的判别

法是计算点与两个多边形顶点的连线斜率是否相等。对于第二种情况，可以通过比较点与多边形顶点坐标是否重合来甄别这种特殊情况。第三种问题相对复杂，需要换一个思路来思考。射线穿越一条线段的前提条件是线段的两个顶点分布在射线两侧，因此，只需要规定被射线穿越的点都算作其中一侧。根据上面的规定，射线连续经过的两个顶点显然都位于射线以上的一侧，因此第四种情况看作没有发生穿越就可以了。

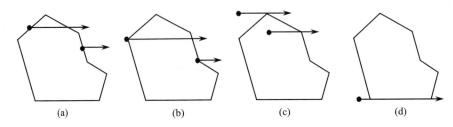

图 5-1-12　射线法失效的特殊情况

2) 角度计算法(弧长法)

角度计算法，又称弧长法，是另一种判断点在多边形内部的方法。这种方法要求多边形由有向边组成，即规定沿多边形各边的走向其左侧(或右侧)为多边形的内部。其基本思想是计算该点到多边形上所有顶点的夹角代数和。若代数和为 0 或小于 360°，则待定点在多边形之外，如图 5-1-13(a)所示；若代数和为 360°，则被测点在多边形之内，如图 5-1-13(b)所示。角度计算法可以应用于内部有洞的多边形，按照上述规定来定义带洞多边形的有向边，可采用同样的方法判断。

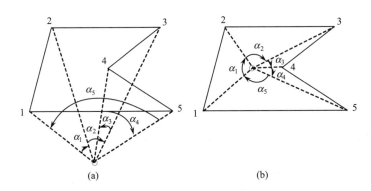

图 5-1-13　角度计算法判断点在多边形内

3. 线段与多边形相交

判断线段与多边形是否相交的步骤如下：

(1) 判断线段与多边形的每条边是否有交点。

(2) 如果没有任何交点，再判断线段两个端点是在多边形内还是多边形外：若两个端点在多边形外，线段又与多边形不相交，则该线段相离多边形，如图 5-1-14 中的 AB；若两个端点都在多边形内，并且与多边形边界没有交点，则该线段在多边形内，如图 5-1-14 中的 CD。

(3)如果有一个或多个交点,则该线段与多边形相交,部分在多边形内,部分在多边形外,如图 5-1-14 中的 EF 和 GH 及 IJ。从图 5-1-14 可以看出,即使两个点都在多边形内如 GH 或都在多边形外如 IJ,它们都可能与多边形相交。所以判断线与多边形是否相交,仅判别端点是不够的,必须判断线状目标的每一段与多边形边界的每一段是否有交点。

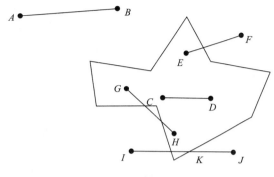

图 5-1-14　线段与多边形相交的判别

4. 多边形与多边形相交

判断两个多边形是否相交,需要判断两个多边形边界的所有线段相互之间是否有交点。如果没有任何交点,它们可能相互分离,如图 5-1-15(a)所示;也可能一个多边形在另一个多边形之内,如图 5-1-15(b)所示。两个多边形边界线段只要存在一个交点则表明两个多边形相交,如图 5-1-15(c)所示。如果它们具有公共边界,则为相邻,如图 5-1-15(d)所示。

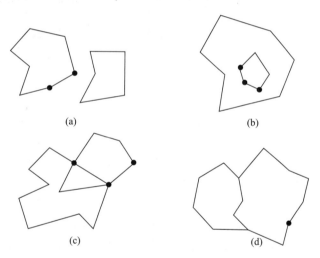

图 5-1-15　多边形与多边形相交的判别

5. 区域填充

区域填充算法是多边形常用处理算法之一,是指对给定的一个区域边界内的所有像素单元赋予指定的颜色代码。区域填充在计算机制图、交互式图形设计、计算机辅助制图等领域中有广泛的应用。

区域填充的算法有很多,主要包括递归种子填充算法和扫描线种子填充算法。下面分别介绍这两种算法的基本思想及过程。

1)递归种子填充算法

递归种子填充算法又名边界填充算法。种子填充算法的核心是一个递归算法,即从指定的种子点开始,向各个方向上搜索,逐个像素进行处理,直到遇到边界。不同的种子填充算法只是在处理颜色和边界的方式上有所不同。根据对图像区域边界定义方式以及对点的颜色修改方式,种子填充又可细分为以下几类:注入填充算法(flood fill algorithm)、边界填充算法(boundary fill algorithm)以及为减少递归和压栈次数而改进的扫描线种子填充算法等。下面首先介绍边界填充算法，即递归种子填充算法。

在开始介绍算法之前，首先介绍两个基本概念，即"4-连通算法"和"8-连通算法"。搜索涉及搜索的方向问题，如图 5-1-16(a)所示，从区域内任意一点出发，若只是通过上、下、左、右四个方向搜索到达区域内的任意像素，则填充区域就称为四连通域，这种填充方法称为"4-连通算法"。如果从区域内任意一点出发，通过上、下、左、右、左上、左下、右上和右下等八个方向到达区域内的任意像素，则填充区域称为八连通域，这种填充方法称为"8-连通算法"。为了对比这两种算法的差异，以图为例，假设灰色点是当前处理的点，黑色点是边界点，"4-连通算法"的填充效果如图 5-1-16(b)所示，"8-连通算法"填充效果如图 5-1-16(c)所示。

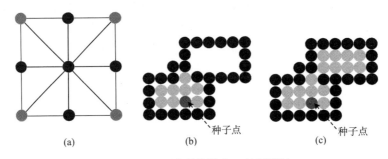

图 5-1-16 4-连通算法和 8-连通算法

递归种子填充算法的基本原理是以单个像元为填充胚，在给定边界的多边形区域范围内，通过某种方法(4-连通算法或 8-连通算法)进行扩充，最终填满整个多边形区域。若采用 4-连通算法，则判断填充胚上下左右四个方向的像元值，只要像元值不为边界像元，则赋予填充胚像元，且将这些像元作为新的填充胚，放入填充胚栈中。接着从填充胚栈中弹出一个填充胚，重复上述过程，如此反复进行，直至栈为空。4-连通算法相对简单，但是存在某些情况下可能无法通过狭窄区域，如图 5-1-16(b)所示，无法填满整个多边形。8-连通算法可以解决 4-连通算法的这个缺陷，但是可能存在填充溢出边界的问题。具体应用时，可以根据边界实际情况和应用需求来选择具体方法。

总体而言，递归种子填充算法能对具有任意复杂边界的区域进行填充，然而，由于使用了递归算法，不仅需要大量栈空间来存储相邻的点，而且算法效率不高。为了减少算法中的递归调用，节省栈空间的使用，人们提出了很多改进算法，其中一种就是扫描线种子填充算法。

2) 扫描线种子填充算法

扫描线法的思想源于用射线法判断点在多边形内，算法不再采用递归的方式处理"4-联通"和"8-联通"的相邻点，而是通过沿水平扫描线填充像素段，一段一段地来处理"4-联通"和"8-联通"的相邻点。这样算法处理过程中就只需要将每个水平像素段的起始点位置压入一个特殊的栈，而不需要像递归算法那样将当前位置周围尚未处理的所有相邻点都压入堆栈，从而节省堆栈空间。应该说，扫描线填充算法主要基于避免递归、提高效率的思想，可以将前面介绍的边界填充算法改进成扫描线填充算法。

扫描线种子填充算法的基本过程为：给定种子点(x,y)，首先分别向左、右两个方向填充种子点所在扫描线上的位于给定区域的一个区段，同时记下这个区段的范围$[x_{\text{Left}}, x_{\text{Right}}]$，然后确定与这一区段相连通的上、下两条扫描线上位于给定区域内的区段，并依次保存下来。反复这个过程，直到填充结束。扫描线种子填充算法实现方法包括以下四个基本步骤：

(1) 建立一个空栈，对其进行初始化，用于存放种子点，将种子点(x,y)入栈。

(2) 判断栈是否为空，如果栈为空则结束算法；否则取出栈顶元素作为当前扫描线的种子点(x,y)，y是当前的扫描线。

(3) 从种子点(x,y)出发，沿当前扫描线向左、右两个方向填充，直到遇到边界像素为止。分别标记区段的左、右端点坐标为x_{Left}和x_{Right}。

(4) 分别检查与当前扫描线相邻的$y-1$和$y+1$两条扫描线在区间$[x_{\text{Left}}, x_{\text{Right}}]$中的像素，从$x_{\text{Left}}$开始往$x_{\text{Right}}$方向搜索，若存在非边界且未填充的像素点，则将这些相邻的像素点中最右边的一个作为种子点压入栈中，然后返回第(2)步。

图 5-1-17 是扫描线种子填充算法的示例。图 5-1-17(a)为边界线和种子点，图 5-1-17(b)、图 5-1-17(c)及图 5-1-17(d)为填充过程。与边界填充算法不同，扫描线种子填充算法每一条连续未被填充的扫描线段只取一个种子点入栈，因此大大缩小了栈空间。但是，扫描线种子填充算法需要重复判断大量像素点的像元值(颜色)，且存在不必要的回溯操作。相应的改进算法通过对栈结构的调整来避免这些缺陷。

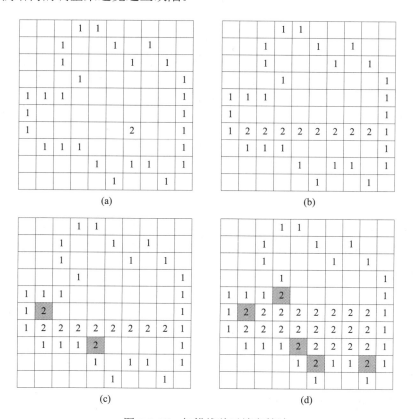

图 5-1-17　扫描线种子填充算法

5.2 几何变换

GIS 应用中的一个重要基本原则是叠加图层必须具备统一空间参考，否则会出现严重的空间定位错误。此外，用数字化或地图扫描方式得到的数字化地图与原图的度量单位相同，例如，手工数字化中地图度量单位为英寸，扫描图像中度量单位是点/英寸，因此，数字化地图不能直接与基于投影坐标的图层匹配。数字化地图在使用之前，必须将其转换为投影坐标系统，即将地图数据的数字化仪坐标转换为投影坐标系统，这个过程称为几何变换。几何变换同样适用于遥感影像。遥感影像以行列号记录空间分布信息，几何变换可以将行列号转换为投影坐标，同时可以纠正遥感影像的几何误差。

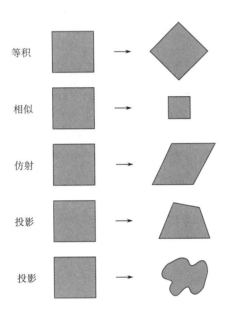

从数学角度来看，几何变换就是利用一系列的控制点和转换方程式在投影坐标上对数字化地图、遥感影像进行配准的过程。衡量几何变换质量的主要指标是均方根误差(root mean square, RMS)。RMS 为控制点从真实位置到估算位置间的位移。在对整幅地图或影像进行几何变换前，要确保所采用的转换方法产生的 RMS 在可接受精度范围内。

几何变换方法包括相似变换、仿射变换、投影变换、等积变换、拓扑变换等。如图 5-2-1 所示，不同的方法所保留的几何特征及变化的性质不同。其中，相似变换允许矩阵缩放，保持形状不变，但是大小改变；仿射变换保持线的平行性，但允许矩形角度发生变化；投影变换允许角度和长度变形，具体情况由投

图 5-2-1 不同类型几何变换的性质

影类型决定；等积变换允许矩形旋转，但形状和大小保持不变。下面分别介绍常用的相似变换、仿射变换及投影变换的方法。

5.2.1 相似变换

相似变换主要解决两个坐标系之间的坐标平移和尺度变换。若两个坐标系存在夹角，坐标原点需要平移，两坐标轴 X, Y 方向具有相同的比例缩放因子时，使用相似变换。

如图 5-2-2 所示，设 XOY 为新的平面直角坐标系如地面大地坐标系，$X'O'Y'$ 为旧的平面直角坐标系如数字化仪坐标系，两坐标系之间的坐标轴夹角为 α，O' 相对于 XOY 坐标系原点的平移距离为 A_0、B_0，两坐标系之间坐标的比例因子为 m，则根据坐标变换原理，可得变换公式为

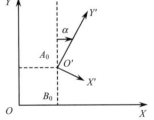

图 5-2-2 相似变换原理

$$\begin{cases} x = m(x'\cos\alpha - y'\sin\alpha) + A_0 \\ y = m(x'\sin\alpha + y'\cos\alpha) + B_0 \end{cases} \quad (5\text{-}2\text{-}1)$$

令 $A_1 = m\cos\alpha$，$B_1 = m\sin\alpha$，则相似变换公式为

$$\begin{cases} x = A_0 + A_1 x' - B_1 y' \\ y = B_0 + B_1 x' + A_1 y' \end{cases}$$
(5-2-2)

式中，x' 和 y' 是已知的控制点坐标；x 和 y 是输出坐标；A_0、A_1、B_0、B_1 是待定的 4 个估算参数。因此，至少需要 2 对已知的控制点来计算待定估算系数，若超过 2 对坐标，则采用最小二乘法求解。

5.2.2 仿射变换

如果两个坐标系存在原点不同，两坐标轴在 X、Y 方向的比例因子不一致，坐标系之间存在夹角，倾斜等仿射变形（图 5-2-3），就需要采用仿射变换。在保留线条平行的前提下，仿射变换可以对矩形目标作旋转、平移、倾斜和不均匀缩放等操作。其中，旋转指围绕原点旋转对象的 x、y 轴；平移指将原点移动到新位置；倾斜指轴与轴间存在一个非垂直的仿射角度，使得矩阵变为平行四边形；不均匀缩放指在 x 方向或者 y 方向，增大或缩小比例尺。

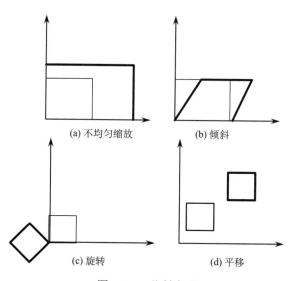

图 5-2-3　仿射变形

令 m_1 和 m_2 分别表示 X 和 Y 方向的比例尺，则变换公式为

$$\begin{cases} X = (m_1 \cos\alpha)x - (m_1 \sin\alpha)y + A_0 \\ Y = (m_2 \sin\alpha)x + (m_2 \cos\alpha)y + B_0 \end{cases}$$
(5-2-3)

令 $A_1 = m_1\cos\alpha$，$A_2 = -m_1\sin\alpha$，$B_1 = m_2\sin\alpha$，$B_2 = m_2\cos\alpha$，则仿射变换的公式可写为

$$\begin{cases} X = A_0 + A_1 x + A_2 y \\ Y = B_0 + B_1 x + B_2 y \end{cases}$$
(5-2-4)

式中，x 和 y 是已知的控制点坐标；X 和 Y 是输出坐标；A_0、A_1、A_2、B_0、B_1、B_2 是待定的 6 个估算参数。因此，至少需要 3 对已知的控制点来计算待定估算系数。在数字化仪定向和扫描地图定向中，一般选多于三个定向点，以便提高定向精度和发现定向点的误差。

在做仿射变换的时候，数字化线划地图和卫星影像的变换方程式是一样的，但是存在以

下两点区别：①线划图用 x 和 y 定位目标，而卫星影像用行列号来定位目标，两种坐标形式不同。②卫星影像变换中系数 B_2 是负数，因为影像的原点在左上角，而投影坐标系的原点在左下角。

仿射变换一般包括以下三个步骤：①将所选控制点的 x、y 坐标更新为真实世界坐标。②在控制点基础上进行仿射变换，变换后检查 RMS 误差，如果误差不满足要求，则选择另一组控制点再次进行仿射变换。反之，将计算出来的 6 个仿射变换系数用于下一步。③基于仿射系数，利用仿射变换方程式计算其他要素的输出坐标。

5.2.3 投影变换

在 GIS 项目实施过程中，经常碰到数据源与目标数据之间投影坐标不一致的情况，这时就需要将一种投影坐标数据通过投影变换，转换为另一种投影坐标数据。常用投影变换方法包括解析变换法、数值变换法及数值-解析变换法等三种。

1. 解析变换法

解析变换法是直接建立两种投影坐标的解析计算公式来实现坐标转换。根据具体的实现方式不同，又可分为反解变换法、正解变换法及综合变换法等。

(1) 反解变换法(间接变换法)是先由原始地图数据的投影坐标 (x,y) 反解出对应的地理坐标 (φ,λ)，再将地理坐标代入新投影坐标公式，得到两种投影坐标间的变换公式，即

$$(x,y) \to (\varphi,\lambda) \to (X,Y) \tag{5-2-5}$$

(2) 正解变换法(直接变换法)直接建立一种投影坐标到另一种投影坐标的解析关系式，直接将一种投影坐标转换为另一种投影坐标，即

$$(x,y) \to (X,Y) \tag{5-2-6}$$

(3) 综合变换法是将上述两种方法进行综合，常见方法是根据原投影方程反解出纬度，再根据得到的纬度和 y 值求出两种投影的转换方程式。

2. 数值变换法

数值变换法是指当投影方程未知或变换关系式不易建立时，采用多项式逼近的近似方法建立两种投影之间的变换关系。具体做法是根据两种投影间的已知离散点，用多项式数值逼近的方法定义两种投影间的变换关系式，其中，数值变换的多项式为

$$\begin{cases} X = a_{00} + a_{10}x + a_{20}x^2 + a_{01}y + a_{11}xy + a_{02}y^2 + a_{30}x^3 + a_{21}x^2y + a_{12}xy^2 + a_{03}y^3 + \cdots \\ Y = b_{00} + b_{10}x + b_{20}x^2 + b_{01}y + b_{11}xy + b_{02}y^2 + b_{30}x^3 + b_{21}x^2y + b_{12}xy^2 + b_{03}y^3 + \cdots \end{cases} \tag{5-2-7}$$

式中，a_{00}、a_{10}、$\cdots$ 和 b_{00}、b_{10}、$\cdots$ 为待定系数。要求得式中的待定系数，需要选择与待定系数个数相同的同名点，代入多项式，求出待定系数，最后建立投影变换式。

为了提高多项式的逼近精度，可以将上述公式取到三次项，利用三次多项式替代二次多项式能明显提高精度，但是进一步增加多项式次数不仅增加工作量，而且对提高精度效果不明显。

3. 数值-解析变换法

若已知新投影方程式，但不知道原投影方程式时，可以采用上述多项式方法，将原投影 (x,y) 反解得到地理坐标 (φ,λ)，再将地理坐标代入新投影方程式，实现两种投影坐标

间的转换。

5.3 空间数据转换

随着地理信息系统的普及应用，许多单位存在大量已经数字化了的空间数据。较之传统地图生产资料的来源，用户有更多的选择。在国际上，电子数据产品的生产正不断分散于专门从事数据生产的私有企业和民间组织。为了让数据物尽其用，并提高数据获取和数据生产的效益，人们不断对现有数据进行多次开发，以满足越来越多的用户对各类数据的需求。空间数据转换作为空间数据获取的手段之一，在 GIS 的建设中起到越来越重要的作用。因此，在 GIS 建设之前需要对该地区的空间数据进行详细的审查(图 5-3-1)：该地区存在哪些空间数据？是否符合质量要求？以什么样的格式存储？如何进行转换？

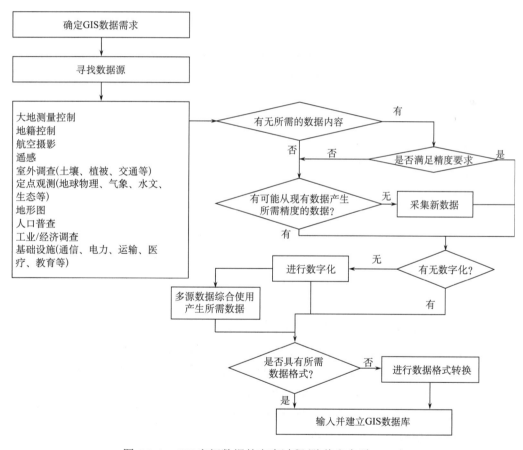

图 5-3-1　GIS 空间数据的审查过程(陈俊和宫鹏，1998)

空间数据转换的内容主要包括三个方面的信息：其一是空间定位信息(实体的坐标)，其二是空间关系(如一条弧段的起结点、终结点、左多边形、右多边形等)，其三是属性数据。由于每个 GIS 系统的数据结构和数据模型不完全相同，在空间数据转换过程中往往丢失数据，甚至得不到有关信息。一般情况下，空间目标的定位信息能够完整地进行转换。但是有些基于 CAD 的系统如 AutoCAD 和 Microstation，它们可能包含数学曲线，如圆、圆弧、光滑曲线等,而 GIS 中又没有这些图形元素,所以在转换到 GIS 时,一般将它们内插成折线,这样难免会损失精度。转换过程中最容易丢失的信息是拓扑关系信息和属性信息。如果数据模型基本一致,拓扑关系信息在转换过程中丢失后,可以在数据转换后的系统中重构拓扑关系而得以恢复;但是数据结构不一样时,如 MapInfo 等软件没有拓扑关系,空间数据的转入和转出就不可能带有拓扑关系。对于属性数据,大部分 GIS 系统都能够进行转换,但用户经常用到的 AutoCAD 的外部数据交换文件 DXF 早期的版本不含有属性数据,此时要通过其他途径得到属性数据。

5.3.1 外部交换文件方式

空间数据转换目前主要通过外部数据交换文件进行。大部分商用 GIS 软件定义了外部数据交换文件格式,一般为 ASCII 码文件,如 ArcInfo 的 E00,MapInfo 的 MID,AutoCAD 的 DXF,MGE 的 ASCII Loader 等。这样,系统之间的数据一般要通过 2~3 次的转换。如图 5-3-2 所示,从系统 A 的内部数据转换到系统 B,可能经过 2~3 次转换。先从系统 A 的内部文件转到系统 A 的交换文件,如果系统 B 能够直接读系统 A 的交换文件,转换两次即可。否则要从系统 A 的外部交换文件到系统 B 的外部交换文件,再从系统 B 的外部交换文件到系统 B 的内部文件,此时经过三次转换。

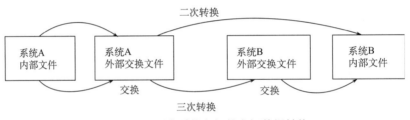

图 5-3-2 两个系统之间的空间数据转换

5.3.2 空间数据交换标准方式

由于 GIS 系统很多,每一个系统都不可能提供直接读写所有商用 GIS 软件的外部数据文件的程序。为了更方便地进行空间数据交换,也为了尽量减少空间数据交换信息的损失,使之更加科学化和标准化,许多国家和国际组织制定了空间数据交换标准,如美国的 STDS。我国也制定了相应的空间数据交换格式(CNSDTF)标准:《地理空间数据交换格式》(GB/T 17798—2007),该标准定义了矢量数据、正射影像数据及网格数据的交换格式。有了空间数据交换的标准格式以后,每个系统都提供读写这一标准格式空间数据的程序,可以避免大量编程工作,而且数据转换仅需要两次即可,如图 5-3-3 所示。从系统 A 的内部格式到标准的外部交换格式,再从标准的外部交换格式到系统 B 的内部文件仅需两次转换,而且它省去了为每种 GIS 软件都编写一个数据交换程序的步骤。

图 5-3-3 通过标准格式进行两个系统的空间数据交换

5.3.3 空间数据互操作方式

有了空间数据交换标准以后省去了软件开发商编写数据转换软件的工作，但是对用户来说，它仍然需要两次转换。能否将空间数据的转换变成一次，或者不进行转换，这就是 Open GIS 的思想，即实现不同 GIS 软件系统之间空间数据的互操作。Open GIS 最初和最简单的设想是制定一套读写空间数据的标准函数，每个系统软件都按这一套标准提供读写自己系统空间数据的驱动程序，其他软件可以通过调用这一程序，直接读到对方的内部数据。如图 5-3-4 所示，从系统 A 到系统 B 只需要一次转换。Open GIS 规范是由开放地理信息系统协会(Open GIS Consortium, 简称 OGC)制定的一系列开放标准和接口，其目标是制定一个规范，使得应用系统开发者可以在单一的环境和单一的工作流中，使用分布于网上的任何地理数据和地理处理。它致力于建立一个无"边界"的、分布的、基于构件的地理数据互操作环境，与传统的地理信息处理技术相比，基于该规范的 GIS 软件将具有很好的可扩展性、可升级性、可移植性、开放性、互操作性和易用性。

图 5-3-4 通过 Open GIS 的空间数据交换

如果要将系统 A 的数据转成系统 B 自己的内部文件则要一次转换，如果不想以系统 B 的数据格式保存，只需在内存进行处理，处理完以后仍以原来的数据格式存储，则并不需要进行空间数据文件的转换。在这种工作模式中，有些软件不通过 Open GIS 也能读其他 GIS 软件的内部格式，直接进行空间数据的查询与分析，如吉奥之星的 Internet GIS——GeoSurf 即可直接读取多种 GIS 平台的数据，在网上进行查询与分析。

5.3.4 Web 服务方式

随着地理信息网络服务技术的发展，OGC 和 ISO/TC211 制定了一系列地理信息网络服务标准如网络地图服务协议、网络要素服务协议、网络覆盖服务协议等，为地理信息共享与网络服务提供了新的技术途径。

Web 服务建立在 HTTP 协议、SOAP 和 UDDI 等标准以及 XML 等技术之上，其最大优势是允许在不同平台上，以不同语言编写各种程序，以基于标准的方式相互通信，通过 HTTP 协议极大地扩展了传统应用软件的服务范围，并通过 SOAP、UDDI 和 XML 等标准和技术为应用软件提供了基于 Web 的统一应用标准，屏蔽了应用软件底层具体的实现技术。地理信息 Web 服务是以 GIS 相关理论和技术支撑为主要基础，以计算机网络及其他通信设备等基础设施为操作平台，融合了 Web 服务、网络计算等最新发展成果，以满足用户地理信息相关需求为核心的地理信息服务理论和技术系统。允许各种在线的空间数据处理系统与基于网络的地理信息服务之间无缝的集成，支撑分布式的空间数据处理，提供了与厂商无关的、可互操作的框架结构来对多源、异构的空间数据进行基于 Web 的数据发现、处理、集成、分析、决策支持和可视化表现。

Web 服务的出现，为地理信息服务的广泛共享提供了技术支撑。目前，将 Web 服务技术综合应用于地理信息服务领域已经成为一种趋势。作为全球最大的空间信息、互操作规范的制定者和倡议者，OGC 已经认识到在地理信息领域中引入 Web 服务技术的重要性和紧迫性，对地理信息服务制定了一系列的规范，主要有网络要素服务(web feature service，WFS)、网络覆盖服务(web coverage service，WCS)、网络地图服务(web map service，WMS)、网络注册服务(web register service，WRS)等相关规范。可见，Web 服务模式的广泛应用在客观上将为地理信息服务真正融入 IT 领域，为更好地服务于人类的日常生活提供了良好的机制。同时，采用 XML 技术来解决传统的 Web 语言对于复杂的地理信息描述和表现不足的问题也得到广泛的认同。

5.4 矢量栅格数据转换

GIS 的空间数据主要包括矢量数据和栅格数据两大类。两种数据类型各有特点，矢量数据利用坐标方式精确表达空间目标的分布，适用于土地利用等离散要素表达；栅格数据模型将连续空间离散化，适合用于空气污染等面域分析。在很多 GIS 应用中，经常会同时使用两种类型的数据，有些情况下还需要将矢量数据转换为栅格数据，或者把栅格数据转换为矢量数据。例如，遥感图像作为 GIS 的重要数据源，如何将栅格的遥感图像转换为相关专题的矢量数据是 GIS 数据生产和更新中的重要技术；在很多栅格数据分析中，需要将原始的矢量数据转换为栅格数据。

由于两种类型数据的特性互补，矢量数据与栅格数据的相互转换，一直是地理信息系统的技术难题之一。下面分别介绍矢量-栅格转换和栅格-矢量转换的常用方法。

5.4.1 矢量-栅格转换

对应于矢量数据中的点、线、面等空间要素类型，矢量到栅格的转换包括点、线、面(多边形)到栅格的转换。其中，点到栅格数据的转换是点之间的简单坐标转换；线栅格化时，除把坐标对变为栅格行列坐标外，还需要根据栅格精度要求，在坐标点之间内插一系列栅格点，通常利用两点式直线方程得到，常用的方法包括 DDA 法(数字微分分析法)和 Bresenham 法；面目标(多边形)的栅格化又称为多边形填充，需要对矢量多边形的边界和内部所有栅格赋予对应的多边形属性编码，形成栅格数据阵列，这是矢量栅格化的难点。因此，下面重点介绍面目标栅格化方法。

矢量多边形栅格化包括边界栅格单元确定和边界栅格单元属性的赋值两个过程。

1. 边界栅格单元确定

多边形栅格化的首要任务是确定多边形所对应的栅格单元，这是多边形栅格化的主要研究内容。常用的方法包括内部点扩散算法、复数积分算法、射线算法、扫描算法、边界代数算法、颜色填充法、掩模法等。

1) 内部点扩散算法

基本扩展算法是由每个多边形一个内部点(种子点)开始，向其周围八个方向的邻点扩散，判断各个新加入点是否在多边形边界上，如果是边界点，则新加入点不作为种子点；否则把非边界点的邻点作为新的种子点与原有种子点一起进行新的扩散运算,并将该种子点赋予多边形的编号。重复上述过程,直到所有种子点填满该多边形并遇到边界为止。扩散算法的程序实现比较复杂,需要在栅格阵列中进行搜索,占用内存很大。此外,在一定栅格精度上,如果复杂图形的同一多边形的两条边界落在同一个或相邻的两个栅格内,会出现多边形不连通问题,则一个种子点不能完成整个多边形的填充。

2) 复数积分算法

对全部栅格阵列逐个栅格单元判断栅格归属的多边形编码。具体判别方法是由待判点对每个多边形的封闭边界计算复数积分,对某个多边形,如果积分值为 $2\pi i$,则该待判点属于此多边形,赋予多边形编号,否则在此多边形外部,不属于该多边形。

复数积分算法涉及许多乘除运算,尽管可靠性好,程序设计也并不复杂,但运算时间较长,对计算机性能要求较高。为了解决这个问题,一些优化方法致力于缩短其运算时间,如根据多边形边界坐标的最大最小值范围组成的矩形来判断是否需要做复数积分运算等。

3) 射线算法

射线算法逐点判别数据栅格点在某多边形之外或在多边形内,由待判点向图外某点引射线,判断该射线与某多边形所有边界相交的总次数,如相交偶数次,则待判点在该多边形的外部;如为奇数次,则待判点在该多边形内部。射线算法要计算与多边形交点,因此运算量大。射线算法的另一个缺陷是射线与多边形相交时可能存在如相切、重合等特殊情况,会影响交点的个数,在算法设计时必须予以排除,增加了编程的复杂性。

4) 扫描算法

扫描算法是射线算法的改进,通常情况下,沿栅格阵列的行方向扫描,在多边形边界点的两个位置之间的栅格属于该多边形。扫描算法省去了计算射线与多边形交点的大运算量,大大提高了效率。缺点是需要预留一个较大的数组以存放边界点,且扫描线与多边形边界相交的各种特殊情况仍然存在。

5) 边界代数算法

边界代数多边形填充算法是一种基于积分思想的转换算法,也是目前使用较多的一种方法[①]。边界代数算法的实质是一种基于积分思想的矢量数据栅格化算法,适用于多边形矢量数据栅格化。

如图 5-4-1 所示,以转换区域内仅有一个多边形为例,设多边形的属性值为 a,边界代数算法的主要处理过程为:①根据矢量数据的外接矩形,创建目标栅格阵列,并对栅格阵列的栅格单元值初始化。②对于任意一个多边形,由其边界上某一点开始,逆时针方向搜索其边界,当边界线段为上行时,对该线段左侧具有相同行坐标的所有栅格全部加上一个 a;当边界线段为下行时,对该线段左侧具有相同行坐标的所有栅格全部减去一个 a;当边界线段平行于栅格行行走时,不作运算。顺序、依次处理所有的边,直至该多边形所有边处理完。③重复②,直至所有多边形处理完。

边界代数算法与其他算法的不同之处在于它不是逐点搜寻判别边界,而是根据边界的拓扑信息,通过简单的加减代数运算将拓扑信息动态地赋予各栅格点,实现了矢量格式到栅格

---

① 任伏虎. 1991. 遥感与 GIS 集成软件系统 GRAMS[C]. 中国首届青年 GIS 与遥感学术讨论会,北京

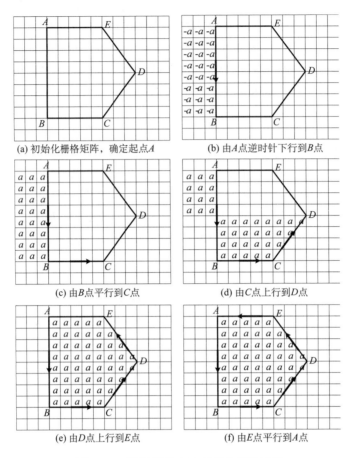

图 5-4-1 边界代数多边形填充算法示例

格式的转换。因为不需要考虑边界与搜索轨迹之间的关系,所以算法简单,可靠性好;而且仅采用加减代数运算,每条边界仅计算一次,免去了公共边界重复运算,又可不考虑边界存放的顺序,因此运算速度快;同时较少受内存容量的限制。

6) 颜色填充法

颜色填充法的基本原理是根据每个多边形编码,给该多边形赋一个颜色,并用该颜色填充多边形,然后判断每个栅格中心点的颜色值,由颜色值求出相应的多边形编码(黄波和陈勇,1995)。颜色填充法不用求交点,运行速度较快,尤其当多边形的边界所包含的弧段数较多并较为复杂时,其优越性更为明显。

7) 掩模法

掩模法的原理类似于印制照片的方法。掩模的作用就像一张底片,"白"处的光透过,"黑"处被阻拦,这里的"掩模"实际上是一个单色位图,即只有黑白两色,它与栅格阵列的大小一样,其位置也是一一对应的,对于某一多边形,首先将二进制位图全置为"0"(白),读入边界点的坐标值"1"(黑色)填充此多边形,如果存在岛多边形,则"挖去"即以白色"0"填充所有岛多边形,从而生成此多边形的单色位图"掩模"。将位图与栅格阵列逐个像元比较,当位图为黑色"1"时,将栅格阵列中对应行列处的灰度值赋予多边形的顺序号,从而完成一个多边形的填充过程(李志清,1994)。掩模法省略了填充算法的复杂编程过程,节省了内存,大大提高了程序的运行效率。

2. 边界栅格单元属性的赋值

在确定了多边形对应的格网范围后,第二个任务是确定这些格网对应的属性赋值。在同一格网单元中,往往可能对应了几种不同的属性值,但每一个单元只能取一个值,在这种情况下,需要采用合适的取值方法确定其属性取值。

1) 中心点法

用处于栅格中心处的地物类型或现象特性决定该栅格单元的属性取值。为了便于寻找栅格中心,常常使覆盖网格的交点与网格单元的中心对准,这时只考虑网格交点所对应地图上的值,因此中心点法也可以称为"网格交点归属法"。中心点法适用于具有连续分布特性的地理要素,如降雨量分布、人口密度分布等。

2) 面积占优法

以占栅格最大的地物类型或现象特征决定栅格单元的代码。面积占优法最适合分类较细、地物类别斑块较小的情况。相似的还有长度占优法:当覆盖的格网过中心部位时,将占据大部分长度的属性值作为该栅格单元的取值。

3) 重要性法

根据栅格内不同地物的重要性,选取最重要的地物类型决定相应的栅格单元取值。这种方法对于特别重要的地理实体,尽管其在区域内所占面积很小或不在中心,也采取保留的原则,如稀有金属矿产区域等。重要性法常用于具有特殊意义而面积较小的地理要素,特别是呈点状、线状分布的地理要素,如城镇、交通枢纽、河流水系等。

除了采用上述几种取值方法外,为了逼近原图或原始数据精度,还可以采用缩小单个栅格单元的面积,即增加栅格单元总数的方法。缩小的栅格单元可减少混合单元,大大提高赋值精度,更接近真实形态,表现更细小的地物类型。

5.4.2 栅格-矢量转换

在 GIS 应用中,常常需要将栅格数据转换为矢量数据。例如,将栅格数据分析的结果以矢量图形输出;为了数据压缩的需要,将数据量较大的面状栅格数据转换为数据量较小的多边形边界;将扫描仪获取的栅格地图转换为矢量地图;利用遥感栅格影像提取矢量地图等。

对于栅格点转为矢量点而言,是将栅格的行列号转为点坐标(x,y)。

多边形栅格格式向矢量格式转换,就是提取以相同编号的栅格集合表示的多边形区域的边界和边界的拓扑关系,并表示成多个小直线段的矢量格式边界线的过程。

栅格格式向矢量格式转换通常包括以下四个步骤:

(1) 多边形边界提取:采用高通滤波将栅格图像二值化或以特殊值标识边界点。

(2) 边界线追踪:对每个边界弧段由一个节点向另一个节点搜索,通常对每个已知边界点需沿除进入方向的其他 7 个方向搜索下一个边界点,直到连成边界弧段。

(3) 拓扑关系生成:对于矢量表示的边界弧段,判断其与原图上各多边形的空间关系,形成完整的拓扑结构,并建立与属性数据的联系。

(4) 去除多余点及曲线光滑:因为搜索是逐个栅格进行的,所以必须去除由此造成的多余点记录，以减少数据冗余。搜索结果曲线由于栅格精度的限制可能不够圆滑，需要采用一定的插补算法进行光滑处理。常用的算法有线性迭代法、分段三次多项式插值法、正轴抛物线平均加权法、斜轴抛物线平均加权法、样条函数插值法等。

栅格数据矢量化方法包括边界法、散列线段聚合法、基于无边界游程编码的矢栅直接相互转换算法、基于拓扑关系原理的栅格转换矢量方法、基于栅格技术的栅格数据矢量化技术等。下面以双边界直接搜索算法为例说明算法实现的基本思想。

栅格向矢量转换最为困难的是边界线搜索、拓扑结构生成和多余点去除。栅格数据双边界直接搜索算法(double boundary direct finding，DBDF)较好地解决了上述问题。双边界直接搜索算法的基本思想是通过边界提取，将左右多边形信息保存在边界点上，每条边界弧段由两个并行的边界链组成，分别记录该边界弧段的左右多边形编号。边界线搜索采用2×2栅格窗口，根据每个窗口内的四个栅格数据的模式唯一地确定下一个窗口的搜索方向和该弧段的拓扑关系，这一方法加快了搜索速度，拓扑关系也很容易建立。具体步骤如下：

(1)边界点和节点提取：采用2×2栅格阵列作为窗口顺序沿行、列方向对栅格图像全图扫描，如果窗口内四个栅格有且仅有两个不同的编号，则该四个栅格为边界点并保留各栅格所有多边形编号(图5-4-2)；如果窗口内四个栅格有三个以上不同编号，则标识为节点(即不同边界弧段图形的不连通)，保留各栅格原多边形编号信息。对于对角线上栅格两两相同的情况，由于造成了多边形的不连通，也作为节点处理(图5-4-3和图5-4-4)。

(2)边界线搜索与左右多边形信息记录：边界线搜索是逐个弧段进行的，对每个弧段从一组已标识的四个节点开始，选定与之相邻的某一窗口的四个标识之一。首先记录开始边界点组的两个多边形编号作为该弧段的左右多边形，下一点组的搜索方向则由前点组进入的搜

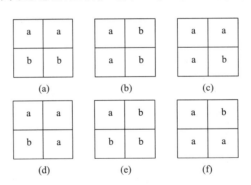

图 5-4-2　边界点的六种结构

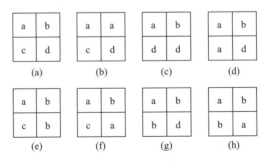

图 5-4-3　节点的八种结构

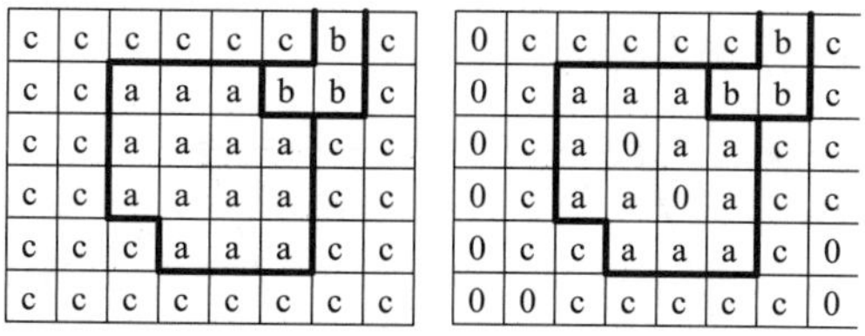

图 5-4-4 边界点及节点的提取与标识

索方向和该点的可能走向决定。每个边界点组只能有两个走向,一个是前一点组进入的方向,另一个则可确定为将要搜索后续点组的方向。双边界结构可以唯一地确定搜索方向,从而大大减少搜索时间,同时形成的矢量结构带有左右多边形编号信息,容易建立拓扑结构和与属性数据的联系,提高转换的效率。

5.5 拓扑关系的自动建立

GIS 中空间拓扑关系的核心是建立点(或称结点)、线(或称弧段)、面(或称多边形)的关联关系。在空间数据处理过程中,可以利用这些关联关系,运用计算机快速建立空间目标间的拓扑关系,进而实现空间数据错误的自动发现。本节主要介绍点-线、多边形拓扑关系的自动建立方法,但在此之前先介绍矢量地图中不同类型几何要素的特征,即欧拉定理。

5.5.1 欧拉定理

从几何拓扑意义上来说,一条弧段由两个连接的结点组成,因而弧段数 a 可以写成结点数 n 的函数:

$$a = a(n) \tag{5-5-1}$$

对于面目标,一个面块(block)可能是一个限定性表面,或是一个无界的自由表面。若为限定性表面,可通过结点的联结或弧段的组合显式地表达,即面块数 b 是结点数 n 和弧段数 a 的函数:

$$b = (a, n) \tag{5-5-2}$$

平面几何的欧拉公式规定,对于一个由若干结点及它们之间的一些不相交的边所组成的图,其结点数 n、弧段数 a 和多边形数 b 存在下述函数关系(欧拉定理):

$$c = n - a + b \tag{5-5-3}$$

式中,c 是一个常数,称为多边形地图的特征。若 b 包含边界里面和外面的面块(多边形外部),则 $c=2$;若 b 仅包含边界里面的面块,则 $c=1$。

式(5-3-3)可改写为

$$c + a = n + b \tag{5-5-4}$$

利用平面几何欧拉定理,可以实现 GIS 中拓扑关系的自动检验。欧拉公式的应用及其关系如图 5-5-1 所示。欧拉公式能发现点、线、面不匹配的情况以及多余和遗漏的图形元素,若几何元素不满足欧拉公式,则几何要素存在空间关系错误,如图 5-5-2 所示。但是,满足了欧拉公式,并不能说明图形空间关系不存在错误。如图 5-5-2(f)所示,虽然图中同时丢了一个结点和一条弧段，但欧拉公式仍然成立。

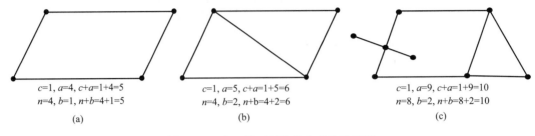

图 5-5-1 点、线、面欧拉公式关系示例

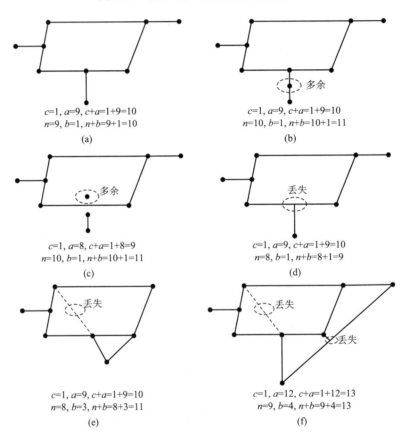

图 5-5-2 利用欧拉公式检验拓扑一致性

5.5.2 点-线拓扑关系的建立

点-线(结点-弧段)拓扑关系的建立包括两种方法。

(1)在图形采集和编辑中实时建立。建立两个文件表，一个记录弧段两端的结点(弧段-结点表)，一个记录结点所关联的弧段(结点-弧段表)。需要注意的是，当从某个结点出发数字化下一条弧段时，起结点首先根据空间坐标，寻找它附近是否存在已有的结点或弧段，若存在已有结点，则新弧段不产生新的起结点号，而将已有结点作为它的起结点，终结点的判断和处理同理。如图 5-5-3(a)所示，首先数字化两条弧段 A_1、A_2，包含 3 个结点 N_1、N_2 和

N_3；如图 5-5-3(b)所示，在进行 A_3 数字化的时候，A_3 的起结点可以匹配到已有结点 N_2，但是终结点不能匹配到已有结点，因而产生一个新结点 N_4。将新弧段 A_3 和新结点 N_4 分别填入弧段表中，同时在结点 N_2 的记录中添加新关联弧段 A_3；如图 5-5-3(c)所示，数字化弧段 A_4 时，因为起结点 N_4 和终结点 N_3 都可以匹配到原有结点，所以不需要创建新结点记录，只需创建一个新的弧段记录，并在结点 N_3 和 N_4 关联弧段记录中加入弧段 A_4。

(2)完成图形采集与编辑后，系统自动建立点-线拓扑关系。其基本思想与前面类似，这里不再作详细介绍。

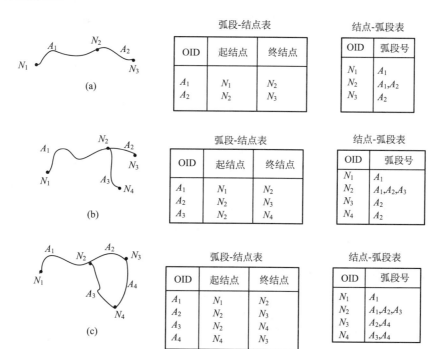

图 5-5-3 实时建立点-线拓扑关系示例

5.5.3 多边形拓扑关系的自动建立

基于多边形间的不同拓扑关系，可将多边形分为四种不同类型：①第一种为独立多边形。它与其他多边形没有共享边界，如独立房屋、独立水塘等。由于其仅有一条周边弧段，该弧段就是多边形的边界。独立多边形可以在数字化过程中直接生成。②第二种是具有公共边界的简单多边形。在数据采集时，先采集弧段数据，再利用算法自动将多边形的边界聚合起来，建立多边形文件。③第三种是带岛的多边形。除了要按第二种方法建立多边形文件外，还要考虑多边形的内岛。④第四种是复合多边形，由两个或多个不相邻的多边形组成。复合多边形一般是在建立单个多边形以后，再用人工方法或某特定规则组合成复合多边形。

下面以第二种多边形为例，介绍一种基于方位角的多边形拓扑关系自动建立方法(闫浩文和陈全功，2000)。

多边形拓扑关系的自动建立本质上就是建立多边形-弧段关系表和弧段-多边形关系表。基于方位角的拓扑关系自动建立方法包括四个基本步骤：①确定弧段邻接关系；②计算弧段方位角；③搜索多边形；④确定拓扑关系。

利用已经建立的结点与弧段间拓扑关系可以确定弧段的邻接关系。

第2步是确定弧段的方位角。方位角是测量学中一个常用的概念，指从坐标北方向起顺时针旋转到某一射线间的角度。单条弧段的方位角为某个结点与其相邻的下一个结点为射线方向与坐标北方向的顺时针夹角，取值范围为 0°～360°。拓扑邻接的两弧段间的夹角是从它们的公共端点出发的两条射线所夹的有向角(若公共端点是弧段的起点，则射线指向弧段的第二点；若公共端点是弧段的末点，则射线指向弧段的倒数第二点)，取值范围为 0°～360°。

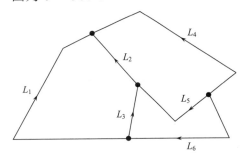

图 5-5-4 多变形与有向弧段示例

完成弧段方位角的计算后，可以利用最小角法则搜索多边形。最小角法则具体方法为：从某弧段的一个端点出发，在与其拓扑相邻的弧段中找出夹角最小的弧段，并把找出的弧段作为起始弧段；重复上述过程，直至回到出发弧段的另一个端点为止；所有搜索出来的弧段就构成了一个多边形。从同一个弧段出发，最多可以跟踪出两个多边形。如图 5-5-4 所示，利用最小角法则搜索出来的弧段与多边形的拓扑关联表如表 5-5-1 所示。按照最小法则搜索得到的多变形有可能出现重复或者错误的情况，需要对得到的多边形进行检查，去掉重复和错误的多变形。重复多边形的去除方法是从多边形与弧段的拓扑关联表中找出弧段数相等，且弧段号绝对值相等的多边形。错误多边形的去除方法为：一个多边形与另一多边形有公共边，同时它包含另一多边形的非公共边上的一点，则该多边形为错误多边形。表 5-5-2 是表 5-5-1 消除重复和错误多边形后的结果。

表 5-5-1 多边形-弧段拓扑关联表

多边形编号	弧段号
1	$-L_1$, $-L_6$, L_4
2	$-L_1$, L_3, L_2
3	$-L_2$, $-L_5$, L_4
4	$-L_2$, $-L_3$, L_1
……	……

表 5-5-2 修正后的多边形-弧段拓扑关联表

多边形编号	弧段号
1	$-L_1$, L_3, L_2
2	$-L_2$, $-L_5$, L_4
3	$-L_3$, $-L_6$, L_5

5.6 矢量数据错误与编辑

保证空间数据的准确性和质量是 GIS 工程的最基本要求。要实现这个目标，就必须检查和发现空间数据中存在的错误，并应用合理方法来去除这些错误。因为栅格数据是由格网和像元组成的，无法进行局部的数据编辑，所以，这一节我们主要针对矢量数据(几何数据)错误及数据编辑方法进行讨论和分析。

5.6.1 矢量数据错误类型

矢量数据主要包括两种类型错误。①定位错误，指数字化几何要素存在的几何位置错误，主要表现为几何要素的缺失或者要素几何位置的错误。②拓扑错误，指空间要素之间存在空间逻辑不一致性的错误，如多边形不闭合、存在悬挂弧段等。

1. 定位错误

定位错误的产生与所使用的数据源密切相关。如果数字化矢量地图使用的是二手数据源，如已有的纸质地图，那么定位错误主要由数字化地图与原始纸质地图的匹配程度导致。具体匹配精度由项目要求来确定，例如，某项目规定数字化线划地图每条线划必须落在原始地图的 0.2mm 范围内。通过纸质地图数字化得到的数字地图最终的精度除了要考虑数字化过程带来的误差外，还受到原始纸质地图自身精度的影响，这个影响更重要。总体而言，大比例尺地图空间要素的精度要比小比例尺地图空间要素的精度高。

若数字地图采用的数据源是 GPS 或遥感影像等一手数据源，其数字化精度主要受数据源自身的精度限制，如 GPS 误差和遥感影像分辨率等。

2. 拓扑错误

拓扑错误是指数字地图几何要素与原始数据源或现实世界中目标相比，存在的拓扑关系错误。下面针对不同类型的几何要素来介绍拓扑错误类型。

对于面状(多边形)目标，如图 5-6-1 所示，拓扑错误主要包括未闭合的多边形、两个相邻的多边形间存在缝隙、多边形重叠等。

线状要素目标的拓扑错误主要包括欠头、过伸等。如图 5-6-1 所示，若线间存在缝隙，称为欠头(undershoot)；若一条弧段过长称为过伸(overshoot)。利用自动拓扑关系检查，这两类错误都表现为存在悬挂结点(dangling node)。对于有向线(链)而言，线段方向也可能存在拓扑错误。例如，在水文分析中，某河流的起点海拔比终点海拔低，与常理不符，存在拓扑错误。

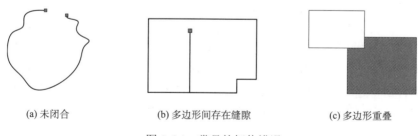

(a) 未闭合　　　　(b) 多边形间存在缝隙　　　　(c) 多边形重叠

图 5-6-1　常见的拓扑错误

点状要素目标自身可能存在的拓扑错误很少，但是，与线或面要素相结合的时候，点要素也可能存在拓扑错误。例如，在 ArcGIS 中，规定每个多边形有且仅有一个内部标识点来连接多边形几何数据和属性数据，当一个多边形存在多个内部标识点的时候，就会产生拓扑错误。

由于新一代的 GIS 平台软件以面向对象数据库的方式存储空间数据，除了同一层数据的拓扑错误外，还可在两个或两个以上图层中发现和修正不同类型空间要素的拓扑错误。例如，在 ArcGIS 的 Geodatabase 中，支持跨层的空间要素拓扑错误检查。常见的跨层拓扑错误包括：①多边形图层间：两种不同属性取值的多边形边界存在缝隙。例如，某气候分布图层与土地利用图层可能在某些区域存在相同的多边形边界，但是，在实际操作中，由于数字化所采用的数据源不同，得到的两个图层结果存在边界上的缝隙和差异。②线图层间：两种不同属性的线图层分布不符合逻辑性。例如，将两个相邻图幅的道路图层进行拼接的时候，应该是存在一致的结合点的，但是，由于数字化错误等原因导致两者的错位。③点与线图层间：某点要素与线要素间存在逻辑上的拓扑错误。例如，某高速公路上的服务站（点要素）不在高速公路（线要素）上等。④点与多边形图层间：某点要素与多边形要素存在逻辑上的拓扑错误。例如，某学校的地标性地物（点要素）位于该学校（多边形要素）的外面。

大部分 GIS 平台软件都提供了计算机自动拓扑数据检查，主要检查结点是否匹配、是否存在悬挂线、多边形是否闭合等，用不同的颜色或符号将存在拓扑错误的几何要素标示出来，有利于人工检查和修改。

5.6.2 几何数据的编辑方法

为了对存在错误的空间数据进行纠正，需要进行相应的几何数据编辑。下面首先介绍不同类型几何要素的编辑方法，在此基础上，介绍几种常见拓扑错误的修正方法。

1. 结点的编辑

结点（node point）即组成线要素（或称弧段）的端点，是建立点、线、面关联拓扑关系的桥梁和纽带。结点的编辑在地理信息系统中非常重要。在实际 GIS 项目中，最常见的工作是处理结点编辑问题。常见的结点编辑方法包括以下几种。

（1）结点吻合（snap），又称为结点匹配和结点附合。如图 5-6-2 所示，三个线目标或多边形的边界弧段中的结点 A、B、C，本来应是同一点，坐标一致，但是由于数字化的误差，三点坐标不完全一致，造成它们之间不能建立关联关系。为此需要经过人工或自动编辑，将这三点坐标匹配成一致，将三点吻合成一个点。

结点匹配可由多种方法完成。①结点移动，分别用鼠标将 B 点和 C 点移到 A 点；②用鼠标拉一个矩形，落入矩形内的结点坐标符合成一致，即求它们的中点坐标，并建立它们之间的关系；③通过求交点的方法，求两条线的交点或延长线的交点，即是吻合的结点，如图 5-6-3 所示；④自动匹配，给定一个容差，在图形数字化时或图形数字化之后，将在容差范围之内的结点自动吻合在一起。一般来说，如果结点容差设置的合适，大部分结点能够相互吻合在一起，但有些情况下还需要使用前三种方法进行人工编辑。

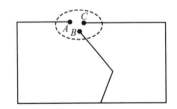

图 5-6-2 没有吻合在一起的三个结点

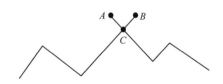

图 5-6-3 使用直线求交的方法使结点吻合

(2) 结点与线的吻合。在数字化过程中，经常会遇到一个结点与一个线状目标相交的情况。由于测量误差，结点可能不完全交于线目标上，需要进行编辑，进行结点与线的吻合，如图 5-6-4 所示。编辑方法包括：①结点移动，将结点移动到线目标上；②使用线段求交，求出 AB 与 CD 的交点；③使用自动编辑的方法，在给定的容差内，利用自动求交实现吻合。

结点与结点的吻合以及结点与线目标的吻合可能有两种情况，一是仅要求它们的坐标一致，而不建立关联关系，另一种情况是不仅坐标一致，而且要建立它们之间的空间关联关系。对于后一种情况，图 5-6-4 中 CD 所在的线目标要分裂成两段，即增加一个结点，再与结点 B 进行吻合，并建立它们之间的关联关系。但对于前一种情况，线目标 CD 不变，仅 B 点的坐标做一定修改，使它位于直线 CD 上。

(3) 清除伪结点。有且仅有两个线目标相关联的结点称为伪结点，如图 5-6-5 所示。有些软件系统要将伪结点清除掉(如 ArcGIS)，即将线目标 a 和 b 合并成一条，使它们之间不存在结点。但有些系统并不要求清除伪结点，如 GeoStar 等，因为这些所谓的伪结点并不影响空间查询、分析和制图。

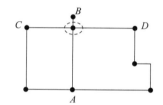

图 5-6-4　结点与线的吻合

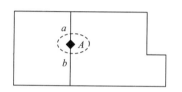

图 5-6-5　伪结点

2. 图形编辑

所有的 GIS 平台软件都提供了图形编辑功能，通常包括增加一个点、线、面实体，删除一个点、线、面实体，移动、拷贝、旋转一个点、线、面实体。实现图形编辑功能的操作规程，不同软件可能有所不同，具体的操作方法这里不做详细阐述。由于在实际操作中对线目标或多边形的边界弧段顶点的编辑使用非常频繁，这里只对这一操作进行简单介绍。

(1) 删除/增加顶点。如图 5-6-6(a)所示，删除顶点 D，此时因为删除顶点后线目标的节点个数比原来少，所以该线目标不用整体删除，只是在原来存储的位置重写一次坐标，拓扑关系不变。相反，如果要在 AB 之间增加一个顶点，首先要找到增加顶点对应的线段，定义一个新顶点位置，如图 5-6-6(b)中的 F 点，这时线目标由 ABCDE 5 个顶点变成 AFBCDE 6 个顶点。由于增加了一个顶点，它不能重写于原来的存储位置(指文件管理系统而言)，而必须给一个新的目标标识号，重写一个线状目标，而将原来的目标删除，需要作一系列处理，调整空间拓扑关系。

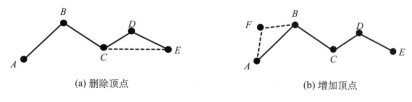

(a) 删除顶点　　　　　　　　　　(b) 增加顶点

图 5-6-6　删除与增加顶点示例

(2)移动顶点。移动一个顶点比较简单，因为只改变某个点的坐标，不涉及拓扑关系的维护和调整。如图 5-6-7 所示，由 B 点移动到 B' 点，所有关系不变。通过移动顶点，可以改变弧段的形状，使其更好地拟合原有地物边界。

(3)删除弧段。有时需要在一线目标或多边形边界弧段之间删除一段弧段，此时的处理也比较复杂。先把原来的弧段分成三段（在存储上原来的弧段实际上被删除），去掉中间一段，保留两端的两条弧段。这时由于赋了两个新的目标标识，原来建立的空间拓扑关系，都需要进行调整和变化。如图 5-6-8 所示，原来的目标标识为 a，经过切割，现在变成了 b 和 d。

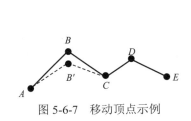

图 5-6-7 移动顶点示例

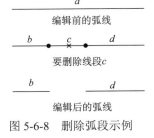

图 5-6-8 删除弧段示例

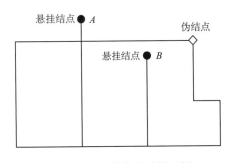

图 5-6-9 拓扑检查结果示例

3. 常见拓扑错误的编辑方法

这里介绍如何利用 GIS 软件提供的编辑工具去除常见的面状目标拓扑错误。面状（多边形）目标常见拓扑错误主要包括未闭合的多边形、两个相邻的多边形间存在缝隙、多边形重叠等，通常按以下步骤修正这些错误。

(1)拓扑关系检查。在空间数据入库前，首先要确认录入的数据是否存在错误。为了实现快速发现错误，通常可以利用计算机对原始数据进行拓扑关系检查。检查内容包括结点是否匹配、是否存在悬挂线、多边形是否闭合、是否有伪结点等。检查结束后，将有错误或不正确的拓扑关系的点、线、面用不同的颜色或符号标示出来，以便于人工检查和修改。如图 5-6-9 所示。

(2)设置容差进行自动错误修正。完成数据错误检查后，可以利用设置容差的方法进行数据自动清理。具体方法为：设置结点吻合、结点与弧段、悬挂弧段等的距离容差，在容差范围之内的结点自动吻合在一起，并建立拓扑关系。给定短弧的容限，将小于该容限的短弧自动删除。例如，在 ArcGIS 中使用 Data Clean 的命令，在 GeoStar 中使用整体结点匹配功能等。

(3)手工修改剩余错误。利用容差完成自动错误纠正后，剩下的错误需要手工完成编辑和修改。根据上一节介绍的常见几何数据错误，下面介绍对应的编辑方法。如图 5-6-10 所示，常见的错误包括过伸（overshoot，A 结点）、未及（undershoot，B 结点）两大类。对于过伸错误，可以在建立拓扑关系后求两个线段的交点，再删除线段。未及错误的编辑方法包括两种，第一种是将欠头结点 B 先移动到边界外，求交点 C 后删除多余线段，如图 5-6-10(a)所示；第二种方法是先在线段上打断，新增一个结点 D，再将 B 结点移动到 D 结点处，与新结点进行吻合，实现线段的封闭，如图 5-6-10(b)所示。

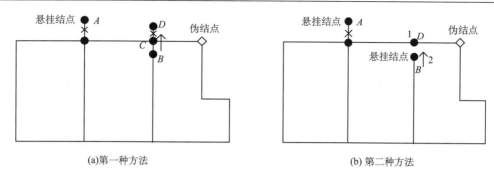

(a)第一种方法　　　　　　　　(b)第二种方法

图 5-6-10　拓扑错误手工编辑示例

5.7　图幅拼接与接边

基于特定的地理参考坐标系统和符号，可以将地物表示为地图。为了方便编辑、查询、分析和使用等，有时需要对地图进行分幅。例如，我国以 1:100 万地图为基础，按规定的经差和纬差统一进行地图分幅。对分幅后的地图进行统一编号，在具体应用的时候，就能根据项目所涉及的地理范围将相应的图幅进行拼接，得到所需要的地形图数据。

在进行相邻图幅拼接的时候，由于空间数据采集误差和人工操作误差，两个相邻图幅的地图的空间数据在结合处可能出现逻辑裂隙与几何裂隙。其中，逻辑裂隙指的是当一个地物在一幅图的数据文件中具有地物编码 A，而在另一幅图的数据文件中却具有地物编码 B，或者同一个地物在这两个数据文件中具有不同的属性信息，如公路的宽度、等高线的高程等。几何裂隙指的是由数据文件边界分开的一个地物的两部分不能精确地衔接。在拼接过程中，需要把相邻图幅的空间数据在逻辑上和几何上融成一个连续一致的数据体，这就是 GIS 中的图幅接边问题。图幅接边包括几何接边和逻辑接边。

5.7.1　几何接边

调出需要接边的两幅或多幅图数据，以其中的一个作为活动图幅(或称活动工作区)，其他图幅作为参考。沿图幅的边缘选取一定范围如 5cm 的空间目标,这些目标(主要是弧段)一般都终结于图廓边附近，以活动工作区的目标为基准，根据图廓边上弧段的结点坐标查找相邻图幅的对应弧段，如果它们的地物编码相同，结点坐标在一定的容差范围内，则将两边的结点坐标取中数自动吻合，空间关系不变。如果地物编码不同，或超过接边的匹配容差，则需要进行人工接边。图 5-7-1 表达了几何接边过程。

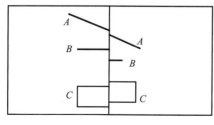
(a) 自动接边前

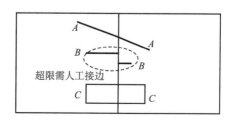
(b) 自动接边后

图 5-7-1　相邻图幅几何接边示例

5.7.2 逻辑接边

逻辑接边包括两方面的含义：①一是检查同一目标在相邻图幅的地物编码和属性赋值是否一致，如果不一致，则进行人工编辑修改。这种逻辑接边容易处理。②另一种逻辑接边的含义是将同一目标在相邻图幅的空间实体数据在逻辑上连在一起。例如，长江可能跨越多个图幅，当要进行查询时，点取到某幅图的一段目标时要能够同时将多幅图内的长江一起显示出来，这就要在逻辑上建立某种联系。否则，由于每幅图的数据是单独存储(参见空间数据库部分)，一般来说只能查询到该图幅内的空间数据(全关系型无缝数据库除外)。

完成空间目标的逻辑接边有两种方案，一种是在图幅数据文件的上一层，将有逻辑联系的空间目标，建立一个新的文件，即索引到它在每幅图的子目标，并建立双向指针(目标标识)。当在某一幅图点取子目标时，通过指针，指向上一层总目标文件的记录，这一条记录记录了所有该目标的子目标的目标标识，通过它即可显示整个目标，如图 5-7-2 所示。另一种方案是不建立总目标文件，也不在每幅图的空间目标的数据文件中为逻辑接边的子目标建立索引，而是通过空间操作的方法，根据每个关键字如"长江"，让系统自动在周边图幅的文件中搜索到同一目标，从而在效果上，等同于建立了跨图幅空间目标的逻辑关系。GeoStar 软件就是采用后一种方案完成逻辑接边的。

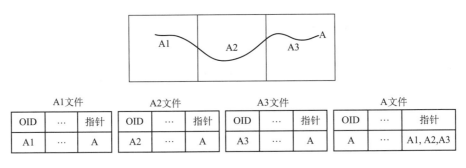

图 5-7-2 图幅的逻辑接边

思 考 题

1. 如何判断点在多边形内？
2. 几何变换的方法有哪些？各有什么特点？
3. 空间数据转换的方法有哪些？如何选择合适的空间数据转换方法？
4. 矢量栅格相互转换的基本方式有哪些？
5. 如何自动构建拓扑关系？
6. 常见的矢量数据错误包括哪些类型？如何编辑改正这些错误？
7. 几何接边和逻辑接边有什么区别？
8. 选择一种 GIS 软件，完成一些空间数据转换任务。

第6章 地理空间数据管理

6.1 数据管理概述

6.1.1 数据与数据库文件

数据是对客观事物进行描述和记录的符号。数据有多种表现形式：数字、文字、图形、图像、音频以及视频等，它们都可以经过数字化后存储到计算机系统中。数据管理是利用计算机软硬件技术，对收集的数据以数据文件或者数据库的形式存储在计算机中，并进行查询、处理及应用的过程，其目的是帮助人们方便地使用这些信息资源并充分挖掘数据的价值。

1. 数据组织的分级

数据组织的层次可以按逻辑单位或物理单位分级。按逻辑单位分级是指从应用的角度来观察数据，是从数据与其所描述的对象之间的关系来划分数据层次。属于逻辑数据单位的层次有：数据项、记录、文件和数据库。数据的物理单位是指数据在存储介质上的存储单位，属于物理数据单位的层次有：比特、字节、字、块、桶和卷。例如，一本书的内容若从逻辑上划分，其结构层次是：章、节、段、文句和词；若从物理上划分，其结构是卷、页、行、字。这里我们仅以数据的逻辑单位为主导线索来说明数据的层次单位的含义与使用问题。

数据是现实世界中的信息载体，是信息的具体表达形式，为了表达有意义的信息内容，数据必须按照一定的方式进行组织和存储。数据库中的数据组织一般可以分为四级：数据项、记录、文件和数据库。

(1) 数据项：数据项是可以定义数据的最小单位，也称为基本项、字段等。数据项与现实世界实体的属性相对应，数据项有一定的取值范围，称为域。域以外的任何值对该数据项都是无意义的。如表示月份的数据项的域是 1~12，13 就是无意义的值。每个数据项都有一个名称，称为数据项目。数据项的值可以是数值、字母、数字、汉字等形式。数据项的物理特点在于它具有确定的物理长度，一般用字节数表示。多个数据项可以组合，构成组合数据项。如"日期"可以由日、月、年三个数据项组合而成。组合数据项也有自己的名字，可以作为一个整体看待。

(2) 记录：记录由若干相关联的数据项组成。记录是应用程序输入/输出的逻辑单位。对大多数数据库系统而言，记录是处理和存储信息的基本单位。记录是关于一个实体的数据总和，构成该记录的数据项表示实体的若干属性。记录有"型"和"值"的区别。"型"是同类记录的框架，它定义记录；"值"是记录反映实体的内容。为了唯一标识每个记录，就必须有记录标识符，也称为关键字。记录标识符一般由记录中的第一个数据项担任，唯一标识记录关键字称主关键字，其他标识记录的关键字称为次关键字。

记录可以分为逻辑记录与物理记录。逻辑记录是文件中按信息在逻辑上的独立意义来划分的数据单位。物理记录是单个输入/输出命令进行数据存取的基本单元。物理记录与逻辑记录有多种对应关系：①一个物理记录对应一个逻辑记录；②一个物理记录含有若干个逻辑记录；③若干个物理记录存放一个逻辑记录。

(3) 文件：文件是一给定类型的记录的全部具体值的集合。例如，一幅图的点状地物可能是一个数据文件，一张属性表也可能是一个文件。文件用文件名标识。文件根据记录的组织方式和存取方法可以分为：顺序文件、索引文件、直接文件和倒排文件，等等。

(4) 数据库：数据库是比文件更大的数据组织。数据库是具有特定联系的数据的集合，也可以看成是具有特定联系的多种类型的记录集合。数据库的内部构造是文件的集合，这些文件之间存在某种联系，不能孤立存在。例如，一个地理信息系统工程可能含有几千幅图，每幅图可能有点、线、面等多种数据文件和多种属性表。因此，一个地理信息工程必须有一个可以组织和管理大量文件的空间数据库。如果涉及时态信息，需要构建一个时空数据库。

2. 数据间的逻辑联系

数据间的逻辑联系主要是指记录与记录之间的联系。记录是现实世界中的实体在计算机中的表示。实体之间存在着一种或多种联系，这样的联系必然要反映到记录之间的联系上来。数据之间的逻辑联系主要有三种：

(1) 一对一关系(1:1)：这种联系是指在集合 A 中存在一个元素 a_i，则在集合 B 中就有一个且仅有一个 b_i 与之联系。在 1:1 的联系中，一个集合中的元素可以标识另一个集合中的元素，即 $a_i \rightarrow b_i$，反之 $b_i \rightarrow a_i$。例如，地理名称与对应的空间位置之间的关系就是一种一对一的联系[图 6-1-1(a)]。

(2) 一对多关系(1:N)：现实世界中较多存在的是一对多的联系。这种联系可以表达为：在集合 A 中存在一个 a_i，则在集合 B 中存在一个子集 $B=\{b_{i1},b_{i2},\cdots,b_{in}\}$ 与之联系。行政区划就具有一对多的联系，一个省对应有多个市，一个市有多个县，一个县又有多个乡[图 6-1-1(b)]。

(3) 多对多关系($M:N$)：这是现实世界中最复杂的联系，即对于集合 A 中的一个元素 a_i，在集合 B 中就存在一个子集 $B=\{b_{i1},b_{i2},\cdots,b_{in}\}$ 与之相联系，反之亦然。$M:N$ 的联系，在数据库中往往不能直接表示出来，而必须经过某种变换，使其分解成两个 1:N 的联系来处理。地理实体中的多对多联系是很多的，如土壤类型与种植的作物之间有多对多联系，同一种土壤类型可以种不同的作物，同一种作物又可种植在不同的土壤类型上[图 6-1-1(c)]。

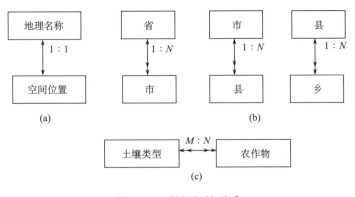

图 6-1-1　数据间的联系

3. 常用数据文件

文件组织是数据组织的一部分。数据组织既包括数据在内存中的组织，又包括数据在外存中的组织；而文件组织则主要指数据记录在外存设备上的组织，它由操作系统进行管理，具体解决在外存设备上如何安排数据和组织数据，以及实施对数据的访问方式等问题。操作系统实现的文件组织方式，可以分为顺序文件、索引文件、直接文件和倒排文件。

1) 顺序文件

顺序文件是最简单的文件组织形成。最早的顺序文件是按记录来到的先后顺序排列，这种文件对记录的插入容易，但是对数据的检索效率比较低。例如，设一个信息系统需要存储 10000 个土壤剖面，每个记录存储一个土壤剖面，查找每个记录的时间为 1 秒，则这种文件的平均检索时间为 (10000+1)/2min，即大约平均需要 90min 才能查找到所需记录的键号，其最大检索时间为 166min。因此，需要将数据结构化，以加速数据的存取。

最简单的数据结构化的方法，是对记录按照主关键字的顺序进行组织。当主关键字是数字型时，以其数值的大小为序；若主关键字是文字型的，则以字母的排列为序。一切存于磁带上的记录，都只能是顺序的，而存于磁盘上的记录，既可以是顺序的，也可以是随机的。

(1) 顺序文件的存储组织。顺序文件的记录，逻辑上按主关键字排序。在物理存储上，可以有以下三种形式(图 6-1-2)。

a. 向量方式：被存储的文件按地址连续存放，物理结构与逻辑结构一致。该方式查找方便，但插入记录困难[图 6-1-2(a)]。

b. 链方式：文件不按地址连续存放，文件的逻辑顺序靠链来实现。文件中的每个记录都含有一个指针，用以指明下一记录的存放地址。链方式的优点是存储分配灵活，缺点是查找费时，记录存放地址需要多占用存储空间[图 6-1-2(b)]。

c. 块链方式：把文件分成若干数据块，块之间用指针连接，而块内则是连续存储。这种方式集中了上述两种的优点：查找方便，存储空间分配灵活，占用的指针空间也不大[图 6-1-2(c)]。

(2) 顺序文件查找。由于文件的物理结构不同，查找方法也不尽相同。对向量结构的文件一般可采取下述方法。

a. 顺序查找：从文件的第一个记录开始，按记录的顺序依次往下找，直至找到所求记录。设文件长度为 10000，查找对象每个记录的时间为 1s，则平均检索时间为 90min。

b. 分块查找：也称跳跃查找，即把文件分成若干块，每次查一块中的最后一个记录，并判断所要查找的记录是否在本块中，若在则顺序查找该块的记录，若不在则跳到下一块继续查找。

c. 折半查找：每次查找文件给定部分的中点记录，根据该记录的关键字值等于、小于或大于给定值，来分别决定记录已找到、还是在给定部分的后一半或前一半，然后再折半查找。这种查找法的平均查找次数为 $\log_2(n+1)$，当 n 为 10000 个记录，时间为 1s，则平均检索时间只需 14s。

2) 索引文件

索引文件的特点是除了存储记录本身(主文件)以外，还建立了若干索引表，这种带有索引表的文件叫作索引文件。索引表中列出记录关键字和记录在文件中的位置(地址)。读取记录时，只要提供记录的关键字值，系统通过查找索引表获得记录的位置，然后取出该记录。

索引表一般都是经过排序的。索引文件只能建在随机存取介质如磁盘上。索引文件既可以是有顺序的，也可以是无顺序的，可以是单级索引，也可以是多级索引。多级索引可以提高查找速度，但占用的存储空间较大(图 6-1-3)。

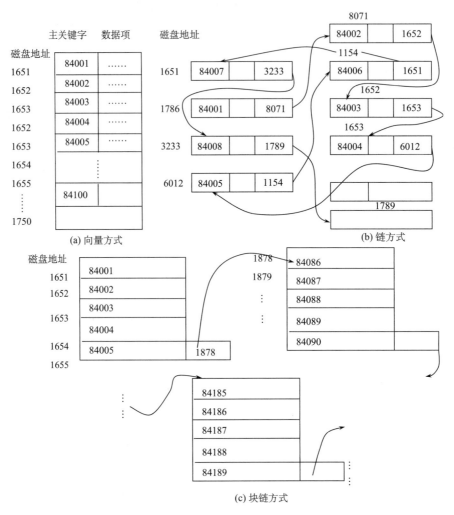

图 6-1-2　顺序文件的存储结构

3) 直接文件

直接文件也称为随机文件。直接文件中的存储是根据记录关键字的值，通过某种转换方法得到一个物理存储位置，然后把记录存储在该位置上。查找时，通过同样的转换方法，可直接得到所需要的记录。

因为直接文件的构造是依靠某种方法(通常称为哈希算法)进行关键字到存储位置的转换的，所以选择合适的哈希算法的关键是减少记录的"碰撞"。所谓"碰撞"是指不同的关键字经转换所得的存储位置是相同的，从而导致一个以上的记录有相同的存储位置。因此，在构造直接文件时，必须解决"碰撞"问题。

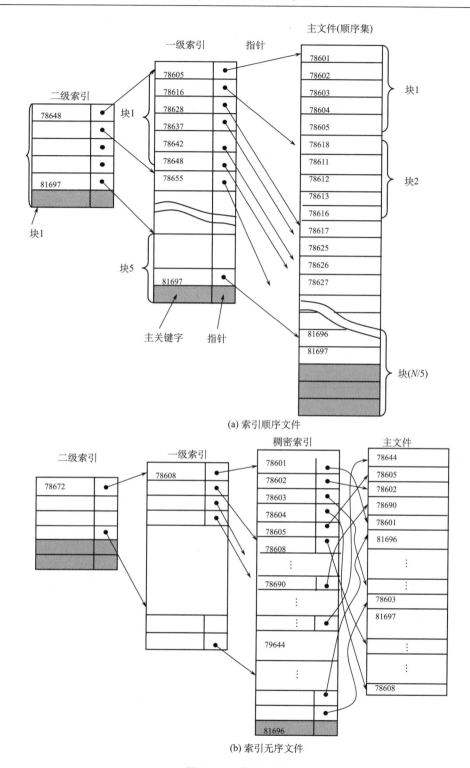

图 6-1-3 索引文件

4) 倒排文件

索引文件是按照记录的主关键字来构造索引的,所以也叫做主索引。如果按照一些辅关键字来组织索引,则称为辅索引,带有这种辅索引的文件则称为倒排文件,如图 6-1-4 所示。因为在地理信息存取中,常常不仅要按照关键属性(如土壤类型)来提取数据,同时还需要一些相关联的属性(如土层厚度、土壤质地、有机质、pH、排水条件和土壤侵蚀状况等),这时为提高查找效率,缩短响应时间,就需要仔细分析辅关键字,建立一组辅索引。所以,倒排文件是一种多关键字的索引文件。倒排文件中的索引不能唯一标识记录,往往同一索引指向若干记录。因而,索引往往带有一个指针表,指向所有该索引标识的记录。通过辅索引不能直接读取记录,而要通过主关键字才能查找到记录的位置。

土壤类型 (主关键字)	土层厚度	土壤质地	有机质	pH	排水条件	侵蚀程度
1	70~58	中壤	3.0~2.5	6	好	轻微
2	86~70	砂	3.0~2.5	4	不良	中等
3	86~70	砂	2.0~1.0	5	不良	中等
4	>86	轻壤	>3.0	6	好	轻微
5	5~44	黏壤	2.0~1.0	7	好	轻微
6	<44	黏土	<1.0	6	不良	严重

(a) 土壤剖面文件

土层厚度 (辅关键字)	指针表
>70	2、3、4
≤70	1、5、6

(b) 土层厚度辅索引

排水条件 (辅关键字)	指针表
好	1、4、5
不良	2、3、6

(c) 排水条件辅索引

图 6-1-4 倒排文件中的辅索引

倒排文件的主要优点是在处理多索引检索时,可以在辅索引中先完成查询的"交""并"等逻辑运算,得到结果后再对记录进行存取,从而提高查找速度。例如,要查找"土层厚度>70cm,而且排水条件良好的区域",则首先从土层厚度辅索引中,按">70"查得指针表为:P_1=[2、3、4],再从排水条件辅索引中,按"良好"查得指针表为:P_2=[1、4、5],则它们的交集为:$P=P_1 \cap P_2$=[4],最后按指针 4、从主文件中取出记录(表 6-1-1),这就是倒排文件的基本思想。

表 6-1-1 从主文件中取出的记录

4	>86	轻壤	>3.0	6	好	轻微

6.1.2 数据库与数据库管理系统

1. 数据库的概念

数据库是发展迅速的一种计算机数据管理技术。数据库的应用领域相当广泛,从一般的事务处理，到各种专门化数据的存储与管理，都可以建立不同类型的数据库。地理信息系统中的数据库就是一种专门化的数据库。建立数据库不仅是为了保存数据，扩展人的记忆，更是为了帮助人们去管理和控制与这些数据相关联的事物。

数据库是被存储起来的数据集合，这些数据被特定的组织（如公司、银行、大学、政府机关等）使用。它以最优的方式为一个或多个应用服务；数据的存储独立于使用它的程序；对数据库插入新的数据、检索和修改原有数据均能按一种公用的和可控的方法进行；数据被结构化，为今后的应用研究提供基础。简言之，数据库就是为一定目的服务，以特定的结构存储的相关联的数据集合。为了直观地理解数据库，可以把数据库与图书馆进行比较，如表6-1-2所示。

表 6-1-2　数据库与图书馆比较

数据库	图书馆
数据	图书
数据模型	书卡编目
数据的物理组织	图书存放规则、书架
数据库管理系统	图书管理员
外存	书库
用户	读者
数据存取	图书借阅

数据库是数据管理的高级阶段，是从文件管理系统发展而来的。数据库与传统的文件系统有许多明显的差别，其中主要的有两点：①数据独立于应用程序而集中管理，实现了数据共享，减少了数据冗余，提高了数据的效益；②在数据间建立了联系，从而使数据库能反映出现实世界中信息的联系，这也是数据库与文件系统的根本区别。

地理数据库是地理信息系统在计算机物理存储介质上存储的某特定区域内与应用相关的地理空间数据的集合。地理数据库与一般数据库相比、具有以下特点：

(1) 数据量特别大。地理系统是一个复杂的综合体，要用数据来描述各种地理要素，尤其是要素的空间位置，其数据量往往大得惊人，即使是一个很小区域的数据库也是如此。

(2) 不仅有地理要素的属性数据（与一般数据库中的数据性质相似），还有大量的空间数据，即描述地理要素空间分布位置的数据，并且这两种数据之间具有不可分割的联系。

(3) 数据应用面相当广，如地理研究、环境保护、土地利用与规划、资源开发、生态环境、市政管理、道路建设，等等。

上述特点，尤其是第二点，决定了在建立地理数据库时，一方面应该遵循和应用通用数据库的原理和方法，另一方面又必须采取一些特殊的技术和方法来解决其他数据库所没有的空间数据管理的问题。因为地理数据库具有明显的空间特征，所以地理数据库又被称为空间数据库，如果包含时态信息，又称为时态数据库。

2. 数据库的主要特征

数据库方法与文件管理方法相比，具有更强的数据管理能力。一般地，数据库具有以下主要特征。

(1) 数据集中控制。在文件管理中，文件是分散的，每个用户或每种处理都有各自的文件，不同的用户或处理的文件一般是没有联系的，因而不能为多用户共享，也不能按照统一的方法来控制、维护和管理。数据库很好地克服了这一缺点，数据库集中控制和管理有关数据，以保证不同用户和应用可以共享数据。数据集中并不是把若干文件"拼凑"在一起，而是要把数据"集成"。因此，数据库的内容的结构必须合理，才能满足众多用户的要求。

(2) 数据冗余度小。冗余是指数据的重复存储。在文件方式中，数据冗余大。冗余数据的存在有两个缺点：一是增加了存储空间；二是易出现数据不一致。设计数据库的主要任务之一是识别冗余数据，并确定是否能够消除。在目前情况下，即使使用数据库方法也不能完全消除冗余数据。有时，为了提高数据处理效率，也应该有一定程度的数据冗余。但是，在数据库中应该严格控制数据的冗余度。在有冗余的情况下，数据更新、修改时，必须保证数据库内容的一致性。

(3)数据独立性。数据独立是数据库的关键性要求。数据独立是指数据库中的数据与应用程序相互独立，即应用程序不因数据性质的改变而改变，数据的性质也不因应用程序的改变而改变。数据独立分为两级：物理级和逻辑级。物理独立是指数据的物理结构变化不影响数据的逻辑结构；逻辑独立意味着数据库的逻辑结构的改变不影响应用程序。逻辑结构的改变有时会影响到数据的物理结构。

(4)复杂的数据模型。数据模型能够表示现实世界中各种各样的数据组织以及数据间的联系。复杂的数据模型是实现数据集中控制、减少数据冗余的前提和保证。采用数据模型是数据库方法与文件方法的一个本质区别。数据库常用的数据模型有四种：层次模型、网络模型、关系模型和面向对象模型。因此，根据使用的模型，可以把数据库分成：层次型数据库、网络型数据库、关系型数据库和面向对象数据库。

(5)数据保护。数据保护对数据库来说是至关重要的，一旦数据库中的数据遭到破坏，就会影响数据的功能，甚至使整个数据库失去作用。数据保护主要有四个方面的内容：①安全性控制，要防止数据丢失、错误更新和越权使用。数据库的用户通常只能使用和更新某些数据，只有数据库管理员才能对整个数据库进行操作。②完整性控制，即保证数据正确、有效和相容。③并发控制，就是既要能做到同一时间周期内允许对数据的多路存取，又要能防止用户之间的不正常的交互作用。④故障的发现和恢复，数据库管理系统提供了一套措施，警惕和发现故障，并在发生故障时，尽快自动恢复数据库的内容和运行。

3. 数据库的系统结构

数据库是一个复杂的系统。数据库的基本结构可以分成三个层次：物理级、概念级和用户级，分别对应数据库系统的三级模式：内模式、模式和外模式。

(1)物理级：数据库最内的一层。它是物理设备上实际存储的数据集合(物理数据库)，是由物理模式(也称内部模式)描述的。

(2)概念级：数据库的逻辑表示，包括每个数据的逻辑定义以及数据间的逻辑联系。它是由概念模式定义的，这一级也被称为概念模型。

(3)用户级：用户所使用的数据库，是一个或几个特定用户所使用的数据集合，是概念模型的逻辑子集，用外部模式定义。

数据库不同层级之间的联系是通过映射进行转换的。映射是实现数据独立的保证。当数据库结构(物理结构)发生变化时，只要改变相应的映射就可以保证应用的不变。正是这三个层次之间提供的两层映射保证了数据库系统的数据能够具有较高的逻辑独立性和物理独立性。数据库不同层次之间的关系及它们在数据库系统中的地位如图 6-1-5 所示。

4. 数据库管理系统

数据库管理系统(DBMS)是处理数据库存取和各种管理控制的软件。它是数据库系统的中心枢纽，与各部分有密切的联系，应用程序对数据库的操作全部通过 DBMS 进行。

1)DBMS 的功能

数据库管理系统的功能因不同的系统而有所差异，但一般都具有以下主要功能。

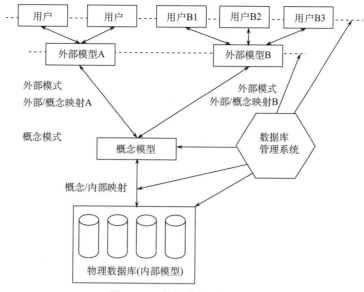

图 6-1-5　数据库的系统结构

(1) 数据库定义功能：具有定义概念模型、外部模型和内部模型的能力，以及把各种源模式翻译成目标模式，并存储在系统中的能力。定义数据库是建立数据库的第一步工作，它勾画出数据库的框架。

(2) 数据库管理功能：包括整个数据库的运行控制、数据存取、更新管理、数据完整性及有效性控制，以及数据共享时的并发控制等。

(3) 数据库维护功能：主要有数据库重定义、数据重新组织、性能监督和分析、数据库整理和发生故障时恢复运行等。

(4) 数据库通信功能：包括与操作系统的接口处理、与各种语言的接口，以及与远程操作的接口处理等。

2) DBMS 的组成

为了实现上述各项功能，每一项工作都有相应的程序，所以数据库管理系统实际上是许多系统程序组成的一个整体。它大体上可分成三大部分。

(1) 语言处理程序：包括完成数据库定义、操作等功能的程序，主要有：数据描述语言 (DDL) 的编译程序、数据操作语言 (DML) 的处理程序、终端命令解译程序和主语言的预编译程序等。

(2) 系统运行控制程序：主要包括系统控制程序、数据存取程序、数据更新程序、并发控制程序、保密控制程序、数据完整性控制程序等。

(3) 建立和维护程序：包括数据装入程序、性能监督程序、工作日志程序、重新组织程序、转储程序和系统恢复程序等。

3) 通过 DBMS 进行存取记录的过程

用户通过 DBMS 读取（修改过程也类似）数据记录的过程如图 6-1-6 所示，具体包括以下主要步骤：

(1) 应用程序向 DBMS 发出读取记录的命令。

(2) DBMS 查找出应用程序所用的外部模式。

(3) DBMS 找出模式。
(4) DBMS 查阅存储模式，确定记录位置。
(5) DBMS 向操作系统(OS)发出读取记录的命令。
(6) 操作系统应用 I/O 程序，把记录送入系统缓冲区。
(7) DBMS 从系统缓冲区数据中导出应用程序所需记录，并送入应用程序工作区。
(8) DBMS 向应用程序报告操作状态信息，如"执行成功""数据未完成"等。

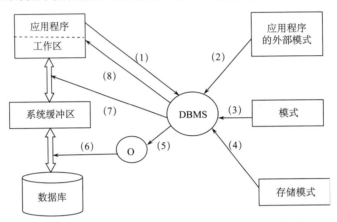

图 6-1-6　通用 DBMS 访问数据库的过程(郑若忠和王鸿武,1983)

4) 数据库管理员

建立和维护数据库是一项十分复杂繁重的工作，需要若干人的参与才能完成。那些掌握数据库全面情况并作为数据库设计和管理骨干的人被称为数据库管理员(database administrator, DBA)。他们的主要任务是：

(1) 决定数据库的信息内容，了解用户要求；建立数据模型和模式；将源模式翻译成目标模式；当情况发生变化时，能适应用户新的要求。

(2) 充当数据库系统的联络员，如建立子模式；确定子模式之间的映射；将子模式的源形式转换成目标形式。

(3) 决定存储结构和访问策略，如何组织文件；如何在存储设备上存放数据；建立模式到存储之间的映射。

(4) 决定系统的保护策略，决定用户的使用权限；确定授权和访问生效方法；决定数据库的后援(建立副本)和恢复策略。

(5) 监督系统工作，响应系统变化；改善系统性能；提高系统效率。

6.1.3　数据库模型

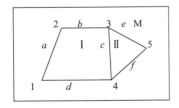

图 6-1-7　地图 M 及其空间要素 I 和 II

数据模型是描述数据内容和数据之间联系的工具，是衡量数据库能力强弱的主要标志之一。数据库设计的核心问题之一就是设计一个好的数据模型。目前在数据库领域常用的数据模型有层次模型、网络模型、关系模型，以及面向对象(或称面向目标)模型。下面以一个简单的空间实体为例(图 6-1-7)，简述使用前三个传统数据模型如何进行数据组织及其特点。

1. 传统数据模型

1) 层次模型

层次模型是以记录类型为结点的有向树或者森林，树的主要特征之一是除根结点外，任何结点只有一个父亲。父结点表示的总体与子结点的总体必须是一对多的联系，即一个父记录对应于多个子记录，而一个子记录只对应于一个父记录。对于图 6-1-7 所示的多边形地图，可以构造出如图 6-1-8 所示的层次模型。

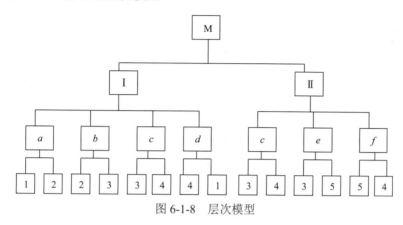

图 6-1-8 层次模型

图 6-1-8 中的每个方块代表一个结点记录，附有该结点的属性值，结点记录之间的连线反映了它们之间的从属关系。第 i 层的记录上属于第 $i-1$ 层。如果把层次模型中的记录按照先上后下、先左后右的次序排列就得到了一个记录序列，称为层次序列码。层次序列码指出层次路径。按照层次路径查找记录是层次模型实现的方法之一。例如，要检索 a 边必须先查找 a 边所属的多边形。

层次模型不能表示多对多的联系。在 GIS 中，若采用这种层次模型将难以顾及数据共享和实体间的拓扑关系，导致数据冗余度增加。如图 6-1-7 中 3 号、4 号点在层次模型中重复存储四次，这不仅增加了存储量，而且给拓扑查询带来困难。此外，当对层次模型的结点记录进行修改时，也比较麻烦，只有当新记录有上属记录时才能插入。删除一个记录，其所有下属记录也同时被删除。

2) 网络模型

网络模型是一种用于设计网络数据库的数据模型。网络模型是以记录类型为结点的网络结构。网络与树有两个非常显著的区别：①一个子结点可以有两个或多个父结点；②在两个结点之间可以有两种或多种联系。

在网络模型的术语中，用"络"(set)表示这种联系。所谓络就是一棵二级树，它的根称为主结点，它的叶称为从结点。络有型与值之分：络类型(型)表示记录类型之间的联系；络事件(值)表示记录值之间的联系。对每一个络类型都必须命名，以相互区别。

图 6-1-9 是图 6-1-7 的网络模型。图 6-1-9 中的每个方格称为一个结点，代表一个实体，每个实体用一个记录表示，不同实体之间的联系用络连接。因为一个结点可能有多个双亲，所以一个结点可能是多个络的子女。在网络模型中通常采用循环指针来连接网络中的结点（图 6-1-10）。

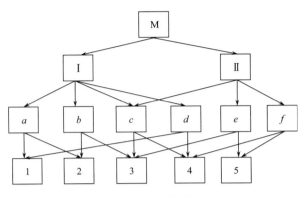

图 6-1-9 网络模型

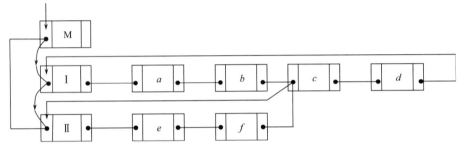

图 6-1-10 指针法表示的网络模型

在基于矢量的 GIS 中,图形数据通常采用拓扑数据模型,这种模型非常类似于网络模型,但拓扑模型一般采用目标标识来代替网络连接的指针。

3) 关系模型

关系模型是一种数学化的模型,它将数据的逻辑结构归结为满足一定条件的二维表,亦称关系。一个实体由若干关系组成,而关系表的集合就构成了关系模型。关系表可表示为

$$R(A_1, A_2, \cdots, A_n)$$

其中 R 为关系名或称关系框架,A_i ($i=1, 2, \cdots, n$) 是关系 R 所包含的属性名;表的行在关系中叫做元组(tuple),相当于一个记录值,表的列叫做属性。所有的元组都是同质的,即有相同的属性项。一个关系作为一个同质文件单独存储,一个有 n 个关系表的实例需要建立 n 个文件。

如图 6-1-7 所示的多边形地图,可用关系表 6-1-3、表 6-1-4、表 6-1-5、表 6-1-6 表示多边形与边界及结点之间的关系、位置信息及有关属性。

表 6-1-3 关系1:多边形关系(P)

多边形编号(P#)	农户(O)	面积(A)	地物特征(F)
I	周振兴	125.2	林地
II	陈志坚	43.5	麦地

表 6-1-4　关系 2：边界关系（E）

多边形编号（P#）	边号（E#）	边长
I	a	30
I	b	22
I	c	16
I	d	25
II	c	16
II	e	14
II	f	17

表 6-1-5　关系 3：边界-结点关系（N）

边号（E#）	起结点号（BN）	终结点号（EN）
a	1	2
b	2	3
c	3	4
d	4	1
e	3	5
f	4	5

表 6-1-6　关系 4：结点坐标关系（C）

结点号（N#）	x	y
1	26.7	23.5
2	28.4	46.5
3	46.1	42.5
4	31.3	45.6
5	68.4	38.7

关系模型的最大特色是描述的一致性，对象之间的联系不是用指针表示，而是由数据本身通过公共值隐含地表达，并且用关系代数和关系运算来操作。例如，关系 1 与关系 2 具有公共属性项——多边形编号，可以通过它建立起两个关系表之间的联系。同理，关系 2 和关系 3 建立了边界与结点的联系。

关系模型具有结构简单灵活、数据修改和更新方便、容易维护和理解等优点，是当前数据库中最常用的数据模型。大部分 GIS 中的属性数据仍采用关系数据模型，有些系统甚至采用关系数据库管理系统管理几何图形数据。然而，关系模型在效率、数据语义、模型扩充、程序交互和目标标识方面都还存在一些问题，特别是在处理空间数据库所涉及的复杂目标方面，传统关系模型显得难以适应。

2. 面向对象模型

面向对象（object-oriented）模型也称为面向目标的模型，是为了克服软件质量和软件生产率低下而发展起来的一种程序设计方法。

面向对象的定义是指无论怎样复杂的事物都可以准确地由一个对象表示，这个对象是一个包含了数据集和操作集的实体。除数据与操作的封装性以外，面向对象的数据模型还涉及四个抽象概念：分类（classification）、概括（generalization）、聚集（aggregation）和联合（association），以及继承（inheritance）和传播（propagation）两个语义模型工具。

1）对象与封装性

在面向对象的系统中，所有的概念实体都可以模型化为对象。多边形地图上的一个结点或一条弧段是对象，一条河流或一个省也是一个对象。一个对象是由描述该对象状态的一组数据和表达它的行为的一组操作（方法）组成。例如，河流的坐标数据描述了它的位置和形状，而河流的变迁移动表达了它的行为。由此可见，对象是数据和行为的统一体。

定义 1：一个对象 Object 是一个三元组：

$$Object = (ID, S, M) \tag{6-1-1}$$

式中，ID 为对象标识；M 为方法集；S 为对象的内部状态。它可以直接是一属性值，也可以是另外一组对象的集合，因而它明显地表现出对象的递归。把 ID，S，M 三部分作为一个整体对象作如下递归定义。

定义 2：

（1）Number，String，Symbol，True，False 等称为原子对象。

（2）若 S 中都是属性值，且 $S_1, S_2, \cdots, S_n$ 均为原子对象，则称 Object 为简单对象。

（3）如果 $S_1, S_2, \cdots, S_n$ 包含了原子对象以外的其他类型的对象，则称 Object 为复杂对象，而其中的 S_i 称为子对象。若 S 中所包含的子对象属同一类对象，则称 Object 为组合对象。

在面向对象的系统中，对象作为一个独立的实体，一经定义就带有一个唯一的标识号，且独立于它的值而存在。这样就有了两个对象等价的概念：两个对象可能相同（它们是同一对象），也可能相等（它们有相同的值）。这又蕴含了两个作用：一是对象共享，一是对象更新。

a. 对象共享。在基于标识的模型中，两个对象可能共享一个成分，这样复杂对象的图形可能是一个图结构，而在没有标识的系统中只是一棵树结构。例如，一个成年人有姓名、年龄和若干个孩子。假定王平和刘莉都有一个名叫王小刚的 15 岁的孩子，在实际生活中，可能有两种情况发生，王平和刘莉是同一孩子的父母，或者涉及的是两个孩子。在一个无标识的系统中，王平被描述成（王平，40，{(王小刚，15，{ })}）而刘莉被描述成（刘莉，39，{(王小刚，15，{ })}）。这样无法说明王平和刘莉是否是同一孩子的父母。在基于标识的模型中，用标识号标识孩子，若是同一孩子使用同一标识号，否则用不同的标识号以示区别。

b. 对象更新。假定王平与刘莉确实为王小刚的父母，在这种情况下，对刘莉儿子的所有更新将作用于对象王小刚，理所当然对王平的儿子也是这样。在基于值的系统中，两个对象必须分别更新。使用了对象标识方法建立了一个新的子对象，只需作一次更新。这样，上述对王平、刘莉和王小刚的描述如表 6-1-7 和表 6-1-8 所示。

表 6-1-7 对象更新示例（父母对象）

成年人标识号	姓 名	年 龄	孩子标识号	…
A_{15}	王 平	40	C_{25}	…
A_{16}	刘 莉	39	C_{25}	…

表 6-1-8 对象更新示例（子对象）

孩子标识号	姓 名	年 龄	…
C_{25}	王小刚	15	…

支持对象标识意味着提供诸如对象赋值、对象拷贝以及对对象标识和对象相等进行的测试操作。传统关系模型是基于值的系统，它不支持对象标识的概念。然而一些扩展了的关系数据库或许多地理信息系统在基于值的模型中通过引入显式定义的对象标识符来模拟对象标识。此时，对象标识号实际上是作为一个属性值存在关系表中。

2) 分类

类是关于同类对象的集合，具有相同属性和操作的对象组合在一起形成类(class)。类描述了实例的形式(属性等)以及作用于类中对象上的操作(方法)。属于同一类的所有对象共享相同的属性项和方法，每个对象都是这个类的一个实例，即对象与类的关系是 instance-of 的关系。同一个类中的对象在内部状态的表现形式上(即型)相同，但它们有不同的内部状态，即有不同的属性值；类中的对象并不是一模一样的，而应用于类中所有对象的操作却是相同的。这样我们可以用一个三元组建立一个更为抽象的类型：

$$\text{Class} = (\text{CID}, \text{CS}, \text{CM}) \tag{6-1-2}$$

式中，CID 为类型标识，即类型名；CS 为状态描述部分；CM 为应用于该类的操作。显然，当 Object∈Class 时，有 S∈CS 和 M=CM。因此，在实际的系统中，仅需对每个类型定义一组操作，供该类中的每个对象应用。但因为每个对象的内部状态不完全相同，所以要分别存储每个对象的属性值。

以一个城市的 GIS 为例，它包括了建筑物、街道、公园、电力设施等类型，而中山路 51 号楼则是建筑物类中的一个实例，即对象。建筑物类中可能有建筑物用途、地址、房主、建筑日期等属性，并可能需要显示建筑物、更新属性数据等操作。中山路 51 号，房主为王平，建筑日期为 1957 年，这是该建筑物的具体属性值。每个建筑物都使用建筑物类中操作过程的程序代码，代入各自的属性值操作该对象。

3) 概括与继承

(1) 超类与概括。在定义类型时，将几种类型中某些具有公共特征的属性和操作抽象出来，形成一种更一般的超类(superclass)。设有两种类型：

$$\begin{cases} \text{Class}_1 = (\text{CID}_1, \text{CS}_A, \text{CS}_B, \text{CM}_A, \text{CM}_B) \\ \text{Class}_2 = (\text{CID}_2, \text{CS}_A, \text{CS}_C, \text{CM}_A, \text{CM}_C) \end{cases} \tag{6-1-3}$$

Class_1 和 Class_2 中都带有相同的属性子集 CS_A 和操作子集 CM_A，并且有 $\text{CS}_A \subset \text{CS}_1$ 和 $\text{CS}_A \subset \text{CS}_2$ 及 $\text{CM}_A \subset \text{CM}_1$ 和 $\text{CM}_A \subset \text{CM}_2$，因而将它们抽象出来，形成一种超类：

$$\text{Superclass} = (\text{SID}, \text{CS}_A, \text{CM}_A) \tag{6-1-4}$$

这里的 SID 为超类的标识号。在定义了超类以后，式(6-1-3)可表达为

$$\begin{cases} \text{Class}_1 = (\text{CID}_1, \text{CS}_B, \text{CM}_B) \\ \text{Class}_2 = (\text{CID}_2, \text{CS}_C, \text{CM}_C) \end{cases} \tag{6-1-5}$$

子类与超类的关系是 is-a 的关系。例如，建筑物是饭店的超类，因为饭店也是建筑物。子类还可以进一步分类，如饭店类可以进一步分为餐馆、普通旅社、涉外宾馆、招待所等类型。所以一个类可能是某个或某几个超类的子类，同时又可能是几个子类的超类。

建立超类实际上是一种概括，避免了说明和存储上的大量冗余。但是式(6-1-5)还不足以描述 Class_1 和 Class_2 的状态和操作，它们需要结合式(6-1-4)中的 CS_A 和 CM_A 共同表达该对象。所以我们需要一种机制，在获取子类对象的状态和操作时，能自动得到它的超类的状态和操作。这就是面向对象方法中著名的模型工具——继承。

(2) 继承。继承是一种服务于概括的工具。在概括的过程中，子类的某些属性和操作来源于它的超类。例如，在前面的例子中，饭店类是建筑物类的子类，它的一些操作，如显示和删除对象等，以及一些属性如房主、地址、建筑日期等是所有建筑物公有的，所以仅在建

筑物类中定义它们，然后遗传给饭店类等子类。在遗传的过程中，还可以将超类的属性和操作遗传给子类的子类。例如，可将建筑物类的一些操作和属性通过饭店类遗传给孙类——招待所类等。继承是一种有力的建模工具，它有助于进行共享说明和应用的实现，提供了对世界简明精确的描述。

继承分为单继承和多继承。单继承是指子类仅有一个直接的父类，如图 6-1-11 所示。多个继承允许多于一个的直接父类，如图 6-1-12 所示。式(6-1-4)和式(6-1-5)中实际上仅定义了一个超类。这种单个继承反映在前面所述的例子中，继承的路径是一棵倒向树。

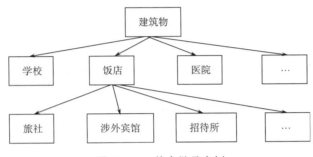

图 6-1-11　单个继承实例

多个继承的现实意义是一个子类的属性和操作可以抽象出几个其他子类所公有的属性和操作子集，建立一个以上的超类。例如，

$$\text{Class}_3 = (\text{CID}_3, \text{CS}_A, \text{CS}_B, \text{CS}_C, \text{CM}_A, \text{CM}_B, \text{CM}_C) \quad (6\text{-}1\text{-}6)$$

式中，CS_A、CS_B、CM_A、CM_B 分别与其他两种类型所公用，所以可以建立两个超类：

$$\begin{cases} \text{Superclass}_1 = (\text{SID}_1, \text{CS}_A, \text{CM}_A) \\ \text{Superclass}_2 = (\text{SID}_2, \text{CS}_B, \text{CM}_B) \end{cases} \quad (6\text{-}1\text{-}7)$$

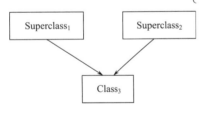

图 6-1-12　多个继承方式

显然，为了获得 Class_3 的全部信息和操作，需要继承 Superclass_1 和 Superclass_2 两个超类的状态说明和操作。如图 6-1-12 所示。

GIS 中经常遇到多个继承的问题。下面举例说明两个不同体系形成的多个继承。一个体系由交通线形成，另一个体系是以水系为主线。其中的运河具有两方面的特性，即人工交通线和河流；而可航行的河流也有两方面的特性，即河流和自然交通线。其他一些类型如高速公路和池塘仅属于其中某一个体系(图 6-1-13)。

4) 联合、聚集与传播

(1) 联合与组合对象。在定义对象时，将同一类对象中的几个具有部分相同属性值的对象组合起来，为了避免重复，设立一个更高水平的对象表示这些相同的属性值。例如，一个农户有两块农田，农田主使用同样的耕种方法，种植同样的庄稼，其中农田主、耕种方法和庄稼三个属性相同，因而可以组合成一个新的对象包含这三个属性，即假设

$$\begin{cases} \text{Object}_1 = (\text{ID}_1, S_A, S_B, M) \\ \text{Object}_2 = (\text{ID}_2, S_A, S_C, M) \end{cases} \quad (6\text{-}1\text{-}8)$$

设立新对象包括 Object_1 和 Object_2。

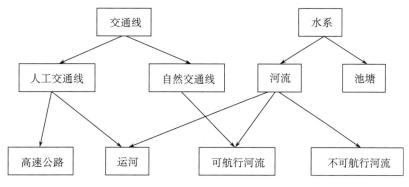

图 6-1-13　多个继承实例

$$Object_3 = (ID_3,\ S_A,\ Object_1,\ Object_2,\ M) \quad (6\text{-}1\text{-}9)$$

则原对象可修改为

$$\begin{cases} Object_1 = (ID_1,\ S_B,\ M) \\ Object_2 = (ID_2,\ S_C,\ M) \end{cases} \quad (6\text{-}1\text{-}10)$$

式中，$Object_1$ 和 $Object_2$ 称为分子对象。

这里联合与概括的概念不同，概括是对类型进行抽象概括，而联合是对对象进行抽象联合。联合的另一个特征的分子对象应同属于一个类型。联合所得到的对象称为组合对象。分子对象与组合对象之间的关系是 member-of 的关系。

(2) 聚集与复合对象。聚集有点类似于联合，但聚集是将几个不同特征的对象组合成一个更高水平的对象。每个不同特征的对象是该复合对象的一部分，它们有自己的属性描述数据和操作，这些是不能为复合对象所公用的，但复合对象可以从它们那里派生得到一些信息。它们与复合对象的关系是 parts-of 的关系。例如，房子从某种意义上说是一个复合对象，它是由墙、门、窗和房顶组成。

应用数学术语，复合对象的描述如下：设有两种不同特征的分子对象为

$$\begin{cases} Object_1 = (ID_1,\ S_1,\ M_1) \\ Object_2 = (ID_2,\ S_2,\ M_2) \end{cases} \quad (6\text{-}1\text{-}11)$$

它们组成新对象

$$Object_3 = (ID_3,\ S_3,\ Object_1(S_u),\ Object_2(S_v),\ M_3) \quad (6\text{-}1\text{-}12)$$

式中，$S_u \subset S_1$，$S_v \subset S_2$。

从式(6-1-12)中可以看出，复合对象 $Object_3$ 拥有自己的属性值和操作，仅是从分子对象中提取部分属性值，且一般不继承子对象的操作。式(6-1-12)与式(6-1-9)基本类似。所以在许多文献中，联合的概念附在聚集的概念中，并将两式中的 $Object_3$ 都称为复杂对象，并且都使用传播的工具提取子对象的属性值。

(3) 传播。传播是作用于联合和聚集的工具，它通过一种强制性的手段将子对象的属性信息传播给复杂对象。就是说，复杂对象的某些属性值不单独存于数据库中，而是从它的子对象中提取或派生。例如，一个多边形的位置坐标数据，并不直接存于多边形文件中，而是存于弧段和结点的文件中，多边形文件仅提供一种组合对象的功能和机制，通过建立类似式(6-1-12)的表达式，借助于传播的工具可以得到多边形的位置信息。

在联合和聚集的概念中,还有一种派生的信息。例如,一个县的人口可由关联的乡镇人口求和派生得到;一家旅社是由客房、床位和职工人数等组成,而旅社的客房总数和职工总数可以从客房数据库和职员数据库中派生得到。这一概念可以保证数据库的一致性,因为独立的属性值仅存储一次,不会因数据库的更新而破坏它的一致性。

以上分类、概括、联合和聚集的概念丰富了面向对象方法的语义模型,使面向对象的系统具有支持多种语义联系的功能,这些概念的抽象关系列举如下:

      分类   instance-of
      概括   is-a
      联合   member-of
      聚集   parts-of

继承和传播工具为实现这种语义模型提供了有力的保证。它们分别用在不同的方面,继承是在概括中使用,而传播则作用于联合和聚集的结构;继承是以从上到下的方式,从一般类型到更详细的类型,而传播则以自下而上的方式,提取或派生子对象的值;继承应用于类型方面,传播直接作用于对象;继承包括了属性和操作,而传播一般仅涉及属性值;继承一般是隐含的,系统提供一种机制,只要声明子类与超类的关系,超类的特征一般会自动遗传给它的子类,而传播是一种带强制性的工具,它需要在复杂对象显式定义它的每个子对象,并声明它需要传播哪些属性值。

6.2 空间数据组织

空间数据组织是指按照一定的方式和规则对数据进行整理、存储的过程。无论采用何种空间数据库管理系统,空间数据的组织方式均非常重要。本节主要阐述空间数据在 GIS 工程和数据库管理系统中的组织方式。

6.2.1 图幅内空间数据的组织

1. 工作区

通常将一幅图或几幅图的范围当作一个工作单元或称工作区。在这个工作区范围内,包含了所有层的空间数据。工作区通常是以范围定义的。一个工作区下面可以包含多个逻辑层,如图 6-2-1 所示。

图 6-2-1 工作区与地物层的关系

2. 逻辑层

如果一个工作区包含的内容很多,如所有地物类,这时为了显示、制图和查询方便,需要定义逻辑层。在 GeoStar 中,逻辑层可以任意定义,根据用户需要,一个逻辑层可以包含任意多个地物类,而且允许交叉,如河流可以被包含在水系层中,也可以包含在交通的逻辑层中。在这里空间数据的物理存储关系没有改变,仅是建立了一个对照表,每个逻辑层包含了那些指向地物类的指针。图 6-2-2 是 GeoStar 中一个定义逻辑层的对话框,图 6-2-3 是逻辑层包含地物类的树型结构。

3. 地物类

将类型相同的地物组合在一起,形成地物类。地物类型一般也是逻辑上的,即一个工作区通常包含多个地物类。至于地物类型编码所处的位置,不同的软件处理方法不同,ArcGIS 一般将地物类型的编码作为一个属性项,放在属性表中,而 GeoStar 等软件可将地物类型编码直接放在图形数据文件中,这样,根据地物类设置颜色、符号、分类显示,都不会牵涉属性数据文件,直接打开图形数据文件即可进行有关地物类的操作。相同地物类的地物一般具有相同的显示颜色、绘图符号等,并且它当且仅当属于一种几何类型,或是点状地物,或是线状地物,或是面状地物。有些软件将点状地物、线状地物、面状地物分为不同的数据文件,如 ArcGIS 的 shapefile,而有些软件将工作区中的所有地物(无论点、线、面),均由一个文件存储,如 GeoStar 等。

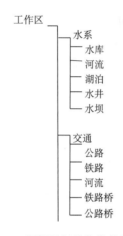

图 6-2-2 逻辑层的定义　　　　　图 6-2-3 逻辑层与地物类的树型结构

6.2.2 图库管理

图库管理即为工程管理。从物理上说,每个工作区或工作层形成一个独立的工作单元,这在数据采集和处理时是非常必要的。但是在逻辑上,一个地区,或一个城市应该形成一个整体,即当作一个工程看待,用户可以在工程内任意开窗、放大、漫游、查询、分析和制图。这样涉及多个工作区的数据组织,也称海量数据管理。有时一个工程涉及几千个甚至上万个工作区。这是大型 GIS 软件的必备功能,海量数据管理的效率如何,也是衡量 GIS 软件优劣的重要指标之一。

工程管理一般是建立图幅索引,即通过工作区的范围建立二维空间索引,如图 6-2-4 所示。通过一个记录每个工作区范围的空间索引文件,如 W_{34} 的范围坐标是(13000,12000,14000,13000),就可以建立工程与工作区的关系。建立了这样的工作区索引文件以后,用户可以在工程界面下，开窗任意进入某一个或某几个工作区。

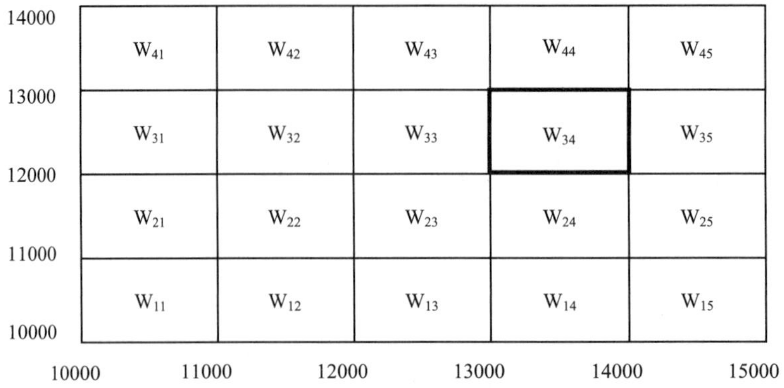
14000
13000
12000
11000
10000
W41 W42 W43 W44 W45
W31 W32 W33 W34 W35
W21 W22 W23 W24 W25
W11 W12 W13 W14 W15
10000 11000 12000 13000 14000 15000

图 6-2-4　工作区索引

工程管理除了进行工作区索引以外，还要进行并发控制管理，例如，一般禁止多个用户对同一个工作区进行修改和编辑。这时作为工程管理要记录哪些工作区已经打开，并在进行编辑，如有其他用户进入该工作区，则提出警告。随着工程管理能力的进一步加强，有些系统能够将并发控制设置在空间对象一级，即允许多个用户对同一工作区进行编辑，但不允许对同一个空间对象进行编辑。

6.2.3　数据库组织方式

1. 矢量数据组织

矢量数据组织主要关注如何对空间点、线、面等要素进行表达组织和有效存储。一般地，通过坐标的形式表示空间实体的几何形状，通过属性表的形式表示空间实体的属性特征，通过建立拓扑关系表示空间实体的空间关系。空间几何数据的组织主要关注如何对空间点、线、面等要素进行表达组织，进而进行有效存储。空间几何数据的组织大体可以分为两类：一类是 GIS 软件厂商自定义的几何数据组织形式，如 ESRI 的 shapefile 或者 MapInfo 的数据文件中几何要素的组织方式；另一类是采用国际相关标准的几何数据组织方式，如 OGC 简单要素模型(simple feature access)，多数空间数据库产品的设计都参考了简单要素模型以提高互操作性。

在 GIS 中主流的对象-关系存储方案中，几何数据一般以自定义格式的二进制形式和其相关属性数据一起存储在关系表中，充分利用关系数据库的优点进行数据的管理查询，但是具体的数据库系统中关系表的组织方式也会因数据库软件不同而有所差异。在本书前面地理空间对象的表达方法中已经介绍过矢量数据有两种基本的组织方式：简单数据模型和拓扑数据模型。简单数据模型仅记录空间坐标和属性信息，使用独立编码或者点位字典的方式进行几何数据的组织；而拓扑数据模型记录空间坐标与空间目标的拓扑关系，使用拓扑全显示或者部分显示的方式进行数据组织。目前 GIS 中广泛采用的对象关系数据库，没有保存对象之间的拓扑关系。空间属性数据采用关系模型进行组织，空间几何数据使用对象进行表达，其组织方式多采用较为成熟的 OGC 简单要素模型。

OGC 简单要素模型定义了一组与平台无关的空间二维几何对象模型和一系列函数访问接口。几何模型对象主要是对地理几何类型和空间参考的定义，其 UML 类图如图 6-2-5 所示。在父类 Geometry 的基础上派生出了 Point，Curve，Surface 等其他简单几何对象和 GeometryCollection 对象集合类。模型还对常用的空间对象信息查询函数接口进行了定义，例如，Geometry 对象属性获取接口：GeometryType、Dimension、Area，以及作用于 Geometry 对象的空间操作函数：Equals、Intersects、Contains 等。在该模型的基础上，OGC 还定义了 Well-Known Text（WKT）和 Well-Known Binary（WKB）两种数据格式用于空间要素的交换与存储。WKT 是一种文本标记语言，表示空间几何对象及空间参考信息。表 6-2-1 给出了使用 WKT 进行几何要素表示的示例。在数据传输与数据库存储时，常用到它的二进制形式 WKB。

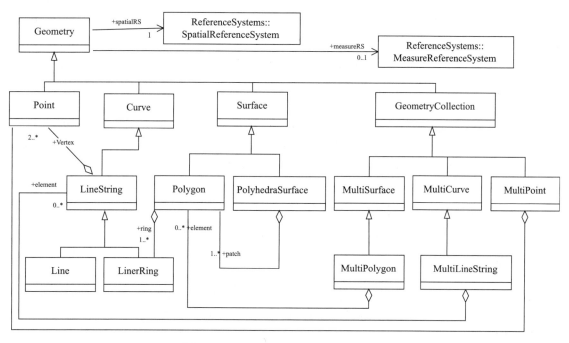

图 6-2-5　SFA SQL 几何类型 UML 类图

表 6-2-1　简单几何要素的 WKT 表示示例

类型		示例
Point		POINT（30 10）
LineString		LINESTRING（30 10, 10 30, 40 40）

续表

类型	示例
Polygon	POLYGON (30 10, 40 40, 20 40, 10 20, 30 10)
	POLYGON ((35 10, 45 45, 15 40, 10 20, 35 10), (20 30, 35 35, 30 20, 20 30))

基于预定义的空间要素模型，对象-关系数据库通过扩展的"对象"类型存储空间几何数据，即一个存储空间要素的关系表中用于存储几何数据的列的类型定义为对象。几何对象类型内部一般使用二进制块(BLOB)进行存储。实现空间要素类方法的程序代码和类的定义，作为数据库模型的一部分。用户对于空间实体进行操作时，只作用于数据库中定义的空间对象，而不需要关心其内部组织。

当大型 GIS 图库工程管理、图幅工作区数据组织与数据库组织结合起来后，就会涉及无缝空间数据库管理的问题。数据缝隙可分为物理缝隙和逻辑缝隙(朱欣焰等，2002)。物理缝隙是地理空间的分离存储，本来连续的空间实体分离到不同的存储空间和存储单元中。例如，数据入库时，按图幅组织与存储空间几何数据，不同的图幅之间存在缝隙。逻辑缝隙是指逻辑上本身连续的地理实体不能以逻辑连续的方式呈现。例如，查询一条分布在多个图幅的河流信息，因为数据分幅存储而导致查询结果只是当前图幅的河流信息，所以，逻辑无缝一般要避免。相应地，无缝空间数据库可以包括两个层次的无缝：

第一层次是物理无缝：即数据本身的无缝，不进行分幅，将某区域内的地理数据统一存储在数据库中，实现空间数据库的物理无缝。如果原来数据已分幅，需要对原来图幅间被分割开的对象进行几何合并和对应的属性合并，从而在存储空间数据时实现数据的非分割、非分幅存储。

第二层次是逻辑无缝：对于大区域的空间数据，不分幅直接进行存储，有时会带来客户端分析和显示的不便。在大型 GIS 图库工程管理中，仍可选择物理分幅，但需要保持逻辑上空间数据的无缝。

2. 栅格数据组织

栅格数据集的存储一般采用"金字塔层—波段—数据分块"的多级组织机制。影像金字塔是指在统一的空间参照下，根据用户需要以不同分辨率进行存储与显示，形成分辨率由粗到细、数据量由小到大的多层级数据结构。采用金字塔结构存放多种空间分辨率的栅格数据，统一分辨率的数据被组织在一个层内，不同分辨率的数据具有上下的垂直组织关系；越靠近顶层，数据的分辨率越低，数据量越小，只能反映原始数据的概貌；越靠近底层，数据的分辨率越高，数据量越大，更能反映原始详情，如图 6-2-6 所示，这个影像金字塔共有 4 层。常用的建立金字塔的重采样方法有：最近邻法、双线性法和双三次卷积等，栅格数据集越大，创建金字塔所花费的时间也就越长。但是建立影像金字塔可以有效实现对影像数据的由粗到细、由整体到局部的快速漫游与浏览，为数据访问节省很多时间。

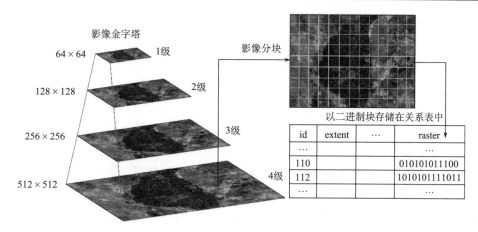

图 6-2-6　影像金字塔数据组织

栅格数据在逻辑上可以划分成若干个层，物理上进行分层存储，如可见光全色影像数据，有 RGB 三个波段，以三个不同的层进行存储。此外，栅格数据在入库的时候，因为栅格数据量较大，所以常常会采用数据分块（切片）的方式将数据切分成大小一致的瓦片进行分块存储。在分块之前用户可以指定分块大小，如将一副影像以 256×256 的大小进行分块。对于分片的很多小块影像，需要通过影像块在原始坐标系中的坐标位置建立每个分块影像和原始影像的映射关系，这样对于用户在指定区域的数据请求，可以快速定位到分块影像，显著减少数据传输和客户端渲染的时间。

目前一些主流的对象-关系数据库系统也扩展支持栅格数据的存储，如 GeoRaster（Oracle Spatial 中用于存储和管理空间栅格数据的模块）、PostGIS 等。数据库系统一般会内置栅格数据对象类型，例如，GeoRaster 在存储栅格数据的关系表中有一列为该对象类型，该对象包含栅格数据的一些基本信息，如空间范围、波段信息、坐标系统等。对于栅格数据的其他信息，如数据分块信息等，根据空间数据库预定义的关系模式进行存储。真正的栅格像元数据会在分块后以二进制块（BLOB）的形式存储在关系表中，并与栅格数据对象关联。不同空间数据库产品对栅格对象和关系表的定义会有不同，主要依赖于厂商的具体实现。但是空间数据库产品一般会提供用于操作栅格数据对象的函数或方法，通过这些内置的函数可以对栅格数据对象进行处理和操作。

6.3　空间数据索引

空间数据索引是指依据空间对象的位置和形状或空间对象之间的某种空间关系，按一定的顺序排列的一种数据结构。空间索引机制是实现空间数据快速查询和检索的重要手段。图幅索引可以看成是最粗一级的空间索引，它根据鼠标在工程中的空间位置，迅速地找到鼠标所在的工作区。但是如果工作区数据量较大，特别是用无缝的空间数据库管理整个工程的空间数据时，需要建立更细粒度空间索引。当要查询某一个地物时，鼠标到底落到哪一个空间地物上，如果没有空间索引，就需要对整个工作区中的空间对象进行判别，包括：点与点的距离比较、点在线状地物上的判别、或点在多边形内的判别等一系列计算，这些计算一般比较复杂和费时。所以一般 GIS 软件系统，都在工作区内建立空间索引，对于不分图幅的无缝空间数据库，需要在整个工程内建立空间索引。这样在图形的开窗、放大、漫游及进行各种从图形到属性的空间查询时能迅速找出所涉及的空间地物。本节讨论几种常见的空间索引方法。

6.3.1 对象范围索引

在记录每个空间对象的坐标时，记录每个空间对象的最大最小坐标。这样，在检索空间对象时，根据空间对象的最大最小范围，预先排除那些没有落入检索窗口内的空间对象，仅对那些最大最小范围落在检索窗口的空间对象进行进一步的判断，最后检索出那些真正落入检索窗口内的空间对象，如图6-3-1所示。

这种方法没有建立真正的空间索引文件，而是在空间对象的数据文件中增加了最大最小范围一项，它主要依靠空间计算来进行判别。在这种方法中仍然要对整个数据文件的空间对象进行检索，只是有些对象可以直接判别，而有些对象则需要进行复杂计算才能判别，这种方法仍然需要花费大量的时间。但是随着计算机计算速度的加快，这种方法一般也能满足查询检索的效率要求。

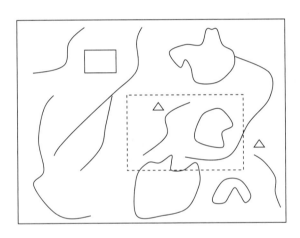

图6-3-1 空间检索过程

6.3.2 空间格网索引

空间格网索引是指将工作区按照一定的规则划分成格网，然后记录每个格网内所包含的空间对象，最后对空间格网进行编码的一种空间数据索引方法。主要方法包括：基于Peano键的空间格网索引、GeoHash索引等。

1) 基于Peano键的空间格网索引

为了便于建立空间索引的线性表，将空间格网按Morton码或称Peano键进行编码，建立Peano键与空间对象的关系，如图6-3-2所示。

从上例中我们注意到，没有包含空间对象的格网，在索引表中没有出现该编码，即没有该条记录。如果一个格网中含有多个地物，则需要记录多个对象的标识，如图6-3-2中的35号格网，含有线状目标和点状目标两个地物，故记录了两个对象的标识。如果需要表格化，则需要使用串行指针将多个空间目标联系到一个格网内。

2) GeoHash 索引

GeoHash 索引是一种基于 B 树索引，结合了格网索引思想的空间索引算法。GeoHash 将空间位置编码为一串字符，通过字符串的比较可以得到空间的大致范围。这种编码方法起初被用于以唯一的 URL 标识地图上的点实体，而点坐标一般是以经纬度标识的，所以问题就转变为如何使用 URL 标识经纬度坐标。下面举例说明 GeoHash 编码的具体实现步骤（图 6-3-3）。设定武汉大学的经纬度坐标是（114.360734E，30.541093N），首先，可以通过如下算法对纬度 30.54 进行逼近编码：

(1) 将维度区间[-90，90]二分为[-90，0），[0，90]，称为左右区间，可以确定 30.541093 属于右区间[0,90]，标记为 1。

(2) 接着将区间[0，90]二分为 [0，45]，[45，90]，可以确定 30.541093 属于左区间 [0，45]，标记为 0。

(3) 递归上述过程 30.541093，如果给定的纬度属于左区间，则记录 0，如果属于右区间则记录 1，这样随着算法的进行会产生一个序列 101010110110111，序列的长度和给定的区间划分次数有关。

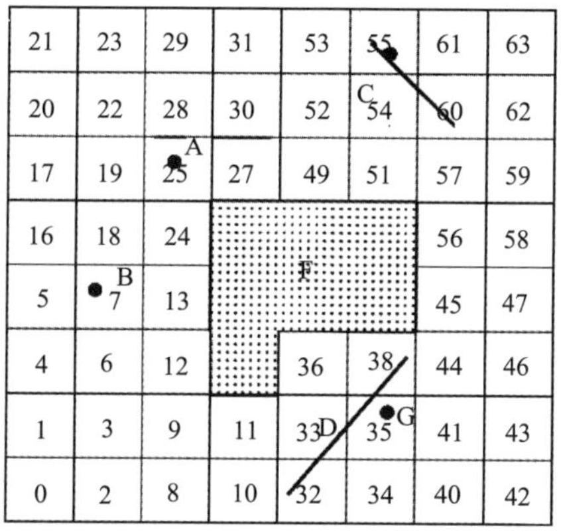

21	23	29	31	53	55	61	63
20	22	28	30	52	C 54	60	62
17	19	A 25	27	49	51	57	59
16	18	24			F	56	58
5	B 7	13				45	47
4	6	12	36	38		44	46
1	3	9	11	33 D	35 G	41	43
0	2	8	10	32	34	40	42

(a)

空间索引

Peano键	空间对象
7	B
14	F
15	F
25	A
26	F
32	D
33	D
35	D, G
37	F
38	D
39	F
48	F
50	F
54	C
55	C
60	C

(b)

对象索引

空间对象	Peano键集
A	25-25
B	7-7
C	54-55
C	60-60
D	32-32
D	35-35
D	38-38
F	14-15
F	26-26
F	37-37
F	39-39
F	48-48
F	50-50
G	35-35

(c)

图 6-3-2 基于 Peano 键的空间格网索引

(4) 采用同样的方法，对经度区间[–180，180]进行编码，可以得到一个二进制序列 110100010101001。

(5) 合并二进制经纬度编码，偶数位放经度（从左到右第 0 位开始），奇数位放纬度，以[经度-纬度…]的形式把两串编码组合生成新串 1110011001000111001101100010111。

(6) 对合成的新的二进制串进行 Base32 编码得到该经纬度的 GeoHash 编码为 wt3mdr。

对于 GeoHash 索引，需要明确的是：①GeoHash 编码值表示的并不是一个点，而是一个矩形区域，落在该矩形区域的所有点都可以用该编码表示。②字符串越长，表示的范围越精确。编码的前缀可以表示更大的区域，如 wt3mdrff，它的前缀 wt3mdr 表示包含编码 wt3mdrff 在内的更大范围。利用该特性可以进行邻近点的搜索。首先根据用户当前坐标计算 GeoHash 值，然后取其前缀进行查询。③GeoHash 将区域划分为一个个规则矩形，位于矩形边界两侧的两点，虽然十分接近，但编码会完全不同，因为它的编码方式从左上到右下突变时存在不连续的"跳跃"。

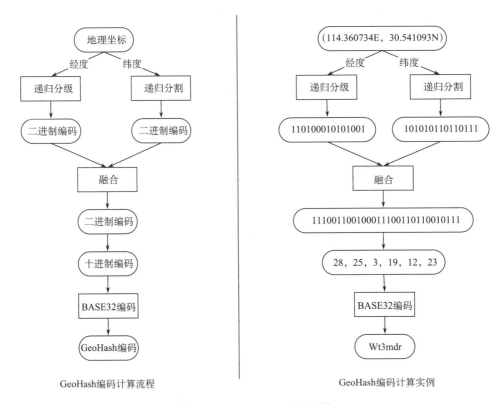

图 6-3-3　GeoHash 编码计算

6.3.3　二叉树空间索引

二叉树是每个节点最多有两个子节点的树结构。常见的基于二叉树的空间索引结构有二叉空间分割（binary space partitioning, BSP）树，KD（k-dimensional tree）树及扩展的 KD 树——KDB（k-dimensional B tree）树等。

BSP 树采用二叉树索引思想将目标空间逐级一分为二进行划分（图 6-3-4）。BSP 树能很好地与空间数据库中空间对象的分布情况相适应，但对一般情况而言，BSP 树深度较大，对各种操作均有不利影响，所以在 GIS 系统中采用 BSP 空间索引的并不多见。

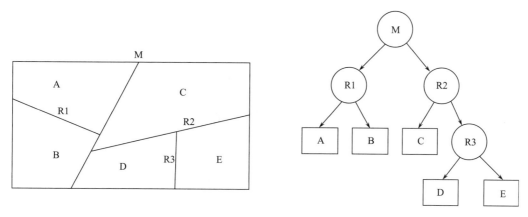

图 6-3-4　BSP 空间索引

KD 树是 BSP 树向多维空间的扩展，是对数据点在 k 维空间中划分的一种数据结构，主要应用于多维空间关键数据的搜索，本质上，就是一种平衡二叉树。KD 树使用 $k-1$ 维超平面把 k 维空间递归地分割成两部分。经典的 KD 树的构造规则如下：

（1）随着二叉树深度的增加，循环地选取坐标轴作为分割超平面的法向量。例如，对于 3 维空间来说，根节点选取 x 轴作为分割平面，根节点的孩子节点选取 y 轴，孙子节点选取 z 轴，曾孙子节点选取 x 轴，这样循环下去。

（2）每次选取所有实例的中位数对应的实例作为切分点，切分点作为父亲节点，然后左右两侧如此递归的进行划分作为左右两颗子树。

图 6-3-5 以 2 维空间为例，依据上面的划分规则，给出了构建的 KD 树。KD 树构建完毕之后，可以对于给定的数据点，进行该空间中最近数据点的搜索。大致过程如下：从根节点开始，从上往下，根据分割方向，在子对应维度的坐标上进行树的顺序查找，如给定(3，5)点，首先来到(7，2)，因为根节点的划分方向为 x，所以只比较 x 坐标的划分，因为 3 < 7，

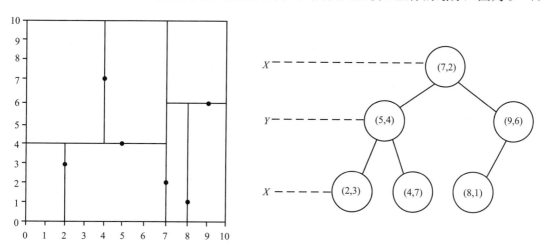

图 6-3-5　二维 KD 树索引

所以往左边走，后续的节点以同样的道理进行比较查找，最终到达子叶节点为止。但是，这种方式找到的点不一定是最近的，因此，这个过程会有回溯的步骤，需要沿搜索路径反向查找是否有距离查询点更近的数据点。

6.3.4 四叉树空间索引

四叉树有两种，一种是线性四叉树，一种是层次四叉树。两种四叉树都可以用来进行空间索引。对于线性四叉树而言，先采用 Morton 编码（Peano 键），然后，根据空间对象覆盖的范围，进行四叉树的分割。线性四叉树只存储最后叶节点信息，包括叶节点的位置、大小和格网值。如图 6-3-6 所示，空间对象 E 的最大最小范围，涉及由叶节点 0 开始的 4×4 个节点，所以索引表的第一行，Peano keys=0，边长 side length=4，空间对象的标识为 E。空间对象 D 也有一条直线，它虽然仅通过 0，2 两个格网，但对线性四叉树来说，它涉及 0，1，2，3 四个节点是不可再细分的，即它需要覆盖一个 2×2 的节点表达。同理，面状地物 C 也需要一个 2×2 的节点表达。对于点状地物，A，F，G 一般可以用最末一级的节点进行索引。这样我们就建立了 Peano keys 与空间目标的索引关系。当进行空间数据检索时，根据 Peano keys 和边长就可以检索得到某一范围内的空间对象。

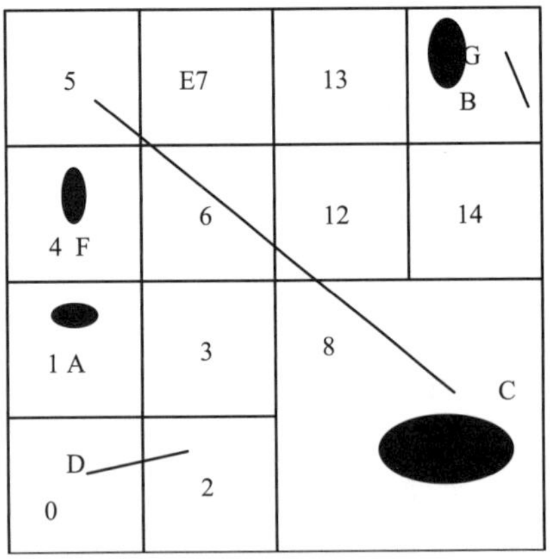

Peano 键集	边长	空间对象
0	4	E
0	2	D
1	1	A
4	1	F
8	2	C
15	1	B,G

图 6-3-6　线性四叉树的空间索引示例

层次四叉树的空间索引与线性四叉树基本类似，只是它需要记录中间节点和父节点到子节点之间的指针。除此之外，如果某个地物覆盖了哪一个中间节点，还要记录该空间对象的标识。如图 6-3-7 所示是图 6-3-6 的空间对象的层次四叉树空间索引。其中第一层根节点 0 涉

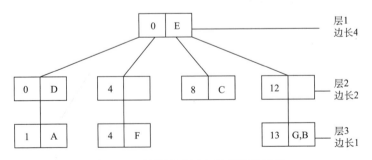

图 6-3-7　层次四叉树空间索引的例子

及空间对象 E，第二层的中间节点 0 涉及空间对象 D，节点 8 涉及 C，而 A，F，G，B 处于第三级叶节点。在这种索引中要注意，每个根节点、中间节点和叶节点都可能含有多个空间对象。这种四叉树索引方法实现和维护比较麻烦。

6.3.5 R 树与 R⁺树空间索引

对象范围索引方法可以看成是最原始的 R 树索引方法。每个目标都建立了一个范围，检索空间对象，仅检索范围与检索窗口有重叠的内容。R 树空间索引方法是把这一概念进一步引申，设计一些虚拟的矩形目标，将一些空间位置相近的目标，包含在这个矩形内。这些虚拟的矩形作为空间索引，含有所包含的空间对象的指针。该矩形的数据结构为：RECT(Rectangle-ID, Type, Min-X, Max-X, Min-Y, Max-Y)，矩形也有对象标识，Type 表示该矩形是虚拟空间对象还是实际的空间对象，Min-X, Max-X, Min-Y, Max-Y 表示最大最小范围。

在构造虚拟矩形时，应遵循的原则为：①尽可能包含多的目标；②矩形之间尽可能少地重叠；③虚拟矩形还可以进一步细分，即可以再套虚拟矩形形成多级空间索引。图 6-3-8 就是一个 R 树索引的例子，其中虚拟矩形 A 包含空间对象 D、E、F、G，虚拟矩形 B 包含 I、J、K、H，虚拟矩形 C 包含 M、N、L。

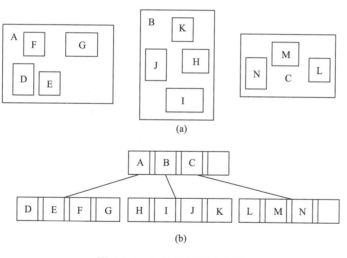

图 6-3-8 R 树空间索引实例

在进行空间数据检索时，首先判断哪些虚拟矩形落在检索窗口内，再进一步判断哪些目标是被检索的内容。这样可以提高检索速度。

我们注意到，在前面的 R 树构造中，要求虚拟矩形一般尽可能少地重叠，而且一个空间对象通常仅被一个虚拟矩形所包含。实际上，这种情况是很难保证的。空间对象千姿百态，它们的最小矩形范围经常重叠，包含它们的虚拟矩形也难免有重叠。于是，基于 R 树索引，R⁺树为了平衡进行了一些改进，它允许虚拟矩形相互有重叠，并允许一个空间目标被多个虚拟矩形所包含。如图 6-3-9 所示，空间对象 D 分别被虚拟矩形 F 和 G 包含。

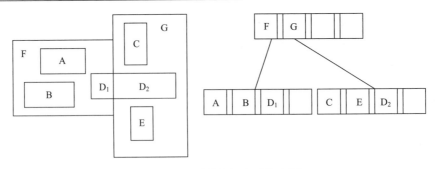

图 6-3-9 R⁺树空间索引的实例

6.4 空间数据库管理系统

6.4.1 文件与关系数据库混合管理系统

由于空间数据的特殊性，通用的关系数据库管理系统难以满足要求。因而，大部分 GIS 软件采用混合管理的模式，即用文件系统管理几何图形数据，用商用关系数据库管理系统管理属性数据，它们之间的联系通过目标标识或者内部连接码进行连接。如图 6-4-1 所示。

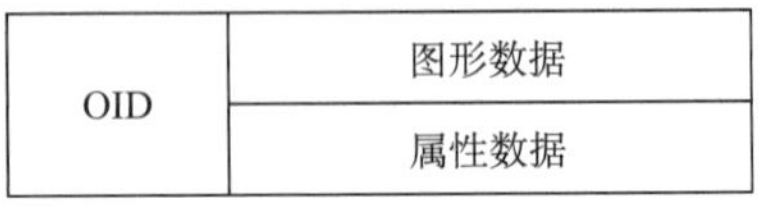

图 6-4-1 GIS 中图形数据与属性数据的连接

在这种混合管理模式中，几何图形数据与属性数据相对独立地组织、管理与检索，通过 OID 作为连接关键字段。就几何图形而言，因为 GIS 系统采用高级语言编程，可以直接操纵数据文件，所以图形用户界面与图形文件处理是一体的，中间没有裂缝。但对属性数据来说，因系统和历史发展而异。早期系统由于属性数据必须通过关系数据库管理系统，图形处理的用户界面和属性的用户界面是分开的，它们只是通过一个内部码连接，如图 6-4-2 所示。导致这种连接方式的主要原因是早期的数据库管理系统不提供编程的高级语言的接口，只能采用数据库操纵语言。这样通常要同时启动两个系统(GIS 图形系统和关系数据库管理系统)，甚至两个系统来回切换，使用起来很不方便。

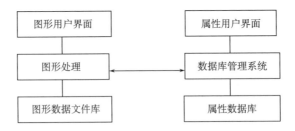

图 6-4-2 图形数据与属性数据的内部连接方式

随着数据库技术的发展，越来越多的数据库管理系统提供高级编程语言 C++或 Java 等接口，使得地理信息系统可以在 C++等语言的环境下，直接操纵属性数据，并通过 C++语言的对话框和列表框显示属性数据，或通过对话框输入 SQL 语句，并将该语句通过 C++语言与数据库的接口，查询属性数据库，并在 GIS 用户界面下，显示查询结果。这种工作模式，并不需要启动一个完整的数据库管理系统，用户甚至不知道何时调用了关系数据库管理系统，图形数据和属性数据的查询与维护完全在一个界面之下。

在 ODBC（开放性数据库连接协议）推出之前，每个数据库厂商提供一套自己的与高级语言的接口程序，这样，GIS 软件商就要针对每个数据库开发一套与 GIS 的接口程序，所以往往在数据库的使用上受到限制。在推出了 ODBC 之后，GIS 软件商只要开发 GIS 与 ODBC 的接口软件，就可以将属性数据与任何一个支持 ODBC 协议的关系数据库管理系统连接。无论是通过 C++还是 ODBC 与关系数据库连接，GIS 用户都是在一个界面下处理图形和属性数据，它比前面分开的界面要方便得多。这种模式称为混合处理模式，如图 6-4-3 所示。

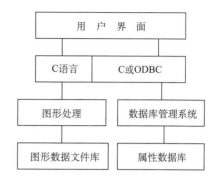

图 6-4-3 图形与属性结合的混合处理模式

采用文件与关系数据库管理系统的混合管理模式，还不能说建立了真正意义上的空间数据库管理系统，因为文件管理系统的功能较弱，特别是在数据的安全性、一致性、完整性、并发控制以及数据损坏后的恢复方面缺少基本的功能。多用户操作的并发控制比起商用数据库管理系统来要逊色得多，因而 GIS 软件商一直在寻找采用商用数据库管理系统来同时管理图形和属性数据。

6.4.2 全关系型空间数据库管理系统

全关系型空间数据库管理系统是指图形和属性数据都用现有的关系数据库管理系统管理。关系数据库管理系统的软件厂商不作任何扩展，由 GIS 软件商在此基础上进行开发，使之不仅能管理结构化的属性数据，而且能管理非结构化的图形数据。一般地，用关系数据库管理系统管理图形数据有两种模式，如图 6-4-4 所示。

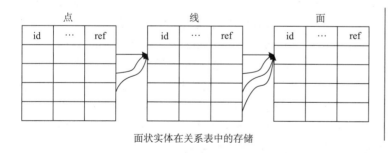 

图 6-4-4 空间数据在关系数据库中的存储模式

一种是基于关系模型的方式，图形数据都按照关系数据模型组织。这种组织方式由于涉及一系列关系连接运算，相当费时。例如，为了显示一个多边形，需要找出组成多边形的采样点坐标，需要涉及四个关系表（P，E，N，C），作多次连接投影运算，这一查询的语句如下：

SELECT　　X，Y

```
FROM     P, E, N, C
WHERE P·P#=E·P# AND E·E#=N·E#
     AND(N·BN=C·N# AND N·EN=C·N#)
```

对于这样简单的实例，需要作如此复杂的关系连接运算，非常费时。由此可见关系模型在处理空间目标方面的效率不高。

关系数据库管理系统管理图形数据的另一种方式是将图形数据的变长部分处理成二进制块 BLOB 字段。大部分关系数据库管理系统都提供了二进制块的字段域，以适应管理多媒体数据或可变长文本字符。GIS 利用这种功能，通常把图形的坐标数据，当作一个二进制块，交由关系数据库管理系统进行存储和管理。这种存储方式，虽然省去了前面所述的大量关系连接操作，但是二进制块的读写效率要比定长的属性字段慢得多，特别是涉及对象的嵌套时，速度更慢。

空间数据库引擎(spatial database engine, SDE)是建立在现有关系数据库基础上的，介于 GIS 应用程序和空间数据库之间的中间件技术，它为用户提供了访问空间数据库的统一接口，是 GIS 数据统一管理的关键性技术。现有的 GIS 商业平台大都提供空间数据引擎产品，如 ESRI 的 ArcSDE，并支持市场上主流的关系数据库产品。SDE 引擎本身不具有存储功能，它只提供和底层存储数据库之间访问的标准接口。SDE 屏蔽了不同底层数据库的差异，建立了上层抽象数据模型到底层数据库之间的数据映射关系，实现将空间数据库存储在关系数据库中并进行跨数据库产品的访问。根据底层数据库的不同，空间数据库引擎大多以两种方式存在：一种是面向对象-关系数据库，利用数据库本身面向对象的特性，定义面向对象的空间数据抽象数据类型，同时对 SQL 实现空间方面的扩展，使其支持空间 SQL 查询，支持空间数据的存储和管理。另一种面向纯关系型数据库，开发一个专用于空间数据的存储管理模块，以扩展普通关系数据库对空间数据的支持。

6.4.3 对象-关系空间数据库管理系统

因为直接采用通用的关系数据库管理系统的效率不高，而非结构化的空间数据又十分重要，所以许多数据库管理系统的软件商纷纷在关系数据库管理系统中进行扩展，使之能直接存储和管理非结构化的空间数据，如 Ingres，Informix 和 Oracle 等都推出了空间数据管理的专用模块，定义了操纵点、线、面、圆、长方形等空间对象的 API 函数。这些函数将各种空间对象的数据结构进行了预先的定义，用户使用时必须满足它的数据结构要求，不能根据 GIS 要求再定义。例如，这种函数涉及的空间对象一般不带拓扑关系，多边形的数据是直接跟随边界的空间坐标，那么 GIS 用户就不能将设计的拓扑数据结构采用这种对象-关系模型进行存储。这种扩展的空间对象管理模块主要解决了空间数据的变长记录的管理，因为这种模块由数据库软件商进行扩展，所以效率要比前面所述的二进制块的管理高得多。

下面以 Oracle Spatial 为例介绍对象-关系数据库产品的一些特性。Oracle Spatial 是基于 Oracle 数据库的扩展机制开发，是用来存储、检索、更新和查询数据库中的空间要素集合及栅格数据等综合空间数据库管理系统。Oracle 支持自定义的数据类型，可以通过基本数据类型和函数创建自定义的对象类型。基于这种扩展机制，Oracle Spatial 通过提供一套完整的空间对象和操作函数为空间数据的存储和查询提供了一个完整的解决方案，其主要组成部分包括：①一种用于描述空间几何数据类型存储的语法和语义方案；②一种创建空间索引的机制；

③一系列用于空间查询和分析的算子和函数，用于实现诸如空间链接查询、面积查询以及其他空间分析操作；④一组用于空间数据导入导出以及管理的实用工具。概括来说，Oracle Spatial 主要通过元数据表、空间数据字段和空间索引来管理空间数据，并在此基础上提供一系列空间查询和分析的函数。

Oracle Spatial 对空间矢量数据采用分层存储的方案，即将一个地理空间分解为多个不同的图层，每个图层再被分解为若干几何实体，这些几何实体又被分解成点、线、面等基本元素。在 Oracle Spatial 中，使用 SDO_GEOMETRY 对象类型通过关系表的形式来存储每一层，该层中的每个空间实体都与表中的每一行记录对应，如图 6-4-5 所示。SDO_GEOMETRY 对象是 Oracle Spatial 的核心对象类型，所有的空间对象几何实体的描述都是存储在关系表中的 SDO_GEOMETRY 字段中，然后通过元数据表来管理具有 SDO_GEOMETRY 字段的空间数据表。此外，Oracle 在 SDO_GEOMETRY 对象上采用 R 树索引或者四叉树索引技术来提高空间查询的速度。Oracle Spatial 中 SDO_GEOMETRY 对象的定义如下：

CREATE TYPE SDO_GEOMETRY AS OBJECT（
SDO_GTYPE NUMBER,
SDO_SRID NUMBER,
SDO_POINT SDO_POINT_TYPE,
SDO_ELEM_INFO MDSYS.SDO_ELEM_INFO_ARRAY,
SDO_ORDINATES MDSYS.SDO_ORDINATE_ARRAY）；

其中，SDO_GTYPE 用于标识当前空间几何体的类型，Oracle Spatial 中内置了多种常见的几何类型。SDO_SRID 用于标识当前几何对象的空间坐标参考系。SDO_POINT 用来表示空间点对象。如果 SDO_ELEM_INFO 和 SDO_ORDINATES 数组为空，则 SDO_POINT 中的 X，Y，Z 表示点对象的坐标，否则，可以忽略 SDO_POINT 的值。SDO_ELEM_INFO 是一个变长数组，用于描述坐标是如何在 SDO_ORDINATES 数组中进行存储的。而 SDO_ORDINATES 则用于存放实际数据。

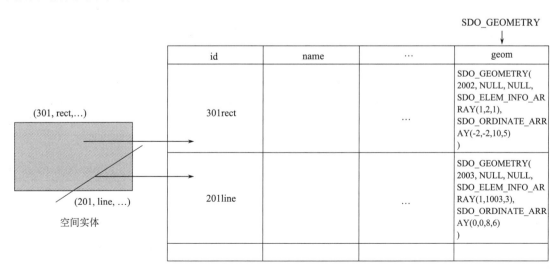

图 6-4-5　空间实体在 Oracle Spatial 中的存储

通过 SDO_GEOMETRY 对象类型可以表示常见的空间几何对象，进而使用关系表进行空间数据的存储。下面给出使用 SQL 进行空间数据插入的示例：

```
/*创建存储水体数据的关系表*/
CREATE TABLE lake（
    id NUMBER PRIMARY KEY,
    name VARCHAR2(32),
    shape SDO_GEOMETRY）；
/*插入一个包含岛屿的湖泊*/
INSERT INTO lake VALUES（
    001,
    'Lake Ignite',
    SDO_GEOMETRY（
        2003,    类型为二维多边形，2 表示二维，3 表示多边形
        8307,    采用 WGS84 坐标系
        NULL,    非点对象
        SDO_ELEM_INFO_ARRAY(1,1003,1, 19,2003,1),    1003 为内部多边形，2003 为外部多边形
        SDO_ORDINATE_ARRAY(0,0, 10,0, 10,10, 0,10, 0,0, 4,4, 6,4, 6,6, 4,6, 4,4)坐标串
    ））；
```

Oracle 不仅支持对空间矢量数据的存储，同时提供对栅格数据的存储。GeoRaster 是 Oracle Spatial 中用于存储和管理空间栅格数据的模块，采用和矢量数据类似的关系-对象模型进行数据组织。GeoRaster 提供了 SDO_GEORASTER 和 SDO_RASTER 对象类型用于存储栅格数据。在存储栅格数据的一系列关系表中，含有类型为 SDO_GEORASTER 字段的表称为栅格表（GeoRaster Table），含有 SDO_RASTER 字段的表称为栅格数据表（Raster Data Table），该表每一行记录都是类型为 SDO_RASTER 的栅格数据块。栅格表主要用于存储栅格图像的元数据信息，真正的栅格数据以对象的形式存储在栅格数据表中，如图 6-4-6 所示。此外，GeoRaster 还提供了一系列的内置函数，用于对栅格数据进行查询和处理。

图 6-4-6　GeoRaster 栅格数据存储

6.4.4 面向对象空间数据库管理系统

面向对象模型最适应于空间数据的表达和管理，它不仅支持变长记录，而且支持对象的嵌套、继承与聚集。面向对象的空间数据库管理系统允许用户定义对象和对象的数据结构以及它的操作。这样，我们可以将空间对象根据 GIS 的需要，定义出合适的数据结构和一组操作。这种空间数据结构可以是不带拓扑关系的面条数据结构，也可以是拓扑数据结构。当采用拓扑数据结构时，往往涉及对象的嵌套、对象的连接和对象聚集。

表面上看，面向对象数据库对于数据的存储类似于面向对象编程语言对于对象的序列化，但是不同的是，面向对象数据库支持对于存储对象的增加、查询、更新和删除操作。使用面向对象数据库可以根据具体业务应用自定义类与对象，还可以与现有主流的面向对象的编程语言进行"无缝对接"，消除了在关系数据库中使用高级编程语言进行数据操作时的"关系-对象"映射，提高了数据读取效率。国内外学者在面向对象空间数据库方面做了一些有益探索，例如，有学者根据 OGC 简单要素规范定义结合应用需求定义空间要素类，然后基于开源的 db4o 面向对象数据库进行了空间数据的存储实验，结果表明 db4o 对于空间数据的存储和查询都是极方便和快捷的。理论上，面向对象数据库不但支持对空间矢量数据的存储，还可以通过自定义类以支持对栅格数据的存储。

当前已经推出了一些面向对象数据库管理系统如 db4o，ObjectStore，Versant Object Database 等，一些学者也基于现有面向对象数据库和 GIS 数据模型和规范进行了空间数据存储的探索。但由于面向对象数据库管理系统还不够成熟，和关系数据库相比功能还比较弱，目前在 GIS 领域甚至主流的 IT 领域都还不太通用。相反基于对象-关系的空间数据库管理系统在地理信息领域得到了广泛应用，已经成为 GIS 空间数据管理的主流模式。

6.5 空间数据查询

6.5.1 空间查询及定义

空间查询是从数据库中找出符合该条件的空间数据的过程。空间查询是空间分析的基础，任何空间分析始于空间查询。目前，一般的商业 GIS 软件都提供了从简单到复杂的空间查询功能，如用户可以根据鼠标所在的图上位置，查询该位置的空间实体及其属性，还可以进行简单的统计分析等。一般地，数据库中的空间查询分两步进行：①首先通过属性过滤和空间索引在空间数据库中快速检索出被选空间实体的标识码(OID)；②然后进行空间数据和属性数据的连接，返回该空间实体。根据查询方式的不同，基本的空间查询可以分为基于属性特征的查询、基于空间位置的查询和基于空间关系的查询。

1) 基于属性特征的查询

基于属性特征进行查询是根据空间对象或实体的属性数据来查询满足给定条件的地物或区域的空间位置，统计其几何与属性参数的查询方式，这种查询方式有时被称为"Query by attribute"。这种查询方式和普通的关系数据库中的常见查询类似，不同的是关系数据库的查询结果是记录的集合，而空间数据库的返回结果是空间对象的集合。在这种查询中，查询的属性条件可以是单个属性、多个属性组合及基于模糊匹配的属性等方式。其中，单属性查询是最简单和最常用的方式。例如,在某市的土地规划中,查询土地类型属于商业用地的地块。

2)基于空间位置的查询

基于空间位置的查询是指根据空间对象或实体的地理位置查询满足条件的实体集合及其属性信息的查询,这种查询方式有时被称为"Query by location"。在 GIS 系统中,我们通常会通过给定一个或多个点、线、面的几何图形,检索出该图形范围的空间对象及其相应的属性信息。常见的基于空间位置的查询方式列举如下。

(1)按点查询。给定一个鼠标点位,检索出离它最近的空间对象,并显示它的属性,回答它是什么,它的属性是什么,如图 6-5-1 所示。

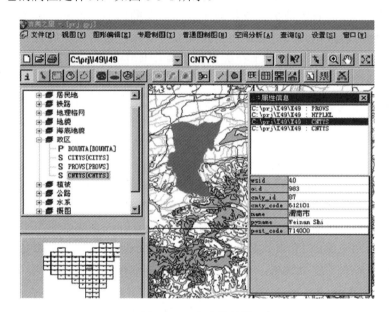

图 6-5-1　点查询结果

(2)按矩形查询。给定一个矩形窗口,查询出该窗口内某一类地物的所有对象。如果需要,显示出每个对象的属性表。在这种查询中往往需要考虑检索是包含在该窗口内的地物,还是只要该窗口涉及的地物无论是被包含的还是穿过的都被检索出来。这种检索过程异常复杂,它首先需要根据空间索引,检索到哪些空间对象可能位于该窗口内,然后根据点在矩形内、线在矩形内、多边形位于矩形内的判别计算,检索出所有落入检索窗口内的目标,如图 6-5-2 所示。

(3)按圆查询。给定一个圆或椭圆,检索出该圆或椭圆范围内的某个类或某一层的空间对象,其实现方法与按矩形查询类似。

(4)按多边形查询。用鼠标给定一个多边形,或者在图上选定一个多边形对象,检索出位于该多边形内的某一类或某一层的空间地物,这一操作工作原理与按矩形查询相似,但是它比前者要复杂得多,它涉及点在多边形内、线在多边形内,多边形在多边形内的判别计算。这一操作非常有用,用户需要经常查询某一面状地物,特别是行政区所涉及的某类地物,如查询通过湖北省的主要公路。

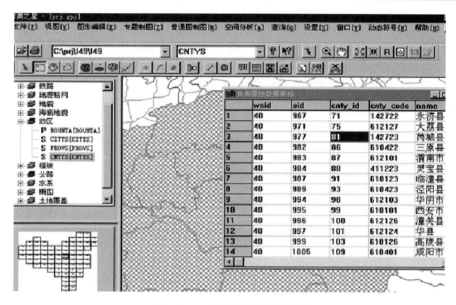

图 6-5-2 按矩形查询的结果

3)基于空间关系的查询

空间关系查询包括空间拓扑关系查询和缓冲区查询。空间关系查询有些是通过拓扑数据结构直接查询得到,有些是通过空间运算,特别是空间位置的关系运算得到。

(1)邻接关系查询。邻接查询包括:多边形邻接查询、线与线的邻接查询等。

a. 多边形邻接查询:指查询多边形的邻接多边形。例如,查询与面状地物 A 相邻的所有多边形。该问题可用拓扑查询执行:

第一步:从多边形与弧段关联的表中,检索出该多边形关联的所有弧段。

第二步:从弧段关联的左右多边形的表中,检索出这些弧段所关联的多边形,即为与 A 相邻的多边形,如图 6-5-3 所示。

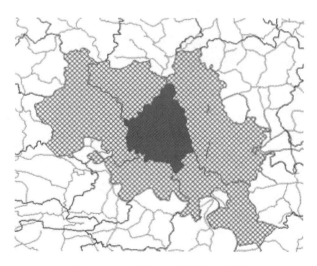

图 6-5-3 与面块 A 相邻的多边形

b. 线与线的邻接查询：指查询线状目标之间的邻接关系。例如，查询所有与主河流 A 的支流，即与主河流 A 具有邻接关系的支流。这一问题也可通过拓扑关系表查询完成。

第一步：从线状地物表中查找出组成线状地物 A 的所有弧段及关联的结点。

第二步：从结点表中查找出与这些结点相关联的弧段(线状目标)即为与 A 关联的支流，如图 6-5-4 所示。

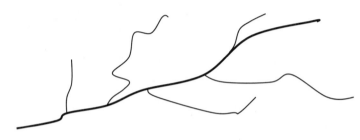

图 6-5-4　与主河流 A 相关联的支流

邻接关系查询还包括与一个结点具有邻接关系的线状目标查询或面状目标查询等。

(2) 包含关系查询。查询某一个面状地物所包含的某一类的空间对象，被包含的空间对象可能是点状地物、线状地物或面状地物。它实际上与前面所述的按多边形的定位查询相似。这种查询使用空间运算执行。例如，查询一个行政区内有多少火车站、多少飞机场等。

(3) 穿越关系查询。查询一个线状目标穿越的空间对象。例如，需要查询某一条公路或一条河流穿越了哪些县、哪些乡，要完成这一操作，即可使用穿越查询。穿越查询一般采用空间运算方法执行。根据一个线状目标的空间坐标，计算出哪些面状地物或线状地物与它相交。如图 6-5-5 所示为检索一条河流所经过的县市。

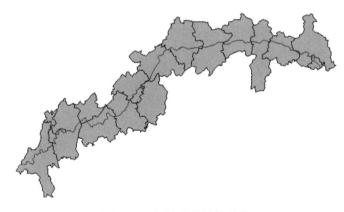

图 6-5-5　河流所经过的县市

(4) 落入查询。有时我们需要了解一个空间对象落在哪个空间对象之内。例如，查询一个一等测量钢标落在哪个乡镇的地域内，以便找到相应的行政机关给予保护。执行这一操作采用空间运算即可，即使用点在多边形内、线在多边形内或面在多边形内的判别方法。

(5) 缓冲区查询。缓冲区查询与后面所述的缓冲区分析有一点差别。缓冲区查询不对原有图形进行切割，只是根据用户需要给定一个点缓冲、线缓冲或面缓冲的距离，从而形成一个缓冲区的多边形，再根据前面所述的多边形检索的原理，检索出该缓冲区多边形内的空间地物。

6.5.2 空间查询语言及方法

GIS 主要通过空间查询语言来表达用户的空间查询和空间分析请求，从而使用户能够与 GIS 系统进行交互。

1. SQL 查询语言

结构化查询语言 SQL(structured query language)是一种数据库查询和程序设计语言，用于存取数据以及查询、更新和管理关系数据库系统。由于 SQL 功能丰富，使用简单，自推出后很快被众多的软件公司采用，1987 年得到国际标准组织(ISO)的支持成为国际标准，现在已经发展成关系数据库的标准语言。目前，几乎所有的关系型数据库关系系统都支持 SQL 查询语言。SQL 主要提供了数据定义、数据操作、数据查询和数据控制等几个部分的功能。

1) 数据定义

SQL 的数据定义功能包括模式定义、表定义、视图和索引的定义。SQL 不提供修改模式定义和视图定义的操作，也没有提供索引相关的语句，但是商用关系数据库都扩展了标准 SQL，提供了索引机制和相关定义语句。

2) 数据操作

数据操作是数据库建立以后，进行数据插入、删除和修改三种更新操作，对应的 SQL 语句包括 INSERT、DELETE 和 UPDATE。这些操作都可在任何基本表上进行，但在视图上有所限制。

3) 数据查询

数据查询是数据库的核心操作。SQL 提供了 SELECT 语句进行数据查询，该语句具有灵活的使用方式和丰富的功能。SQL 支持单表查询、多表链接查询、嵌套查询、集合查询等方式，还具有分组排序、聚集函数等功能。它可与其他语句配合完成所有的查询功能。

4) 数据控制

对用户访问数据的控制有基本表和视图的授权、完整性规则的描述，事务控制语句等。SQL 提供了 GRANT 语句和 REVOKE 语句用于实现数据的存取控制。SQL 还支持数据库事务控制，一个事务通常以 BEGIN TRANSACTION 开始，以 COMMIT 或 ROLLBACK 结束。

2. 基本查找

查找是最简单的由属性查询图形的操作，它不需要构造复杂的 SQL 命令，仅通过选择一个属性表，给定一个属性，找出对应的属性记录和空间图形。这一步操作是先执行数据库查询语言，找到满足条件的数据库记录，得到它的目标标识，再通过目标标识在图形数据文件中找到对应的空间对象。

查找的另外一种方式是当屏幕上已显示一个属性表时，用户根据属性表的记录内容，用鼠标在表中任意点取某一个或某几个记录，图形界面即闪亮被选取的空间对象，如图 6-5-6 所示。

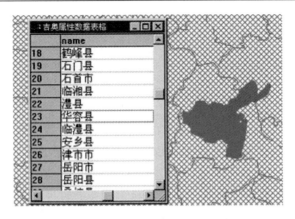

图 6-5-6　从属性表中查找空间对象

3. SQL 查询

GIS 软件通常支持标准的 SQL 查询语言。标准 SQL 查询语言是：

SELECT　　　　需显示的属性项
FROM　　　　　属性表
WHERE　　　　条件
OR　　　　　　条件
AND　　　　　条件

进一步复杂的查询还可以进行嵌套,即 WHERE 的条件中可以进一步嵌套 SELECT 语句。

一般的 GIS 软件都设计了比较好的用户界面,交互式选择和输入上面 SELECT 语句有关的内容,代替键入完整的 SELECT 语句。图 6-5-7 是 GeoStar 采用的 SQL 语句的输入对话框。在输入了 SELECT 语句有关的内容和条件以后,系统转化为标准的关系数据库 SQL 查询语言,由数据库管理系统执行或实现 ODBC 接口的高级编程语言执行,查询得到满足条件的空间对象。得到一组空间对象的标识以后,在图形文件中找到并闪亮被查询的空间地物。图 6-5-8 所示为通过 SQL 命令查询到的人口大于 5000 万的省。

图 6-5-7　SQL 查询的对话框　　　　图 6-5-8　通过 SQL 语言查询的结果

4. 扩展的空间 SQL 查询语言

现有空间数据库解决方案通常都是在传统关系数据库中引用面向对象技术，将空间实体的复杂性封装到对象中，并对外提供对空间实体进行查询和操作的接口。相应地，扩展的空间 SQL 查询语言主要通过引入空间数据类型和空间操作算子来扩展 SQL，使得用户能够使用 SQL 语法进行空间对象的查询。其中，SQL 的多媒体和应用包规范(SQL Multimedia and Application Packages, SQL/MM) 和 OGC Simple Features Access SQL(SFA SQL) 规范的制定，为 GIS 系统使用 SQL 语言进行空间查询提供了标准与规范。但是，各个数据库厂商对标准的支持并不相同，有的还扩展了标准实现了更多功能。

下面的例子是通过扩展的 SQL 查询三峡地区长江流域人口大于 50 万的县或市：

```
SELECT          *
FROM            县或市
WHERE           县或市.人口 > 50 万
AND CROASS      (河流.名称 = "长江");
```

6.6 新型空间数据库系统

随着 GIS 应用领域的不断扩展，研究和应用的不断深入，空间数据库研究得到 GIS 研究人员和计算机领域研究人员的广泛重视。一些新兴空间数据库系统不断涌现，如基于 NoSQL 的空间数据库系统、基于 GPU 的高性能空间数据库系统等。这里对基于 NoSQL 的新型空间数据库系统进行介绍。

6.6.1 NoSQL 数据库概述

NoSQL 是以互联网大数据应用为背景发展起来的分布式数据管理系统。起初，NoSQL 被解释为 Non-Relational，泛指非关系数据库系统。后来，随着一些 NoSQL 数据库产品开始支持类 SQL 的查询，而被解释为 Not Only SQL，即数据库管理技术不仅仅是 SQL (王珊和萨师煊, 2014)。传统关系数据库基于关系模型组织管理数据，而 NoSQL 从一开始就针对大型集群而设计，支持数据自动分片，很容易实现水平扩展，具有良好的伸缩性。在分布式系统 CAP 理论的指导下，传统关系数据库对一致性的高要求(ACID 原则)导致可用性降低，而 NoSQL 数据库通过牺牲部分一致性达到高可用性(BASE 理论)。NoSQL 不使用关系数据模型，现有 NoSQL 数据库支持的数据模型多种多样，而且一般不需要事先为需要存储的数据建立模式(schema)，可以随时存储自定义的数据格式，能够很好地处理半结构和非结构化的大数据，相比关系数据库更加灵活(Harrison, 2015)。表 6-6-1 给出了关系数据库和 NoSQL 数据库之间的对比。

表 6-6-1 关系数据库和 NoSQL 数据库的对比

项目	关系数据库	NoSQL 数据库
关系模型	是	否
SQL 查询语言	是	否
事务 ACID 特性	是	否
水平扩展	否	是
海量数据	否	是
动态模式	否	是

一般地，根据其数据存储模型的不同，NoSQL 数据库系统大致分为：列簇存储(Wide-Column，也称为 BigTable 模型)、键值(Key-Value)模型、文档(Document)模型和图

(Graph)模型等(Han et al., 2011)。这 4 种模型的代表性数据库产品、特点及应用场景比较如表 6-6-2 所示。

表 6-6-2 NoSQL 数据库对比

存储模型	代表性数据库产品	特点	应用场景
列簇存储	Google BigTable，Apache HBase，Cassandra	快速数据聚合，可扩展性强，版本控制，分布式存储	大量数据的高访问负载，日志系统等
键值模型	Amazon Dynamo，Riak，Redis，Oracle Berkeley DB	模型简单，操作简单，查找速度快，分布式存储	内存缓存，网站分析，电子商务等
文档模型	MongoDB，CouchDB，CouchBase	非结构化文档存储，面向对象	内容管理系统，博客系统，事件日志等
图模型	Neo4j，Titan，OrientDB	数据关联性，严格的数据模式	社交网络，推荐系统等

(1)列簇存储：使用列簇存储的数据库以列为单位存放数据，这些列的集合称为列簇。每一列中的每个数据项都包含一个时间戳属性，这样列中的同一个数据项的多个版本都可以进行保存。相对于关系数据库以行为单位进行数据储存，使用列存储，对于大数据量的读取更加高效。具有代表性的是谷歌的 BigTable，基于 BigTable 设计思想，衍生了 HBase，Cassandra 等一系列列簇存储的数据库。

(2)键值模型：键值模型是最简单的 NoSQL 存储模型，该数据库会使用哈希表，数据以键值对的形式存放，一个或多个键值对应一个数据值。键值数据库操作简单，一般只提供最简单的 Get，Set，Delete 等操作，处理速度最快。具有代表性的是亚马逊的 Dynamo 数据库，就只提供了分布式的键值存储功能。

(3)文档模型：文档数据库将数据封装存储在 JSON 或 XML 等类型的文档中。文档内部仍然使用键值组织数据，一定程度上，可以看作是键值模型的扩展。但是不同的是，数据项的值可以是基本数据类型、列表、键值对，以及层次结构复杂的文档类型。在文档数据库中，即使没有提前定义数据的文档结构，也可以进行数据的插入等操作。目前，使用最广泛的文档数据库是 MongoDB，MongoDB 还提供了部分空间数据存储功能。

(4)图模型：图模型基于图结构，使用节点、关系、属性三个基本要素存放数据之间的关系信息。在图论中，图是一系列节点的集合，节点之间使用边进行连接。节点用于保存实体对象的属性值，边用于描述各个实体之间的关系。该模型可以直观地表达和展示数据之间的关系，还支持图结构的各种基本算法。目前，使用最广泛的图数据库是 Neo4j，Neo4j 也提供了用于空间数据存储的扩展。

在大数据背景下发展起来的 NoSQL 数据库没有统一的架构，基于不同的数据模式组织数据，但是它们具有一些共同特征：具有高扩展性，支持分布式存储，高性能，架构灵活，支持结构化，半结构化以及非结构化数据，运营成本低。同时相比关系数据库也有一些不足：没有标准化的数据模型和查询语言，查询功能有限，大部分不支持数据库事务等。用户应该根据自己的业务需求，合理选择合适的数据库以提高数据的存储效率。

6.6.2 基于 NoSQL 数据库的空间扩展

随着移动互联网、传感网、物联网技术的发展，产生了越来越多的空间地理数据。在"数字地球"和"智慧城市"这样国家级战略性工程中,空间数据更会呈现几何级数的增长。显然,传统 GIS 同样面临大数据的挑战。国内外许多学者开始尝试着使用新型的 NoSQL 数据库进行空间大数据的管理,如吉奥公司的 GeoSmarter 采用 NoSQL 数据库 MongoDB 管理 GIS 和传感网的数据。下面简单介绍一些基于 NoSQL 数据库空间扩展的实践。

文档数据库 MongoDB 提供了对于空间数据的原生支持,基于 GeoJSON 标准格式存储数据。GeoJSON 是基于 XML 语法的用于对空间数据进行编码的一种标准数据格式。在 GeoJSON 文档中,一个空间要素由一个空间几何体及其相关属性组成。MongoDB 支持 GeoJSON 标准定义的所有空间几何体,下面是使用 GeoJSON 编码的一个空间点对象实例。MongoDB 使用集合(Collection)和文档(Document)对数据进行组织。一个集合中可以包含多个文档。因此,在逻辑组织上,多个空间实体可以构成 MongoDB 数据库的集合,而每个 GeoJSON 文档对应 MongoDB 中的文档。在物理存储上,MongoDB 使用 BSON 二进制文件对文档进行分块存储(Chodorow,2013)。图 6-6-1 给出了空间实体在 MongoDB 中的存储示意图。

```
{
    "type": "Feature",
    "geometry": {
        "type": "Point",
        "coordinates": [125.6, 10.1]
    },
    "properties": {
        "name": "Dinagat Islands"
    }
}
```

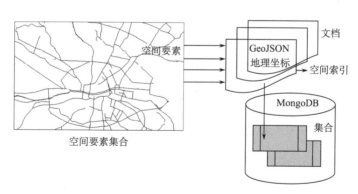

图 6-6-1 MongoDB 空间数据存储

MongoDB 提供了内置的空间索引和空间查询功能。MongoDB 中有两种空间参考系统:基于球面的(spherical)和基于平面的(flat)。球面参考系统以经纬度表示坐标,平面参考系统以欧氏平面定义坐标。对应于坐标参考系统,MongoDB 也相应提供了两种空间索引。平面的 2d 索引,其内部采用 GeoHash 实现;球面的 2d sphere 索引,其内部使用谷歌 S2 实现,基本思想是将球面投影到立方体上,然后进行基于四叉树的分割和编码。MongoDB 的空间查询主要提供了包含查询(inclusion)、相交查询(intersection)和近邻查询(proximity)。

另外使用较多的是基于 Neo4j 数据库的空间扩展 Neo4j Spatial。Neo4j Spatial 提供了一种将空间数据映射为图模型的方法。传统数据组织中的图层、空间要素等概念表示为图的节点，而空间实体类型、坐标等表示为节点的属性。图层与要素之间的组织关系用图的边表示，如一个图层可以包含元数据信息和多个空间要素等。图模型中节点间的关系可以自定义，提供了灵活性（Pluciennik and Pluciennik-Psota, 2014）。图 6-6-2 展示了 Neo4j Spatial 如何将空间数据映射为图模型进行组织。图中包含一个图层，与图层相关联的是其元数据节点（用 RTREE_METADATA 关系表示）和空间要素根节点（用 RTREE_ROOT 关系表示）。与空间要素根节点相关联的有八个空间要素，空间要素的属性数据和几何数据都以该节点的属性进行存储。Neo4j Spatial 提供了一系列工具用于直接导入 shapefile 文件和 OpenStreetMap（OSM）文件。在将空间数据导入到 Neo4j 的过程中，一个通用的方法是对于空间实体的几何属性使用标准的 WKT 或 WKB 格式保存为图节点的属性。目前，Neo4j Spatial 提供了 R 树索引用于支持和优化空间数据的查询。此外，由于 Neo4j Spatial 不直接存储空间要素之间的拓扑关系，开源的地理空间几何库 Java Topology Suite（JTS）也被集成到了 Neo4j Spatial，在提取图空间数据的基础上，实现常用的空间拓扑查询。

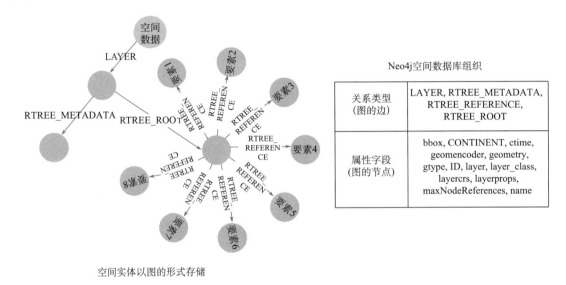

图 6-6-2　Neo4j Spatial 空间数据存储

此外，学者们还在其他类型的 NoSQL 数据库进行空间扩展的尝试，如 CounchBase 和 CouchDB 的扩展 GeoCouch 等。这些空间扩展主要是针对矢量数据进行的，一些其他数据库，如面向多维阵列的数据库 SciDB、Rasdaman 等，则提供了空间栅格数据存储与分析的解决方案。总的来说，NoSQL 空间数据扩展相对于成熟的对象-关系型空间数据库，在空间数据的查询分析方面还比较薄弱，这方面的研究正逐步深入。

思 考 题

1. 文件管理系统与数据库管理系统有哪些异同点？
2. 通用的数据库模型哪些适应于空间数据库管理？

3. 管理矢量数据库的方式有哪几种，各有什么优缺点？
4. 栅格数据如何组织和管理？
5. 空间数据的索引有哪些方式？比较各种方法的优缺点。
6. 什么是对象关系数据库？其如何管理矢量与栅格数据对象？
7. 面向对象的空间数据库管理系统有什么特点？
8. 何谓无缝空间数据库系统？比较逻辑上无缝和物理上无缝空间数据库的概念，简述在什么情况下可以实现物理上无缝的空间数据库。
9. 如何实现空间数据查询？
10. 当前有哪些新型空间数据库管理系统，各有什么特点？

第 7 章 空间数据分析

空间数据分析是 GIS 的重要功能，是 GIS 的核心与灵魂。空间数据分析方法有多种分类方法。根据空间数据的类型，空间数据分析方法可以划分为：矢量数据空间分析、栅格数据空间分析、三维数据空间分析、空间数据统计分析等。本章将对这四类空间数据分析的基本方法进行介绍。

7.1 矢量数据空间分析

矢量数据模型把 GIS 数据组织成点、线、面几何对象的形式，是基于对象实体模型的计算机实现。常用的矢量数据空间分析方法包括：叠置分析、缓冲区分析和网络分析等。

7.1.1 叠置分析

叠置分析是 GIS 中重要的空间分析功能之一。我们经常需要了解一个乡的森林覆盖面积，一个县的公路里程，一个地区的河流密度。得到这些结果，需要将空间目标进行切割，必要时要重建拓扑关系，以确切地统计出各乡的森林覆盖面积、县的公路里程、地区的河流密度等属性值。

空间叠置至少涉及两个图层，其中至少有一个图层是多边形图层，称为基本图层，另一图层可能是点、线或多边形。空间叠置分析往往涉及逻辑交、逻辑并、逻辑差的运算，下面先介绍两个图层空间逻辑运算的性质与定律。

1. 空间逻辑运算

为了讨论方便我们将欧氏空间的图层 A、B 和 C 定义为集合。

定义 1（包含）：若 $x \in A$，有 $x \in B$，则称 A 为 B 的子集或 B 包含 A，记为 $A \subseteq B$。

性质：① $A \subseteq A$；② $A \subseteq B$，$B \subseteq C \Rightarrow A \subseteq C$；③ $A \subseteq B$，$B \subseteq A \Rightarrow A = B$。

如果 $A \subseteq B$，$A \neq B$，称 A 为 B 的真子集 $A \subset B$。我们用 Ω 表示全集，$\varnothing$ 表示空集。

定义 2（交）：A 与 B 的交定义为：$A \cap B = \{x | x \in A \text{ 且 } x \in B\}$。

性质：① $A \cap A = A$；② $A \cap \varnothing = \varnothing$；③ $(A \cap B) \cap C = A \cap (B \cap C)$。

如果 $A \cap B = \varnothing$，称 A 与 B 不相交。

定义 3（并）：A 与 B 的并（也称或）定义为：$A \cup B = \{x | x \in A \text{ 或 } x \in B\}$。

性质：① $A \cup A = A$；② $A \cup \varnothing = A$。

定义 4（差）：A 与 B 的差：$A - B = \{x | x \in A \text{ 且 } x \notin B\}$。

性质：① $A - A = \varnothing$；② $A - \varnothing = A$。

图 7-1-1 所示为布尔逻辑运算的包含、交、并、差。

布尔逻辑运算有以下几个基本定律。

(1) 交换律：$A \cap B = B \cap A$；$A \cup B = B \cup A$。

(2) 分配律：$A \cup (B \cap C) = (A \cup B) \cap (A \cup C)$；$A \cap (B \cup C) = (A \cap B) \cup (A \cap C)$。

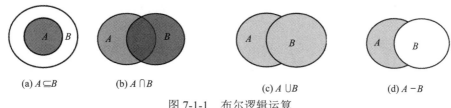

图 7-1-1　布尔逻辑运算

(3)结合律：$(A\cup B)\cap (A\cup C)=A\cup (B\cap C)$；$(A\cap B)\cup (A\cap C)=A\cap (B\cup C)$。

(4)Demorgan 定律：$A-(B\cup C)=(A-B)\cap (A-C)$；$A-(B\cap C)=(A-B)\cup (A-C)$。

2. 矢量数据叠置分析

由于以前计算机运算速度慢和算法的原因，一般认为矢量叠置分析效率低，因而许多系统采用栅格叠置分析算法。但是现在随着计算机的发展和算法的改进，矢量叠置分析的效率大为提高，例如，进行几万个多边形的叠置分析运算在一分钟之内即可完成，这样的效率用户完全可以接受。矢量叠置分析涉及点与多边形的叠置、线与多边形的叠置、多边形与多边形的叠置。

1) 点与多边形的叠置

将一个含有点的图层叠加到另一个含有多边形的图层上，以确定每个点落在哪个多边形内，如图 7-1-2 所示。

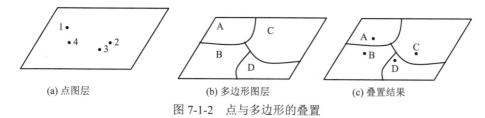

图 7-1-2　点与多边形的叠置

点与多边形的叠置是通过点在多边形内的判别完成的，通常是得到一张新的属性表(表 7-1-1)，该属性表除了原有的属性(V_1, V_2, V_3, …)以外，还含有落在那个多边形的目标标识($V_{polygon}$)。

如果必要还可以在多边形的属性表中提取一些附加属性，例如，将油井与行政区划叠置可以得到油井本身的属性如井位、井深、出油量等，还可以得到行政区划的目标标识、行政区名称、行政区首长姓名等。

表 7-1-1　点与多边形叠置的新属性表

Point	V_1	V_2	V_3	$V_{polygon}$
1				A
2				C
3				D
4				B

2) 线与多边形的叠置

线与多边形的叠置分析与点与多边形的叠置类似，亦是将线的图层叠置在多边形的图层上，以确定一条线落在哪一个多边形内。但是，不同的是，往往一个线目标跨越多个多边形，这时需要先进行线与多边形边界的求交，并将线目标进行切割，形成一个新的空间目标的结果集。图 7-1-3 所示为线状目标 1 与多边形 B 和 C 的边界相交，因而将它切割成两个目标。建立起线状目标的属性表(可能与原来的属性表不能一一对应)，包含原来线状目标的属性和被叠置的面状目标的属性，如表 7-1-2 所示。这样的操作就能够回答如每个县所包含的公路里程这样的问题。

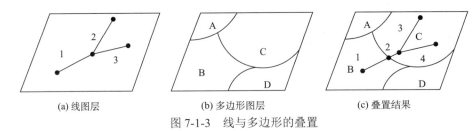

(a) 线图层　　　　(b) 多边形图层　　　　(c) 叠置结果

图 7-1-3　线与多边形的叠置

表 7-1-2　线与多边形叠置结果的新属性表

line ID	old line ID	polygon
1	1	B
2	1	C
3	2	C
4	3	C

3) 多边形与多边形的叠置

多边形与多边形的叠置比前面两种叠置要复杂得多。它首先需要将两层多边形的边界全部进行边界求交运算和切割，然后根据切割的弧段重建拓扑关系，最后判断新叠置的多边形分别落在原始多边形层的哪个多边形内，建立起叠置多边形与原多边形的关系，如果必要再抽取属性。设两个原始的多边形图层一个称为本底多边形，另一个称为上覆多边形，叠置得到的新多边形称为叠置多边形。多边形与多边形叠置的过程如图 7-1-4 所示。

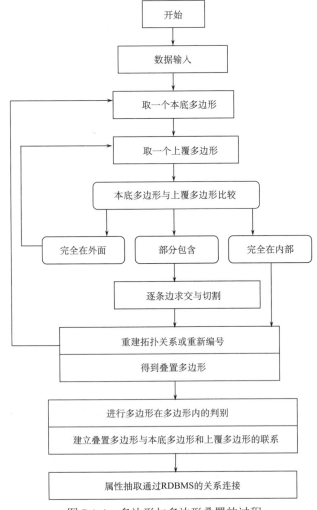

图 7-1-4　多边形与多边形叠置的过程

多边形与多边形的叠置也与线与多边形叠置类似，产生一个叠置多边形的图层，该图层的多边形重新编号，并建立每个叠置多边形与本底多边形和上覆多边形的联系表，如图7-1-5所示。

根据叠置分析过程中逻辑运算的不同，可以得到不同的分析结果，运算结果如表7-1-3至表7-1-5所示。其中的"0"表示为空集。

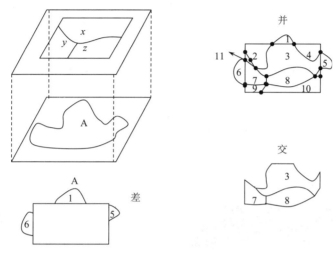

图7-1-5　空间叠置分析

表7-1-3　逻辑并的结果

叠置多边形	本底多边形	上覆多边形
1	A	0
2	0	x
3	A	x
4	0	x
5	A	0
6	A	0
7	A	y
8	A	z
9	0	y
10	0	z
11	0	y

表7-1-4　逻辑交的结果

叠置多边形	本底多边形	上覆多边形	交积
3	A	x	1
7	A	y	1
8	A	z	1

表7-1-5　逻辑差的结果

叠置多边形	本底多边形	上覆多边形	差积
1	A	0	1
5	A	0	1
6	A	0	1

表7-1-3是空间叠置逻辑并的结果。表7-1-4是空间叠置交的结果，逻辑交的结果有三个叠置多边形3、7和8。表7-1-5是空间叠置差的结果，本底多边形减去上覆多边形逻辑差的结果为1、5和6。

当需要从本底多边形和上覆多边形提取一些属性时，将表7-1-3与本底多边形和上覆多边形的属性表进行连接运算，即可提取部分或它们的全部属性。

7.1.2 缓冲区分析

缓冲区分析的概念与缓冲区查询的概念不完全相同,缓冲区查询是不破坏原有空间目标的关系,只是检索得到该缓冲区范围内涉及的空间目标。缓冲区分析则不同,它是对一组或一类地物按缓冲的距离条件,建立缓冲区多边形图层,然后将这个图层与需要进行缓冲区分析的图层进行叠置分析,得到所需要的结果。所以实际上缓冲区分析涉及两步操作,第一步是建立缓冲区图层,第二步是进行叠置分析。这里仅讨论缓冲区图层的建立。

1. 点缓冲区

选择一组点状地物,或一类点状地物或一层点状地物,根据给定的缓冲区距离,形成缓冲区多边形图层。如图 7-1-6 所示。

2. 线缓冲区

选择一类或一层的线状空间地物,按给定的缓冲距离,形成线缓冲区多边形,如图 7-1-7 所示。

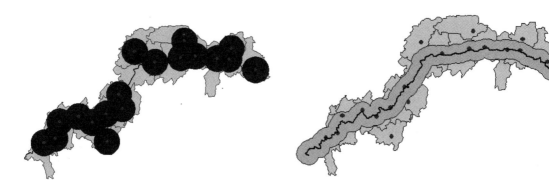

图 7-1-6　点缓冲区　　　　　　　　图 7-1-7　线缓冲区

3. 面缓冲区

选择一类或一层面状地物,按给定的缓冲区距离,形成缓冲区多边形。面缓冲区有外缓冲区和内缓冲区之分,外缓冲区仅在面状地物的外围形成缓冲区,内缓冲区则在面状地物的内侧形成缓冲区。当然也可以在面状地物的边界两侧均形成缓冲区,如图 7-1-8 所示。

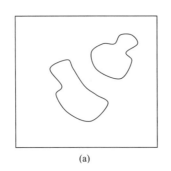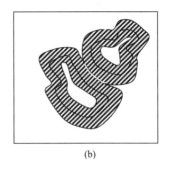

(a)　　　　　　　　　　　　　　　(b)

图 7-1-8　面缓冲区

4. 缓冲区的建立

从原理上说，缓冲区的建立相当简单：建立点缓冲区仅是以点状地物为圆心，以缓冲区距离为半径绘制圆即可；线状地物和面状地物缓冲区的建立也是以线状地物或面状地物的边线为参考线，作它们的平行线，再考虑端点圆弧，即可建立缓冲区。但是在实际处理中要复杂得多。按照常规算法建立的缓冲区，缓冲区之间往往出现重叠，缓冲区可能彼此相交，如图 7-1-9 所示。消除这种彼此相交现象的一种方法是在做参考线的平行线时，考虑各种情况，自动切断彼此相交的弧段(程朋根和龚健雅，1994；王桥和毋河海，1998)。另一种方法是对叠置的缓冲区多边形进行合并，并清除缓冲区内的相交弧段，如图 7-1-9(c)所示。

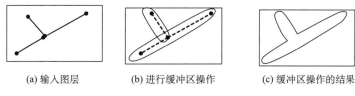

(a) 输入图层　　　　(b) 进行缓冲区操作　　　　(c) 缓冲区操作的结果

图 7-1-9　缓冲区建立过程

在建立缓冲区时，有时需要根据空间地物的不同特性，建立不同距离的缓冲区。例如，沿河流给出的环境敏感区的宽度应根据河流的类型而定；不同的工厂、飞机场和其他设施所产生的噪声污染，其影响的范围和在噪声源处的噪声级别并不一致。这时可以扩展属性表，给定一列用于存储不同的缓冲区距离。图 7-1-10 所示为一个可变距离缓冲区的实例。

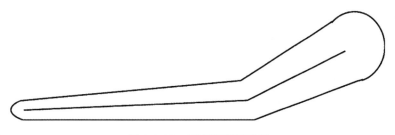

图 7-1-10　可变距离缓冲区

7.1.3　网络分析

1. 概述

城市交通规划与管理、地下管网(如给排水、煤气)的管理和维护，以及电力、通信、有线电视等部门在应用 GIS 技术进行相应的系统管理与维护时，一个共同点就是其基础研究数据是由点和线组成的网状数据。那么，要全面地描述这些网状事物及其间的相互关系和内在联系就必须利用基于此类数据所进行的网络分析。

在数学领域内，网络分析的基础是图论和运筹学，它通过研究网络的状态以及模拟和分析资源在网络上的流动和分配情况，对网络结构及其资源等的优化问题进行研究。一般来说，它包括最佳路径、资源分配、结点或弧段的游历(旅行推销员问题、中国邮递员问题)以及最小连通树、最大(小)流等问题。在 GIS 中，网络分析则是依据网络拓扑关系(线性实体之间、线性实体与结点之间、结点与结点之间的连接、连通关系)，通过考察网络元素的空间及属性数据，以数学理论模型为基础，对网络的性能特征进行多方面的分析计算。目前，网络分析在电子导航、交通旅游、城市规划管理以及电力、通信等各种管网管线的布局设计中发挥了重要的作用。

以下先对 GIS 中常用的网络分析问题进行简单介绍。

1) 路径分析

路径分析是 GIS 最基本的功能，其核心是对最佳路径的求解。从网络模型的角度看，最佳路径的求解就是在指定网络的两结点间找出一条阻抗强度最小的路径，其求解方法有几十种，而迪杰斯特拉(Dijkstra)算法被 GIS 广泛采用。

另一种路径分析功能是最佳游历方案的求解，包括弧段最佳游历方案和结点最佳游历方案。①弧段最佳游历方案求解是给定一个边的集合和一个结点，使之由指定结点出发至少经过每条边一次而回到起始结点，图论中称为中国邮递员问题。②结点最佳游历方案求解则是给定一个起始结点、一个终止结点和若干中间结点，求解最佳路径，使之由起点出发遍历(不重复)全部中间结点而到达终点，也称旅行推销员问题，这是一个 NP 完全问题，一般只能用近似解法求得近似最优解。较好的近似解法有基于贪心策略的最近点连接法、最优插入法，基于启发式搜索策略的分枝算法，以及基于局部搜索策略的对边交换调整法等。

2) 资源分配

资源分配也称定位与分配问题，它包括了目标选址和将需求按最近(这里的远近是按加权距离来确定的)原则寻找的供应中心(资源发散地或汇集地)两个问题。常用的算法是 P 中心点模型。

3) 连通分析

人们常常需要知道从某一结点或边出发能够到达的全部结点或边。这一类问题称为连通分量求解。另一类连通分析问题是最少费用连通方案的求解，即在耗费最小的情况下使得全部结点相互连通。连通分析对应图的生成树求解，通常采用深度优先遍历或广度优先遍历生成相应的树。最少费用求解过程就是生成最优生成树的过程，一般使用 Prim 算法或 Kruskal 算法。

4) 流分析

所谓流，就是资源在结点间的传输。流分析的问题主要是按照某种优化标准(时间最少、费用最低、路程最短或运送量最大等)设计资源的运送方案。为了实施流分析，就要根据最优化标准的不同扩充网络模型，例如，把结点分为发货中心和收货中心，分别代表资源运送的起始点和目标点，这时发货中心的容量就代表待运送资源量，收货中心的容量就代表它所需要的资源量。弧段的相关数据也要扩充，如果最优化标准是运送量最大，就要设定边的传输能力；如果目标是使费用最低，则要为边设定传输费用等。网络流理论是它的计算基础。

在以上网络分析中，最佳路径和资源分配问题是两个比较典型的应用。因此，本节将主要就这两个问题进行详细的讨论。

2. 最佳路径问题

"最佳路径"中的"佳"包含很多含义，它不仅可以指一般地理意义上的距离最短，还可以是时间最短、费用最少、线路利用率最高等。但是无论引申为何种判断标准，其核心实现方法都是最短路径算法。

这里所讨论的最短路径的数据基础是网络(也称为"图")，组成网络的每一条弧段都有一个相应的权值，用来表示此弧段所连接的两结点间阻抗值。在数学模型中，这些权值可以为正值,也可以为负值。而权值在都是正值和有正有负(称为负回路)的情况下,其最短路径的算法是有本质区别的。因为在 GIS 中一般的最短路径问题都不涉及负回路的情况,所以以下所有的讨论中都假定弧的权都为非负值。

1) 基本概念

若一条弧段 $<v_i, v_j>$ 的权表示结点 v_i 和 v_j 间的长度,那么道路 $u = \{e_1, e_2, \cdots, e_k\}$ 的长度即为 u 上所有边的长度之和。所谓最短路径问题就是在 v_i 和 v_j 之间的所有路径中,寻求长度最小的路径,这样的路径称为从 v_i 到 v_j 的最短路径。其中,第一个顶点和最后一个顶点相同的路径称为回路或环(cycle),而顶点不重复出现的路径称为简单路径。

最短路径方程。在欧氏空间 E^n 中,设 x, y, z 为任意三点,令 $d(x, y)$ 为 $x \to y$ 的距离,则有 $d(x, y) \leqslant d(x, z) + d(z, y)$,当且仅当 z 在 x、y 的连线上时等式成立。类似地,令 d_k 为结点 v_i 到 v_j 的最短距离,w_{ij} 为 v_i 到 v_j 的权值,对于 $(v_i, v_j) \notin E$ 的结点对,令 $w_{ij} = \infty$,显然:

$$\begin{cases} d_1 = 0 \\ d_k \leqslant d_j + w_{jk} \quad (k, j = 2, 3, \cdots, p) \end{cases} \tag{7-1-1}$$

当且仅当边 (v_j, v_k) 在 v_1 到 v_k 的最短路径上时,等式成立。由于 d_k 是 v_1 到 v_k 的最短路径,设该路径的最后一段弧为 (v_j, v_k),则由局部与整体的关系,路径的前一段 v_1 到 v_j 也必须为从 v_1 到 v_j 的最短路径。这个整体最优则局部也最优的原理正是最短路径算法设计的重要指导思想。

式(7-1-1)可改写为

$$\begin{cases} d_1 = 0 \\ d_k = \min(d_j + w_{jk}) \quad (k, j = 2, 3, \cdots, p; \ k \neq j) \end{cases} \tag{7-1-2}$$

这就是最短路径方程。然而直接求解此方程比较困难,围绕这个方程的求解问题,产生了很多最短路径算法。总的来说,最短路径问题的算法一般分为两大类:一类是所有点对间的最短路径,另一类则是单源点间的最短路径问题,其各自的求解方法是不同的。

2) 两类最短路径问题

(1) 单源点间最短路径问题。

a. 基本算法。Dijkstra 算法是 E.W.Dijkstra 于 1959 年提出的一个按路径长度递增的次序产生最短路径的算法。此算法被公认为是解决此类最短路径问题最经典,也是比较有效的算法。其基本思路如下:假设每个点都有一对标号:(d_j, p_j),其中 d_j 是从源点 S 到该点 j 的最短路径的长度(从顶点至其本身的最短路径是零路(没有弧的路),其长度等于零),p_j 则是从 S 到 j 的最短路径中的 j 点的前一点。这样,求解从源点 S 到各点 j 的最短路径算法的基本过程如下(这种实现方法也称标号法或染色法)。

第一步:初始化。起源点设置为:$d_s = 0, p_s$ 为空;所有其他点 j:$d_j = \infty$,$p_j = ?$;将起源点 S 标号,记 $k = S$,而其他点尚未处理。

第二步:检验从所有标记的点 k 到其他直接连接的未标记的点 j 的距离,并设置:$d_j = \min[d_j, d_k + l_{kj}]$,其中 l_{kj} 是从点 k 到 j 的直接连接距离。

第三步:选取下一个点。从结点中,选取路径长度最小的下一个连接点 i:$d_i = \min[d_j,$ 所有未标记的点 $j]$。点 i 就被选为最短路径中的一点,并标记。

第四步:找到点 i 的前一点。从已标记的点中找到直接连接到点 i 的点 j^*,设置:$i = j^*$,将其作为前一点。

第五步：标记点 i。如果所有点已标记，则算法完全退出；否则，记 $k = i$，转到第二步再继续。

b. 示例。如图 7-1-11 所示带权有向图，若对其施行 Dijkstra 算法，则所得从 V_0 到其余各顶点的最短路径以及运算过程中距离的变化情况如表 7-1-6 所示。

表 7-1-6 Dijkstra 算法示例及计算过程

终点	从源点 V_0 到各终点的距离值和最短路径的求解过程				
	$i=1$	$i=2$	$i=3$	$i=4$	$i=5$
V_1	∞	∞	∞	∞	∞
V_2	10 (V_0, V_2)				
V_3	∞	60 (V_0, V_2, V_3)	50 (V_0, V_4, V_3)		
V_4	30 (V_0, V_4)	30 (V_0, V_4)			
V_5	100 (V_0, V_5)	100 (V_0, V_5)	90 (V_0, V_4, V_5)	60 (V_0, V_4, V_3, V_5)	
V_j	V_2	V_4	V_3	V_5	
S	$\{V_0, V_2\}$	$\{V_0, V_2, V_4\}$	$\{V_0, V_2, V_3, V_4\}$	$\{V_0, V_2, V_3, V_4, V_5\}$	

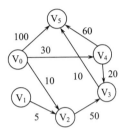

图 7-1-11 带权有向图

由此可见，在求解从源点到某一特定终点的最短路径过程中，还可得到从源点到其他各点的最短路径，因此，这一计算过程的时间复杂度是 $O(n^2)$，其中 n 为网络中的结点数。

(2) 所有点对间的最短路径。此问题也就是求解每一对顶点之间的最短路径，解决这个问题的方法是使用弗洛伊德 (Floyd) 算法或重复执行 Dijkstra 算法 n 次。无论何种方法，其时间复杂度都为 $O(n^3)$。若在计算机上加以实现，当数据量稍大一些时，它对内存的需求就会很大。例如，一个有 5000 个结点的网络，仅存储它们之间的最短路径就至少需要 100M 的空间，如果要存储它们所经过的路径，内存的需求量就会更大，在实际运用中是不太可行的。这里不再对其进行详细讨论。

3. 资源分配

1) 基本概念及数学表达

资源分配也称定位与分配问题，其中的定位问题是指已知需求源的分布，确定在哪里布设供应点最合适的问题；而分配问题则是确定这些需求源分别受到哪个供应点服务的问题。在多数的应用中，这是两个必须同时解决的问题，即在网络中选定几个供应中心，并将网络的各边和点分配给某一中心，使得各中心所覆盖范围内每一点到中心的总的加权距离最小。资源分配是网络设施布局、规划所需要的一个优化分析工具。

如果用数学形式来表达就是：假设 n 个需求点分布在一系列的点 $(x_i, y_i, i = 1, 2, \cdots, n)$ 上，每个点的权重是 w_i，供应点共有 p 个，分别位于 $(u_j, v_j, j = 1, 2, \cdots, p)$ 上，t_{ij} 和 d_{ij} 分别是供应点 j 对需求点 i 提供的服务和到两者间的距离，则有：

(1) 如果所有的需求点都受到供应点的服务，则
$$\sum_j t_{ij} = w_i \tag{7-1-3}$$

(2) 一般而言，每个需求点都分配给与之最近的一个供应点，即当 $d_{ij} < d_{ik}, k \neq j$ 时，$t_{ij} = w_i$；否则，$t_{ij} = 0$。即 $t_{ij} = w_i X_{ij}$，其中 i 点受 j 点服务时，$X_{ij} = 1$，否则 $X_{ij} = 0$。

(3) 整体的目标方程满足：
$$\min(\sum_{i=1}^{n}\sum_{j=1}^{m} X_{ij} C_{ij}) \tag{7-1-4}$$

其中，C_{ij} 可以根据模型的不同而推广。这是因为在选择供应点时，并不只是要求使总的加权距离为最小，有时需要使总的服务范围为最大，有时又限定服务范围最大距离不能超过一定的值。例如，在城市各街区建立图书馆、医院等公共设施，希望各居民住家能到这些设施的路途最短；而在建立消防站、救护车站时，不仅需要距离最短，而且常常规定到最远住宅的时间不能超过一定的时间；在设计有线电视中转站或电话的中心交换站时，不仅要节省电缆或电话线，而且为了增加用户还要使服务的范围最大。所以只要对 C_{ij} 进行如下修改就可以引申出上述各类型的问题：

a. 当要求距离最小时，$C_{ij} = w_i d_{ij}$；希望所有的需求点在一给定的理想的服务范围 S 内，则
$$C_{ij} = \begin{cases} w_i d_{ij} & d_{ij} \leqslant S \\ +\infty & d_{ij} > S \end{cases} \tag{7-1-5}$$

b. 对最大服务范围问题，当希望需求点在给定的服务范围 S 内时，
$$C_{ij} = \begin{cases} 0 & d_{ij} \leqslant S \\ w_i & d_{ij} > S \end{cases} \tag{7-1-6}$$

在运筹学理论中，以上方程可以用线性规划求得全局的最佳结果，但是因为其计算量以及内存需求巨大，并不适合在计算机上实现。所以寻找一个适当的方法来求解此方程是一个比较复杂的问题。

另外，许多资源分配问题的供应点布设要求满足多种组合条件，但是这些问题一般可分解为多个单目标问题，因此这里仅讨论单目标方程的情况，即最小目标值法。此目标方程就是要求所有需求点到供应点的加权距离最小，也称 P 中心定位问题(P-median location problem)，它是定位与分配问题的基础问题。以下部分将主要讨论 P 中心问题。

2) P 中心定位与分配问题

P 中心定位与分配最初是由 Hakimi 于 1964 年提出的。在这个模型中，结点代表了需求点或是潜在的供应点，而弧段则表示可到达供应的通路或连接。1970 年，Revelle 和 Swain 将此问题表达成一个整数规划的模型。

(1) 数学表达。P 中心的定位分配问题可以表述为：在 m 个候选点中选择 p 个供应点为 n 个需求点服务，使得为这几个需求点服务的总距离(或时间、费用等)最少。假设 w_i 记为需求点 i 的需求量，d_{ij} 记为从候选点 j 到需求点 i 的距离，则可记为

$$\min(\sum_{i=1}^{n}\sum_{j=1}^{m}a_{ij}w_i d_{ij}) \tag{7-1-7}$$

并满足:

$$\sum_{j=1}^{m}a_{ij}=1 \quad (i=1,2,\cdots,n) \tag{7-1-8}$$

$$\sum_{j=1}^{m}(\prod_{i=1}^{n}a_{ij})=p \quad (p \leqslant m \leqslant n) \tag{7-1-9}$$

式中,a_{ij}是分配系数,如果需求点 i 受供应点 j 的服务,则其值为 1,否则为 0,即

$$a_{ij}=\begin{cases}1 & i\text{由}j\text{服务}\\0 & \text{其他}\end{cases}$$

上述两个约束条件是为了保证每个需求点仅受一个供应点服务,并且只有 p 个供应点。

因此,所有 P 中心问题的解都表现为以下三条性质(对全局性的解这些只是必要而非充分的):①每一个供应点都位于其所服务的需求点的中央;②所有的需求点都分配给与之最近的供应点;③从最优的解集中移去一个供应点并用一个不在解集中的候选点代替,会导致目标函数值的增加。

一般有两种基本的方法可以用于 P 中心的模型求解:最优化算法和启发式算法。最优化算法实现比较复杂,计算量较大,因此在解决更大型的问题方面,最优化方法还有待于研究。与之相比,启发式算法更适应大型问题的求解,并能得到较为合理的结果。这里介绍启发式算法中一种效率较高的算法——全局/区域性交换式算法。

(2) 全局/区域性交换式算法。全局/区域性交换式算法的实现过程如下:

a. 先选 p 个候选点作为起始供应点集,并将所有需求点分配到与之最近的供应点,计算目标方程值,即总的加权距离。

b. 做全局性调整,具体包括以下三个步骤:①检验当前解中的所有供应点,选定一个供应点准备删去,它的删去仅引起最小的目标方程值的增加。②从不在当前解的 $(m-p)$ 个候选点中,寻找一个来代替①中选出的点,使其可以最大限度地减少目标方程的值。③如果②中选择的点所减少的目标方程的值大于①中选择的点所增加的目标方程的值,用②中的点代替①中的点,并更新目标方程值,返回①继续检验;否则转入步骤 c。

c. 对每一供应点依次做出区域性调整:①如果不是固定供应点,用它邻近的候选点来代替检验;②如果这一代替可以最大限度地减少目标方程的值,则进行替换,直到 $p-1$ 个供应点都被检验,并无新的替换为止。

d. 重复步骤 b 和 c,直到两步都无新的替换为止。

在这一过程中,完成全局调整后的结果满足 P 中心问题的第一、二条性质,但并不满足第三条性质,即用任一不在当前解中的候选点来代替解中的供应点都会使目标函数值增加。为了满足这个条件,还必须进行区域性调整。进行区域性调整时,利用空间邻近相关性的特性,对每个供应点,只对其服务范围内的候选点进行替换检测,每个候选点只被检验一次,避免了很多不必要的计算,在一定程度上提高了计算效率。

但是,由于启发式算法自身的局限性,此算法还存在着以下不足:①并不保证全局的最

佳结果,但非常接近;②并不平衡供应点间的负担;③并不限制供应点的容量;④初始点集的不同会影响最终结果。

网络分析是 GIS 空间数据分析的重要方面。在实际应用中,还应结合具体情况对网络分析算法进行一些补充改进。例如,在交通导航系统中,最佳路径问题常常需要考虑道路的单双向、交叉路口的转向以及道路的现时路况等问题;大多数的资源分配问题也必须根据自身的需要考虑众多影响因素,例如,小学学校的选址问题,除了考虑学校与学生家庭所在地的距离要在一定范围之内,在宏观方面还要考察人口的分布、适龄儿童的数量甚至未来的人口发展趋势,而在小的方面,为了保证小学生的安全,学校位置的选择还应保证使学生尽可能少地穿越马路。对于商场的选址,不但要衡量周围已有的销售能力以及交通状况,还要考虑人群的经济能力、消费水平甚至文化素质等因素。在电信移动通信的基站优化管理中,基站的选址不但要用电信方面的专业模型来模拟基站的信号发射,还要考虑地形起伏、建筑物的遮挡等因素。

所以针对专门应用的分析问题一般都需要在通用模型的基础上进行推广修正,在考虑空间意义的同时,根据所涉及问题的领域来建立相应的专业模型,并与其他理论如运筹学、系统工程学、统计学以及最优化技术、专家系统等相结合来进行专门的开发,这样才能达到一个比较满意的效果。

7.2 栅格数据空间分析

基于栅格数据的空间分析方法是空间分析的重要内容之一。栅格数据由于其自身数据结构的特点,在数据处理与分析中通常使用线性代数的二维数字矩阵分析法作为数据分析的数学基础。栅格数据的空间分析方法具有自动分析处理较为简单、分析处理模式化很强的特点。栅格数据空间分析方法包括:聚类聚合分析、叠置分析、追踪分析等(汤国安等,2010;秦昆,2010)。

7.2.1 栅格数据聚类聚合分析

栅格数据的聚类、聚合分析是指将栅格数据系统经某种变换而得到具有新含义的栅格数据系统的数据处理过程,既可以对单一层面的栅格数据进行处理,也可以对多个层面的栅格数据进行处理。基于单一层面的栅格数据聚类、聚合分析方法也称为栅格数据的单层面派生处理法。

1. 聚类分析

栅格数据的聚类分析是根据设定的聚类条件,对原有数据系统进行有选择的信息提取,从而建立新的栅格数据系统的方法。既可以对单一层面的栅格数据进行聚类分析,也可以对多个层面的栅格数据进行聚类分析。

1) 单一层面的栅格数据聚类分析

单一层面的栅格数据聚类分析是指根据设定的某种聚类条件,对单一层面的栅格数据进行有选择的信息提取,从而建立新的栅格数据系统的方法。图 7-2-1(a)为一个栅格数据系统,其中标号为 1,2,3,4 的多边形表示四种类型要素,图 7-2-1(b)为提取其中要素"2"的聚类结果,其中的黑色区域为提取结果。

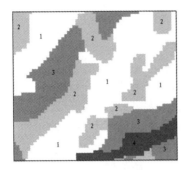 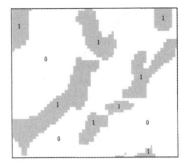

(a) 栅格数据系统样图　　　　　　(b) 提取要素"2"的聚类结果

图 7-2-1　单一层面的栅格数据的聚类分析

2) 多层面栅格数据的聚类分析

在实际应用过程中，常常利用多层面的栅格数据构成的栅格数据集进行聚类分析，每个栅格图层代表某个专题，如土地利用、土壤、道路、河流或高程，或者是遥感图像的某波段的光谱值。栅格图层的每个栅格单元对应多个属性值，如图 7-2-2 所示。这里以 K 均值聚类算法为例说明多层面栅格数据的聚类分析方法。

设栅格数据集 $X=\{x_1, x_2, \cdots, x_n\} \subset R^s$ 为 s 维的特征矢量，s 表示栅格数据的层数，n 表示每层的栅格单元数。$x_i=(x_{i1}, x_{i2}, \cdots, x_{is})$ 为栅格单元 x_i 的特征矢量或模式矢量，表示栅格单元 i 的 s 个栅格层面的属性值。

具体的聚类方法如下：假设要将栅格数据聚成 k 类。

第一步：适当地选取 k 个类的初始中心 $Z_1^{(1)}$，$Z_2^{(1)}$，$\cdots$，$Z_k^{(1)}$。

第二步：在第 m 次迭代中，对任一栅格单元 X，计算其到每个聚类中心的距离，距离计算采用常用的欧氏距离法。栅格单元 i 到第 j 个聚类中心的距离计算公式为

$$D_{ij}=\|X_i-Z_j^{(1)}\|=\sqrt{\sum_{p=1}^{s}(x_{ip}-z_{jp})^2}$$

对于所有的 $i \neq j$ $(i=1, 2, \cdots, k)$，如果 $\|X-Z_j^{(m)}\| < \|X-Z_i^{(m)}\|$，则 $X \in S_j^{(m)}$，其中，$S_j^{(m)}$ 是以 $Z_j^{(m)}$ 为中心的类。

第三步：由第二步得到 $S_j^{(m)}$ 类新的中心 $Z_j^{(m+1)}$ 为

$$Z_j^{(m+1)} = \frac{1}{N_j} \sum_{X \in S_j^{(m)}} X$$

式中，N_j 为 $S_j^{(m)}$ 类中的样本数。$Z_j^{(m+1)}$ 是按照使 J 最小的原则（最小平方误差准则）确定的，J 的表达式为

$$J = \sum_{j=1}^{k} \sum_{X \in S_j^m} \| X - Z_j^{(m+1)} \|^2$$

第四步：对于所有的 $i=1, 2, \cdots, k$，如果 $Z_j^{(m+1)} = Z_j^{(m)}$，或者二者的差值小于一个很小的阈值，则迭代结束，否则跳转到第二步继续迭代。

按照以上方法可以实现多层面的栅格数据的聚类分析。如图 7-2-2 所示，图 7-2-2 (a) 为武汉局部地区的 TM 影像的 1, 2, 3, 4, 5, 7 共 6 个层面的栅格数据，图 7-2-2 (b) 为利用上述 K

均值聚类方法得到的聚类结果。从图 7-2-2 (b)中可以看出,将该地区的 6 个层面的栅格数据聚类成长江、湖泊、建筑用地和其他共 4 种类型。

(a) 多层面的栅格图层　　　　　　(b) K 均值聚类结果

图 7-2-2　多层面栅格数据的 K 均值聚类

2. 聚合分析

栅格数据的聚合分析是指根据空间分辨率和分类表,进行数据类型的合并或转换以实现空间地域的兼并。空间聚合的结果往往将较复杂的类别转换为较简单的类别,并且常以较小比例尺的图形输出。从小区域到大区域的制图综合变换常需要使用这种分析处理方法。对于图 7-2-1 的栅格数据系统样图,如给定聚类的标准为 1 和 2 合并为 b,3 和 4 合并为 a,则聚合后形成的栅格数据系统如图 7-2-3(a)所示。如果给定的聚合标准为 2 和 3 合并为 c,1 和 4 合并为 d,则聚合后形成的栅格数据系统如图 7-2-3(b)所示。

栅格数据的聚类、聚合分析处理方法在数字高程模型及遥感图像处理中的应用是十分普遍的。例如,由数字高程模型转换为数字高程分级模型便是空间数据的聚合;而从遥感数字图像信息中提取其中某一地物的方法则是栅格数据的聚类。如图 7-2-4(a)所示为某地区的数字高程模型数据,图 7-2-4(b)为利用聚合分析得到的数字高程分级模型。

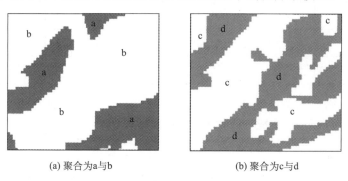

(a) 聚合为 a 与 b　　　　　　(b) 聚合为 c 与 d

图 7-2-3　栅格数据的聚合分析

7.2.2　栅格数据的叠置分析

栅格数据的叠置分析是针对两个或者多个栅格图层,进行逻辑判断复合运算、数学复合运算等。

(a) 数字高程模型

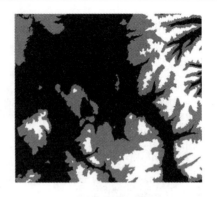
(b) 数字高程分级模型

图 7-2-4　数字高程模型的聚合分析

1. 逻辑判断复合运算

逻辑判断复合运算也叫做布尔运算，主要包括：逻辑与(and)、逻辑或(or)、逻辑异或(xor)、逻辑非(not)。它们是基于布尔运算来对栅格数据进行判断的。若判断为"真"，则输出结果为 1；若为"假"，则输出结果为 0。具体包括以下几种逻辑运算。

(1) 逻辑与(&)：比较两个或两个以上栅格数据层，如果对应的栅格值均为非 0 值，则输出结果为真(赋值为 1)，否则输出结果为假(赋值为 0)。

(2) 逻辑或(|)：比较两个或两个以上栅格数据层，对应的栅格值中只要有一个或一个以上为非 0 值，则输出结果为真(赋值为 1)，否则输出结果为假(赋值为 0)。

(3) 逻辑异或(!)：比较两个或两个以上栅格数据层，如果对应的栅格值的逻辑真假互不相同，即一个为 0，一个为非 0，则输出结果为真，赋值为 1；否则，输出结果为假，赋值为 0。

(4) 逻辑非(¬)：对一个栅格数据层进行逻辑"非"运算。如果栅格值为 0，则输出结果为 1；如果栅格值为非 0，则输出结果为 0。

例如，对于 C=A&B，解算过程如图 7-2-5 所示。其中，A、B、C 均为栅格数据层。

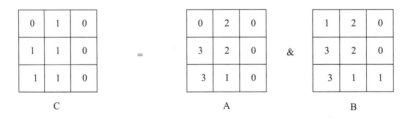

图 7-2-5　栅格数据逻辑判断复合运算示意图

2. 数学复合运算

数学复合运算是指不同层面的栅格数据逐网格按一定的数学法则进行运算，从而得到新的栅格数据系统的方法。其主要类型有以下几种。

(1) 算术运算。指两层以上的栅格数据层对应的网格值经加、减等算术运算，得到新的栅格数据系统的方法。这种复合分析法被广泛应用于地学综合分析、环境质量评价、遥感数字图像处理等领域(汤国安等，2010)。图 7-2-6 为该方法在栅格数据分析中的应用例证。

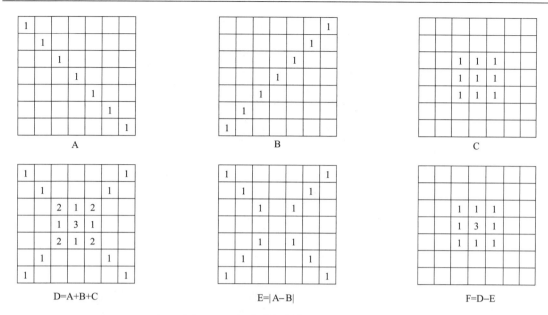

图 7-2-6 栅格数据的算术运算示意图

(2) 函数运算。栅格数据的函数运算指两个以上层面的栅格数据系统,以某种函数关系作为复合分析的依据进行逐网格运算,从而得到新的栅格数据系统的过程。这种复合叠置分析方法被广泛地应用于地学综合分析、环境质量评价、遥感数字图像处理等领域。类似这种分析方法在地学综合分析中具有十分广泛的应用前景。只要得到对于某项事物关系及发展变化的函数关系式,便可以完成各种人工难以完成的极其复杂的分析运算。这也是目前信息自动复合叠加分析法受到广泛应用的原因。

下面举例说明,例如,某森林地区的融雪经验模型为

$$M = (0.19T + 0.17D)$$

式中,M 为融雪速度(cm/d);T 为空气温度;D 为露点温度。

根据此方程,使用该地区的空气温度栅格图层和露点温度分布的栅格图层,就能计算出该地区的融雪速度分布图,如图 7-2-7 所示。计算过程是先分别把温度分布图乘以 0.19 和露点温度分布图乘以 0.17,再把得到的结果相加。根据这种方法,可以根据一些比较容易获得的专题信息(如空气温度、露点温度),计算出较难获得的专题信息(如融雪速度)。

7.2.3 栅格数据追踪分析

栅格数据的追踪分析是指对于特定的栅格数据系统,由某一个或多个起点,按照一定的追踪线索进行目标追踪或者轨迹追踪,以便进行信息提取的空间分析方法。例如,对于图 7-2-8 所示的栅格数据,栅格记录的是地面点的海拔高程值,根据地面水流向最大坡度方向流动的原理分析追踪线路,可以得出地面水流的基本轨迹。

追踪分析方法在扫描图件的矢量化、利用数字高程模型自动提取等高线、污染水源的追踪分析等方面发挥着十分重要的作用。图 7-2-9 所示为利用追踪分析得到的河流图。

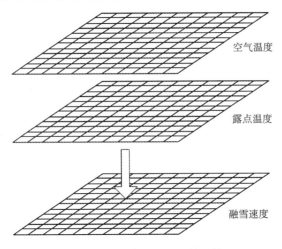

图 7-2-7 栅格数据的函数运算

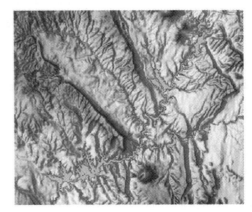

图 7-2-8 追踪分析提取水流路径　　　图 7-2-9 追踪分析得到的河流图

7.3 三维数据空间分析

三维空间分析实际上是对 x, y 平面的第三维变量的分析。第三维变量可能是地形，也可能是降雨量、土壤酸碱度等变量。本节的空间分析算法主要是针对地形，但有些也可以适用于其他方面，如趋势面用于降雨量分析等。

7.3.1 趋势面分析

空间趋势反映的是空间物体在空间区域上的变化的主体特征，因此它忽略了局部的变异以揭示总体规律。描述空间趋势是相当困难的，从理论上讲，空间梯度均值可以作为描述空间趋势的一个参数，但因其不能从空间的角度反映趋势，所以在实际应用当中很少使用。趋势面是揭示面状区域上连续分布现象空间变化规律的理想工具，也是实际当中经常使用的描述空间趋势的主要方法。经过适当的预处理，非连续分布的现象在面状区域上的空间趋势亦可以用趋势面来描述。

趋势面分析根据空间的抽样数据，拟合一个数学曲面，用该数学曲面来反映空间分布的变化情况。在数学上,趋势面分析问题实际上就是曲面拟合问题,而在应用上又必然考虑两方面的问题:一是数学曲面类型(数学表达式)的确定,二是拟合精度的确定。数学曲面类型的确定取决于两个因素:一是对空间分布特征的认识,对于在空间域上具有周期性变化特征的空间分布现象,从理论上说宜选用一个周期函数作为数学表达式,但这在地理数据分析中使用的并不多,一般情况下多选用多项式函数来作为数学表达式;表达式确定的另一个因素就是求解上的可行性和便利性,目前趋势面的求解均采用最小二乘方法,一般来说只有线性表达式以及可转化为线性的表达式方可求解,其他表达式的求解则相当困难。趋势面的拟合精度具有特殊性,它并不要求有很高的拟合精度,相反,过高的拟合精度会因数学曲面过于逼近实际分布曲面而难以反映分布的主体特征,达不到描述空间趋势的目的。趋势面分析将空间分布划分为趋势面部分和偏差部分,趋势面反映总体变化,受大范围系统性的因素控制。在采用多项式的趋势面分析中,可通过改变多项式的次数来控制拟合精度,以达到满意的分析结果。

假设二维空间中有 n 个观测点 $(X_l, Y_l, l=1,\cdots,n)$,观测值为 $Z_l(l=1,\cdots,n)$,则空间分布 Z 的趋势面可表示为 N 次多项式:

$$\hat{Z} = \sum_{\substack{i,j=0 \\ i+j \leqslant N}}^{N} a_{ij} X^i Y^j \tag{7-3-1}$$

式中,a_{ij} 通过最小二乘法求解,算法如下:

记

$$Q = \sum_{l=1}^{n} (Z_l - \hat{Z}_l)^2 \tag{7-3-2}$$

即

$$Q = \sum_{l=0}^{n} (Z_l - \sum_{l=0}^{N} a_{ij} X_l^i Y_l^j)^2 \tag{7-3-3}$$

为了尽可能地逼近 Z_l,Q 应当取极小。根据数学分析原理,当 Q 对于一切 a_{ij} 的偏导数为 0 时所确定的 a_{ij} 可使 Q 极小。不失一般性地,记 $i=r$,$j=s$ 时的 a_{ij} 为 Q_{rs},则

$$\frac{\partial Q}{\partial a_{rs}} = \sum_{l=1}^{n} (Z_i - \sum_{l=0}^{N} a_{ij} X_l^i Y_l^j) X_l^r Y_l^s = 0 \tag{7-3-4}$$

式(7-3-4)可变形为

$$\sum_{l=1}^{n} \sum_{l=1}^{n} (a_{ij} X_l^{i+r} Y_l^{j+s}) = \sum_{l=1}^{n} Z_l X_l^r Y_l^s \tag{7-3-5}$$

或者

$$\sum_{l=1}^{n} a_{ij} \sum_{l=1}^{n} (X_l^{i+r} Y_l^{j+s}) = \sum_{i=1}^{n} Z_l X_l^r Y_l^s \tag{7-3-6}$$

展开为

$$\sum_{l=1}^{n} Z_l X_l^r Y_l^s = a_{00} \sum_{l=1}^{n} X_l^r Y_l^s + a_{10} \sum_{l=1}^{n} X_l^{l+r} Y_l^s + \cdots$$
$$+ a_{01} \sum_{l=1}^{n} X_l^r Y_l^{l+s} + \cdots + a_{ij} \sum_{l=1}^{n} X_l^{i+r} Y_l^{j+s} + \cdots \quad (7\text{-}3\text{-}7)$$

取 r, $s=0,1,\cdots,n$, $r+s \leqslant n$, 则式(7-3-7)可以表示为式(7-3-8)所示的矩阵形式:

$$\begin{bmatrix} n & \sum_{l=1}^{n} X_l & \cdots & \sum_{l=1}^{n} X_l^i Y_l^j & \cdots & \sum_{l=1}^{n} Y_l^N \\ \sum_{l=1}^{n} X_l & \sum_{l=1}^{n} Y_l & \cdots & \sum_{l=1}^{n} X_l^{i+1} Y_l^j & \cdots & \sum_{l=1}^{n} Y_l^{N+1} \\ \vdots & \vdots & \vdots & \vdots & \vdots & \vdots \\ \sum_{l=1}^{n} X_l^i Y_l^j & \sum_{l=1}^{n} X_l^{i+1} Y_l^j & \cdots & \sum_{l=1}^{n} X_l^{i+i} Y_l^{j+j} & \cdots & \sum_{l=1}^{n} X_l^i Y_l^{j+N} \\ \sum_{l=1}^{n} Y_l^N & \sum_{l=1}^{n} X_l Y_l^{N+1} & \cdots & \sum_{l=1}^{n} X_l^i Y_l^{N+j} & \cdots & \sum_{l=1}^{n} Y_l^{N+N} \end{bmatrix} \begin{bmatrix} a_{00} \\ a_{10} \\ \vdots \\ a_{N0} \\ a_{01} \\ a_{11} \\ \vdots \\ a_{ij} \\ \vdots \\ a_{0N} \end{bmatrix} = \begin{bmatrix} \sum_{l=1}^{n} Z_l \\ \sum_{l=1}^{n} Z_l X_l \\ \vdots \\ \sum_{l=1}^{n} Z_l X_l^N \\ \sum_{l=1}^{n} Z_l Y_l \\ \sum_{l=1}^{n} Z_l X_l Y_l \\ \vdots \\ \sum_{l=1}^{n} Z_l X_l^i Y_l^j \\ \vdots \\ \sum_{l=1}^{n} Z_l Y_l^N \end{bmatrix} \quad (7\text{-}3\text{-}8)$$

通过解式(7-3-8)所示的线性方程组即可确定各 a_{rs} 的值, 从而确定式(7-3-1)。式(7-3-8)有解的充要条件是左边的矩阵可逆, 这在 n 足够大(至少不小于 $N+1$)、观测点之间较少共线的情况下是可以保证的。

对于 $N=2$ 的情况, 有

$$\begin{bmatrix} n & \sum X_l & \sum X_l^2 & \sum Y_l & \sum X_l Y_l & \sum Y_l^2 \\ \sum X_l & \sum X_l^2 & \sum X_l^3 & \sum X_l Y_l & \sum X_l^2 Y_l & \sum X_l^3 Y_l \\ \sum X_l^2 & \sum X_l^3 & \sum X_l^4 & \sum X_l^2 Y_l & \sum X_l^3 Y_l & \sum X_l^2 Y_l^2 \\ \sum Y_l & \sum X_l Y_l & \sum X_l^2 Y_l & \sum Y_l^2 & \sum X_l Y_l^2 & \sum Y_l^3 \\ \sum X_l Y_l & \sum X_l^2 Y_l & \sum X_l^3 Y_l & \sum Y_l^2 & \sum X_l^2 Y_l^2 & \sum X_l Y_l^3 \\ \sum Y_l^2 & \sum X_l Y_l^2 & \sum X_l^2 Y_l^3 & \sum Y_l^3 & \sum X_l Y_l^3 & \sum Y_l^4 \end{bmatrix} \begin{bmatrix} a_{00} \\ a_{10} \\ a_{20} \\ a_{01} \\ a_{11} \\ a_{02} \end{bmatrix} = \begin{bmatrix} \sum Z_l \\ \sum Z_l X_l \\ \sum Z_l X_l^2 \\ \sum Z_l Y_l \\ \sum Z_l X_l Y_l \\ \sum Z_l Y_l^2 \end{bmatrix} \quad (7\text{-}3\text{-}9)$$

多项式趋势面随着 N 值的不同, 其形态也不同, 图 7-3-1 是对一、二、三次多项式趋势面的一般形态及其剖面形态的描述。

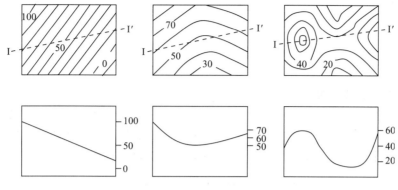

图 7-3-1 趋势面形态

当 N 确定后，式(7-3-1)唯一确定，则趋势面的拟合精度确定，因此设定不同的 N 值可获得不同的拟合精度。一般地讲，N 值越大，拟合精度越高。拟合精度 C 可以表示为

$$C = \left[1 - \frac{\sum_{i=1}^{n}(Z_i - \hat{Z}_i)^2}{\sum_{i=1}^{n}(Z_i - \overline{Z}_i)^2}\right] \times 100\% \quad (i=1,2,3,\cdots,n) \tag{7-3-10}$$

通常 C 为 60%~70%时，式(7-3-10)即能够揭示空间趋势。

对于抽样数据分布于规则格网(正方形格网)点上的情况，可以采用正交多项式作为趋势面数学表达式，以使计算简单，具体算法这里不再详述。

7.3.2 表面积计算

空间曲面表面积的计算与空间曲面拟合的方法，以及实际使用的数据结构(规则格网或者三角形不规则格网)有关。对分块曲面拟合，曲面表面积由分块曲面表面积之和给出，因此问题的关键是要计算出曲面片的表面积。对于全局拟合的曲面，通常也是将计算区域分成若干规则单元，对每个单元计算出其面积，以累计计算总面积。因此空间曲面的计算总可以归结为三角形格网上表面积的计算和正方形格网上的表面积计算。

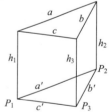

图 7-3-2 三角形格网

1. 三角形格网上的表面积计算

基于三角形格网的曲面插值总是使用一次多项式模型，所以三角格网上的曲面片实质上是平面片，如图 7-3-2 所示，P_1 P_2 P_3 构成的三角形上的曲面片(平面)面积为

$$\begin{cases} S = [P(P-a)(P-b)(P-c)]^{1/2} \\ P = (a+b+c)/2 \end{cases} \tag{7-3-11}$$

注意，a，b，c 的长度必须根据数据点 P_1、P_2、P_3 上的数据值 h_1、h_2、h_3 以及 $\triangle P_1 P_2 P_3$ 的边长 a'、b'、c'计算，显然有

$$\begin{cases} a = [a'^2 + (h_1 - h_2)^2]^{1/2} \\ b = [b'^2 + (h_2 - h_3)^2]^{1/2} \\ c = [c'^2 + (h_3 - h_1)^2]^{1/2} \end{cases} \tag{7-3-12}$$

2. 正方形格网上表面积的计算

正方形格网上的曲面片表面积的计算比较复杂，因为在正方形格网上，最简单形式的曲面模型为双线性多项式，其拟合面是一曲面，无法以简单的公式计算其曲面积。根据数学分析，某定义域 A 上，空间单值曲面 $Z=f(x,y)$ 的面积由以下重积分计算：

$$S = \iint_A (1 + f_x^2 + f_y^2)^{1/2} \mathrm{d}x\mathrm{d}y \tag{7-3-13}$$

式(7-3-13)一般无法直接计算，常用的方法是近似计算，这里我们来看一种比较常用的抛物线求积方法，亦称为辛普森方法(Simpson)。这一方法的基本思想是先用二次抛物面逼近面积计算函数，进而将抛物面的表面积计算转换为函数值计算。根据辛普森方法，有

$$\int_0^a f(x)\mathrm{d}x = \frac{1}{3}\frac{a}{n}[f_0 + f_n + 4(f_1 + f_3 + \cdots + f_{n-1}) + 2(f_2 + f_4 + \cdots + f_{n-2})] \tag{7-3-14}$$

辛普森方法将定积分计算转换为计算积分区间上的函数加权平均值。对于边长为 a 的正方形格网，其上的曲面 $f(x,y)$ 的表面积可以根据式(7-3-13)写为

$$S = \int_0^a \int_0^a (1 + f_x^2 + f_y^2)^{1/2} \mathrm{d}x\mathrm{d}y = \int_0^a \int_0^a \phi(x,y)\mathrm{d}x\mathrm{d}y = \int_0^a \mathrm{d}x \int_0^a \phi(x,y)\mathrm{d}y \tag{7-3-15}$$

据式(7-3-14)，式(7-3-15)中 $\int_0^a \phi(x,y)\mathrm{d}y$ 可写为

$$\int_0^a \phi(x,y)\mathrm{d}y = \frac{a}{3n}[\phi_{0x} + \phi_{nx} + 4(\phi_{1x} + \phi_{3x} + \cdots + \phi_{(n-1)x}) + 2(\phi_{2x} + \phi_{4x} + \cdots + \phi_{(n-2)x})] \tag{7-3-16}$$

将式(7-3-16)代入式(7-3-15)并进一步利用式(7-3-14)，可得

$$\int_0^a \left[\int_0^a \phi(x,y)\mathrm{d}y\right]\mathrm{d}x = \frac{a}{3n}\int_0^a [\phi_{0x} + \phi_{nx} + 4(\phi_{1x} + \phi_{3x} + \cdots + \phi_{n-1x}) + 2(\phi_{2x} + \phi_{4x} + \cdots + \phi_{(n-2)x})]\mathrm{d}x$$

$$= \frac{a}{9n^2}\{[\phi_{00} + \phi_{0n} + 4(\phi_{01} + \phi_{03} + \cdots + \phi_{0(n-1)}) + 2(\phi_{02} + \phi_{04} + \cdots + \phi_{0(n-2)})]$$

$$+ [\phi_{n0} + \phi_{nn} + 4(\phi_{n1} + \phi_{n3} + \cdots + \phi_{n(n-1)}) + 2(\phi_{n2} + \phi_{n4} + \cdots + \phi_{n(n-2)})]$$

$$+ 4[\phi_{10} + \phi_{1n} + 4(\phi_{11} + \cdots + \phi_{1(n-1)}) + 2(\phi_{12} + \phi_{14} + \cdots + \phi_{1(n-1)}) + 2(\phi_{12} + \phi_{14} + \cdots + \phi_{1(n-2)})]$$

$$+ 2[\phi_{20} + \phi_{2n} + 4(\phi_{21} + \phi_{23} + \cdots + \phi_{2(n-1)}) + 2(\phi_{22} + \phi_{24} + \cdots + \phi_{2(n-2)})] + \cdots\}$$

$$\tag{7-3-17}$$

上式中 n 为将格网边等分的数量，设 $n=2$，则有

$$S = a^2\left(\frac{1}{36}\phi_{00} + \frac{1}{36}\phi_{02} + \frac{1}{9}\phi_{01} + \frac{1}{36}\phi_{20} + \frac{1}{36}\phi_{22} + \frac{1}{9}\phi_{21} + \frac{1}{9}\phi_{10} + \frac{1}{9}\phi_{12} + \frac{4}{9}\phi_{11}\right) \tag{7-3-18}$$

设 $n=4$，则有

$$S = a^2(\frac{1}{144}\phi_{00} + \frac{1}{144}\phi_{04} + \frac{1}{36}\phi_{01} + \frac{1}{36}\phi_{03} + \frac{1}{72}\phi_{02} + \frac{1}{144}\phi_{40} + \frac{1}{144}\phi_{44} + \frac{1}{36}\phi_{41} + \frac{1}{36}\phi_{43} + \frac{1}{72}\phi_{42}$$
$$+ \frac{1}{36}\phi_{10} + \frac{1}{36}\phi_{14} + \frac{1}{9}\phi_{11} + \frac{1}{9}\phi_{13} + \frac{1}{18}\phi_{12} + \frac{1}{36}\phi_{30} + \frac{1}{36}\phi_{34} + \frac{1}{9}\phi_{31} + \frac{1}{9}\phi_{33} + \frac{1}{18}\phi_{32}$$
$$+ \frac{1}{72}\phi_{20} + \frac{1}{72}\phi_{24} + \frac{1}{18}\phi_{21} + \frac{1}{18}\phi_{23} + \frac{1}{36}\phi_{22})$$

(7-3-19)

以上系数分布如图 7-3-3 所示。根据辛普森方法的要求，正方形格网必须分为偶数块，n 必须为偶数，即 $n=2, 4, 6, 8, \cdots$。一般来说，n 越大计算越精确，但考虑到这种抛物面对面积函数的逼近本身就是一种近似，况且 n 的增大无疑会增大计算量，一般来说，取 $n=2$ 或 $n=4$ 是适宜的。

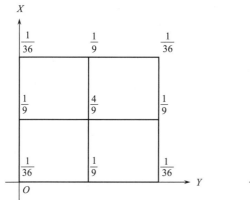
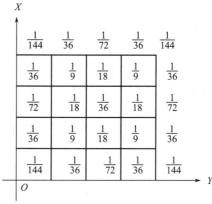

图 7-3-3　系数分布

7.3.3　体积计算

所谓体积通常是指空间曲面与一基准平面之间的空间的体积，在绝大多数情况下，基准平面是一水平面。基准平面的高度不同，尤其当高度上升时，空间曲面的高度可能低于基准平面，此时出现负的体积。在对地形数据的处理中，当体积为正时，工程中称为"挖方"，体积为负时，称为"填方"（图 7-3-4 中的阴影部分）。

体积的计算通常也是采用近似方法。由于空间曲面表示方法的差异，近似计算的方法也不一样，以下我们仅给出基于正方形格网和三角形格网的体积计算方法。其基本思想均是以基底面积（三角形或正方形）乘以格网点曲面高度的均值，区域总体积是这些基本格网的体积之和。

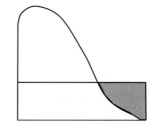

图 7-3-4　"挖方"与"填方"

图 7-3-5(a) 是基于三角形格网的情况，其基本格网上的体积计算公式为

$$V = S_A(h_1 + h_2 + h_3)/3 \quad (7\text{-}3\text{-}20)$$

其中 S_A 是基底格网三角形 A 的面积。图 7-3-5(b) 是基于正方形格网的情况，其体积为

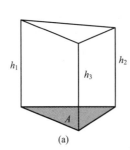
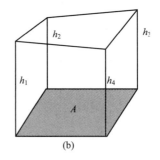

图 7-3-5　三角形格网与正方形格网

$$V = S_A(h_1 + h_2 + h_3 + h_4)/4 \qquad (7\text{-}3\text{-}21)$$

需要指出的是，式(7-3-20)给出的是相对于分块三角网曲面插值(线性插值)时的体积的精确值，而式(7-3-21)给出的则是近似值，因为正方形格网上无法进行平面插值。当要得到更加精确的体积时，需要进一步内插格网，格网越细，越容易逼近"精确值"。

7.3.4　坡度计算

坡度是地形描述中常用的参数，在各类工程中亦有很多用途，如农业土地开发中，坡度大于 25°的土地一般被认为是不宜开发的。空间曲面的坡度是点位的函数，除非曲面是一平面，否则曲面上不同位置的坡度是不相等的。给定点位的坡度是曲面上该点的法线方向 N 与垂直方向 Z 之间的夹角 α（图 7-3-6），由数学分析知，对曲面 $Z = f(x, y)$，给定点 (x_0, y_0, z_0) 的切平面方程为

$$f_x(x_0, y_0)(x - x_0) + f_y(x_0, y_0)(y - y_0) - (z - z_0) = 0$$

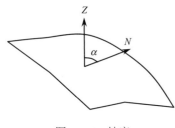

图 7-3-6　坡度

该点的法线方程为

$$f_x^{-1}(x_0, y_0)(x - x_0) + f_x^{-1}(x_0, y_0)(y - y_0) = -(z - z_0)$$

其方向数为 $f_x(x_0, y_0)$，$f_y(x_0, y_0)$ 和 -1，而垂直方向 Z 的方向数为 0，0，1，则有

$$\cos\alpha = \frac{1}{\sqrt{f_x^2(x_0, y_0) + f_y^2(x_0, y_0) + 1}} \qquad (7\text{-}3\text{-}22)$$

则

$$\alpha = \arccos[f_x^2(x_0, y_0) + f_x^2(x_0, y_0) + 1]^{-\frac{1}{2}}$$

由坡度的概念知 $0° \leq \alpha \leq 90°$，故由式(7-3-22)比较容易确定坡度值。对于特殊的应用场合，例如，对于 $Z = a_0 + a_1 x + a_2 y$（三角形格网上的曲面拟合），其三角形格网单元上的曲面为一平面，平面上的坡度处处相等，可以直接计算如下：

$$\alpha = \arccos(a_1^2 + a_2^2 + 1)^{-\frac{1}{2}} \qquad (7\text{-}3\text{-}23)$$

实际工作中，点上的坡度并无多大用处，通常总是计算基本格网单元上的平均坡度。平均坡度的计算可以通过计算若干点位上的坡度，然后取其平均值进行。但更常用的方法是在基本格网单元上用最小二乘逼近的方法拟合一平面，然后以式(7-3-23)计算平均坡度。

在三角形格网上,最小二乘逼近的平面与插值方法的平面是一致的,因为已知数据点与平面方程的待定系数个数相等。

对于正方形格网单元,其平面拟合的最小二乘逼近方法请参阅关于趋势面分析的内容。在此我们仅指出一点,因为我们在这里的目的是计算坡度,所以正方形格网的边长不能假设为 1,因为同样的数据对于不同大小的格网意味着不同的坡度,如果为了方便计算而将边长归算为1,那么数据点值应按相同的比率进行转换。

坡度计算的另一类方法是基于矢量数据的算法,它直接根据数据点值来进行计算。这类算法的原理是基于早在 20 世纪 50 年代就由苏联著名的地图学家伏尔科夫提出的等高线计算方法。该方法定义地表坡度为

$$\tan\alpha = h\sum l / P \tag{7-3-24}$$

式中,P 为测区面积;$\sum l$ 为测区等高线总长度;h 为等高距。

显然,该方法求出的是一个区域内坡度的均值,前提是量测区域内等高距相等。但对于测区较大或等高距不等时,用式(7-3-24)计算坡度便具有较大误差,这时可采用该方法的一种变通方法,即一种基于统计学理论的方法。该方法是基于地图上地形坡度越大等高线越密,反之,坡度越小等高线越稀这一地形地貌表示的基本逻辑,将所研究的区域划分为 $m\times n$ 个矩形子区域(格网),计算各子区域内等高线的总长度,再根据回归分析的方法统计计算出单位面积的内等高线长度值与坡度值之间的回归模型,然后将等高线的长度值转换成坡度值。这种算法的最大优点是可操作性强,且不受数据量的限制,能够处理海量数据。

7.3.5 坡向计算

1. 基于 DEM 的坡向计算

坡向与坡度是互相联系的两个参数,坡度反映斜坡的倾斜程度,坡向反映斜坡所面对的方向。当基于 DEM 计算坡向时,坡向定义为:过格网单元所拟合的曲面片上某点的切平面的法线的正方向在平面上的投影与正北方夹角,即法方向水平投影向量的方位角,坡向在图 7-3-7 中以 β 标识。

由数学分析知,设曲面 $Z=f(x, y)$ 在点 (x_0, y_0, z_0) 的切平面方程为

$$Z=Ax+By+C=f_x(x_0, y_0)x + f_y(x_0, y_0)y + C \tag{7-3-25}$$

则该点的坡向为

$$\beta=\arctan(A/B) \tag{7-3-26}$$

但根据此式计算的 β 在 $(-\frac{\pi}{2},\frac{\pi}{2})$ 中取值,而坡向应在 $(0, 2\pi)$ 中取值,判断 β 的实际值是一个相当麻烦的事,可以将 β 的取值根据 A,B 的取值情况列成表 7-3-1,通过查表确定最后的坡向值。表中"≈"意味着当 A(或 B)的绝对值很小时的情况,这与计算时的数值要求精度有关。一般来说,当 A 或 B 的绝对值足够小时,其 β 值趋向于 $\pm\frac{\pi}{2}$,因此可以根据情况设定一个 ξ 值,当 $|A|(|B|)<\xi$ 时,就可以认为 $|A|(|B|)=0$。

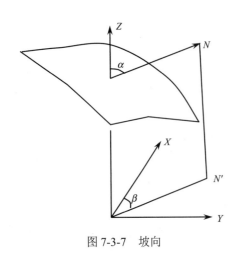

图 7-3-7 坡向

表 7-3-1 坡向角取值

A	B	β	坡向
>0	>0	$[0,\frac{\pi}{2}]$	β
>0	<0	$[-\frac{\pi}{2},0]$	$2\pi+\beta$
<0	>0	$[-\frac{\pi}{2},0]$	$\pi+\beta$
<0	<0	$[0,\frac{\pi}{2}]$	$\pi+\beta$
≈0	>0	0	$\frac{\pi}{2}$
>0	≈0	$\frac{\lambda}{2}$	0
≈0	<0	0	$\frac{\pi}{2}$
<0	≈0	$-\frac{\lambda}{2}$	π

无论是坡度还是坡向,在一个很小的范围内计算都只有理论上的意义,但计算的原理是一样的。以上介绍我们都是从 $Z=f(x,y)$ 出发,而不是直接从数据点值计算,主要就是考虑了这一点。

基于 DEM 的坡度与坡向计算的算法到目前为止多是基于格网点阵数据的,这类方法的算法易于程序化,实施起来并不困难,已有现成的算法。但有一个最大的缺点,就是数据量很大时,需要计算机内存容量比较大,若计算机容量小,必须将整个 DEM 进行分块处理。如果拥有的是矢量数据的话,那么要采用这类算法就首先要将矢量数据转换成格网数据,然后在此基础上进行曲面拟合和坡度与坡向的计算。那么在这一过程中,就存在着两次信息损失:首先是数据类型转换过程中的信息损失,即在将包含多个数据点的面上数据(矢量数据)转换成规则化的格网点上的数据(栅格数据)时对信息的丢失;其次是曲面拟合时的信息损失,即在用有限个格网点数据来模拟真实地表起伏时,所拟合的曲面与实际地表的误差。因此对矢量数据来说,能否用已有的真实数据直接(不丢失信息)来比较精确地计算坡度和坡向是值得研究的。

2. 基于矢量数据的坡向算法

这里我们给出一种基于矢量数据的坡向算法。这种基于矢量的坡向算法仍然是面向一个小格网单元的,这个格网单元可以是 DEM 的格网单元,也可以是任意定义的一个小窗口。每一窗口就是一个坡向计算的基本单位,用位于窗口内的每一个数据点来计算该窗口的坡向值,而不必再将窗口内的数据点先转换成窗口四个角点的数据。显然,如果落在这一窗口内的所有数据(面上数据)都参与运算的话,至少从理论上讲其计算精度要高于用少量点上的数据进行的模拟。如此,这种基于矢量数据的坡度与坡向运算的基础,是窗口内目标的检索与裁切。

这里我们首先定义坡向和等高线方向线。

坡向：是窗口内所有单根等高线的坡向值按等高线长度的加权平均值。

等高线方向线：根据等高线的数据点拟合的该等高线的最小二乘直线。这一算法的基本思想(图7-3-8)就是对窗口内的一组等高线，逐根用它的最小二乘直线来拟合，所拟合的直线就代表了该等高线的总体走向，我们将该直线称为这条等高线的方向线。计算出窗口内所有等高线方向线的法线，并取窗口内每根等高线的长度为权，根据等高线的数字化方向判断等高线的朝向用以确定法线方向，窗口内所有等高线法线方向的加权平均值定义为该窗口的坡向。

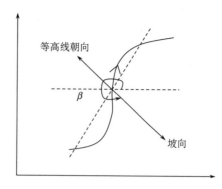

图 7-3-8 等高线方向线定义及坡向计算示意图

1) 等高线方向线的计算

设 $L=\{l_1, l_2, \cdots, l_m\}$ 为窗口内单根等高线的集合；设 $l_i=\{(x_1, y_1), (x_2, y_2), \cdots, (x_n, y_n)\}$ 为窗口内某等高线的坐标集合，并有 $l_i \in L$；设 l'_i 为 l_i 的基本走向线，其方程可设为 $Ax+By+C=0$

根据分布轴线方法，可依式(7-3-27)中的方程求得系数 A，B，C 为

$$\frac{B}{A} = \frac{(S_{yy} - S_{xx}) \pm \sqrt{(S_{yy} - S_{xx})^2 + 4S_{xy}^2}}{2S_{xy}} \tag{7-3-27}$$

$$C = -A\bar{x} - B\bar{y}$$

式中，$S_{xx} = \sum_{i=1}^{n}(x_i - \bar{x})^2$；$S_{yy} = \sum_{i=1}^{n}(y_i - \bar{y})^2$；$S_{xy} = \sum_{i=1}^{n}(x_i - \bar{x})(y_i - \bar{y})$；$\bar{x} = \sum_{i=1}^{n} x_i / n$；$\bar{y} = \sum_{i=1}^{n} y_i / n$。

正负号的取值取决于 S_{xx} 和 S_{yy} 的值。当 $S_{xx}<S_{yy}$ 时，取"+"，否则取"-"。根据矢量合成法则及微分学中值定理的思想，一条等高线各直线段的总体方位角可看作是各直线段矢量的合成矢量的方位角，即首末点的方位角。根据这一思想，等高线方向线可以更为简化地定义为：该等高线在窗口内的首末端点的连线。显然这一定义也使得坡向的算法更为简单。在这种定义前提下，便可设等高线在窗口内的首、末端点分别为(X_s, Y_s)和(X_e, Y_e)，于是有等高线方向线方程为

$$Ax+By+C=0 \tag{7-3-28}$$

显然，有

$$A=y_e-y_s, \quad B=x_s-x_e, \quad C=x_ey_s-x_sy_e$$

2) 等高线的坡向的确定

当等高线方向线确定之后，等高线方向线的斜率即为 $K=-B/A$，那么其法线的倾角 β_i（即坡向）与等高线方向线的倾角 α 相差为 $\pm 90°$。这里对正负号的确定必须依据等高线的方向来进行。在采用这种算法进行坡向计算时，可先将试验区的原始地貌数据文件中的等高线数据作有序化处理，即令所有等高线前进方向的左侧为山脊方向，右侧为山谷方向（或者相反）。据此，设(x_1', y_1')和(x_2', y_2')分别为在等高线上顺序所取的任意两点，并设

$$dx=(x_2', x_1'), \quad dy=(y_1', y_2')$$

则单根等高线的坡向 β_i 为

$$\beta_i = \begin{cases} \alpha - 90° & dx>0 \ \& \ dy>0 \parallel dx<0 \ \& \ dy>0 \\ \alpha + 90° & dx<0 \ \& \ dy<0 \parallel dx>0 \ \& \ dy<0 \end{cases} \quad (7\text{-}3\text{-}29)$$

则窗口的最终坡向为

$$\beta = (\sum_{i=1} l_i \times \beta_i) / \sum_{i=1} l_i \quad (7\text{-}3\text{-}30)$$

式中，l_i 为窗口内单根等高线的长度；$\sum l_i$ 为窗口内等高线的总长度。窗口内的坡向计算是以单根等高线长度为权的。

注意，这里得到的坡向值均是以正东方向（Y 方向）起算并按逆时针方向以 360°计，分区时可依此转换成东、南、西、北各方向描述语。图 7-3-9 为一窗口坡向计算示例，经计算该窗口坡向为 354.04°，归为东坡向区。

7.3.6 剖面计算

研究地形剖面，可以以线代面，概括研究区域的地势、地质和水文特征，包括区域内的地貌形态、轮廓形状，绝对与相对高度、地质构造、斜坡特征、

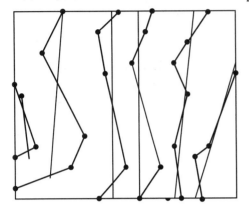

图 7-3-9 窗口坡向计算示例

地表切割强度和侵蚀因素等。如果在地形剖面上叠加表示其他地理变量，如坡度、土壤、岩石抗蚀性、植被覆盖类型、土地利用现状等，可以为大地侵蚀速度研究、农业生产布局的立体背景分析、土地利用规划，以及工程决策（如工程选线和位置选择）等提供参考。本节主要介绍自动绘制地形剖面图和各种类型综合剖面图的方法，包括任意地形剖面的内插算法，剖面上地理变量的自动叠加和表示，以及剖面图的解释和应用。地形剖面图的自动绘制和表示，是区域栅格数据的应用内容之一，是地理信息系统分析工具的组成部分，它为处理区域地理数据和分析地区性条件，提供了一种有效的研究手段。

剖面线的绘制如图 7-3-10 所示，在某数字高程模型（DEM）设置剖面线的起始点和终止点，设定剖面线，得到的剖面线如图 7-3-11 所示。

地形剖面线的生成方法包括：基于规则格网（grid）的方法、基于不规则三角网（TIN）的方法。

1）基于规则格网的剖面线生成算法

(1) 确定剖面线的起止点：由坐标确定，或用鼠标在三维场景中选择决定。

(2) 计算剖面线与经过网格的所有交点，内插出各交点的坐标和高程，将交点按离起始点的距离排序。

(3) 顺序连接相邻交点，得到剖面线。

(4) 选择一定的垂直比例尺和水平比例尺，以离起始点的距离为横坐标，以各点的高程值为纵坐标绘制剖面图。

2）基于不规则三角网的剖面线生成方法

(1) 用剖面所在的直线与 TIN 中的三角面的交点得到剖面线。

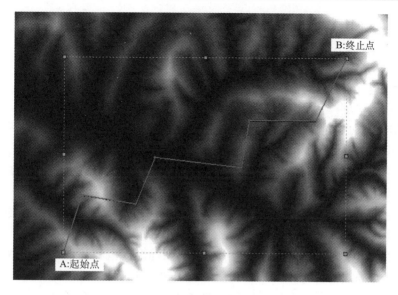

图 7-3-10　设置剖面线

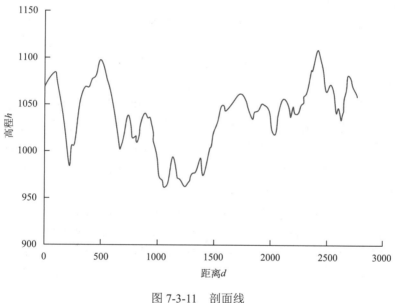

图 7-3-11　剖面线

(2) 先利用 TIN 中各三角形构建的拓扑关系快速找到与剖面线相交的三角面,再进行交点的计算,这样可以提高运算速度。

(3) 最后以距离起始点的距离为横坐标,以各点的高程值为纵坐标绘制剖面图。

7.3.7　可视性分析

可视性分析也称通视分析,属于对地形进行最优化处理的范畴,如设置雷达站、电视台的发射站、道路选择、航海导航等,在军事上如布设阵地(如炮兵阵地、电子对抗阵地)、设置观察哨所、铺架通信线路等。

可视性分析的基本因子有两个:一个是两点之间的可视性(intervisibility),另一个是可视域(viewshed)，即对于给定的观察点所覆盖的区域。

1. 判断两点之间的可视性的算法

比较常见的一种算法基本思路如下：

(1) 确定过观察点和目标点所在的线段与 XY 平面垂直的平面 S。

(2) 求出地形模型中与 S 相交的所有边。

(3) 判断相交的边是否位于观察点和目标点所在的线段之上，如果有一条边在其上，则观察点和目标点不可视。

另一种算法是所谓的"射线追踪法"。这种算法的基本思想是对于给定的观察点 V 和某个观察方向，从观察点 V 开始沿着观察方向计算地形模型中与射线相交的第一个面元，如果这个面元存在，则不再计算。显然这种方法既可用于判别两点相互间是否可视，又可以用于限定区域的水平可视计算。

需要指出的是，以上两种算法对于基于规则格网地形模型和基于 TIN 模型的可视分析都适用。对于基于等高线的可视分析，适宜使用前一种方法。

对于线状目标和面状目标，则需要确定通视部分和不通视部分的边界。

2. 计算可视域的算法

计算可视域的算法对于规则格网 DEM 和基于 TIN 的地形模型有所区别。基于规则格网 DEM 的可视域算法在 GIS 分析中应用较广。在规则格网 DEM 中，可视域经常是以离散的形式表示，即将每个格网点表示为可视或不可视，这就是所谓的"可视矩阵"。

计算基于规则格网 DEM 的可视域，一种简单的方法就是沿着视线的方向，从视点开始到目标格网点，计算与视线相交的格网单元(边或面)，判断相交的格网单元是否可视，从而确定视点与目标视点之间是否可视。显然这种方法存在大量的冗余计算。Van 和 Kreveld 提出了一种基于"线扫描"的算法，对于 n 个视点，算法的时间复杂度为 $O(n\log n)$。总的来说，由于规则格网 DEM 的格网点一般都比较多，相应的时间消耗比较大。针对规则格网 DEM 的特点，比较好的处理方法是采用并行处理。

基于 TIN 地形模型的可视域计算一般通过计算地形中单个的三角形面元可视的部分实现。Lee 讨论了离散的可视域的计算方法，实际上基于 TIN 地形模型的可视域计算与三维场景中的隐藏面消去问题相似，可以将隐藏面消去算法加以改进，用于基于 TIN 地形模型的可视域计算。这种方法在最复杂的情形下，时间复杂度为 $O(n^2)$。各种改进的算法基本都是围绕提高可视分析的速度展开的。

3. 考虑地物高度的可视性计算模型

在实际应用中，有些分析的目的要求将地物的高度加入到 DEM 中，这时可视性的计算就不仅仅是上述所采用的仅关心地形的计算，而应该采用新的计算方法。如图 7-3-12 所示，计算图中所示建筑物 A 的顶层能看到的地面范围。设不可视的部分长度为 S，则有

$$S = \frac{v \times [(h+t)-(o+tw)]}{(H+T)-(h+t)} \tag{7-3-31}$$

式中，S 为不可视部分的长度；v 为可视部分的长度；H 为建筑物高度；T 为建筑物所在位置的地面高程；h 为中间障碍物的高度；t 为中间障碍物的地面高度；o 和 tw 分别为观察者的身高和所在位置的地面高程。

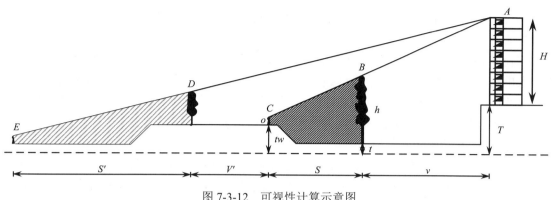

图 7-3-12 可视性计算示意图

4. 可视性分析的基本用途

可视性分析最基本的用途可以分为三种。

(1) 可视查询。可视查询主要是指对于给定的地形环境中的目标对象(或区域),确定从某个观察点观察,该目标对象是可视还是某一部分可视。可视查询中,与某个目标点相关的可视只需要确定该点是否可视即可。对于非点目标对象,如线状、面状对象,则需要确定某一部分可视或不可视。由此,也可以将可视查询分为点状目标可视查询、线状目标可视查询和面状目标可视查询等。

(2) 地形可视结构计算(即可视域的计算)。地形可视结构计算主要是针对环境自身而言,计算对于给定的观察点,地形环境中通视的区域及不通视的区域。地形环境中基本的可视结构就是可视域,它是构成地形模型中相对于某个观察点的所有通视的点的集合。利用这些可视点,即可以将地形表面可视的区域表示出来,从而为可视查询提供丰富的信息。

(3) 水平可视计算。水平可视计算是指对于地形环境给定的边界范围,确定围绕观察点所有射线方向上距离观察点最远的可视点。水平可视计算是地形可视结构计算的一种特殊形式,但它在一些特殊领域中有着广泛的应用,而且需要的存储空间很小。

5. 与可视性分析相关的应用问题

一般可将与数字高程模型问题有关的可视性应用分为三个方面。

1) 观察点问题

比较典型的观察点问题是在地形环境中选择数量最少的观察点,使得地形环境中的每一个点,至少有一个观察点与之可视,如配置哨位问题、设置炮兵观察哨、配置雷达站等问题。作为这类问题的延伸的一种常见问题,就是对于给定的观察点数目(甚至给定观察点高程),确定地形环境中可视的最大范围。

另一类问题就是与单个观察点相关的问题。如确定能够通视整个地形环境的高程值最小的观察点问题,或者给定高程,查找能够通视整个地形环境的观察点。这方面的例子如森林烽火塔的定位、电视塔的定位、旅游塔的定位等。

2) 视线通信问题

视线通信问题就是对于给定的两个或多个点,找到一个可视网络,使得可视网络中任意两个相邻的点之间可视。这类问题一般应用在微波站、广播电台、数字数据传输站点等网络的设计方面。另一种形式是对于给定的两个点,确定能够使得两个点之间任意相邻点可视的中间点的最小数目,如通信线路的铺设问题等,这种形式一般被称为"通视图"问题。

3) 表面路径问题

路径问题是指地形环境中与通视相关的路径设置问题。如对于给定两点和预设的观察点,求出给定两点之间的路径中,从预设观察点观察,没有一个点可通视的最短路径。相反的一种情况,即为找到每一个点都通视的最短路径。前者的应用例子如走私者设计的走私路线;后者的应用例子,如旅游风景点中旅游路线的设置。

6. 基于 GIS 的可视性分析

在实际应用中,人们常常面临这样一个事实:在确定某一与可视性分析有关的问题时,常常需要大量的外部因素条件,而不仅仅是地形因素。例如,为了确定电视塔的最佳位置,除地形因素外,还需要考虑地质、地理位置、社会经济条件(如不能修建在文物古迹处、繁华的商业区中等)及其他条件(如不能修建在军事禁地等)。对于这样复杂的应用,显然仅仅依靠DEM 是无法完成的。一种较好的方法是利用 GIS 中的数据库,辅助数字高程模型进行可视性分析,这样得到的结果是令人满意的。

本小节以基于 GIS 的观察位置的自动确定为例。如图 7-3-13 所示为使用 GIS 进行可视性分析自动确定最佳观察位置的处理流程图。

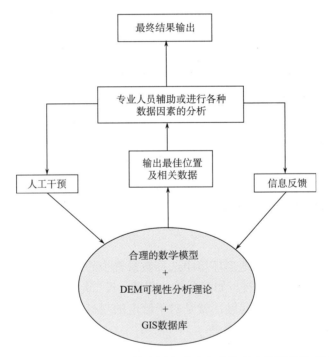

图 7-3-13 使用 GIS 进行可视性分析自动确定最佳观察位置的处理流程图

基于 GIS 的观察位置自动确定这类问题的解决步骤可归纳如下。

(1) 采集一定格网的 DEM 数据。根据不同的具体情况可采用不同的采集方式,如可直接利用解析测图仪立体切准或先测等高线后进行转化;可使用数字摄影测量直接或交互式地获取 DEM;可对现有地图进行扫描矢量化然后转化为格网 DEM 等。

(2) 建立 GIS 数据库。包括各种资料的输入,如地形数据、地质数据、经济数据、社会数据、规划数据等。

(3) 建立合理的数学模型。一方面根据具体的情况建立合适的数学模型。如在确定电视塔的定位时，由于电磁波是以其辐射源为中心，以球面波的方式向各个方向传播，在传播的过程中必然有衰减效应，如何建立合适的模型来顾及这种情况等。另一方面在综合考虑时需建立分析模型，如线性回归模型、多元统计模型、加权统计模型、条件统计模型、系统动力学、模糊综合评判模型等。实际应用中采用其中的一个或几个模型的组合。

(4) 获取 GIS 数据库中的知识。从数据库中发现知识(knowledge discovery from database, KDD)是一项复杂困难但又极具广阔前景和挑战性的技术。从 GIS 数据库中可以发现的主要知识类型包括：普通的几何和属性知识、空间分布规律、空间关联规则、空间聚类规则、空间特征规则、空间分区规则、空间演变规则、面向对象的知识等(李德仁等，2002)。可采用的知识发现方法包括统计方法、归纳方法、聚类方法、空间分析方法、探测性分析、Rough 集方法等。对于一般的应用，从 GIS 数据库中获取的主要是属性信息。由于目前一般 GIS 采用关系数据库来管理属性数据库，故可通过对关系数据库获取数据的方法来获得 GIS 数据库中的知识。

(5) 专业人员辅助进行或对各种反馈的数据进行分析。如某些要素权重的配置是否合适，可视的区域覆盖率(指当某一位置被确定后，从该位置出发，可以"看"到的区域表面积占整个范围的百分比率)是否合理，在一定的投资条件下对位置确定有何影响，在某种特殊条件下(比如必须到达 90%的覆盖率)的需求等。

(6) 人工交互干预，对信息进行反馈。当发现选择的位置达不到预想的要求时，或者发现由于对某些因素的过轻或过重的考虑而导致不合理的结果时，要进行重新调整，重新计算。

7.4 空间数据统计分析

空间统计分析主要用于空间数据的分类与综合评价，它涉及空间和非空间数据的处理和统计计算。为了将空间实体的某些属性进行横向或纵向比较，往往将实体的某些属性制作成统计图表，以便进行直观的综合评价。有时，人们不满足于某些绝对指标的显示与分析，需要了解它的相对指标，因而密度计算也是空间统计分析的常用方法。另外，空间数据之间存在着许多相关性和内在联系，为了找出空间数据之间的主要特征和关系，需要对空间数据进行分类评价。或者说进行空间聚类分析。空间统计的方法很多，这里主要介绍多元统计分析、空间点模式分析、空间自相关分析、地学统计分析等。

7.4.1 多元统计分析

多元统计分析是从经典统计学中发展起来的一个分支，是一种综合分析方法，它能够在多个对象和多个指标相互关联的情况下分析它们的统计规律。这里主要介绍主成分分析、层次分析、系统聚类分析、判别分析等方法。

1. 主成分分析

地理问题往往涉及大量相互关联的自然和社会要素，众多的要素常常给模型的构造带来很大困难，同时也增加了运算的复杂性。为使用户易于理解和解决现有存储容量不足的问题，有必要减少某些数据而保留最必要的信息。因为地理变量中许多变量都是相互关联的，所以就需要按这些关联关系进行数学处理以达到简化数据的目的。主成分分析是通过数理统计分析，求得各要素间线性关系的实质上有意义的表达式，将众多要素的信息压缩表达为若干具有代表性的合成变量，这就克服了变量选择时的冗余和相关，然后选择信息最丰富的少数因子进行各种聚类分析，构造应用模型。

设有 n 个样本，p 个变量。将原始数据转换成一组新的特征值——主成分，主成分是原变量的线性组合且有正交特征。即将 x_1, x_2, $\cdots$, x_p 综合成 $m(m<p)$ 个指标 z_1, z_2, $\cdots$, z_m，即

$$z_1 = l_{11} \times x_1 + l_{12} \times x_2 + \cdots + l_{1p} \times x_p$$
$$z_2 = l_{21} \times x_1 + l_{22} \times x_2 + \cdots + l_{2p} \times x_p$$
$$\cdots\cdots$$
$$z_m = l_{m1} \times x_1 + l_{m2} \times x_2 + \cdots + l_{mp} \times x_p$$

(7-4-1)

这样决定的综合指标 z_1, z_2, $\cdots$, z_m 分别称作原指标的第一，第二，$\cdots$，第 m 主成分。其中 z_1 在总方差中占的比例最大，其余主成分 z_2, z_3, $\cdots$, z_m 的方差依次递减。在实际工作中常挑选前几个方差比例最大的主成分，这样既减少了指标的数目，又抓住了主要矛盾，简化了指标之间的关系。

从几何上看，找主成分的问题，就是找 p 维空间中椭球体的主轴问题，从数学上容易得到它们是 x_1, x_2, $\cdots$, x_p 的相关矩阵中 m 个较大特征值所对应的特征向量，通常用雅可比(Jacobi)法计算特征值和特征向量。

很显然，主成分分析这一数据分析技术是把数据减少到易于管理的程度，也是将复杂数据变成简单类别便于存储和管理的有力工具。地理研究和生态研究的 GIS 用户常使用上述技术，因而应把这些变换函数作为 GIS 的组成部分。

2. 层次分析

层次分析法(analytic hierarchy process，AHP)，由美国运筹学家 Saaty 提出(Saaty，1980)，是一种定性与定量相结合的决策分析方法。AHP 将决策者对复杂问题的决策思维过程模型化、数量化，通过这种方法，可以将复杂问题分解为若干层次和若干因素，在各因素之间进行简单的比较和计算，就可以得出不同方案重要性程度的权重，从而为决策方案的选择提供依据(Saaty，2004；徐建华，2010)。在模型涉及大量相互关联、相互制约的复杂因素的情况下，各因素对问题的分析有着不同的重要性，决定它们对目标重要性的序列，对建立模型十分重要。AHP 方法把相互关联的要素按隶属关系分为若干层次，请有经验的专家对各层次各因素的相对重要性给出定量指标，利用数学方法综合专家意见给出各层次各要素的相对重要性权值，作为综合分析的基础。例如，要比较 n 个因素 $y=\{y_1, y_2, \cdots, y_n\}$ 对目标 Z 的影响，确定它们在 Z 中的比重，每次取两个因素 y_i 和 y_j，用 a_{ij} 表示 y_i 与 y_j 对 Z 的影响之比，全部比较结果可用矩阵 $A=(a_{ij})_{n \times n}$ 表示，A 称为成对比矩阵，应满足：

$$a_{ij}>0, \quad a_{ji}=1/a_{ij} \quad (i, j=1, 2, \cdots, n) \tag{7-4-2}$$

式使(7-4-2)成立的矩阵称正互反阵，不难看出必有 $a_{ii}=1$。

在旅游问题中，假设某人考虑 5 个因素：费用 y_1、景色 y_2、居住条件 y_3、饮食条件 y_4、旅途条件 y_5。他用成对比较法得到的正互反阵是：

$$A = \begin{bmatrix} y_1 \\ y_2 \\ y_3 \\ y_4 \\ y_5 \end{bmatrix} \begin{bmatrix} & y_1 & y_2 & y_3 & y_4 & y_5 \\ & 1 & 2 & 7 & 5 & 5 \\ & 1/2 & 1 & 4 & 3 & 3 \\ & 1/7 & 1/4 & 1 & 1/2 & 1/3 \\ & 1/5 & 1/3 & 2 & 1 & 1 \\ & 1/5 & 1/3 & 3 & 1 & 1 \end{bmatrix} \qquad (7\text{-}4\text{-}3)$$

在式(7-4-3)中 $a_{12}=2$ 表示 y_1 与景色 y_2 对选择旅游点(目标 Z)的重要性之比为 2:1；$a_{13}=7$，表示费用 y_1 与居住条件 y_3 之比为 7:1；$a_{23}=4$，则表示景色 y_2 与居住条件 y_3 之比为 4:1。如果 A 不是一致阵(即 A_{12}、A_{23} 不等于 A_{13})，需求正互反阵最大特征值对应的特征向量，作为权向量。

3. 系统聚类分析

聚类分析的主要依据是把相似的样本归为一类，而把差异大的样本区分开来。在由 m 个变量组成为 m 维的空间中可以用多种方法定义样本之间的相似性和差异性统计量。

用 x_{ik} 表示第 i 个样本第 k 个指标的数据；x_{jk} 表示第 j 个样本第 k 个指标数据；d_{ij} 表示第 i 个样本和第 j 个样本之间的距离。根据不同的需要，距离可以定义为许多类型，最常见、最直观的距离是欧几里得距离(欧氏距离)，其定义如下：

$$d_{ij} = \{[\sum_{k=1}^{m}(x_{ik} - x_{jk})^2]/m\}^{1/2} \qquad (7\text{-}4\text{-}4)$$

依次求出任意两个点的距离系数 $d_{ij}(i, j=1, 2, \cdots, n)$ 以后，则可形成一个距离矩阵。它反映了地理单元的差异情况，在此基础上就可以根据最短距离法或最长距离法或中位线法等进行逐步归类，最后形成一张聚类分析谱系图，如图7-4-1所示。

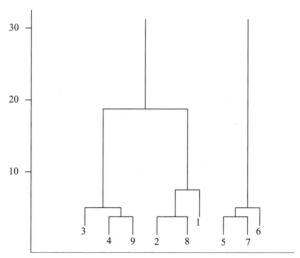

图 7-4-1 九大农业区聚类分析谱系图

1. 东北区；2. 内蒙古及长城沿线区；3. 黄淮海区；4. 黄土高原区；5. 长江中下游区；6. 西南区；7. 华南区；8. 甘新区；9. 青藏区

除上述的欧氏距离外，定义相似程度的还有绝对值距离、切比雪夫距离、马氏距离、兰氏距离、相似系数和定性指标的距离等。

4. 判别分析

判别分析与聚类分析同属分类问题，不同的是，判别分析是预先根据理论与实践确定等级序列的因子标准，再将待分析的地理实体安排到序列的合理位置上的方法。判别分析对于诸如水土流失评价、土地适宜性评价等有一定理论根据的分类系统定级问题比较适用。

判别分析依其判别类型的多少与方法的不同，可分为两类判别：多类判别和逐步判别。判别分析要求根据已知的地理特征值进行线性组合，构成一个线性判别函数 Y，即

$$Y = c_1 \times x_1 + c_2 \times x_2 + \cdots + c_m \times x_m = \sum_{k=1}^{m} c_k \times x_k \tag{7-4-5}$$

式中，$c_k (k=1, 2, \cdots, m)$ 为判别系数，它可以反映各要素或特征值的作用方向、分辨能力和贡献率大小。只要确定了 c_k，判别函数 Y 也就确定了。x_k 为已知各要素(变量)的特征值。为了使判别函数 Y 能充分地反映出 A、B 两种地理类型的差别，就要使两类之间均值差 $[\overline{Y}(A) - \overline{Y}(B)]^2$ 尽可能大，而各类内部的离差平方和尽可能小。只有这样，其比值 I 才能达到最大，从而能将两类清楚地分开。其表达式为

$$I = \frac{[\overline{Y}(A) - \overline{Y}(B)]^2}{\sum_{i=1}^{n_1}[Y_i(A) - \overline{Y}(A)]^2 + \sum_{i=1}^{n_2}[Y_i(B) - \overline{Y}(B)]^2} \tag{7-4-6}$$

判别函数求出以后，还需要计算出判别临界值，然后进行归类。不难看出，经过等级判别所做的分类是符合区内差异小而区际差异大的划区分类原则的。

目前在地理信息系统中发展了一种因素模糊评价模型，相当于模糊评判分析。该方法首先根据标准类别参数的指标空间确定各因素各类别对目标的支配隶属度，作为判别距离的度量，再结合要素的权重指数，采用适当的模糊算法，计算各地理实体的归属等级类别，作为评价的基础。该方法通过隶属度表达人们对目标与因素之间关系的模糊性认识，用适当的算法将这种认识量化并反映到结果的分类中，对地理学中的评价与规划问题非常有用。

7.4.2 空间点模式分析

点模式是研究区域 R 内的一系列点的组合。研究区域 R 的形状可以是矩形，也可以是复杂的多边形区域。在研究区域，虽然点在空间上的分布千变万化，但是不会超出从均匀到集中的模式。因此一般将点模式区分为三种基本类型：聚集分布、随机分布、均匀分布。

空间点模式的研究一般是基于所有观测点事件在地图上的分布，也可以是样本点的模式。因为点模式关心的是空间点分布的聚集性和分散性问题，所以地理学家在研究过程中发展了两类点模式的分析方法：第一类是以聚集性为基础的基于密度的分析方法；第二类是以分散性为基础的基于距离的方法(王远飞和何洪林，2007)。

1. 基于密度的分析方法

基于密度的空间点模式分析方法根据空间点对象的聚集性来判断其分布模式，常用的方法包括样方分析法、核密度估计法等。

1) 样方分析法

样方分析(quadrat analysis, QA)是研究空间点模式的最常用的直观方式，其基本思想是通过空间上点分布密度的变化探索空间分布模式。一般使用随机分布模式作为理论上的标准分

布，将 QA 计算的点密度和理论分布做比较，判断点模式属于聚集分布、均匀分布还是随机分布。

QA 的一般过程是：首先，将研究区域划分为规则的正方形网格区域；其次，统计落入每个网格中点的数量，由于点在空间上分布的疏密性，有的网格中点的数量多，有的网格中点的数量少，有的网格中点的数量甚至为零；再次，统计出包含不同数量点的网格数量的频率分布；最后，将观测得到的频率分布和已知的频率分布或理论上的随机分布作比较，判断点模式的类型。

QA 中对分布模式的判别产生影响的主要因素有：样方的形状，采样的方式，样方的起点、方向和大小等，这些因素会影响到点的观测频次和分布。从统计意义上看，使用大量的随机样方估计才能获得研究区域点密度的公平估计。当使用样方技术分析空间点模式时，首先需要注意的是样方的尺寸选择对计算结果会产生很大的影响。一些学者研究认为：最优的样方尺寸是根据区域的面积和分布于其中的点的数量确定的，计算公式为

$$Q=2A/n \tag{7-4-7}$$

式中，Q 是样方的尺寸(面积)；A 为研究区域的面积；n 为研究区域中点的数量。最优样方的边长取 $\sqrt{2A/n}$。

当样方的尺寸确定后，利用这一尺寸建立样方网格覆盖研究区域或者采用随机覆盖的方法，统计落入每个样方中的数量，建立其频率分布。根据得到的频率分布和已知的点模式的频率分布的比较，判断点分布的空间模式。

2) 核密度估计法

核密度估计法(kernel density estimation, KDE)认为地理事件可以发生在空间的任何位置上，但是在不同的位置上，事件发生的概率不一样。点密集的区域事件发生的概率高，点稀疏的地方事件发生的概率低。因此可以使用事件的空间密度分析和表示空间点模式。KDE 反映的就是这样一种思想。和样方计数法相比较，KDE 更加适合于用可视化方法表示分布模式。

在 KDE 中，区域内任意一个位置都有一个事件密度，这是和概率密度对应的概念。空间模式在点 S 上的密度或强度是可测度的，一般通过测量定义在研究区域中单位面积上的事件数量来估计。虽然存在多种事件密度估计的方法，其中最简单的方法是在研究区域中使用滑动的圆来统计出落在圆域内的事件数量，再除以圆的面积，就得到估计点 S 处的事件密度。设 S 处的事件密度为 $\lambda(s)$，则

$$\lambda(s) = \frac{\#S \in C(s,r)}{\pi r^2} \tag{7-4-8}$$

式中，$C(s,r)$ 是以点 s 为圆心，r 为半径的圆域；#表示事件 S 落在圆域 C 中的数量。

核密度估计是一种统计方法，属于非参数密度估计的一类，其特点是没有一个确定的函数形式及通过函数参数进行密度计算，而是利用已知的数据点进行估计。方法是在每一个数据点处设置一个核函数，利用该核函数(概率密度函数)来表示数据在该点邻域内的分布。对于整个区域内所有需要计算密度的点，其数值可以看作是其邻域内的已知点处的核函数对该点的贡献之和。因此，对于任意一点 x，邻域内的已知点 x_i 对它的贡献率取决于 x 到 x_i 的距离，也取决于核函数的形状以及核函数取值的范围(称为带宽)。设核函数为 K，其带宽为 h，则 x 点处的密度估计为

$$f(x) = \frac{1}{n}\sum_{i=1}^{n} K\left(\frac{x-x_i}{h}\right) \tag{7-4-9}$$

式中，$K(\ )$ 为核函数；$h>0$ 为带宽；$x-x_i$ 表示估值点到事件 x_i 处的距离。

对核函数 K 的选择通常是一个对称的单峰值在 0 处的光滑函数。其中，高斯函数使用最为普遍，同时也可以使用如表 7-4-1 所示的各种函数作为核函数。

表 7-4-1　核函数的类型

核函数名称	函数	条件
高斯（正态）函数	$\frac{1}{\sqrt{2\pi}}\exp(-\frac{1}{2}u^2)$	$-\infty < u < \infty$
三角函数	$1-\lvert u\rvert$	$\lvert u\rvert \leqslant 1$
二次函数	$(3/4)(1-u^2)$	$\lvert u\rvert \leqslant 1$
四次函数	$(15/16)(1-u^2)^2$	$\lvert u\rvert \leqslant 1$

表 7-4-2 中的核函数中，带宽的选择是关键，它决定了生成的密度图形的光滑性。带宽选择的小，则生成的图形比较尖锐；带宽选择的大，生成的图形则比较平缓，会掩盖密度的结构。所以，带宽的选择需要经过多次试验研究才能最终确定。

核函数的数学形式确定后，如何确定带宽对于点模式的估计非常重要。KDE 估计中，带宽 h 的确定或选择对于计算结果影响很大。一般而言，随着 h 的增加，空间上点密度的变化更为光滑；当 h 减小时，估计点密度变化突兀不平。那么如何选择 h 呢？在具体的应用实践中，h 的取值是有弹性的，需要根据不同的 h 值进行试验，探索点密度曲面的光滑程度，以检验 h 的尺度变化对于 $\lambda(s)$ 的影响。需要指出的是，前面所考虑的带宽 h 在研究区域 R 中是不变的。为了改善估计的效果，还可以根据 R 中点的位置调整带宽 h 的值，这种 h 值的局部调节是自适应的方法。在自适应光滑过程中，根据点的密集程度自动调节 h 值的大小：在事件密集的子区域，具有更加详细的密度变化信息，因此 h 取值小一点；而在事件稀疏的子区域，h 的取值大一些。

2. 基于距离的分析方法

基于距离的分析方法根据空间点对象之间的距离判断空间点的分布模式。具体方法包括最邻近距离法、G 函数、F 函数、K 函数、L 函数等。

1）最邻近距离法

最邻近距离法（也称最邻近指数法）使用最邻近的点对之间的距离描述分布模式，形式上相当于密度的倒数（每个点代表的面积），可以看作是与点密度相反的概念。最邻近距离法首先计算最邻近的点对之间的平均距离，然后比较观测模式和已知模式之间的相似性。一般将随机模式作为比较的标准，如果观测模式的最邻近距离大于随机分布的最邻近距离，则观测模式趋向于均匀，如果观测模式的最邻近距离小于随机分布模式的最邻近距离，则趋向于聚集分布。

最邻近距离是指任意一个点到其最邻近的点之间的距离。利用欧氏距离公式，可以容易地得到研究区域中每个事件的最邻近点及其距离。

为了使用最邻近距离测度空间点模式，1954 年 Clark 和 Evans 提出了最邻近指数法

(NNI)。NNI 的思想相当简单,首先对研究区内的任意一点都计算最邻近距离,然后取这些最邻近距离的均值作为评价模式分布的指标。对于同一组数据,在不同的分布模式下得到的 NNI 是不同的,根据观测模式的 NNI 计算结果与 CSR 模式 NNI 比较,就可判断分布模式的类型,这里的 CSR 模式指的是纯随机模式。地理研究中常见的点模式有:纯随机空间模式(CSR)、聚类模式(CP)和规则模式(RP)。CSR 模式满足如下条件:研究区域的任何地方具有同等几率接受点,也即区域是均质的;一个点区位的选择不会影响另一个点区位的选择,即点是相互独立的。一般而言,在聚集模式中,因为点在空间上多聚集于某些区域,所以点之间的距离小,计算得到的 NNI 应当小于 CSR 的 NNI;而均匀分布模式下,点之间的距离比较平均,因此平均的最邻近距离大,且大于 CSR 下的 NNI。因此,通过最邻近距离的计算和比较就可以评价和判断分布模式。NNI 的一般计算过程如下:

(1) 计算任意一点到其最邻近点的距离(d_{min})。

(2) 对所有的 d_{min},按照模式中点的数量 n,求平均距离,即

$$\overline{d_{min}} = \frac{1}{n}\sum_{i=1}^{n} d_{min}(s_i) \tag{7-4-10}$$

式中,d_{min} 表示每个事件到其最邻近点的距离;s_i 为研究区域中的事件;n 是事件的数量。

(3) 在 CSR 模式中同样可以得到平均的最邻近距离,其期望为 $E(d_{min})$,于是定义最邻近指数 R 为

$$R = \frac{\overline{d_{min}}}{E(d_{min})} \text{ 或 } R = 2\overline{d_{min}}\sqrt{n/A} \tag{7-4-11}$$

根据理论研究,在 CSR 模式中平均最邻近距离与研究区域的面积 A 和事件数量 n 有关,即

$$E(\overline{d_{min}}) = \frac{1}{2\sqrt{n/A}} = \frac{1}{2\sqrt{\lambda}} \tag{7-4-12}$$

考虑研究区域的边界修正时,上式改写为

$$E(d_{min}) = \frac{1}{2}\sqrt{A/n} + (0.0541 + \frac{0.041}{\sqrt{n}})\frac{p}{n} \tag{7-4-13}$$

式中,p 为边界周长。

根据观测模式和 CSR 模式的最邻近距离或最邻近指数,我们就可以对观测模式进行推断,依据如下:

(1) 如果 $R=1$,说明观测事件过程来自于完全随机模式 CSR,属于随机分布。

(2) 如果 $R<1$,说明观测事件不是来自于完全随机模式 CSR,这种情况表明大量事件在空间上相互接近,属于空间聚集模式。

(3) 如果 $R>1$,同样说明事件的过程是来自于 CSR,由于点之间的最邻近距离大于 CSR 过程的最邻近距离,事件模式中的空间点相互排斥地趋向于均匀分布。

在现实世界中,观测模式的分布呈现出各种各样的状态,除了完全随机模式,在理论上还存在极端聚集和极端均匀的情况。极端聚集状态下所有的事件发生在研究区域中的同一位置,这种情况下,$R=0$。

2) G 函数与 F 函数

最邻近指数法(NNI)中通过简单的距离概念揭示了分布模式的特征，但是只用一个距离的平均值概括所有邻近距离是有问题的。在点的空间分布中，简单的平均最邻近距离概念忽略了最邻近距离的分布信息在揭示模式特征中的作用。G 函数和 F 函数就是用最邻近距离的分布特征揭示空间点模式的方法。用最邻近距离分布信息揭示空间点模式的 G 函数和 F 函数是一阶邻近分析方法，这两个函数是关于最邻近距离分布的函数。

(1) G 函数。G 函数记为 $G(d)$。不同于 NNI 将所有的最邻近的信息包含于一个平均最邻近距离的处理方法，$G(d)$ 使用所有的最邻近事件的距离构造出一个最邻近距离的累积频率函数：

$$G(d) = \frac{\#(d_{\min}(s_i) \leq d)}{n} \tag{7-4-14}$$

式中，s_i 是研究区域中的一个事件；n 是事件的数量；d 是距离；$\#(d_{\min}(s_i) \leq d)$ 表示距离小于 d 的最邻近点的计数。随着距离的增大，$G(d)$ 也相应增大，因此 $G(d)$ 为累积分布。随着距离的增大，$G(d)$ 也相应增大，最邻近距离点累积个数也会增加，$G(d)$ 也随之增加，直到 d 等于最大的最邻近距离，这时最邻近距离点个数最多，$G(d)$ 的值为 1。$G(d)$ 是取值介于 0 和 1 的函数。

计算 $G(d)$ 的一般过程如下：①计算任意一点到其最邻近点的距离 $d_{\min}$；②将所有的最邻近距离列表，并按照大小排序；③计算最邻近距离的变程 R 和组距 D，其中 $R = \max(d_{\max}) - \max(d_{\min})$；④根据组距上限值，累积计数点的数量，并计算累积频数 $G(d)$；⑤画出关于 d 的曲线图。

(2) F 函数。F 函数与 G 函数类似，也是一种使用最邻近距离的累积频率分布描述空间点模式类型的一阶邻近测度方法，F 函数记作 $F(d)$。

F 函数和 G 函数的思想是一致的，但 F 函数首先在被研究的区域中产生一个新的随机点集 $P(p_1, p_2, \cdots, p_n)$，其中 p_i 是第 i 个随机点的位置。然后计算随机点到事件点 S 之间的最邻近距离，再沿用 G 函数的思想，计算不同最邻近距离上的累积点数和累积频率。其计算公式为

$$F(d) = \frac{\#(d_{\min}(p_i, S) \leq d)}{m} \tag{7-4-15}$$

式中，$d_{\min}(p_i, S)$ 表示从随机点 p_i 到事件点 S 的最邻近距离。

F 函数和 G 函数的计算过程是类似的。

虽然 F 函数和 G 函数都采用了最邻近距离的思想描述空间点模式，但是两者却存在着本质的差别：G 函数主要是通过事件之间的邻近性描述分布模式，而 F 函数则主要通过选择的随机点和事件之间的分散程度来描述分布模式，因此 F 函数曲线和 G 函数曲线呈相反的关系。在 F 函数中，若 F 函数曲线缓慢增加到最大，则表明是聚集模式；若 F 函数快速增加到最大，则表明是均匀分布模式。

3) K 函数与 L 函数

一阶测度的最邻近方法仅使用了最邻近距离测度点模式，只考虑了空间点在最短尺度上的关系，实际的地理事件可能存在多种不同尺度的作用。为了在更加宽泛的尺度上研究地理事件空间依赖性与尺度的关系，Ripley 提出了基于二阶性质的 K 函数方法。随后，Besag 又

将 K 函数变换为 L 函数。K 函数和 L 函数是描述在各向同性或均质条件下点过程空间结构的良好指标。

(1) K 函数。点 S_i 的近邻是距离小于等于给定距离 d 的所有点，即表示以点 S_i 为中心，d 为半径的圆域内点的数量。近邻点的数量的数学期望记为 $E(\#S \in C(s_i,d))$，有

$$\frac{E(\#S \in C(s_i,d))}{\lambda} = \int_{\rho=0}^{d} g(\rho)2\pi \mathrm{d}\rho \tag{7-4-16}$$

$E(\#S \in C(s_i,d))$ 表示以 S_i 为中心，距离为 d 的范围内事件数量的期望。

K 函数定义为

$$K(d) = \int_{\rho=0}^{d} g(\rho)2\pi \mathrm{d}\rho \tag{7-4-17}$$

或者

$$\lambda K(d) = E(\#S \in C(s_i,d)) \tag{7-4-18}$$

显然，$\lambda K(d)$ 就是以任意点为中心，半径为 d 的圆域内点的数量。于是 $K(d)$ 定义为以任意点为中心，半径为 d 范围内点的数量的期望除以点密度。

$K(d)$ 的估计记为 $\hat{K}(d)$，计算公式为

$$\hat{K}(d) = \frac{\sum_{1}^{n} \#(S \in C(s_i,d))}{n\lambda} \tag{7-4-19}$$

如用 $\hat{\lambda} = n/a$ 代替 λ（a 是研究区域的面积，n 是研究区域内点的数量），则有

$$\hat{K}(d) = \frac{E(\#S \in C(s_i,d))}{\hat{\lambda}} \tag{7-4-20}$$

或者

$$\hat{K}(d) = \frac{a}{n^2} \sum_{i=1}^{n} \#(S \in C(s_i,d)) \tag{7-4-21}$$

$\hat{K}(d)$ 的计算过程如下：

第一步，对于每一个事件都计算 $\hat{K}(d)$：①对于每一个事件设置一个半径为 d 的圆；②统计 d 距离内点的数量；③将所有事件 d 距离内的点的数量求和，然后用 n 乘以密度除以面积。

第二步，对任意的距离 d，重复执行上述过程。为了便于算法设计，$\hat{K}(d)$ 的估计还可以写成下述形式：

$$\hat{K}(d) = \frac{1}{\hat{\lambda}} \sum_{i=1}^{n} \sum_{j=1, i \neq j}^{n} I_d(d_{ij}) = \frac{a}{n^2} \sum_{i=1}^{n} \sum_{j=1, i \neq j}^{n} I_d(d_{ij}) \tag{7-4-22}$$

式中，若 $d_{ij} \leqslant d$，$I_d(d_{ij}) = 1$；若 $d_{ij} > d$，$I_d(d_{ij}) = 0$。

在均质条件下，如果点过程是相互独立的 CSR，则对于所有的 ρ，有 $g(\rho) = 1$，且

$$K(d) = \pi d^2 \tag{7-4-23}$$

或者

$$E(\hat{K}(d)) = K(d) = \pi d^2 \tag{7-4-24}$$

于是比较 $\hat{K}(d)$ 和 $K(d)$ 就能建立判别空间点模式的准则。需要注意的是 K 函数比一阶方法能够给出更多的信息，特别是能够告诉我们空间模式和尺度的关系。

$\hat{K}(d) = \pi d^2$，表示在 d 距离上 $\hat{K}(d)$ 和来自于 CSR 过程的事件的期望值相同。

$\hat{K}(d) > \pi d^2$，表示在 d 距离上点的数量比期望的数量更多，于是 d 距离上的点是聚集的。

$\hat{K}(d) < \pi d^2$，表示在 d 距离上点的数量比期望的数量更少，于是 d 距离上的点是均匀的。

(2) L 函数。K 函数在使用上不是非常方便。对于估计值和理论值的比较隐含着更多的计算量，而且 K 函数曲线图的表示能力有限。于是 Besag 提出了以零为比较标准的规格化函数（即 L 函数），其形式为

$$L(d) = \sqrt{K(d)/\pi} - d \tag{7-4-25}$$

于是，$L(d)$ 的估计 $\hat{L}(d)$ 可写成

$$\hat{L}(d) = \sqrt{\hat{K}(d)/\pi} - d \tag{7-4-26}$$

从 K 函数到 L 函数的变换，相当于 K 函数 $\hat{K}(d)$ 减去其期望值，在 CSR 模式中，$L(d) = 0$。L 函数不仅简化了计算，而且更容易比较观测值和 CSR 模式的理论值之间的差异。在 L 函数图中，正的峰值表示点在这一尺度上的聚集或吸引，负的峰值表示点的均匀分布或在空间上的排斥。

7.4.3 空间自相关分析

空间自相关是空间地理数据的重要性质，空间上邻近的面积单元中地理变量的相似性特征将导致二阶效应。在面状数据的背景上，二阶效应又称为空间自相关。空间自相关的概念来自于时间序列的自相关，所描述的是在空间域中位置上的变量与其邻近位置上同一变量的相关性。对于任何空间变量(属性)Z，空间自相关测度的是 Z 的近邻值对于 Z 相似或不相似的程度。如果邻接位置上相互间数值接近，空间模式表现出正空间自相关；如果相互间的数值不接近，空间模式表现出负空间自相关。

空间自相关是指一个区域分布的地理事物的某一属性和其他所有事物的同种属性之间的关系，研究的是不同观察对象的同一属性在空间上的相互关系。

空间自相关性使用全局和局部两种指标来度量，全局指标用于探测整个研究区域的空间模式，使用单一的值来反映该区域的自相关程度；局部指标计算每一个空间单元与邻近单元就某一属性的相关程度。

1. 空间邻接性与空间权重矩阵

1) 空间邻接性

空间邻接性就是面积单元之间的"距离关系"，基于"距离"的空间邻接性测度就是使用面积单元之间的距离定义邻接性。如何测度任意两个面积单元之间的距离呢？有两种方法：其一是按照面积单元是否有邻接关系的边界邻接法，其二是基于面积单元中心之间距离的重心距离法。

(1) 边界邻接法：面积单元之间具有共享的边界，被称为是空间邻接的。用边界邻接首先可以定义一个面积单元的直接邻接，然后根据邻接的传递关系还可以定义间接邻接，或者多重邻接。

(2)重心距离法：面积单元的重心或中心之间的距离小于某个指定的距离，则面积单元在空间上是邻接的。显然这个指定距离的大小对于一个单元的邻接数量有影响。

2)空间权重矩阵

空间权重矩阵是空间邻接性的定量化测度。假设研究区域中有 n 个多边形，任何两个多边形都存在一个空间关系，这样就有 $n \times n$ 对关系。于是需要 $n \times n$ 的矩阵存储这 n 个面积单元之间的空间关系。根据不同准则可以定义不同的空间关系矩阵。

主要的空间权重矩阵包括以下几种类型。

(1)左右相邻权重：空间对象间的相邻关系从空间方位上考虑，有左右相邻的关系。例如，道路、河流等有水平方向的分布。左右相邻权重的定义如下：

$$w_{ij} = \begin{cases} 1 & 区域i和j的邻接为左右邻接 \\ 0 & 其他 \end{cases}$$

(2)上下相邻权重：空间对象间的相邻关系从空间方位上考虑，也有上下相邻的关系。例如，道路、河流等有垂直方向的分布。上下相邻权重的定义如下：

$$w_{ij} = \begin{cases} 1 & 区域i和j的邻接为上下邻接 \\ 0 & 其他 \end{cases}$$

(3)Queen 权重的定义如下：

$$w_{ij} = \begin{cases} 1 & 区域i和j有公共边或同一定点 \\ 0 & 其他 \end{cases}$$

(4)二进制权重的定义如下：

$$w_{ij} = \begin{cases} 1 & 区域i和j有公共边 \\ 0 & 其他 \end{cases}$$

(5)K 最近点权重的定义如下：

$$w_{ij} = \frac{1}{d_{ij}^m}$$

式中，m 为幂；d_{ij} 为区域 i 和区域 j 之间的距离。

(6)基于距离的权重定义如下：

$$w_{ij} = \begin{cases} 1 & 区域i和j的距离小于d \\ 0 & 其他 \end{cases}$$

(7)Dacey 权重的定义如下：

$$w_{ij} = d_{ij} \times \alpha_i \times \beta_{ij}$$

式中，d_{ij} 对应二进制连接矩阵元素，即取值为 1 或 0；α_i 是单元 i 的面积占整个空间系统的所有单元的总面积的比例；β_{ij} 为单元 i 与单元 j 共享的边界长度占单元 i 总边界长度的比例。

(8)阈值权重的定义如下：

$$w_{ij} = \begin{cases} 0 & i = j \\ a_1 & d_{ij} < d \\ a_2 & d_{ij} \geq d \end{cases}$$

(9) Cliff-Ord 权重的定义如下：

$$w_{ij} = [d_{ij}]^{-a}[\beta_{ij}]^b$$

式中，d_{ij} 代表空间单元 i 和 j 之间的距离；β_{ij} 为单元 i 被单元 j 共享的边界长度占单元 i 总边界长度的比例。

2. 全局空间关联指标

计算全局空间自相关时，可以使用全局 Moran's I 统计量、全局 Geary's C 统计量和全局 Getis-Ord G 统计量等方法，它们都是通过比较邻近空间位置观察值的相似程度来测量全局空间自相关的。

1) Moran's I 统计量

Moran 首次提出用空间自相关指数 (Moran's I) 研究空间分布现象。Moran's I 指数是用来衡量相邻的空间分布对象及其属性取值之间的关系，计算公式如下：

$$I = \frac{n \cdot \sum_{i}^{n}\sum_{j=1}^{n} w_{ij} \cdot (y_i - \bar{y})(y_j - \bar{y})}{(\sum_{i}^{n}\sum_{j}^{n} w_{ij}) \cdot \sum_{i}^{n}(y_i - \bar{y})^2} = \frac{n}{\sum_{i}^{n}(y_i - \bar{y})^2} \frac{\sum_{i}^{n}\sum_{j=1}^{n} w_{ij} \cdot (y_i - \bar{y})(y_j - \bar{y})}{\sum_{i}^{n}\sum_{j}^{n} w_{ij}} \quad (7\text{-}4\text{-}27)$$

式中，n 为样本个数；y_i 或 y_j 为 i 或 j 点或者区域的属性值；$\bar{y}$ 为所有点的均值；w_{ij} 为衡量空间事物之间关系的权重矩阵，一般为对称矩阵，其中 $w_{ii}=0$。空间自相关研究同一属性在不同地理位置的相关性，而同一地点的属性相关性没有意义，故取 w_{ii} 为 0。

Moran's I 是最常用的全局自相关指数，取值范围在 –1 到 1 之间，正值表示具有该空间事物的属性取值分布具有正相关性，负值表示该空间事物的属性取值分布具有负相关性，零值表示空间事物的属性取值不存在空间相关，即空间随机分布。

在零假设条件下，分析对象之间没有任何空间相关性，Moran's I 的期望值为

$$E(I) = \frac{-1}{N-1} \quad (N \text{ 为研究区域数据的总数})$$

当假设空间对象属性取值是正态分布时，Moran's I 的方差为

$$\text{var}_N(I) = \frac{1}{(N-1)(N+1)S_0^2}(N^2 S_1 - N S_2 + 3 S_0^2) - E(I)^2 \quad (7\text{-}4\text{-}28)$$

式中，$S_0 = \sum_{i=1}^{N}\sum_{j=1}^{N}(w_{ij})$；$S_1 = \frac{1}{2}\sum_{i=1}^{N}\sum_{j=1, j\neq i}^{N}(w_{ij} + w_{ji})^2$；$S_2 = \sum_{i=1}^{N}(w_{i\cdot} + w_{\cdot i})^2$，$w_{i\cdot} = \sum_{j=1}^{N} w_{ij}$。

在这种假设下，计算出 Moran's I 指数，可以用标准化统计量 Z_N 来检验 n 个区域是否存在空间自相关关系。Z_N 的计算公式为

$$Z_N = \frac{I - E(I)}{\sqrt{\text{var}_N(I)}} \quad (7\text{-}4\text{-}29)$$

当假设空间对象的分布是随机分布时，也有相应的公式计算方差和标准统计量。

$$\text{var}_R(I) = \frac{N[(N^2 - 3N + 3)S_1 - N S_2 + 3 S_0^2] - b_2[(N^2 - N)S_1 - 2N S_2 + 6 S_0^2]}{(N-1)^{(3)} S_0^2} - E(I)^2 \quad (7\text{-}4\text{-}30)$$

式中，$(N-1)^{(3)} = (N-1)(N-2)(N-3)$；$b_2 = m_4/m_2^2$，$m_4 = 1/N \sum_{i=1}^{N} Z_i^4$，$m_2 = 1/N \sum_{i=1}^{N} Z_i^2$。

2) Geary's C 统计量

全局 Geary's C 统计量测量空间自相关的方法与全局 Moran's I 相似，其分子的交叉乘积项不同，即测量邻近空间位置观察值近似程度的方法不同。二者的区别在于：全局 Moran's I 的交叉乘积项比较的是邻近空间位置的观察值与均值偏差的乘积，而全局 Geary's C 比较的是邻近空间位置的观察值之差。Geary's C 的计算公式为

$$C = \frac{\sum_{i=1}^{N}\sum_{j=1}^{N} w_{ij}(y_i - y_j)^2}{2\sum_{i=1}^{N}\sum_{j=1}^{N} w_{ij}\sigma^2} \tag{7-4-31}$$

式中，$\sigma^2 = \sum_{i=1}^{N}(y_i - \bar{y})^2/(N-1)$，即空间分析对象的方差；其余参数与 Moran's I 中的定义相同。

该系数的取值范围为 0~2。当 $0<C<1$ 时，表示具有该属性取值的空间事物分布具有正相关性；当 $1<C<2$ 时，表示该属性取值的空间事物分布具有负相关性；当 $C≈1$ 时，表示不存在空间相关。

与 Moran's I 统计量一样，Geary's C 的期望和方差也有两种假设，即空间正态分布和随机分布，以正态分布为例，在此列出其期望和方差：

$$E_N(C) = 1$$
$$\text{var}_N(C) = \frac{\left[(2S_1 + S_2)(n-1) - 4W^2\right]}{2(n+1)W^2} \tag{7-4-32}$$

式中，$W = \sum_{i=1}^{n}\sum_{j=1}^{N} w_{ij}$；$S_1 = \frac{1}{2}\sum_{i=1}^{N}\sum_{j=1}^{N}(w_{ij} + w_{ji})^2$；$S_2 = \sum_{i=1}^{N}(w_{i\cdot} + w_{\cdot i})^2$。

相应的 Geary's C 的统计空间自相关性是通过得分检验来进行的，检验公式为

$$Z(C) = \frac{C - E(C)}{\text{var}(C)} \tag{7-4-33}$$

3) Getis-Ord G 统计量

Getis-Ord G 统计量首先设定一个距离阈值，然后计算给定阈值情况下各数据的空间关系，然后分析其属性乘积来衡量这些空间对象取值的空间关系。计算公式为

$$G(d) = \frac{\sum_{i=1}^{N}\sum_{j=1,j\neq i}^{N} w_{ij}(d)y_i y_j}{\sum_{i=1}^{N}\sum_{j=1,j\neq i}^{N} y_i y_j} \tag{7-4-34}$$

式中，y_i 为各数据的属性值；$w_{ij}(d)$ 为给定距离阈值下 i, j 两者空间关系的权重矩阵。

Getis-Ord G 统计量直接采用邻近空间位置的观察值之积来测量其近似程度，Getis's G 的统计空间自相关性是通过得分检验来进行的：

$$Z(G) = (G(d) - E(G(d)))/\sqrt{\text{var}(G)} \tag{7-4-35}$$

当 Z 为正值时，表示属性取值较高的空间对象存在空间聚集关系；当 Z 值为负值时，表示属性取值较低的空间对象存在着空间聚集关系。

对于全局 Moran's I 和全局 Geary's C 两个统计量，如果邻近空间位置的观察值非常接近，并且有统计学意义，提示存在正空间自相关。如果邻近空间位置的观察值差异较大，提示存在负空间自相关。当观察值大的空间位置相互邻近时，这种正空间自相关通常称为"热点区(hot spots)"；当观察值小的空间位置相互邻近时，这种正空间自相关通常称为"冷点区(cold spots)"。全局 Moran's I 和全局 Geary's C 无法区分这两种情况，而全局 Getis-Ord G 的优势则在于可以非常好地区分这两种不同的正空间自相关。

3. 局部空间关联指标

全局空间关联指数仅使用一个单一值来反映整体上的分布模式，难以探测不同位置局部区域的空间关联模式，而局部空间关联指数能揭示空间单元与其相邻近的空间单元属性特征值之间的相似性或相关性，可用于识别"热点区域"及数据的异质性。

局部空间自相关统计量(local indicators of spatial association, LISA)的构建需要满足两个条件：①局部空间自相关统计量之和等于相应的全局空间自相关统计量；②能够指示每个空间位置的观察值是否与其邻近位置的观察值具有相关性。

局部空间自相关分析能够有效检测由于空间相关性引起的空间差异，判断空间对象属性取值的空间热点区域或高发区域等，从而弥补全局空间自相关分析的不足。

对应于全局空间自相关的度量，局部空间自相关的度量也有三种方式。

1) 局部 Moran's I 统计量

空间位置为 i 的局部 Moran's I 的计算公式为

$$I_i = \frac{y_i - \bar{y}}{S^2} \sum_{j=1}^{N} w_{ij}(y_j - \bar{y}) \tag{7-4-36}$$

式中，$S^2 = \sum_{j=1, j\neq i}^{N} y_j^2 / (N-1) - \bar{y}^2$；$I_i$ 为第 i 个分布对象的局部相关性系数。

局部 Moran's I 指数 I_i 检验的标准化统计量为

$$U(I_i) = \frac{I_i - E(I_i)}{\sqrt{\text{var}(I_i)}} \tag{7-4-37}$$

式中，$E(I_i)$ 表示空间位置 i 的观测值的数学期望；$\text{var}(I_i)$ 表示空间位置 i 的观测值的方差。

局部 Moran's I 的值大于数学期望，并且有统计学意义时，提示存在局部的正空间自相关；小于数学期望，提示存在局部的负空间自相关。

2) 局部 Geary's C

局部 Geary's C 的计算公式为

$$C_i = \sum_j w_{ij} \left(\frac{x_i - \bar{x}}{\sigma} - \frac{x_j - \bar{x}}{\sigma}\right)^2 \tag{7-4-38}$$

式中，C_i 为第 i 个分布对象的局部相关性系数。

局部 Geary's C 指数 C_i 检验的标准化统计量为

$$U(C_i) = \frac{C_i - E(C_i)}{\sqrt{\operatorname{var}(C_i)}} \tag{7-4-39}$$

式中，$E(C_i)$ 表示空间位置 i 的 C_i 值的数学期望；$\operatorname{var}(C_i)$ 表示空间位置 i 的 C_i 值的方差。

局部 Geary's C 的值小于数学期望，并且有统计学意义时，提示存在局部的正空间自相关；大于数学期望，提示存在局部的负空间自相关。

3) 局部 Getis-Ord G

局部 Getis-Ord G 同全局 Getis-Ord G 一样，只能采用距离定义的空间邻近方法生成权重矩阵，其公式为

$$G_i(d) = \frac{\sum_j w_{ij}(d) x_j}{\sum_j x_j} \tag{7-4-40}$$

局部 Getis-Ord G 指数 G_i 检验的标准化统计量为

$$U(G_i) = \frac{G_i - E(G_i)}{\sqrt{\operatorname{var}(G_i)}} \tag{7-4-41}$$

式中，$E(G_i)$ 表示空间位置 i 的 G_i 值的数学期望；$\operatorname{var}(G_i)$ 表示空间位置 i 的 G_i 值的方差。

当局部 Getis-Ord G 的值大于数学期望，并且有统计学意义时，提示存在"热点区"；当局部 Getis-Ord G 的值小于数学期望，提示存在"冷点区"。局部 Moran's I 和局部 Geary's C 的缺点是不能区分"热点区"和"冷点区"两种不同的正空间自相关。而局部 Getis-Ord G 的缺点是识别负空间自相关时效果较差。

7.4.4 地学统计分析

20 世纪 50 年代，南非采矿工程师 Daniel Krige 总结多年金矿勘探经验，提出根据样品点的空间位置和样品点之间空间相关程度的不同，对每个样品观测值赋予一定的权重，进行移动加权平均，估计被样品点包围的未知点矿产储量，形成了克里金估计方法(Kriging)的雏形。20 世纪 60 年代初期，法国地质数学家 Georges Matheron 提出数学形式的区域化变量，严格地给出了基本变异函数(variogram)的定义和一般克里金估计方法。五十多年来，通过对变异函数、克里金估计以及随机模拟方法的深入扩展，地统计学(geostatistics)已经成为空间统计学的核心内容，其理论体系的深度和方法扩展的宽度是其他空间统计方法无法比拟的。国内的地统计工作主要集中于地质勘探建模和地理(环境)空间数据分析应用方面。国际上，地统计不仅是地质领域数学地质的主要分支，同时也逐渐成为数学领域应用统计的一个新分支。

地统计学，也称为地质统计学，是一门以区域化变量理论为基础，以变异函数为主要工具，研究那些分布于空间上既有随机性又有结构性的自然或社会现象的科学。它主要包括区域化变量的变异函数模型、克里金估计和随机模拟三个主要内容。相对于物理机制建模，地统计是一种分析空间位置(空间结构)相关地学信息的经验性方法(赵鹏大, 2004)。

地理信息是地理空间位置相关的信息。地理信息科学是一门研究地理信息获取、处理和利用的基本规律的科学，与地统计学存在本质联系。地统计学和地理信息科学存在重叠的研究对象，即地理空间相关信息。特别地，地统计学遵从相近相似规律(空间位置相近的地学现象具有相似属性值)，这与地理信息分析中的地理学第一定律(空间相近的地理现象比空间远

离的地理现象具有更强的相关性)完全一致。地统计学和地理学第一定律同在 20 世纪 60 年代被独立提出。尽管地理信息系统中还存在空间自回归模型(空间滞后模型和空间误差模型)、地理加权回归和各种空间结构(空间分布)探索等空间统计分析方法,但是地统计一直是理论基础最为完善且应用扩展最为广泛的主流空间统计方法,地统计学已经成为地理信息科学中地理信息处理和分析的重要理论,地统计分析功能被直接嵌入或平行连接到地理空间或遥感影像信息系统中。

地统计具有不同于传统统计的两个显著特点:①样本点的空间相关性。传统统计中不同样本点仅具有随机性,样本点之间保持空间独立性。然而,地统计中样本点不仅具有随机性,同时样本点之间具有空间相关性。②一次性样本采集。传统统计分析同一空间位置处可以多次采样数据,实际地统计分析中,样本区域中每一个空间位置多为一次采样数据。根据传统统计学,一次采样数据中无法推断出总体规律。因此,两个地统计特点导致了地统计中描述空间相关性(空间结构)的变异函数和克服一次采样局限的平稳性假设的提出。

有时候,区域化变量的空间相关(不同空间位置变量的相关)也称为空间自相关,区域化变量的协方差(不同空间位置变量的相关)也称为空间自协方差。

思 考 题

1. 简述矢量数据叠置分析方法及其应用。
2. 简述矢量数据缓冲区分析方法及其应用。
3. 如何编程实现最佳路径算法?
4. 某省决定坡度大于 25 °的耕地要退耕还林,设计算法思路,计算每个县可能退耕还林的面积以及新增林地面积。
5. 简述三维数据空间分析方法的特点及其应用。
6. 简述多元数据统计分析方法的应用?
7. 请结合具体应用说明如何应用空间点模式分析方法?
8. 简述空间相关分析方法的特点及其应用。
9. 简述地学统计分析方法的基本思路。

第8章 地图制图与空间数据可视化

8.1 地图制图

现代地图是按照严格的数学法则,利用特定的符号系统,将地球或其他星球的空间对象,以二维或多维、静态或动态可视化形式,利用综合概括、模型模拟等手段缩小表示在一定载体上,科学地分析认知与交流传输对象的时空分布、质量特征及相互关系等多方面信息的一种图形与图像(袁勘省等,2014)。地图的基本特征包括可量测性、直观性和易览性等。地图的本质是空间信息的符号化表示,但是这种符号化需严格遵守空间参考等数学法则。地图可视化主要包括地图符号、地图色彩、地图注记、数学要素、地理要素等因素。

根据地图的内容,地图分为普通地图和专题地图(Chang, 2010;袁勘省,2014)。普通地图是反映地表基本要素的一般特征的地图,需要以相对均衡的详细程度表示制图区域各种自然地理要素和社会经济要素的基本特征、分布规律及其联系。专题地图是根据实际任务需要,着重反映自然或社会现象中的某一种或几种专业要素的地图,重点表现某种主题内容。两者的区别在于,普通地图全面反映水系、地貌、土质、植被、居民地、交通线等基本地理要素,没有突出某类要素;专题地图则是重点突出某类要素。

普通地图和专题地图制作的关键技术都是根据空间和非空间数据进行符号化的过程。通常空间数据提供符号化的位置,而非空间数据关系到符号的形状、大小和颜色。非空间数据有两种,一种是地物类型,另一种是空间对象的具体属性值。普通地图一般仅涉及地物的类型属性,而不涉及具体的属性值。专题地图则通常根据属性值或类型设计符号,制作专题图。

计算机中的空间数据的可视化涉及计算机图形窗口的管理、图形窗口的空间坐标变换、色彩管理、符号库管理、窗口句柄、窗口的放大缩小、漫游操作以及绘图设备的连接等。窗口管理、窗口句柄以及窗口的放大缩小、漫游等属于计算机方面的技术,不同的软件实现机制不完全相同。本章不详细讨论这些功能的实现方式,仅讨论地图制作和与空间信息可视化有关的可视化技术和产品输出问题。

8.1.1 地图的组成和布局

在创建一副地图前,首先要了解地图的基本组成要素及布局规则。一张地图通常包括以下基本要素:①标题;②专题内容(地理要素);③符号;④地图注记(字体,字号,字色等);⑤坐标网(经纬网,方里网等);⑥控制点;⑦比例尺;⑧定向;⑨地图颜色;⑩图例;⑪地图参考资料等(袁勘省,2014)。实际的一幅地图一般只包括以上部分要素,如图8-1-1所示。

地图的标题是表明地图专题内容的概括。标题内容应短而内涵丰富,能精确、充分说明地图所包含的内容。如"2015年武汉市人口分布图",既要说明地图的专题内容(人口分布),又要说明所涉及的区域(武汉市),还要有精确的时间约束(2015年)。标题文本的排序方法有很多种,必要的时候可以使用子标题做进一步的说明。标题字体选择应遵循简单易读的原则,通常地图上标题的字号是最大的。为了让用户快速地了解地图的目的,标题应是用户首先看到的内容。标题尽量避免使用生僻字，且尽量不使用斜体，标题的位置应选择放在显眼的位置。

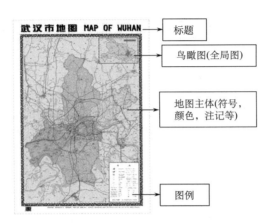

图 8-1-1　地图组成示例

地图的专题内容选择和地图的种类有关，对于普通地图而言，地图的专题内容是主题要素；对于专题地图而言，是专题地图的专题要素。

地图符号是地理要素特征的抽象，是地图语言的主体内容。地图符号包括点状符号、线状符号和面状符号等。

地图注记通常分为名称注记、说明注记、数字注记和图外整饰注记等。注记要素主要包括字体、字号、字色、字隔、字位、字向和字形等。制图专题较为严肃的时候，应选择庄重的字体；反之，则可以使用特别的流行字体。通常情况，基本地形图属于严肃的领域，一般都采用严肃的字体。字号应与所描述专题信息的重要性及逻辑相关性匹配，常用的地图文字字号包括 8、10、12、14、16、20、24、30 等。通常情况下，利用标准字体表示地名要素，斜体表示地形要素。字色通常选择典型颜色来表示地理要素，避免使用过于花哨或明亮的颜色，导致用户误解地图中重要的专题信息。

坐标网、控制点、比例尺、定向等是地图的属性要素，也是地图制图的重要数学基础。坐标网包括经纬线网和方里网。控制点指平面控制点、高程控制点等。比例尺指地图的缩小程度，是地图上某一线段长度与实地距离的比值。地图定向指地图的三北方向，一般通过坐标网的方向来体现。三北方向包括真北方向、坐标北方向和磁北方向。过地面上任意一点，指向北极的方向为真北方向。通常，把图幅的中央经线的北方向作为真北方向。坐标北方向为纵坐标递增的方向，有时地图上的坐标北方向与真北方向不完全一致。磁北方向指磁北针所指的方向，与真北方向并不一致。一般地图都采用真北方向定向，然而，在特殊的制图区域，可能用真北方向不利于利用纸张，可以采用斜方位定向，这时需要加注"指北方向"标志。

地图颜色主要是应用色相、亮度和饱和度的不同变化和组合，结合人们对色彩感受的心理特征，建立起色彩与制图对象间的联系。一般来说，色相主要表示事物的质量特征，如用蓝色表示淡水，紫色表示咸水；亮度和饱和度表示事物的数量特征和重要程度。例如，用较浓和艳的颜色表示重要地物，用浅、淡颜色表示次要地物。

图例和地图元数据属于地图的辅助要素。图例用来说明专题信息在地图中的组织方式和符号表现形式，通常放在地图边缘附近，同时放置位置要考虑地图的平衡。地图元数据是对地图数据自身的说明信息，主要包括编图出版单位、成图时间、地图投影、坐标系、高程系、编图资料等。根据国家相关规范来完善地图元数据是进行地图信息共享的重要工作。

8.1.2 地图符号

1. 地图符号类型

地图符号是地图的语言，是用来表示自然或人文现象的各种图形，是表达地理现象与发展的基本手段。地图符号包括形状、尺寸、色彩、方向、亮度和密度等6个基本变量。其中，符号的形状、尺寸和色彩主要用来反映事物的数量和质量；此外，地图符号的尺寸还与地图用途、地图比例尺、读图条件相关。

现实世界尽管形态各异、千变万化，包含了河流、建筑物、道路、植被等诸多要素，但是从几何角度来看，可以分为点状地物、线状地物和面状地物。因此，表达地物的符号也可以相应地划分为点状符号、线状符号、面状符号。

1) 点状符号

点状符号是不依比例尺表示的小面积地物或点状地物符号，如油库、水塔、测量控制点等。点状符号具有以下特征：①点符号的图形固定，不随它在图幅中的位置的变化而变化；②点符号都有确定的定位点和方向性；③点符号图形大都比较规则，由几何图形构成，简单、美观、形象，易用数学公式表示。图8-1-2是点状符号的例子。

图 8-1-2　点状符号示例

2) 线状符号

线状符号是长度在图上依比例尺表示而宽度不依比例尺表示的符号。它用来表示地图上呈线状延伸分布的物体或制图现象的符号，如公路、小路、境界线、铁路等(图8-1-3)。线状符号有以下特点：①线状符号都有一条有形或无形的定位线；②线状符号可以进一步划分为曲线、直线、虚线、平行线、沿定位线连续配置点符号等；③线状符号可以进一步分解成具有单一特征的线状符号，即一线状符号可以由若干条具有单一特征的线状符号组成。

图 8-1-3　线状符号示例

3) 面状符号

面状符号指在二维图上各方向都能依比例尺表示的符号。它是地图上用来表示面状分布的物体或地理现象的符号，通常用来表示诸如植被、土壤、池塘等呈面状分布的地物，如图8-1-4所示。面状符号有以下特点：①有一条有形或无形的封闭的轮廓线；②多数面状符号是在轮廓线范围内配置不同的点状符号、绘阴影线或着染颜色。

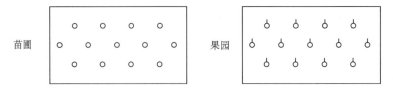

图 8-1-4 面状符号示例

点、线、面符号不是孤立的,它们之间存在一定的联系。首先,地图比例尺的变化,会导致符号类型的变化。用点状符号表示的地物,在足够大的比例尺地图中,若要考虑该地物的边界和大小,则可以用面状符号表示。同理,线状符号表示的目标在足够大的比例尺地图中,也可以用面状符号表示。例如,在小比例尺中的线状符号表示的河流或道路,在大比例尺中可能用面状符号来表示。此外,线状符号中往往包含点状符号,面状符号中包含线状符号。例如,行树、狭长竹林等为线状符号,但它们是由一系列的点状符号组合而成;具有明显边界线的植被,可用面状符号来表示,在该符号中边界线为线状符号,内部则为点状符号的规则填充组合。

2. 地图符号图元

为了了解地图符号的计算机绘制过程,下面介绍地图符号图元的绘制。点、线、面状符号各有特点,又具有共性。它们的差异是构成各自的基本图素不同,而相同之处是其绘制参数(符号代码、绘图句柄、笔的颜色、刷子的颜色等)、操作方法(绘制、删除等)基本一致。为讨论方便,引入面向对象方法。为使各种符号具有相对的独立性,可以将点状符号(CPointSymbol)、线状符号(CLineSymbol)、面状符号(CAreaSymbol)定义成三种符号对象类,并将各类符号的数据成员(属性数据)及其函数成员(操作方法)封装在各自的对象类中。为减少数据及程序代码的冗余,可在这三个对象类的基础上概括出更高层次的类,即符号类(CSymbol)。

1)点状符号图元

以地形图图式为例,组成点状符号图元可以进一步细分为点、线段、折线、样条曲线、圆弧、圆、三角形、矩形、多边形、子图、位图等 11 种图元。不同的图素可以看成是不同的对象类,即可以将组成点状符号的图元分成点类(CPoint)、线段类(CLine)、折线类(CPLine)、样条曲线类(CCurve)、圆弧类(CArc)、圆类(CCircle)、三角形类(CTriangle)、矩形类(CRectangle)、多边形类(CPolygon)、子图类(CSubSymbol),位图类(CBmp)。一个符号是不同类实例对象聚集而成的复杂对象。各类图元根据其属性值的不同可产生不同的图元,如包括空心多边形、实心多边形,空心多边形又有压盖和不压盖之分,实心的又分为实心填充和位图填充。

上述各类对象中有一些对象具有相同的数据成员和一致的操作方法,因此,可以抽象出更高层次的类。如矩形和圆在设计时具有相同的定位过程和操作方法,定位的数据成员一致,因此可以抽象出一个 CBox 类;折线、多边形和样条曲线也是如此,可以抽象出一个 CCPLine 类;此外,可以将各类图素对象中相同的数据成员和操作方法抽象到更高层的图元超类(CElement)中。这样,组成点状符号的图元对象类之间的关系可以用图 8-1-5 表示。

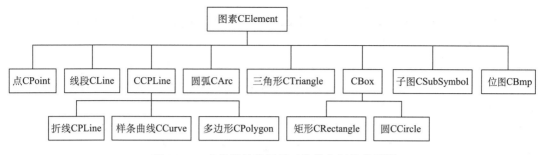

图 8-1-5　点状符号的图元对象类之间的关系图

2) 线状符号图元

线状符号的绘制方法有两种：一是重复配置点状符号图元法，即将线状符号分解成基本点状符号图元，然后沿线状符号定位线连续配置点状符号，这种方法的特点是每配置一个符号就要进行一次符号变换，变换速度随定位线的弯曲和符号的复杂程度而异，因而绘制速度较慢，且变换模板较难设计；二是组合绘制方法，它认为任何线状符号可以由具有单一特征的线状符号组合而成，这种方法的特点是绘制速度快、算法相对简单，但要针对不同的线状符号设计好各种单一线型。

线状符号绘制采用组合绘制方法。在分析地形图图式线状符号特点的基础上，通常可以设计组成线状符号的 13 种基本线型：实线、虚线、点虚线、双虚线(对称中心线)、双实线(对称中心线)、连续点符号(即沿定位线按一定的间距配置点状符号)、定位点符号(即沿中心线的转折点配置某点状符号，如通信线的电杆等)、导线连线(即依次在定位点之间画线)、导线点符号(即在线的定位点上沿与相邻点连线方向绘制点状符号，如电力线的箭头符号)、齿线符号(即按一定的间隔绘制连续的横向支线)、渐变宽实线、渐变宽虚线、带状晕线。可以将上述基本线型看成是组成线状符号的 13 种图元，并建立相应的图元对象类。一个线状符号则是不同线图元对象类实例对象聚集而成的复杂对象，例如，栅栏符号由虚线、连续点符号、齿线符号 3 种对象聚集而成，如图 8-1-6 所示。

图 8-1-6　栅栏符号的组成

因为不同图素对象各有特点，描述它们的数据成员也不相同，所以可以为不同的图元对象设计数据成员，例如，①实线：偏移量、线宽；②双虚线(对称中心线)：两虚线之间的间隔、起始位置、线宽、实部长、虚部长；③定位点符号：点状符号、(点状符号)缩放系数、绘端点(即起讫点是否绘符号)、指正北(即符号始终朝北还是指向转折点角平分线方向)。

3) 面状符号图元

分析面状符号特征不难发现，绘制面状符号有三种情况：一是在绘图区域内以不同的倾角、不同的间距、不同的实、虚部长度的平行线族来构成不同的图案，即阴影线填充图案；二是在绘图区域内以不同的间距、不同的布点形式(井字形、品字形)、不同的旋转角绘制点状符号以构成图案，即点状符号填充图案；三是位图填充图案。因此对面状符号而言可设计三种图素对象类：阴影线填充(CParallelLinesFill)、点状符号填充(CPointSymbolFill)、位图填充(CBitmapFill)。它们的数据成员如下。

(1) 阴影线填充图案：倾角、线宽、起始位置(x, y)、偏移量(dx, dy)、实部长、虚部长、(线)色。其中，起始位置是坐标系(oxy)中的坐标值，偏移量(dx, dy)是下一条阴影线起点相对前一条阴影线起点的坐标增量值。

(2) 点状符号填充图案：行偏移、列偏移、行间距、列间距、缩放系数、旋转角、点状符号、旋转角形式(固定、随机)、点的分布形式(品字形、井字形)。

(3) 位图填充图案：位图长度、位图宽度、行间距、列间距、缩放系数、旋转角、填充形式(品字形、井字形)、位图。

3. 地图符号绘制方法

地图符号绘制的实质是将符号坐标系中图形元素特征点的坐标(x,y)变换到地图坐标系中的坐标(X,Y)，并按给定的顺序连接的过程。目前，计算机制图中符号绘制(符号化)方法有两种，即编程法和信息块法。

编程法是由绘图子程序按符号图形参数计算绘图矢量并操作绘图仪绘制地图符号。这种方法中每一个地图符号或同一类的一组地图符号可以编制一个绘图子程序，这些子程序组成一个程序库。在绘图时绘图软件按符号的编码调用相应的绘图子程序，并输入适当的参数，该程序便根据已知数据和参数计算绘图向量并产生绘图指令，从而完成地图符号的绘制。这种方法适合那些能用数学表达式描述的地图符号，其特点是增加符号不方便，即使增加一个符号也要对程序库进行重编译，用户的自主权不大，因而很难作为商业软件普遍应用。目前这种方法的应用越来越少。

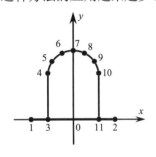

图 8-1-7 纪念碑符号的特征点

信息块法也称为符号库方法，绘图时只要通过程序处理已存在符号库中的信息块，即可完成符号的绘制。信息块即为描述符号的参数集。随着符号在地图上的表现形式不同，信息块的存放格式也不同。通常符号信息块的构成有两种：直接信息法和间接信息法。直接信息法是存储符号图形特征点的坐标(矢量形式)或具有足够分辨率的点阵(栅格数据)，直接表示图形的每个细部点。这种方法获得符号信息较为困难，占用存储空间大，当符号精度要求较高时尤为突出，对符号进行放大时符号容易变形。但这种方法有可能使绘图程序算法统一，因为它面向图形特征点而与符号图形无关。如图 8-1-7 所示为纪念碑符号的放大表示，可按图中点号顺序在信息块中记录$\{(P_i, x_i, y_i), i=1,2,\cdots,11\}$，$P_i$为$i$点的抬落笔码。绘图时，绘图程序直接将符号在地图坐标系中符号特征点的位置信息转换为地图坐标系中的矢量数据(图形特征点坐标)或栅格数据，然后有序连接各特征点或输出点阵，绘成地图符号。

间接信息法存放的是图形的几何参数，如图形的长、宽、间隔、半径、方向角、夹角等，其余数据都由绘图程序在绘制符号时按相应的算法计算出来。这种方法占用存储空间小，能表达较复杂的图形，且绘图精度高，可以对符号进行无级放大也不变形，符号的图形参数可方便地利用交互式符号设计系统获得。但该方法的程序量相对大些，编程工作也较复杂。图 8-1-7 的符号如按间接信息法存储，则要记录三条直线：1-2, 3-4, 10-11，一个半圆弧 4-7-10。

绘图时，绘图程序必须先将符号图形的几何参数转换为符号坐标系中的坐标值，再转换为地图坐标系中的矢量数据（图形特征点坐标）或栅格数据，然后有序连接各特征点或输出点阵，绘成地图符号。显然，间接信息法比直接信息法要多一个由几何参数转换为绝对坐标值的过程。

目前，绝大多数 GIS 软件都采用间接信息块方法来绘制符号，并提供相应的符号设计模块。其中，矢量符号绘制方法包括以下几种。

1) 点状符号绘制

绘制一个点状符号所需参数为：定位点 (x_0, y_0)、缩放系数 scale、旋转角 α。符号库中保持的符号描述信息都是基于符号坐标系的，因此，如图 8-1-8 所示，绘制点状符号时应进行一系列变换，即缩放、旋转、平移。

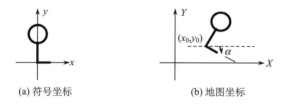

(a) 符号坐标　　　　(b) 地图坐标

图 8-1-8　点状符号坐标变换

变换公式为

$$\begin{bmatrix} X \\ Y \end{bmatrix} = \begin{bmatrix} X_0 \\ Y_0 \end{bmatrix} + R \times S \begin{bmatrix} x \\ y \end{bmatrix} \quad (8\text{-}1\text{-}1)$$

其中，$R = \begin{bmatrix} \cos\alpha & -\sin\alpha \\ \sin\alpha & \cos\alpha \end{bmatrix}$；$S = \begin{bmatrix} \text{scale} & 0 \\ 0 & \text{scale} \end{bmatrix}$。

2) 线状符号绘制

对重复配置点状符号图元的线状符号绘制方法而言，绘制算法比较复杂，点状符号图元要在线状符号定位线上分段串接并在拐弯处作变形处理。

取点状符号作为线状符号的基本最小循环单元，求出点状符号的外接矩形（模板）作为符号拼接或变形时参与运算的符号的有效范围。按符号长度在定位线上分断截取，若模板的长度超出拐点则截去超出部分，截去部分转到下一折线段内处理。如图 8-1-9 所示，线状符号绘制过程成如下：线状符号定位线为 $i\text{-}j\text{-}k\text{-}l$，地图坐标系为 XOY，符号（模板）所在的局部坐标系为 xoy，模板的外接矩形为 $abcd$，结点 j 和 k 处的角平分线分别为 gg' 和 hh'，模板在 k 处分割为 $abef$ 和 $fecd$，则：

(1) 在局部坐标系 xoy 中，若模板中的点 $p(x_p, y_p)$ 满足 $0 < x_p < y_k$，且点 p 在两角平分线之间，则该点不作变形处理，只按一般方法从局部坐标系变换至地图坐标系。

(2) 在局部坐标系 xoy 中，若模板中的点 $p(x_p, y_p)$ 满足 $x_p = 0$ 或 $x_p = y_k$ 或 $0 < x_p < y_k$ 且点 p 在不在两角平分线之间，则该点在沿 x 轴正向或负向平移至附近的角平分线上，然后变换至地图坐标系。例如，图 8-1-9 中 $\triangle ajg$ 和 $\triangle fkh$ 内的点属于这种情况。

(3) 点超出结点 k 的部分，即四边形 $fecd$ 内的点 $p(x_p, y_p)$，在局部坐标中满足 $x_p \geq y_k$ 条

件，则将这些点转入下一节 k-l 中处理，重复上述过程，直到线状符号全部完成。

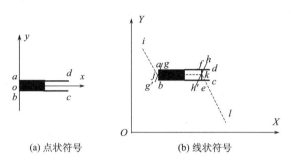

(a) 点状符号　　　　(b) 线状符号

图 8-1-9　线状符号绘制过程

对基于组合式绘制方法来讲，可归结为平行线、虚线、点虚线等各种基本线型的绘制和点状符号的绘制，算法较为简单。

3) 面状符号绘制

面状符号绘制的关键是在面域内求晕影线族，然后在晕线上绘虚线、线状符号，或按一定的距离绘制点状符号。为求解方便，对于倾斜晕线可以先对多边形进行旋转，使旋转后的 x 坐标轴与晕线平行，求解水平晕线后，再对晕线进行反旋转，即可得到倾斜晕线，如图 8-1-10 所示。水平晕线求解的方法有两种：一是基于晕线的算法。它以晕线 y 值从小到大的顺序，逐条晕线求出它与多边形的所有交点，然后对交点系列按它们的 x 值从小到大排序，最后按"12，34，…"方式输出，即可得到多边形内的晕线。假设多边形有 n 条边、m 条晕线与多边形相交，这种算法的循环次数为 $m \times n$，因而计算速度慢，但该算法占用内存少。第二种方法是基于多边形边的算法，如图 8-1-11 所示，算法以多边形边的顺序，逐条边求出它与所有晕线的交点，并按交点的 y 值依次将交点放在一交点数据桶中的不同层，并记录不同 y 值层的交点个数，之后对交点数据桶中不同层交点按 x 值从小到大排序，并隔段输出即可得到晕线。假设多边形有 n 条边、m 条晕线与多边形相交，这种算法的循环次数为 n，计算速度快，但该算法要占用一定内存。

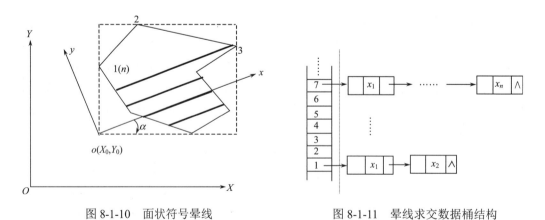

图 8-1-10　面状符号晕线　　　　图 8-1-11　晕线求交数据桶结构

利用栅格符号信息绘制符号的算法比较简单，主要利用对栅格符号信息作栅格的基本运算完成。一般点状符号的绘制是平移和旋转，对于有向点符号，亦是先旋转后平移到指定的位置上输出。面状符号的绘制，首先是在轮廓内填"实"，然后将填实的区域图像分块与栅格点符号进行逻辑"与"运算，结果便能在轮廓内形成规则配置的面状符号。线状符号的产生是对信息块逐列处理的过程，因为线状符号走向多变，所以不能对信息块整体操作。这里介绍线状符号的"位移法"。如图8-1-12所示，首先在符号库中获得描述符号的像元矩阵，接着从左至右逐列取出点阵信息，按线状符号定位线走向旋转变换(列向与定位线垂直)，然后平移至指定位置输出。

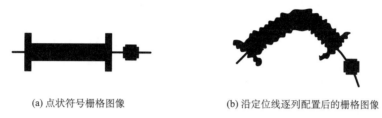

(a) 点状符号栅格图像　　　　(b) 沿定位线逐列配置后的栅格图像

图 8-1-12　线符号"位移"配置的原理

4. 符号库设计

GIS 平台软件一般都提供了制作或设计符号库的功能，GIS 用户或应用系统开发者可以根据 GIS 系统的应用目的，设计并建立用于系统制图输出的符号库。

目前 CAD 与 GIS 软件符号设计的实现途径主要有四种：①文本编辑器设计方法，如 AutoCAD 的图形文件、线文件和阴影文件，其特点是设计速度慢，不能实时观察所设计的符号。②采用系统提供的二次开发语言编程实现，如 ArcGIS 的 AE 语言等，二次开发语言提供了符号绘制的接口，开发者可以利用它们实现特殊符号的绘制。③利用系统本身的图形编辑功能实现。先在屏幕上绘制、编辑所要设计的符号，然后圈定符号范围并指定符号定位点，系统就从当前的编辑缓冲区中提取符号描述信息，当用户指定了诸如符号代码(或名称)等参数后，即可存放到符号库中。如 AutoCAD 的块文件(block)、MEG 的单元(cell)都是采用这种设计方式，但这种方式又受系统图形编辑功能的限制，且只能设计点状符号。④提供符号设计界面，如图8-1-13所示。总之，上述方法各有优缺点，其共同目标是为系统提供一个符号编辑器，即符号设计系统。

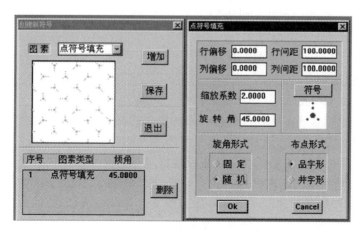

图 8-1-13　点状符号设计界面

符号设计系统的基本要求包括：①组成符号的图素满足符号设计要求。②设计时能实时观察所设计的符号。③符号设计系统界面友好、操作方便灵活。④符号设计精度应满足一定的精度要求。⑤符号设计系统、符号显示软件具有良好的封装性、可维护性和可适应性。符号设计界面中提供了基本的图元，设计时先用鼠标选择所需的图元，之后用户既可以在屏幕上直接绘图，也可以在图元参数输入对话框中输入有关参数，增加图元时，符号实时发生变化。用户还可对符号库中的符号进行删除、修改、浏览、选取等。为用户使用方便，还可以对符号库中的符号按符号的索引信息（如符号标识码）进行排序。目前绝大多数国产和国外GIS软件都提供符号设计系统。

符号库即为符号描述信息的集合。无论是点状符号、线状符号还是面状符号，都是图元对象类实例聚集而成的复杂对象。对于矢量符号来讲，由于间接信息法节省存储空间，符号精度高，符号描述信息可以用交互式符号设计系统获得。为了节省存储空间，符号库中保存组成符号的图元对象标识和图元描述参数。

对符号库来讲，仅存放符号描述信息的数据文件还不行，还应建立索引机制。建立索引机制的方法有两种：一是索引与数据放在同一文件中，索引存放在数据文件之前，即符号库分索引区和数据区；二是索引与数据分开存放，即索引存放一个文件，数据存放在另一个文件。前者的特点是一个符号库仅一个文件，便于管理，但不便添加符号，因此，这种方式一般用于设计系统的输出符号库组织；后者是一个符号库由两个文件组成，为便于管理，可采用文件名相同而后缀不同的方法组织符号库。

尽管点、线、面各种符号由于符号特征不同，索引结构会有所区别，但三种符号索引结构中都应包括：符号名、符号代码、描述数据指针、描述数据大小。例如，GeoStar点状符号库索引文件记录结构为：

```
typedef struct tagPSYMINDEX
{
    char    SymName[17];//符号名
    char    SymID[8];//符号代码
    int     Pointer;//描述数据指针
    short   Size;//描述数据大小
    short   Style;//点状符号类型
    short   Loc;//定位方式
    float   Scale;//界面显示比例尺
}PSYMINDEX;
```

符号描述数据是"图元代码+图元描述参数"的集合。

为了让GIS能系统管理多比例尺系列、多种形式的符号库，必须建立一定的机制。不同的GIS系统有不同的实现方法，通常都是将系统所涉及的符号库放在系统的一个特定目录下。为方便对符号库的操作，有的系统对存放在特定目录下的符号库建立索引表，如MapInfo、GeoStar；有的系统则指定当前操作对应的符号库，如MGE、AutoCAD。

GeoStar符号库管理通过建立一个符号库索引文件（SymIndex.tab）的方法来实现。索引文件的一条记录对应一个符号库，符号设计系统每生成一个新符号库就在符号库索引文件中增加一条记录。符号库索引文件的记录结构为：

```
typedef struct    tagSYMBASEINDEX
{
    short Number;                    //符号库序号
    short FileType;                  //符号库类型(点、线、面、程序符号界面)
    char FileName[120];              //符号库名称
    char FileDescription[80];        //符号库描述信息
} SYMBASEINDEX;
```

其中，引入符号库序号的目的是为了方便记录符号所在的符号库，从而快速获得某个符号的描述信息。

当采用符号代码对符号进行索引时，为获得特定符号代码的符号描述信息必须顺序查找所有的符号库，显然要花较长的时间，从而影响符号化速度。如果采用符号所在的符号库和符号在符号库中的顺序号来提取符号描述信息，显然要快得多。例如，GeoStar 在空间实体符号化动态库中采用后者来索引符号，而不采用符号代码，即采用"符号所在符号库序号*10000 + 符号在符号库中的序号"来标识符号(假定一个符号库存放的符号小于 10000 个)。这是因为绘制符号时，只需查找两次就可以得到符号描述信息，提高了符号绘制速度。

建立了这样的符号库索引文件之后，用户可以设计不同比例尺、不同类型的符号库，为 GIS 支持多比例尺制图输出提供了极大的方便。

符号库设计时，任何符号都应有一个符号代码，它是符号的唯一标识码。若 GIS 系统中要求地物编码和符号代码一一对应，一般符号代码的设计应以地物编码为准。如果地物编码和符号代码的关系仅保持着一种松散的关系，即地物对应的符号可以随时改变，这时设计符号代码可以按顺序编号，也可以根据符号的大类、小类和识别码的一定组合来编号。

在具体设计符号时，应注意考虑符号的精度、符号定位点、组成线状符号的最小符号单元、侧向(不对称)线状符号的侧向以及符号的颜色等。

8.1.3 地图注记

地图上的文字与数字统称为地图注记，地图注记是地图的基本内容之一。地图注记包括名称注记、说明注记、数字注记等三种类型。名称注记用于诠释地物的名称，如城市名称注记"南京市"，河流名称注记"长江"等。说明注记是用于补充说明符号含义不足的简要文字。例如，果园中的注记"苹"用于表示果园的果树为苹果树。数字注记是诠释数量特征的数字，如高程值等。

地图注记目前一般采用印刷出版行业用的字库。这种印刷字库具有多种汉字字体，包括宋体、仿宋、细线、中等线、黑体、楷书等。每种字体约有 7000～12000 字，并有点阵字库、矢量字库和 TrueType 字体之区别。点阵字符已从 24 点阵发展到 128 点阵，即每个字符包含有 128×128 个二进制位，可见点阵字符占用了大量存储空间。矢量汉字具有光滑的外形和较少的存储量而广受人们的欢迎，更适合于在地图上使用。TrueType 字体是一种点阵与矢量结合的字体，它以普通栅格字库的形式存放，但在显示时，用数学曲线拟合注记的边缘，外形美观。

注记可以通过不同的参数特征来表示地物的性质、分布、面积、大小等。注记的主要构成要素包括字体、字级、字隔、字向、字色、字列等。字体即字的类别和型别。字级即字的大小等级。字隔是指注记中字与字之间的间隔或距离。字向指字头的朝向，为直立和斜立两大类。字色即字的颜色。字列即字的排列。字列形式由所注记地物的特点决定，通常包括水平字列、垂直字列、雁形字列、屈曲字列等。

注记除了字体、颜色、大小、字形、字符间距等参数以外，注记方式也是一项重要的内容。第一种注记方式是单点注记：给定一个点位，注记一串字符，一般单点注记的注记方向角为零。第二种注记方式是双点注记：给定两个点位，注记一串字符，注记的方向由两个点位决定。第三种是布点注记：虽然注记是一个字符串整体，但每个字符对应一个点位和方向；单点布点时给一个点位，方向为零，双点布点时，给定两个点位，方向由两个点位决定。第四种注记方式是参考线布点，沿一条已有参考线如河流，平行或垂直于参考线自动布点，其效果与双点布点相同。不同的注记方式如图 8-1-14 所示。

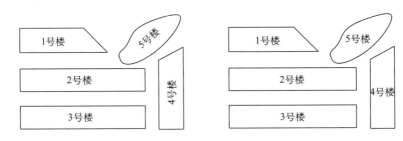

图 8-1-14 不同的注记方式对比示例

8.1.4 普通地图与专题地图制图

普通地图是以同等详细程度全面表示地面基本自然和人文社会经济现象一般特征的地图，能比较完整地反映出制图区域的基础地理特征。普通地图的基本要素包括水系、地形、地貌、土质、植被、居民地、交通网、境界线以及独立地物等。普通地图又分为地形图和地理图。普通地图的一个显著特点是标准化，国家相关部门对基本比例尺的地形图的规格、大小、内容以及图式都做了严格的规定。普通地图中地物要素表达的详细程度、精度、完备性、概括性和表示方法等在很大程度上取决于地图的比例尺。我国规定的基本比例尺地形图包括 1:100 万、1:50 万、1:25 万、1:10 万、1:5 万、1:2.5 万、1:1 万、1:5000、1:2000、1:1000、1:500 等 11 种，是根据国家统一规定的图式规范编绘，有固定的比例尺系列，并根据保密等级限定发行和使用范围的地图。因此，对于普通地图而言，普通用户无须考虑其中的符号、图式设计等问题，只需要严格遵守国家相关规范规定来生产即可。

与普通地图不同，专题地图着重反映某一种自然和社会经济要素的分布或强调表示这些现象的某一方面的特征。由于专题地图不属于国家基本比例尺地图约定范畴，针对不同的服务对象，其对应的地图主题内容也多种多样，用户可以根据项目的需要自行设计和决定专题地图的比例尺、投影坐标、图幅、非空间属性值的符号化表示方法等。其中，如何根据主题特点来选择和设计合适的专题图表示方法，是其中重要的环节。下面介绍不同类型专题图的表示方法及其适用范围。

由于自然和社会经济要素分布特征的差异，在专题图上采用的表示方法也有多种方式。各种自然和经济现象在地球表面上的分布可以分为下列类型：①有的现象具有面状连续分布的特点,其中还有的现象呈逐渐变化的趋势,在制图区域内只是表现高低、强弱不同,如地形、地磁、气压、温度等;②有的呈线性连续分布,如海岸、河流、交通线路、油气管道等自然和经济要素;③也有的现象是间断的面状分布,它们在整个制图区域内到处都可能出现,如耕地、森林、牧场、沼泽等;④有的要素呈离散的点状分布或占有较小面积的块状分布,大多数社会经济要素属此类型,如居民地、工厂、车站、水井、高程点和监测点等;⑤还有的集中分布于制图区域的个别地方,其他地区不经常出现,如矿藏等。上述这些分布特点决定了各种专题地图只有采用不同的表示方法,才能具有较好的表现效果。除此之外,由于制图资料类型不同,有的是精确定位资料,有的是行政单位的统计资料,使用的表示方法也有差异。

1. 定点符号法

定点符号法使用不同形状、大小、颜色的符号表示点状分布的对象,主要用在对有精确定位的点状地物的描绘,如文化设施、工业企业、气象台等。点状符号按其形状可以划分为文字符号、几何符号、特征符号和艺术符号。符号大小和分级,可采用按连续绝对增长的比例或阶梯增长的比例等原则。经常使用符号内的不同颜色和线划反映制图对象的内部结构,例如,采用圆形符号表示工业分布中心,可用圆的大小表示工业中心规模,圆内划分不同比例部分反映各工业部门的组成。采用风玫瑰图可以表示多种指标,如用圆符号定位于观测点,用不同方向的齿线表示风向的频率等。如图 8-1-15 所示,网络地图上常用定点符号表示酒店、银行等的分布。

图 8-1-15 定点符号法示例

使用符号编制专题地图的主要问题是选择和设计科学的符号系统,制定符号分级原则。一般要求符号系统的设计反映制图对象的内在联系,适应于人们的视觉习惯,符号图形不仅要简单明了,而且能反映和传输制图对象较多的信息量。用符号法编制的地图可以表示地物数量和质量特征,并有精确的定位,是制图中常用的表示方法。

2. 线状符号法

许多地理要素,如河流、海岸、地质构造线、交通运输线等,都是呈线状分布,可以采用线状符号在地图上反映这些现象。如图 8-1-16 所示,线状符号包括不同颜色和形状的线划、箭头、条带等。地物的质量特征可以用线状符号的形状和颜色加以区分，而数量特征则用符号大小表示。在专题图上经常使用线状符号的宽度来反映数量指标，例如，在交通运输图上，用线宽表示运输量，同时带内用各种晕线或颜色划分货物品种。

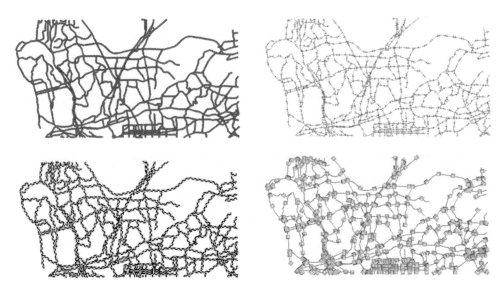

图 8-1-16　线状符号图示例

3. 运动线法

又称动线法，是用矢量符号和不同宽度、颜色的条带表示空间现象移动的方向、路线和数量、质量等特征。适用的自然现象如洋流、寒潮、鱼类洄游、台风等的运动途径，社会现象如移民、货物运输、资本输入等。可以用运动线的粗细反映现象分布的强度，长短反映重复出现的次数。线状符号同样可以反映制图对象的动态变化，用不同颜色或形状代表不同时期发生的现象。使用线状符号编制地图的主要问题是选择和处理制图对象的各种数量指标，设计合适的、有表达力的图形结构。例如，可以用运动线法直观地反映洋流的流向。

4. 等值线法

如图 8-1-17 所示，等值线法是用等值线形式表示布满整个制图区域的面状现象的专题图方法，适用于表示连续分布并逐渐变化的制图现象的数量特征，如地形起伏、气温、降水、地表径流等。在制图上等值线被认为是具有相等数量指标的点的连线，但在实地上并没有这种标志，地图上等值线的意义并不是它本身，而只是作为一种表达整个制图地区特征的方法，反映制图对象的差异变化。等值线法具有较强的表现力，尤其是在地图采用不同灰阶和分层设色的情况下，更能明显地反映出制图区域内现象的分布规律，如地形高低、气候要素的强弱变化等。一般来说，用等值线表示制图对象都是反映绝对值，但有时也表示数量指标的相对值。在小比例尺地图上采用等值线法表示非连续分布的现象(如人口分布)时，必须使用相对值。相对值是指单位面积内现象数量的多少，如人口密度、开垦程度(即耕地面积同全区面积的比值)。实际上，使用相对值是把间断分布的现象加以平均化，视为连续分布来看待。使用相对值表示的不是制图现象本身，而是它在制图区域内的相对特性。显然，对非连续现象如果不使用相对值，而用绝对值，必然导致表示现象的歪曲，这是应该注意的。

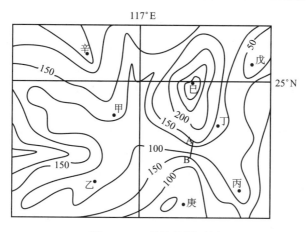

图 8-1-17 等值线图示例

等值线法与符号法一样，属于精确的制图方法，它可以细致地描绘现象的分布。但是等值线的精度是由测量精度决定的，实地量测数据是勾绘等值线的依据。在专题制图中，勾绘等值线往往建立在区域单元平均值的基础上，此时数据点不是直接量测，而是采用区域单位中心。在这种情况下，等值线只是概略地反映制图现象的主要趋势。等值线绘图主要反映某一时间制图现象的分布，同样也可以表示动态变化，例如，用等变化线反映人口增长率等发展趋势，或者编制不同时期的等值线图进行对比。

编制等值线图的重要问题是制订等值线间距表。选取等值线间距有多种原则，如等间距原则和非等间距原则，要求对应于制图现象的特征值，反映区域变化的特点。等值线间距越小，越能精确描绘制图对象的分布，但是等值线过密会使地图易读性降低。勾绘等值线的方法也是一个重要问题，因为人工勾绘等值线的好坏取决于制图人员的专业知识。自动制图可使用线性或非线性插补数学方法，多数采用距离加权平均的原则。除此之外，在等值线法制图中的分层设色原则以及综合取舍等问题都是地图学研究的重要课题，这里不再详述。计算机自动跟踪等值线的方法将在后面介绍。

5. 质底法

质底法表示连续分布、充满整个区域的面状现象，如地质现象、土地利用状况、土壤类型等。质底法反映整个制图地区的质量差异，需按确定的原则进行区域的明确划分。质底法除了使用各种颜色外，还经常采用面状符号、晕线等表示手段，但其本质问题是图例类型的划分和界线的确定。类型界线可以是精确的或概略的。精确的界线对应于实地分布，如在地质图、土壤图、植被图上类型界线都是通过实地调查或像片判读确立的。概略的界线往往是在实地难于获取精确界线，或者不要求精确地反映分布位置的情况下使用，如动物地理分布图、小比例尺经济或自然区划图等。图例分类系统和质量特征的说明是一个复杂的问题，有的采用单一分类指标，有的采用多指标分类方法，这同专业要求和区域研究程度密切相关。用质底法编制地图还有其他科学问题，如类型界线的协调、整饰原则、要素的综合等，这在部门专题制图研究中有较详细的讨论。

6. 范围法

范围法表示呈间断成片分布的面状对象，适用于表示集中分布在一定面积上，而在其他制图地区不经常出现的自然和社会经济现象，如森林、沼泽、某种农作物的分布等。范围法常用真实或隐含的轮廓线来表示分布范围，内部用颜色、网纹、符号、注记等手段来反映制图现象的质量和相关特征。按制图对象分布特征，范围法可以分为绝对分布和相对分布两种。绝对分布是表示现象只在绘出的界线内出现，其他地区不会发生。相对分布表示该现象不仅在某地区集中分布，而且在其他区域也会出现。范围界线可能是精确的，也可能是概略的。图上范围界线精确表示的，必须根据实测调查资料。对于难于精确反映分布范围的现象，往往在图上不绘出界线，而使用非比例尺符号来表示分布中心，如在农业图上经常用个体符号表示作物种植的地区。范围法主要表示制图现象的质量特征，但是也可以反映其数量指标，如用不同深浅的颜色和不同密度的晕线反映分布强度变化，用个体符号的大小表示不同等级的分布面积，用范围界线的变化反映动态发展。

范围法和质底法的区别如表 8-1-1 所示。范围法根据专题要素的具体分布来确定其绘图边界，不一定要布满整个制图区，而质底法则必须铺满整个制图区，反映专题要素在整个制图区的分布情况。对应的，范围法允许制图符号重叠，而质底法不允许制图符号重叠。因此，范围法更侧重于反映专题要素的分布范围，而质底法更注重于专题要素的质量特征分布情况。

表 8-1-1 范围法和质底法的区别

项目	范围法	质底法
所表达事物是否布满制图区	否	是
符号能否重叠	能	否
表达事物侧重点	分布范围	质量特征

7. 点值法

如图 8-1-18 所示，点值法用一定大小和形状的点群来反映制图区域中分散的、复杂分布的现象，如人口、动物的分布等。这种方法在制图现象分布的范围内，用大小相同的点群表示其分布特征，其点数多少对应于该现象在表示范围内的发展程度，点密集的地方表示制图现象集中，有较高的发展程度；点稀疏的地区则说明发展程度不高。图上表示单一点不能看成是独立的符号，它不表达这种现象的分布位置，只能从总体的点集来反映分布规律。每个点代表的数量称为点权或点数值。点数的选择对制图非常重要。一般要求点数值尽可能小一些，以增加点群中的点数，增强地图的表达力。但是这却带来技术上的困难，要花费较多时间。对于数量差异很大的现象，点数值的选择，原则是在最密集的地方不允许点和点互相

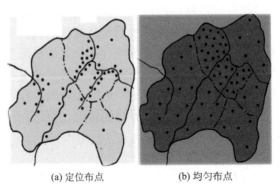

(a) 定位布点　　(b) 均匀布点

图 8-1-18 点值法示例

重叠,最多只能联结成片(此种情况将不能进行点数统计)。在出版的专题图上,一般可采用直径为 0.25~0.5mm 的点。显然,点的面积越大,点数就越少,点数值也就越大。对于差异特别大的现象,难于确定统一的点数值,可采用两种点数值,分别反映该现象在集中和稀少地区的分布特征。

利用点值法制图时一般使用统计资料,根据行政单元的统计数据计算各行政单元点的数量。确定点位有两种方法:①定位布点:考虑制图现象有实际分布范围,只在分布范围内绘点,如图 8-1-18(a)所示;②均匀布点:不考虑制图对象分布特征,均匀地把点绘在行政单元界线内,如图 8-1-18(b)所示。

8. 分级统计图法和图表统计图法

分级统计图法和图表统计图法是两种反映统计资料分布特性的表示方法。分级统计图法用颜色深浅或符号疏密表示制图现象的统计差异;图表统计图法用柱状图或其他图形符号表示各区域单元的统计数据。

这两种方法的差别在于:用分级统计图法反映制图现象分布强弱,必须使用相对值指标;而图表统计图法则直接采用绝对值指标,通过图形符号大小对比反映区域差异。图表统计图法看上去和符号地图外形相似,两者区别在于图表统计图的符号不表示地物分布具体位置,只反映该区域单元的数量总和;而符号图却表示制图对象分布位置,有精确的定位。图表统计图的编制主要是设计和选择符号图形,使之能正确地反映各区域单元统计数量差异,力求对比明显。在图形设计时,要依据制图对象统计数据的大小差异,确定采用线状、面状或立体的图形符号。为了表示多种统计指标,用符号内部结构区分制图对象的不同组成部分。例如,经济图上经常使用圆形符号表示各统计单元的工业总产值,圆内划分成不同比例表示各工业部门所占的比重。图表统计图法反映制图对象的动态变化时,可用同一符号大小对比说明不同时期的增长和下降趋势。分级统计图编制是比较复杂的,主要问题是对统计资料的加工处理和科学分级,常规分级是用手工实现,现在已可用计算机自动实现。分级统计图的色彩设计也是一个重要问题,表示同一现象的分布,原则上最好使用同一色调,但要求不同级别的色差易于区分,同时又保持其连续性,使其色彩深浅变化反映出制图对象的强弱差异。

9. 分区统计图表法

分区统计图表法在各分区单元内按统计数据描绘为不同形式的统计图表,置于相应的区划单元内,反映各区划内现象的总量、构成和变化。分区统计图表法与定点符号法、分区统计图表法的区别在于:①定点符号法,代表的是特定点上的特征,必须严格定位在这个点位置上;②定位图表法,代表该点上的统计数据,主要反映专题要素的周期性变化特征;③分区统计图表法,代表某区域内要素的数量分布特征,没有严格的定位意义。

对于上述专题地图的表示方法,可以按不同的指标分类。例如,可以先区分统计表示方法和非统计表示方法,再按定量和定性标准划分,其中定量方法又可再分出表示绝对量和相对量,或者按点、线、面的原则加以分类。每种表示方法划归为哪一类,当然没有绝对的界线,有的方法既是定性的,又是定量的。表示方法的分类如图 8-1-19 所示。

专题图制作过程实际上是对空间对象属性数据进行符号表达的过程。属性数据通常有两种类型,即用字符表示的定性描述数据和用数值表示的定量数据。定性数据常采用质底法,范围法或面状充填符号法。定量数据适应于分级统计图法、点值法、线状符号法等。

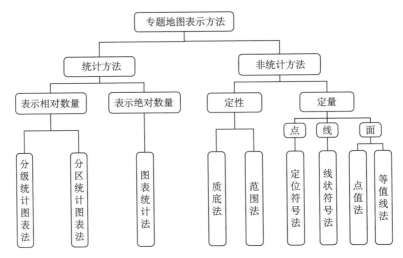

图 8-1-19 专题图表示法分类(国家测绘地理信息局职业技能鉴定指导中心, 2016)

在专题图的制作过程中，首先根据图层选择属性表和属性项，然后选择制图方法，如果属性是字符型选择质底法等方法，则系统会根据空间对象的特性在空间对象内充填相应的颜色或面状符号或晕线等，这种过程与普通地图的面状地物的符号化过程基本类似。

对于数值型属性，制作专题图时，相对复杂一些，需要将属性值的大小转化为符号的大小，例如，若采用直方图表示工业产值，则需要将工业产值转换成直方图的高度，再标注在相应的标识点上。

8.1.5 地图设计

地图设计是为地图制图制定表达方式、表达规则、选择表达内容和技术等的技术过程。地图设计过程必须根据地图制图学科技术的一般原理，结合所生产地图的用途、比例尺和制图区域等来进行。这里所说的一般原理，包括基本的制图理论、国家相关规范等。

地图设计的基本程序包括：

(1) 确定地图用途及地图的基本要求。为了确保所生产地图能满足用户的需求，首要任务是确定所生产地图的用途及基本要求，与用户充分沟通和接触，确定地图的用途、使用方式、使用对象、使用范围等，与委托单位协商地图的内容、表示方法、出版方式等。

(2) 分析已有成图。为了节约数据成本，充分利用现有地图资源，确定任务后，要充分收集与所生产地图相关的地图，并加以分析，明确不同地图的优点和不足，作为新编地图的数据参考。

(3) 研究制图资料。充分收集制图区域的航空像片、卫星像片等制图资料，并对这些资料进行整理、分析评价，为新编地图提供数据源。

(4) 研究制图区域的基本情况。深入了解制图区域的特点，包括自然地理、社会发展、经济建设等各方面的特点，为后续工作奠定基础。

(5) 设计地图的数学基础。根据新编地图要求，选择确定合适的地图投影、地图比例尺及地图定向等数学要素。

(6) 地图的分幅和图面设计。根据新编地图区域特点进行分幅设计。图面设计内容包括新编地图的主区位置、图名、图廓、图例等图面配置设计。普通地图的分幅和图面设计均可参照相关国家标准，专题地图则要根据项目具体要求来确定分幅和图面配置。

(7) 地图内容选取及表示方法设计。根据地图用途、制图资料特点、制图所在区域等，选择地图内容，并确定相应的分类、分级、指标体系及表示方法等，设计相应的图式符号，建立符号库。

(8) 确定各要素制图综合指标。根据制图要求等确定各个要素的制图综合指标。

(9) 地图制作工艺设计。根据项目需求和实际情况，选择不同的制图工艺流程，包括数据输入、地图数学基础确定、制图资料补充、数据处理、地图符号和注记的配置、数据输出等。

(10) 样图试验。选择个别典型区域进行样图实验，确保所设计方案的可行性。

完成上述各项工作后，最后将所有的设计内容形成正式的设计文档，作为地图生产的重要依据。

8.1.6 地图排版

完成地图的符号化与注记后，还需要进行颜色配置、图幅整饰、图例、图面布局等地图排版工作。

1. 颜色配置

地图符号的合理设色能帮助我们很好地识别各类地物的性质和特征。地图设色有其特有的特点和要求，相应地，设色有相应的原则和方法(袁勘省，2014)。下面首先简单地介绍色彩的三要素及计量法，再介绍地图符号的色彩设置。

1) 色彩三要素

色彩三要素包括色相、亮度和纯度。

色相又称为色调或色别，指色彩之间质的差别。常见的色相包括红、黄、绿、青、橙、蓝、紫等。

亮度又称为明度或光度，是指色彩本身的明暗程度。不同色相有不同的亮度。例如，黄色的亮度最高，品红、绿色中等，紫色亮度最弱。同一色相也可以有不同的亮度，例如，绿色又可以分为明绿、正绿、暗绿等。

纯度又称为饱和度，指色彩的纯净程度。光谱中，单色光是自然色彩中最饱和的色彩，称为标准色。特定颜色越接近标准色，其纯度越高。

通过变化颜色三要素，可产生多种多样的色彩。

2) 色彩计量法

面对现实世界中极其丰富的色彩，需要采用一定的方法来区分、识别、表示、命名、计量这些色彩，这就是色彩的计量。下面分别介绍颜色立方体表示法和颜色色谱表示法。

(1) 颜色立方体表示法。颜色立方体是由 3 种颜色参数组成的颜色三维空间。颜色三维空间中的任意一点代表某种特定颜色。常用的颜色立方体表示方法包括 RGB 立方体和 CMYK 立方体。

RGB 立方体是用三原色红(red，简写为 R)、绿(green，简写为 G)、蓝(blue，简写为 B)来描述物体颜色特征的方法。RGB 颜色空间以 R、G、B 三种基本色为基础，进行不同程度的叠加，产生丰富颜色，俗称三基色模式。RGB 颜色空间中，各色的取值范围均为 0~255,

数值越大颜色越明亮。如图 8-1-20 所示,三个坐标轴分别表示 R、G、B 三种原色,最大值均为 255,八个顶角表分别表示红、绿、蓝、青、品红、黄、白、黑等 8 个基本颜色。RGB 三个颜色的不同取值的组合,代表了不同的颜色。例如,若 R、G、B 均为 0,表示黑色;若 R、G、B 均为 255,表示白色。

RGB 模式是计算机屏幕等电子屏幕显示的基础,所以 RGB 模式常用于视频、多媒体与网页设计(黄国祥,2002)。

CMYK 颜色立方体是印刷油墨的颜色空间,是四色打印机的颜色模式,其中,C(cyan)为青色,M(magenta)为品红,Y(yellow)为黄色。将 C、M、Y 分别作为颜色空间的三个维度,三个颜色维度的取值范围均为 0~100%。K 为单独的一个纵向轴,表示黑色的分量。如图 8-1-21 所示,与 RGB 模式相似,CMY 的不同取值组合可以表示不同的颜色。地图印刷通常采用 CMYK 颜色模式,在印刷的时候也可以根据具体需求采用专色印刷或单色印刷。

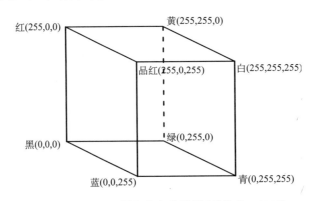

图 8-1-20　RGB 颜色立方体模型(袁勘省,2014)

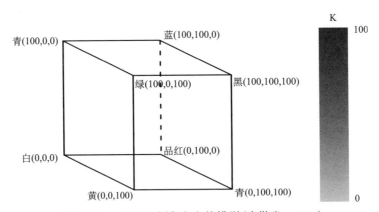

图 8-1-21　CMYK 颜色立方体模型(袁勘省,2014)

为了适应不同设备和应用的需求,经常要进行不同色彩模式的转换,各种地图排版和处理软件需要提供颜色模式转换功能。从 RGB 模式向 CMYK 模式转换的过程是分色过程,而从 CMYK 模式向 RGB 模式的转换本质是在显示器上对分色图形的颜色再现。

(2)颜色色谱表示法。颜色色谱表示法是利用基本色分量表示颜色的方法,以某些颜料为基础色相并按不同比例和形式组合后,形成一个个色块。这些色块按照一定规律排列起来,就构成了颜色图样的色谱。

3) 地图符号的色彩

地图色彩是地图的一种表示手段,利用色相、亮度和饱和度三要素的不同变化和组合,结合人对于色彩感受的心理特征,可以建立起色彩与制图目标之间的联系(国家测绘局职业技能鉴定指导中心,2016)。色相通常表示目标的质量特征,亮度和饱和度主要表示目标的数量特征和重要程度。例如,利用浓艳的颜色表示地图上的重要目标,用浅、淡颜色表示次要目标。

地图点状符号通常利用不同的色相来表示质量的差别。例如,利用红色表示火力发电厂,蓝色表示水力发电厂。点状目标设色多用原色、间色,采用对比色和互补色组合,可以清楚地区别不同目标。

线状符号的设色通常采用各种渐进色、象征色和标记色。例如,利用棕色渐进色表示不同的地貌(山体、平原、沙漠、黄土等);象征色的应用案例为,利用红色箭头表示暖流,蓝色箭头表示寒流;标记色,如在地质图中用黑色表示河流。

面状符号的设色包括底色、质别色和色级色。

底色的主要作用是衬托和强调图中的其他主要要素。底色的设色应较为浅淡,以衬托和协调地图的整体效果。

质别色是表示地图中不同地物本质差别及其分布区域范围的颜色。质别色的设色主要依据不同地物的种类或类型,设计对应数量的质别色彩。

色级色按照颜色的色相、亮度、纯度的变化,利用有层次差别的各级色彩表示目标属性特征的层次变化。例如,利用色级色来表示人口密度的分布、地势高低的变化等。

2. 图幅整饰及排版布局

图幅整饰包括图名、方里格网图例、图幅外注记、比例尺、坡度尺等内容。普通地图的图幅整饰内容和形式有相关的国家规范,在编制普通地图时必须符合这些规范和要求。但对于专题图而言,可以根据项目需求灵活进行图幅的图幅整饰,主要以合理和美观为原则。

专题图的专题内容和表达形式较为丰富,有时需要将多种主图、附图、统计图表、图片、文本等不同种类的文件混合排版,建立绘图文件,为输出纸质地图、电子地图等做好准备。

8.1.7 地图输出

1. 基于 GIS 的计算机制图生产过程

传统地图生产过程主要包括地图设计、原图编绘、出版准备和地图制印等四个过程。计算机制图的生产过程包括地图设计、数据输入、数据处理和图形输出等四个阶段。和传统地图生产过程相比,计算机制图可以利用 GIS 等技术,根据需求对空间数据进行适当的处理和加工,并形成空间数据采集、建库、地图生产的一体化过程。

2. 地图输出方式

绘图仪输出是最简单的,也是最常用的地图输出方式。过去 GIS 软件公司要针对不同的绘图仪编写不同的绘图驱动软件。由于设备和驱动软件的逐渐标准化,现在可以直接由操作系统提供的驱动软件,或绘图仪生产公司提供的驱动软件完成这些工作。

计算机图形输出实现有三种方式。第一种是根据绘图指令,编写绘图程序,直接驱动绘图笔绘图。第二种方式是由 GIS 软件产生一种标准的图形文件,如 Windows 的元文件 WMF 文件,调用操作系统或者 Windows 提供的函数"播放"元文件,绘制地图。第三种方式更为简单，所有程序不变，在需要绘图时，将图形屏幕显示的句柄改为绘图设备句柄即可。

3. 电子地图制作

利用计算机制图技术生产传统地图的同时，逐步地产生、发展了电子地图这种新的产品形式。电子地图是以数字地图为基础，以多种媒体显示地图数据的可视化产品，是数字地图的一种可视化方式。电子地图可以方便地存储在硬盘、移动硬盘、光盘等数字存储介质上，可以在各种电子屏幕上显示，也可以随时打印输出到纸张或者特殊介质上。

电子地图作为传统地图的补充，不仅包含、存储了地图的全部内容，而且形成了一个信息系统，称为电子地图系统。电子地图系统所能提供的功能远远地超出了传统地图的作用，能实现更为广泛的空间信息服务。电子地图系统通常包含以下功能。

(1) 地图建造功能：允许用户根据自己的设计方案选择比例尺、地图投影、地图符号、颜色、图例、图式等，生产预想的地图。

(2) 地图显示功能：包括打开、显示、放大、缩小、漫游等常用的地图显示功能。

(3) 地图管理功能：包括对空间数据、属性数据、时间数据等多种地图数据的管理。

(4) 检索和查询功能：可以根据用户需求来检索图形、数据和属性，并以多媒体、图形、表格和文字报告形式提供查询结果。

(5) 统计和分析功能：可以实现快速汇总，并进行统计分析、打印直方图，提供分组分类间隔选择和精度评价。

(6) 编制专题图功能：提供多种专题图表示方法和功能，实现各种专题地图的编制。

(7) 制图综合功能：制图综合在电子地图系统中是按照视觉限度的原理实现的，它是一种逆向过程。当数据库中存储了十分详细的制图数据时，正常位置的屏幕上不可能显示全部图形细部，即显示的比例尺缩小时，更多的细节就被抑制了，面状符号可能显示成点状符号。只有当使用开窗技术局部放大显示时，才有可能逐步显示出全部细节，多次放大就可获得多种比例尺的读图效果。

(8) 数据更新功能：提供地图和数据输入、编辑和输出等功能，确保及时地更新数据，保持电子地图集的现势性，并为再版地图提供数据支持。

(9) 输出功能：根据需要输出空间查询、空间分析和制图结果。

电子地图的制作可以采用专门的电子地图制作软件，也可以采用 GIS 软件，生成电子地图的画面文件，然后用适当的软件，将这些画面文件集成起来，形成电子地图集。

8.2 地理空间数据可视化

GIS 起源于地图，而地图是表达地球和地学问题最直观最形象的可视化工具。千百年来，测量工作者通过各种手段获取地球表层各种地物，按照一定的规范和图式符号通过手工绘制在地图上，获得各种丰富精美的地图。计算机时代可以通过数字化手段直接获得各种地物的数据，因而也要求计算机能够显示各种空间数据、自动绘制精美的地图。

可视化技术最初起源于科学计算可视化。科学计算可视化是指运用计算机图形学和图像处理技术，将科学计算过程中产生的数据及计算结果转换为图形和图像显示出来，并进行交互处理的理论、方法和技术。科学计算可视化的主要功能是利用复杂的多维数据生成图形或图像等，以帮助人们理解、分析以计算机方式存储的图形、图像数据等。其实现涉及计算机图形学、图像处理、计算机辅助设计、计算机视觉及人机交互技术等多个领域，侧重于复杂数据的计算机图形学。

地理空间数据可视化是指运用地图学、计算机图形学和图像处理等技术，将地学信息输入、处理、查询、分析及预测的数据和结果，采用图形符号、图形及图像等形式，并结合图表、文字、表格、视频、音频等其他可视化形式显示并进行交互处理的理论、方法和技术。地理空间数据可视化是科学计算可视化在地学领域的特定发展。地理空间数据可视化改变了传统地图的应用和使用形式。从新的制图技术和表达内容来讲，可以认为地理空间数据可视化是一种广义的地图制图过程，其成果是广义地图。

地理空间数据可视化具有三个方面的重要作用。

(1) 可视化可用来表达地理空间信息。地理空间分析操作结果能用设计良好的地图来显示，以方便对地理空间分析结果的理解，也能回答类似"是什么？""在哪里？""什么是共同的？"等问题。

(2) 可视化能用于地理空间分析。事实上，我们能理解所设计的、并彼此独立的两个数据集的性质，但很难理解两者之间的关系。只有通过叠加与合并两个数据集之间的空间分析操作，才可以测定两个数据集之间可能的空间关系，才能解答"哪个是最好的站点？""哪条是最短的路径？"等类似问题。

(3) 可视化可以用于数据的仿真模拟。在一些应用中，有足够的数据可供选择，但在实际的空间数据分析之前，必须回答诸如"数据库的状态是什么？""数据库中哪一项属性与所研究的问题有关？"等问题。要解答这些问题，用户就需要可视化仿真空间数据的功能。

计算机制图的主要任务就是利用计算机来制作地图。因此，GIS 与计算机制图有着密不可分的关系。

GIS 与计算机制图二者的主要联系为，从学科渊源角度，GIS 起源于或者说"脱胎于"计算机地图制图，例如，最早的 GIS 项目即是利用计算机实现制图任务。然而，随着 GIS 的发展，GIS 涵盖了空间信息的输入、存储、管理、分析、可视化等整个空间信息处理流程。其中，空间分析是 GIS 的核心功能。因此，GIS 与计算机地图制图的区别在于，GIS 具备空间分析功能，而计算机地图制图重点在于如何完成空间信息的可视化，即地图输出问题。地图是 GIS 一种主要的、重要的可视化和输出手段，但不是唯一的手段，随着计算机、虚拟现实技术等学科的发展，多媒体、虚拟现实技术也逐渐成为 GIS 可视化和输出方式。

8.3 地形数据可视化

地形对于理解真实的地球表面有着重要的作用。如何基于数字地形数据，在计算机环境中实现地形数据可视化是帮助我们理解地球表面，进行环境模拟，做出正确空间决策的重要依据。本章在介绍地形可视化方法的同时，针对不同类型的地形数据，阐述了如何基于不同地形数据实现地形数据可视化。

8.3.1 等值线法

等值线法是将特定属性取值相等的点连接起来，是地形可视化制图最常用的方法。最常用的等值线是等高线，用于表示地面高程的变化情况。其中，等高距是等高线之间的垂直距离，基准等高线是开始计算高程的等高线。不同比例尺的等高线，其等高距有不同的规定。通过等高线的排列和分布模式，可以有效反映不同的地形特点。例如，地形起伏大、陡峭的地方等高线间距紧密；等高线向河流上游方向弯曲等。有经验的地理工作者能借助等高线，看出地形的起伏情况，并做出准确的评判。

根据数据基础不同，等值线绘制算法分为基于规则格网绘制算法和基于不规则格网（主要是 TIN 数据）绘制算法两大类。

1. 基于规则格网的等值线绘制算法

利用规则格网 DEM 绘制等值线包括三个步骤：①计算各条等值线和网格边交点的坐标值；②找出一条等值线起始等值点并确定判断和识别条件，追踪一条等值线的全部等值点；③联结各等值点绘制光滑曲线。

1) 确定等值点的位置

设制图区域由 $m \times n$ 个网格点组成，沿 X 方向的分割记为 $j=1, 2, \cdots, n$，沿 Y 方向的分割记为 $i=1, 2, \cdots, m$。图 8-3-1 为任意网格，$BB_{i,j}$，$BB_{i,j+1}$，$BB_{i+1,j}$，$BB_{i+1,j+1}$ 为 4 个网格端点的高程值。

为了计算等值点在网格边上的位置，首先要确定等值线与网格边相交的条件。设等值线高程值为 W，只有当 W 值处于相邻网格点数值之间，该边才有等值点，即

$$\begin{cases} (BB_{i,j} - W) \cdot (BB_{i,j+1} - W) < 0 & \text{在下横边上有等值点} \\ (BB_{i,j} - W) \cdot (BB_{i+1,j} - W) < 0 & \text{在左纵边上有等值点} \end{cases} \tag{8-3-1}$$

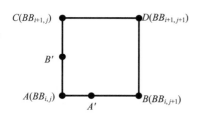

图 8-3-1 等值点计算

若 $(BB_{i,j} - W) \cdot (BB_{i,j+1} - W) > 0$，说明该横边上无等值点；若 $(BB_{i,j} - W) \cdot (BB_{i,j+1} - W) = 0$，说明等值点穿过该横边上其中一个端点，这时为了避免等值线追踪时出现二义性，可以将该端点值加上一个微量。同理可得纵边的判断方法。对于上横边和右纵边上是否有等值点的问题，可分别放到上边的网格和右边的网格中考虑。

如果式(8-3-1)成立，可采用线性内插方法计算出等值点位置。如图 8-3-1 所示，若在横边 AB 边内插等值点 A'，A' 离 A 点的距离记为 $SS_{i,j}$，则

$$\frac{W - BB_{i,j}}{BB_{i,j+1} - BB_{i,j}} = \frac{SS_{i,j}}{CN_1} \tag{8-3-2}$$

式中，CN_1 为 X 方向单位网格边长，若令 $CN_1 = 1$，则上式可以变为

$$SS_{i,j} = \frac{W - BB_{i,j}}{BB_{i,j+1} - BB_{i,j}} \tag{8-3-3}$$

显然，公式中 $SS_{i,j}$ 是一个相对比值，即 $0 \leq SS_{i,j} \leq 1$。同理，若在左纵边 AC 内插等值点 B'，可得距离公式为

$$HH_{i,j} = \frac{W - BB_{i,j}}{BB_{i+1,j} - BB_{i,j}} \tag{8-3-4}$$

上式同样满足 $0 \leq HH_{i,j} \leq 1$ 的条件。

计算得到等值点后,要选择合理的点位记录方式存储得到的等值点。可以利用两个数组分别存储行方向上的等值点和列方向上的等值点。

2) 等值点的追踪

计算出全部等值点以后,接来下的任务是依照一定规则和顺序把这些等值点连接起来,形成等值线,这一过程就是等值点的追踪。

为了确定追踪方案,首先要研究某一等值线在矩形网格内走向存在的可能情况,并通过确定等值线走向与等值点坐标之间的关系来建立跟踪条件。由于等值点位于网格边上,如图 8-3-2 所示,等值线通过相邻网格的走向只有四种可能:自下而上,自左向右,自上而下,自右向左。因此,如果找到某一等值线头位于某一网格边上,该网格边往往是相邻网格的公共边,即是前一网格的出口边又是后一网格的进入边,则进入边的方向对于每一个网格都有上、下、左、右四种情形,即追踪等值点有四种可能。

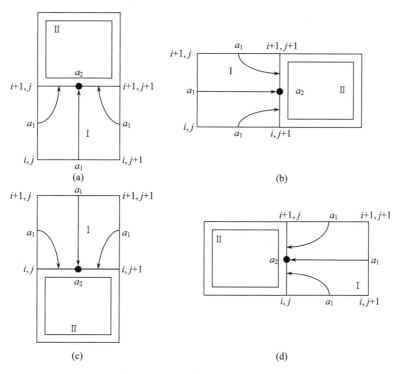

图 8-3-2 追踪等值点的四种情况

为了确定曲线进入的边是上边、下边、左边还是右边,需要建立一些判断条件。下面分别讨论这四种状况的判断条件:

(1) 自下而上追踪:如图 8-3-2(a)所示,在方格 I 的等值点 a_1 的位置有三种状况,即 $HH(i,j)$、$SS(i,j)$ 和 $HH(i,j+1)$,II 号方格上 a_2 等值点为 $HH(i+1,j)$,显然,比较 a_1 和 a_2 的坐标位置,可以得出 a_1 点取整的纵坐标,一定小于 a_2 点取整的纵坐标。因此,只要满足 $i_{a_1} < i_{a_2}$ 的条件,即可自下而上地追踪。如果有 a_3 点,一定是位于方格 II 的另外三条边上。

(2) 自左向右追踪:如图 8-3-2(b)所示,位于 I 号方格内的 a_1 点有三种可能位置:$HH(i,j)$、$SS(i,j)$ 和 $HH(i+1,j)$,a_2 点位于 II 号方格进入边记为 $HH(i,j+1)$。比较 a_1 和 a_2

的坐标,只要满足 $j_{a_1} < j_{a_2}$ 的条件,即可自左向右追踪。若有 a_3 点,一定位于Ⅱ号方格的另外三条边上。

(3) 自上而下追踪:如图 8-3-2(c)所示,位于Ⅰ号方格内的 a_1 点有三种可能位置: $HH(i,j)$、$SS(i,j)$ 和 $HH(i+1,j)$,位于Ⅱ号方格进入边的 a_2 点为 $SS(i,j)$,这时比较 a_1 和 a_2 点的位置,就不能建立追踪条件。由于考虑了排除自下而上和自左至右走向的可能,因而可以用 a_2 点取整横坐标小于 a_2 点的绝对值,横坐标即 $\text{INT}(x_{a_2}) < x_{a_2}$ 或者 $j_{a_2} \cdot CN_1 < x_{a_2}$ 的条件来判断(CN_1 为沿 X 方向单位网格边长)。满足上述条件时,自上而下的追踪 a_3 点,如有 a_3 点,定位于Ⅱ号方格的东、西、南其他三条边上。

(4) 自右向左追踪:当不满足上述三种条件时,即可确定是自右向左追踪[图 8-3-2(d)]。

综上所述,追踪等值点是在任意两个相邻网格内进行的,且建立追踪条件的前提条件是已知 a_1 和 a_2 点的位置。

等值线进入网格后,只能从网格的另外三个方向出去,为了避免出现等值线交叉和不确定[图 8-3-3(a)、图 8-3-3(b)为不确定性,图 8-3-3(c)为交叉]等现象,就需要有合理的算法。追踪下一个等值点的次序是:先考虑等值线原来的前进方向,再考虑与当前等值点的远近(综合考虑方向条件与距离条件)。下面介绍一种判断方法。

图 8-3-3 等值点连接的不合理情况

设已知某一等值线的起点 a_1 和 a_2 点,现在要追踪 a_3 点,可以作如下选择:

(1) $i_{a_1} < i_{a_2}$,则自下而上追踪等值点,a_3 只能在 $HH(i_2,j_2)$、$HH(i_2,j_2+1)$ 和 $SS(i_2+1,j_2)$ 三边寻找。在此情况下,选择 a_3 点的顺序为:①当 $HH(i_2,j_2)$ 和 $HH(i_2,j_2+1)$ 都有等值点时,则选取其中较小的(即距离近的)为 a_3 点;②当 $HH(i_2,j_2)$ 和 $HH(i_2,j_2+1)$ 只有一个等值点时,该点即为 a_3 点;③当纵边上没有等值点时,a_3 肯定位于横边 $SS(i_2+1,j_2)$ 中。

(2) $j_{a_1} < j_{a_2}$,则自左向右追踪等值点,a_3 点只能在 $SS(i_2,j_2)$、$SS(i_2+1,j_2)$ 和 $HH(i_2,j_2+1)$ 三边中找。此情况下选取 a_3 点的顺序是:①当 $SS(i_2,j_2)$ 和 $SS(i_2+1,j_2)$ 两横边上都有等值点时,则取其中距离较小的点为 a_3;②若 $SS(i_2,j_2)$ 和 $SS(i_2+1,j_2)$ 横边只有一个等值点时,该点选为 a_3;③若在两横边没有等值点,则 a_3 点必位于 $HH(i_2,j_2+1)$ 纵边上。

(3) $j_{a_2} \cdot CN_1 < x_{a_2}$,则自上而下追踪等值点,$a_3$ 点在 $HH(i_2-1,j_2)$、$HH(i_2-1,j_2+1)$ 和 $SS(i_2-1,j_2)$ 中寻找,此种情况下选取 a_3 的顺序是:①若 $HH(i_2-1,j_2)$ 和 $HH(i_2-1,j_2+1)$ 纵边上都有等值点,则取其较大一点为 a_3;②在 $HH(i_2-1,j_2)$ 和 $HH(i_2-1,j_2+1)$ 中只有一边有等值点,该点即为 a_3 点;③若两个纵边中均未有等值点,则 a_3 点必在横边 $SS(i_2-1,j_2)$ 上。

(4) 若以上三种情况均不成立,则从右至左追踪 a_3,a_3 在 $SS(i_2+1,j_2-1)$、$SS(i_2,j_2-1)$ 和 $HH(i_2,j_2-1)$ 中找,此时 a_3 点选取的顺序是:①若 $SS(i_2+1,j_2-1)$ 和 $SS(i_2,j_2-1)$ 横边上都有等值点,则选取较大距离的点为 a_3;②若 $SS(i_2+1,j_2-1)$ 和 $SS(i_2,j_2-1)$ 横边上只有一边有等

值点，则该点即为 a_3；③若 $SS(i_2+1, j_2-1)$ 和 $SS(i_2, j_2-1)$ 边上都没有等值点，则 a_3 必位于 $HH(i_2, j_2-1)$ 边上。

3) 寻找起始、终止等值点和分支识别

确定等值点后，下一步是寻找起始、终止等值点和分支识别。追踪某一等值线的首要条件是要找到该等值线的起始点。等值线可以分为开曲线和闭曲线(刘勇奎, 2007)，这两种曲线在寻找线头时有不同的地方。开曲等值线指从制图区域网格边界开始又结束于网格边界的等值线，闭合等值线则是位于制图区域网格边内部开始于任一点又结束于该点的等值线。开曲等值线的线头要从制图区域的四个边界上去找，闭合等值线的线头只能从制图区域的内部网格上去找。具体算法如下：

(1) 在底边(i=1)上找起始点：只要横边 $SS(1,j)[j=1,2,\cdots,n-1]$ 有等值点，即令它为 a_2 点，然后虚设 a_1 点，让 $i_{a_1}=0$，采用 $i_{a_1}<i_{a_2}$ 的条件去追踪 a_3 点。

(2) 在西边(j=1)上找起始点：只要纵边 $HH(i,1)[i=1,2,\cdots,m-1]$ 有等值点，即令它为 a_2 点，然后虚设 a_1 点，让 $i_{a_1}=0$，采用 $j_{a_1}<j_{a_2}$ 的条件去追踪 a_3 点。

(3) 在上边(i=m)找起始点：只要 $SS(m,j)[j=1,2,\cdots,n-1]$ 有等值点，即令它为 a_2 点，然后虚设 a_1 点，让 $i_{a_1}=m$，采用 $j_{a_2}\cdot CN_1<x_{a_2}$ 的条件去追踪 a_3 点。

(4) 在东边(j=n)找起始点：只要 $HH(i,n)[i=1,2,\cdots,m-1]$ 有等值点，即令它为 a_2 点，然后虚设 a_1 点，让 $j_{a_1}=n$，采用 $j_{a_2}\cdot CN_2<y_{a_2}$（$CN_2$ 为 Y 方向上的网格边长）的条件从东向西追踪 a_3 点。

找到每条等值线的起始的两个等值点 a_2、a_3 后，把找到的第三点作为第二点，原来的第二点作为第一点，再追踪新的第三点，直至终点，即满足 $x_{a_3}=CN_1$、$y_{a_3}=CN_2$、$j_{a_3}=n$、$i_{a_3}=m$ 之中任一条件时，停止追踪。

对于闭合等值线必须在制图区域内的网格边上去寻找等值线的起始点，而且只要是矩形内部网格任意边上的等值点均可作为起始点。可以采用这样的方案：在各条纵边上顺序找出初始等值点，即从 j=1 到 n−1 和从 i=1 到 m−1 各条横边上逐次找出等值点。当 $0<HH(i,j)<1[i=1,2,3,\cdots,(m-1);j=2,3,\cdots,(n-1)]$ 时，即有等值点存在，令该点为 a_2，然后虚设 a_1 点，且 $j_{a_1}=0$，即可采用 $j_{a_1}<j_{a_2}$ 条件，从西向东追踪 a_3 等值点。得到起始 a_2、a_3 点后，即可采用四种追踪条件追踪其他等值点，一直追踪到起始点本身为止。关于追踪等值点的起始方向和顺序如图 8-3-4 所示。

由于任一数值的等值线可能有多个分支(图 8-3-5)，因此，追踪任一分支等值线时都必须记录并加以区别。可以这样解决：每当追踪一个等值点时，要随时从数据中抹去，以免下次重复使用。追踪的该等值点需计算绝对坐标，存放于专门绘图用的数据内。这样，一条开曲等值线分支追踪完毕，马上使用专门记录追踪等值点的数据场存放的等值点 x、y 坐标值，绘出该条等值线。

4) 等值点绝对坐标值计算和特殊条件的处理

上面已提到，为了绘制光滑等值线，必须将内插得到的等值点相对位置转换为同一坐标原点的绝对坐标。为此设参数 S=1 时，表示等值点位于横边上，S=0 时，表示等值点位于纵边上，则 a_1、a_2、a_3 等值点的绝对坐标计算公式为

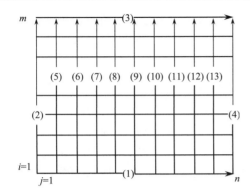
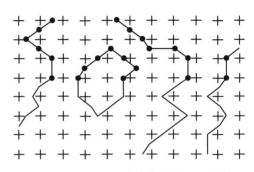

图 8-3-4　追踪等值线的起始方向和顺序　　　　图 8-3-5　相同值等值线的不同分支

$$x_{a_1} = \left[j_1 + S \cdot SS(i_1, j_1) \right] \cdot CN_1$$
$$y_{a_1} = \left[i_1 + (1-S) \cdot HH(i_1, j_1) \right] \cdot CN_2$$
$$x_{a_2} = \left[j_2 + S \cdot SS(i_2, j_2) \right] \cdot CN_1$$
$$y_{a_2} = \left[i_2 + (1-S) \cdot HH(i_2, j_2) \right] \cdot CN_2$$
$$x_{a_3} = \left[j_3 + S \cdot SS(i_3, j_3) \right] \cdot CN_1$$
$$y_{a_3} = \left[i_3 + (1-S) \cdot HH(i_3, j_3) \right] \cdot CN_2 \tag{8-3-5}$$

使用上述公式，在每追踪出新的等值点时，及时计算出该点的绝对坐标值，按顺序存储于专门数据场内并记数，为下一步绘制光滑曲线使用。

5) 联结等值点绘制光滑曲线

每条等值线的全部等值点追踪排列后，必须实时地把各节点光滑联结。关于平面上离散点光滑联结等的方法已在第 4 章中介绍过了。选择哪种曲线光滑方法，可根据制图要求、等值点疏密程度以及计算机存储能力来决定。一个重要的要求是在等值线密集的情况下，必须保证等值线互不交叉和重叠。一般情况下采用张力样条函数插值方法，通过选择合适的张力系数绘制等值线，可取得较好的效果 (图 8-3-6)。

2. 基于不规则格网的等值线绘制算法

1) 内插等值点的平面位置

与规则格网相似，以不规则格网为基础绘制等值线，首先要对原有数据进行内插，找出等值点。显然，等值点的内插都是在三角形的边上进行的，下面分析任一三角形的各边上是否有等值点的几种情形。

(1) 若三个顶点高程相等，则该三角形边上无等值点。如果三个顶点高程等于等值线高程，即 $z = z_1 = z_2 = z_3$，则三个顶点就是等值点。因为顶点可能被两个以上三角形使用，所以在本三角形中将不考虑这种情况 [图 8-3-7(a)]。

(2) 若三个顶点高程值不相等，则每条边两个端点高程满足：

$(z-z_1) \cdot (z-z_2) \geqslant 0$ 时，则该边无等值点，否则必有等值点；

$(z-z_1) \cdot (z-z_3) \geqslant 0$ 时，则该边无等值点，否则必有等值点；

$(z-z_2) \cdot (z-z_3) \geqslant 0$ 时，则该边无等值点，否则必有等值点。

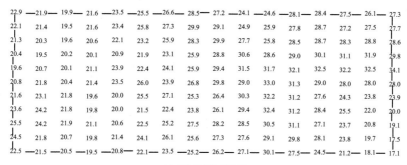

(a) 原始网格点数据

(b) 自动绘制的等值线图

图 8-3-6　基于网格数据绘制等值线图

但是，一个三角形不可能三条边上都有等值点，只可能在两条边上有等值点，即只要在一条边上有等值点，在其余两边上必有一边存在等值点，这是最常见的现象[图 8-3-7(b)]。

(3) 若三个顶点高程不等，而其中有一个顶点高程等于等值线高程，如果该三角形还存在一个等值点，则必须是位于该顶点的对边上[图 8-3-7(c)]。凡是一个三角形只有两个等值点的情况，都必须加以考虑。

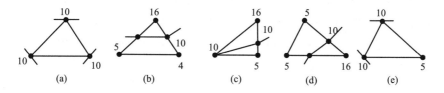

图 8-3-7　三角形内插等值点的各种情形

(4) 若三角形有两个顶点高程相等，且该三角形存在等值点，则必位于靠近第三点的两边上[图 8-3-7(d)]，或者这两个相等高程的顶点就是等值点[图 8-3-7(e)]。后一种情况将不在本三角形中考虑。

如图 8-3-8 所示，确定三角形边上存在等值点后，可用线性内插法求得等值点的坐标：

$$\begin{cases} x_{B_1} = x_1 + \dfrac{x_2 - x_1}{z_2 - z_1}(z - z_1) \\ y_{B_1} = y_1 + \dfrac{y_2 - y_1}{z_2 - z_1}(z - z_1) \\ x_{B_2} = x_2 + \dfrac{x_3 - x_2}{z_3 - z_2}(z - z_2) \\ y_{B_2} = y_2 + \dfrac{y_3 - y_2}{z_3 - z_2}(z - z_2) \end{cases} \tag{8-3-6}$$

式中，x_1、y_1、z_1、x_2、y_2、z_2、x_3、y_3、z_3 分别为三角形三顶点坐标；z 为等高线值。等值点坐标应采用制图地区的统一坐标系。

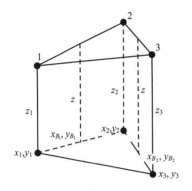

图 8-3-8　基于不规则格网数据的等值点内插

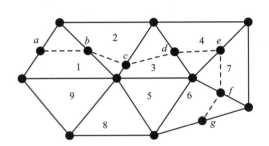

图 8-3-9　开曲等值线的起始和终止等值点

2) 找起始和终止等值点

和规则格网方法相似，具有 z 值的等值点可以组成一条以上的等值线，且存在开曲等值线和闭合等值线两种情况。无论绘制哪种等值线，都必须首先找出起始等值点(线头)。闭合等值线一定位于制图区域内部，其内部三角形边上任一等值点均可作为线头和线尾。开曲等值线开始于制图区域的边界又结束于边界，因此，起始等值点和终止等值点一定位于边界三角形的最外边上。如图 8-3-9 所示，图中有 9 个三角形和 7 个等值点，其中 a、g 两个等值点是等值线的线头和线尾。a、g 两点的数学特征可以这样判别：在任一三角形中，如存在两个等值点，其中一点必然是等值线通过该三角形的入口点，另一个是等值线走出该三角形的出口点。但是，如果等值点不是位于边界之上(如图 8-3-9 中的 b、c、d、e、f 点)，则该点既是前一个三角形的出口点，又是下一个相邻三角形的入口点。而如果该点是位于边界上的等值点，它只能是该三角形的入口点或者是出口点，不可能同时既是入口点又是出口点。

因此，寻找位于边界上的等值点的步骤为：

(1) 按三角形的序号找出有等值点的三角形，例如，L 号三角形，将其入口等值点坐标记为 $x_B(1,L)$，$y_B(1,L)$，括号中的第一个参数 "1" 表示入口等值点，第二个参数 "L" 为三角形号数。

(2) 将该等值点坐标与全部三角形入口等值点坐标 $x_B(1,I)$ 和 $y_B(1,I)$ 以及出口等值点坐标 $x_B(2,I)$，$y_B(2,I)$ ("2" 表示出口等值点；三角形号数 $I=1$，2，…，K) 作比较：若 $L=I$，则 $x_B(1,L)=x_B(1,I)$，$y_B(1,L)=y_B(1,I)$，即为一个三角形的同一等值点，计数器 $M=1$；若

$L\neq I$，$x_B(1,L)=x_B(2,I)$，$y_B(1,L)=y_B(2,I)$，即在三角形序号不等的情况下 L 号三角形进点等于相邻三角形的出点，计数器 $M=M+1=2$。

(3) 根据上述起始和终止等值点的数学特征可判断：当 $M=1$ 时，该等值点位于边界上，即为线头；当 $M=2$ 时，等值点不在边界上，故不可能是线头。

同理再使用 L 号三角形出口等值点坐标 $x_B(2,L)$ 和 $y_B(2,L)$ 作上述比较。

3) 追踪等值点并计数

找到线头后，要顺序地追踪出一条等值线的全部等值点，并计算出等值点数量。由内插得到的等值点是按三角形的序号排列的，是不规则的，为了按一条等值线通过的先后顺序排列，必须顺着线头按照一定算法进行追踪。显然，按顺序排列的等值点只存在于相邻的三角形中，因此，一个等值点既是某个三角形的出口点，又是相邻三角形的入口点，以此为条件建立追踪算法：

(1) 首先找到开曲等值线的线头，并将该线头点的 x、y 坐标记录在专门数据场中，即 $x_{D_0}(\text{LD1})=x_B(1,L)$，$y_{D_0}(\text{LD1})=y_B(1,L)$，其中，LD1 为等值点记数，初始化值为 1，即 LD1=1。

(2) 按三角形顺序将该等值点坐标同全部三角形的所有等值点进行全等比较，找到满足 $x_{D_0}(1)=x_B(1,I)$，$y_{D_0}(1)=y_B(1,I)$ 条件的等值点后，立即记录该三角形另一等值点，并使等值点计数器加 1，即 LD1=LD1+1=2，$x_{D_0}(2)=x_B(2,I)$，$y_{D_0}(2)=y_B(2,I)$。之后，要抹去线头等值点，以免以后重复使用。随后用被记录的新等值点同全部三角形所有等值点比较，找到下一个满足 $x_{D_0}(\text{LD1})=x_B(1,I)$，$y_{D_0}(\text{LD1})=y_B(1,I)$ 的新等值点，记录新等值点，再抹去原记录的等值点。重复以上过程，一直追踪到边界点为止。

(3) 完成某一高程值的等值点跟踪后，应用曲线光滑方法，把离散等值点连接成光滑曲线。对于某一数据值等值线可能有多条分支，应先绘出所有开曲等值线，再绘闭合等值线。闭合等值线的线头可以从任一三角形等值点开始，并按上述方法追踪和光滑联结。绘完某一数值等值线后，再开始下一个数值等值线的绘制，直到完成全部等值线的绘制为止。

4) 等值线注记和曲线光滑

为了分析等值线图，需要在等值线的合适部位写上该等值线的数值。手工作业时，容易找到等值线的合适的标注部位，并能保证相邻等值线的注记排列整齐，字头向着最高点或最低点，但是要求电脑自动实现满足这些要求的注记比较复杂。要实现等值线自动注记的主要问题包括：

(1) 寻找位置，即在一条未绘出的等值线上找到一段曲率较小、弦长大于注记(要写的几个数字)宽度的位置。为了实现这个目的，顺序地选择三点计算中间点的夹角，当夹角大于 120° 时，就认为该曲线段的曲率较小，适宜于标注。另外，为了避免字头倒置，选择曲线的走向位于第一象限或和第四象限，标注的方向和曲线走向一致；如果曲线走向位于第二象限或第三象限，则要求标注的方向和曲线走向相反。

(2) 重新整理等值点顺序，因为原来提供的是等值点顺序，经标注后就被分割成两部分，一条开曲线将被分成两段，原来的闭合曲线变成了开曲线(图 8-3-10)，所以等值点的起点和终点都发生变化，需要重新整理，才能满足绘制光滑曲线的需要。另外，对于开曲线，当找到标注位置后，首先输出第一段曲线，待标注完成后，再输出第二段曲线。对于原来的闭合曲线，只要找到标注位置，就立即标注，最后按照开曲线的方式输出。现在大多采用栅格绘图仪，因为 GIS 中要求等值线连续即使是注记也不断开，所以绘制等值线时，不考虑断开，而是注记时给予一定的底色，自动解决压盖问题。

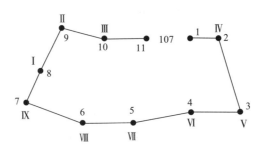

图 8-3-10 等值线数值注记

注：罗马字表示原有排列等值点编号；阿拉伯数字表示书写注记后重新排列的等值点顺序编号

8.3.2 垂直剖面线法

如图 8-3-11 所示，垂直剖面线图表示沿水平地面一条线方向上高程的变化。

利用等高线绘制垂直剖面线的步骤包括：①在等高线地图上画一条剖面线。②标记等高线与剖面线的每个交叉点，并记录其高程。③提高每个交叉点的高程比例。④连接交叉点，绘制成垂直剖面图。利用 DEM 或 TIN 数据自动绘制垂直剖面图的方法与上面步骤相似。

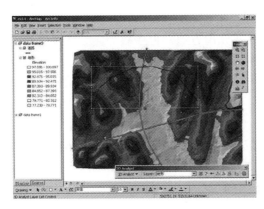
(a) 设定剖面线路线

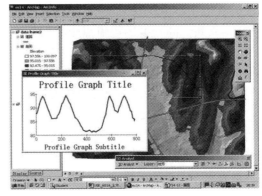
(b) 生成剖面图

图 8-3-11 垂直剖面图示例

8.3.3 地貌晕渲法

地貌晕渲图又称阴影地形图，主要通过模拟太阳光与地表要素的相互作用对地貌进行可视化。基本原理是向光的山坡明亮，而背光的山坡阴暗。地貌晕渲图能更加直观地显示出地形的特点。地貌晕渲图与画家画画的原理相同，不同的是画家是手工完成，而 GIS 是利用计算机自动绘制。绘制晕渲图的主要参数包括：①太阳方位角，确定光线进来的方向，取值范围为 0°～360°，默认的方位角为 315°。②太阳高度角，定义入射光线与地平面的夹角，取值范围为 0°～90°。③坡度，即地表位置上的高度变换率，取值范围为 0°～90°。④坡向，即斜坡方向的度量，取值范围为 0°～360°。

生成晕渲图的方法通常采用相对辐射值来计算 DEM 中每个格网或者 TIN 中每个三角形的照度值。相对辐射值取值范围为 0～1，乘以常数 255，即可转换为计算机屏幕显示的照度值。在晕渲图显示中，照度值 255 时为白，照度值为 0 时为黑。相对辐射值的计算公式为

$$R_f = \cos(A_f - A_s)\sin(H_f)\cos(H_s) + \cos(H_f)\sin(H_s) \tag{8-3-7}$$

式中，R_f 为一个面（DEM 的一个栅格单元或者 TIN 的一个三角形）的相对辐射值；A_f 为坡向；A_s 为太阳方位角；H_f 为坡度；H_s 为太阳高度角。

例如，若某 DEM 中一个格网单元的坡度值为 10°，坡向值为 297°，太阳高度角为 65°，太阳方位角为 315°，则该格网单元的相对辐射值为

$$R_f = \cos(297° - 315°)\sin(10°)\cos(65°) + \cos(10°)\sin(65°) = 0.9623 \tag{8-3-8}$$

该格网单元相对明亮。若太阳高度角改为 25°，其他参数不变，则相对辐射值为

$$R_f = \cos(297° - 315°)\sin(10°)\cos(25°) + \cos(10°)\sin(25°) = 0.5658 \tag{8-3-9}$$

与上一个格网单元相比，该格网单元的辐射值较暗，呈中灰色。

8.3.4 分层设色法

分层设色法是用不同的颜色来表示不同的高程分区，表示高程渐变的过程。对于小比例尺地图有较好的地形显示效果。图 8-3-12 是分层设色法的示例。

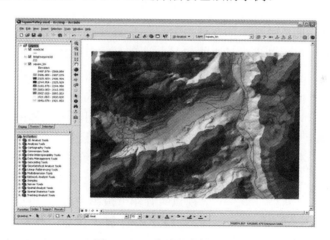

图 8-3-12　分层设色法示例

8.3.5 透视图法

透视图是地形的三维视图。绘制透视图的主要参数包括：①观察方位，观察者到地表面的方向，取值范围为 0°～360°。②观察角度，观察者所在高度与地平面的夹角，取值范围为 0°～90°。当观察角度为 90°时，从地表正上方观察地貌，三维效果较差；当观察角度为 0°时，从地表正前方方向观察地貌，其三维效果最好。③观察距离，观察者与地表面的距离。④比例系数，是垂直比例尺与水平比例尺的比率，又称垂直缩放因子，可以缩放地形显示效果。

除了上述常规参数外，三维视图参数还可以包括大气效应，如云和雾等。

在构建三维场景时，除了要考虑地形变化因素外，还需要考虑地面的纹理及突出地表的地物模型。利用 DEM 或 TIN 可以生成地形三维变化图，地面的整体纹理可以使用航空影像或者卫星影像，加入 3 维建模工具(如 3DMax 等)后构建的三维模型可以有效地展示地物的三维效果。在实际 GIS 项目中，除了上述数据外，还可以根据需要在三维场景中加入各种线或者面目标矢量分布图，并以地形数据为基础，实现相应的三维显示，如图 8-3-13 所示。

图 8-3-13 三维场景示例

透视立体图能更好地反映地形的立体形态，非常直观。与采用等高线表示地形形态相比有其自身独特的优点：更接近人们的直观视觉，特别是随着计算机图形处理工作的增强以及屏幕显示系统的发展，立体图的制作具有更大的灵活性。人们可以根据不同的需要，对于同一个地形形态作各种不同的立体显示。例如，局部放大，改变高程 Z 的放大倍率以夸大立体形态；改变视点的位置以便从不同的角度进行观察，甚至可以使立体图形转动，使人们更好地研究地形的空间形态。

从一个空间三维的立体的数字高程模型到一个平面的二维透视图，其本质就是一个透视变换。若将"视点"看作"摄影中心"，可以直接应用共线方程从物点(X,Y,Z)计算"像点"坐标(x,y)，这对于摄影测量工作者来说是一个十分简单的问题。构建透视图的另一个问题是"消隐"问题，即处理前景挡后景的问题。

从三维立体数字地面模型至二维平面透视图的变换方法有很多，利用摄影原理的方法是较简单的一种，基本分为以下几步：

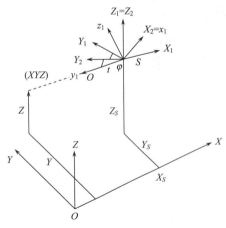

图 8-3-14 视点位置与视线方位

(1) 选择适当的高程 Z 的放大倍数 m 与参考面高程 Z_0。放大倍数 m 可以夸大地形的立体形态，令 $Z_{ij} = m \cdot (Z_{ij} - Z_0)$。

(2) 选择适当的视点位置(X_S, Y_S, Z_S)，视线方位 t(视线方向)，φ(视线的俯视角度)。

如图 8-3-14 所示，S 为视点，SO(y 轴)是中心视线(相当于摄影机主光轴)，为了在视点 S 与视线方向 SO 上建立透视图，首先要将物方坐标系转换为像方坐标系 $S_{x_1 y_1 z_1}$：

$$\begin{bmatrix} x_1 \\ y_1 \\ z_1 \end{bmatrix} = \begin{bmatrix} 1 & 0 & 0 \\ 0 & \cos\varphi & -\sin\varphi \\ 0 & \sin\varphi & \cos\varphi \end{bmatrix} \begin{bmatrix} \cos t & \sin t & 0 \\ -\sin t & \cos t & 0 \\ 0 & 0 & 1 \end{bmatrix} \begin{bmatrix} X - X_S \\ Y - Y_S \\ Z - Z_S \end{bmatrix} \quad (8\text{-}3\text{-}10)$$

上式也可以表示为

$$\begin{cases} x_1 = a_1(X - X_S) + b_1(Y - Y_S) + c_1(Z - Z_S) \\ y_1 = a_2(X - X_S) + b_2(Y - Y_S) + c_2(Z - Z_S) \\ z_1 = a_3(X - X_S) + b_3(Y - Y_S) + c_3(Z - Z_S) \end{cases} \quad (8\text{-}3\text{-}11)$$

式中，$a_1 = \cos t$；$a_2 = -\cos\varphi \sin t$；$a_3 = \sin\varphi \sin t$；$b_1 = \sin t$；$b_2 = \cos\varphi \cos t$；$b_3 = \sin\varphi \cos t$；$c_1 = 0$；$c_2 = -\sin\varphi$；$c_3 = \cos\varphi$。

将物方坐标(X, Y, Z)换算到像方空间坐标(x_1, y_1, z_1)以后，接下来的问题是如何通过"缩放"投影到透视平面(相当于像面)上，即怎样设置透视平面到视点 S 的距离——像面主距 f。一种方法是通过被观察的物方数字高程模型范围 $X_{\max}$、$X_{\min}$、$Y_{\max}$、$Y_{\min}$，以及像面的大小(设像面宽度为 W，高度为 H)自动确定像面主距 f，其算法如下。

计算 DEM 四个角点的视线投射角 α 和 β：

$$\begin{cases} \tan\alpha_i = \dfrac{x_{1i}}{y_{1i}} \\ \tan\beta_i = \dfrac{z_{1i}}{y_{1i}} \end{cases} \quad (8\text{-}3\text{-}12)$$

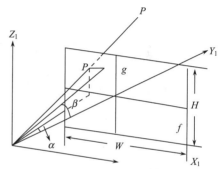

图 8-3-15　投射角 α 和 β

式中，α_i 和 β_i 的几何意义如图 8-3-15 所示，$i = 1, 2, 3, 4$；x_{1i}，y_{1i}，z_{1i} 是由 DEM 四个角点坐标[如$(X_{\min}, Y_{\min}, Z_1)$]求得的四个角点的像方空间坐标。

从中选取 $\alpha_{\max}$、$\alpha_{\min}$、$\beta_{\max}$、$\beta_{\min}$，即

$$\begin{cases} \alpha_{\max} = \max\{\alpha_1, \alpha_2, \alpha_3, \alpha_4\} \\ \alpha_{\min} = \min\{\alpha_1, \alpha_2, \alpha_3, \alpha_4\} \\ \beta_{\max} = \max\{\beta_1, \beta_2, \beta_3, \beta_4\} \\ \beta_{\min} = \min\{\beta_1, \beta_2, \beta_3, \beta_4\} \end{cases} \quad (8\text{-}3\text{-}13)$$

再由像面的大小求主距：

$$\begin{cases} f_\alpha = \dfrac{W}{\tan\alpha_{\max} - \tan\alpha_{\min}} \\ f_\beta = \dfrac{H}{\tan\beta_{\max} - \tan\beta_{\min}} \\ f = \min\{f_\alpha, f_\beta\} \end{cases} \quad (8\text{-}3\text{-}14)$$

(3) 根据计算所获得的参数 X_S，Y_S，Z_S，a_1，a_2，$\cdots$，c_2，c_3 以及主距 f，构建物方到像方的透视变换公式，计算 DEM 各节点的"像点"坐标 x，y：

$$\begin{cases} x = f \cdot \dfrac{a_1(X-X_S)+b_1(Y-Y_S)+c_1(Z-Z_S)}{a_2(X-X_S)+b_2(Y-Y_S)+c_2(Z-Z_S)} \\ y = f \cdot \dfrac{a_3(X-X_S)+b_3(Y-Y_S)+c_3(Z-Z_S)}{a_2(X-X_S)+b_2(Y-Y_S)+c_2(Z-Z_S)} \end{cases} \qquad (8\text{-}3\text{-}15)$$

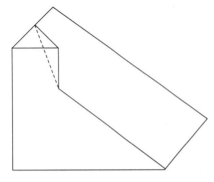

图 8-3-16　立体图的消隐处理

(4) 隐藏线的处理。在绘制立体图形时，如果前面的透视剖面线上各点的 z 坐标大于（或部分大于）后面某一透视剖面线上各点的 z 坐标，则后面那条透视剖面线就会被隐藏或部分被隐藏，必须将这些隐藏线在透视图上消去，这就是绘制立体透视图的"消隐"处理问题，如图 8-3-16 所示。

消隐处理比较困难，主要是计算量太大。一般经常使用的一种近似方法被称为"峰值法"或"高度缓冲器算法"。其基本思想是将"像面"的宽度划分成 m 个单位宽度 x_0，例如，对于一个分辨率为 1024 个像素的图形显示终端，则可以将整个幅面分成 1024 个像素，即单位宽度为像素；又如在图解绘图时，可令单位宽度 $x_0 = 0.1\text{mm}$（或 0.2mm），则将绘图范围划分为 m 列，定义一个包含 m 个元素的缓冲区 $z_{\text{buf}}[m]$，使 z_{buf} 的每一元素对应一列。即

$$m = \frac{x_{\max} - x_{\min}}{x_0} \qquad (8\text{-}3\text{-}16)$$

$$z_{\text{buf}}(i) = z_{\min} = f \cdot \tan\beta_{\min} \quad (i=1,2,\cdots,m) \qquad (8\text{-}3\text{-}17)$$

在绘图的开始将缓冲区 z_{buf} 全部赋值 $z_{\min}$（或零），即以后在绘制每一条线段时，首先计算该线段上所有"点"的坐标。设线段的两个端点为 $P_i(x_i,z_i)$ 与 $P_{i+1}(x_{i+1},z_{i+1})$，则该线段上端点对应的绘图区列号，即缓冲区 z_{buf} 的对应单元号为

$$\begin{cases} k_i = \text{INT}\left[\dfrac{x_i - x_{\min}}{x_0} + 0.5\right] \\ k_{i+1} = \text{INT}\left[\dfrac{x_{i+1} - x_{\min}}{x_0} + 0.5\right] \end{cases} \qquad (8\text{-}3\text{-}18)$$

P_i 与 P_i+1 之间各"点"对应的缓冲区单元号为：k_i+1，k_i+2，$\cdots$，$k_{i+1}-1$。它们的 z 坐标由线性内插计算为

$$z(k) = z_i + \frac{z_{i+1}-z_i}{x_{i+1}-x_i}(k-k_i) \quad (k=k_i+1, k_i+2, \cdots, k_i-1) \qquad (8\text{-}3\text{-}19)$$

每绘一"点"时，将该"点"的 z 坐标 $z(k)$ 和缓冲区中的相应单元存放的 z 坐标进行比较，当 $z(k) \leqslant z_{\text{buf}}(k)$ 时，该"点"被已绘点遮挡，属于隐藏点，不予绘出。否则，当 $z(k) > z_{\text{buf}}(k)$ 时，不属于隐藏点，绘出该点，并将新的该绘图列的最大高度值赋予相应缓冲区单元。这样一来，在整个绘图过程中，缓冲区各单元始终存储该绘图列的最大高度值。

(5) 从离视点最近的 DTM 剖面开始，逐剖面地绘出，对第一个剖面的每一格网点，只需要与它前面的一个格网点相连接；对以后的各剖面的每一格网点，不仅要与其同一剖面的前

一格网点相连接，还应与前一剖面的相邻格网点相连接(不绘出被隐藏部分)。

(6)调整各个参数值，可从不同方位、不同距离绘制形态各不相同的透视图制作动画，实时地产生动画 DTM 透视图。

思 考 题

1. 简述地图的主要组成要素。
2. 试比较普通地图和专题地图的区别。
3. 编制矿产分布图时，将表示矿井位置及储存量的符号绘制在井口位置，该方法属于专题地图表示方法中的_____方法。
4. 为了能反映专题特征，可以考虑使用_____方法来编制人口分布地图。
5. 试概括绘制等值线的基本步骤。
6. 绘制透视图的基本参数包括哪些？

第9章 地理信息工程设计与开发

前几章分别介绍了 GIS 的一些基本功能，但是实际的 GIS 应用系统千变万化，需要进行重新开发或者说二次开发，以按用户需求建立地理信息应用工程。地理信息工程是采用信息工程的视角，针对地理空间数据采集、处理、分析、表达和服务等的实际应用需求，进行工程设计和系统开发的过程和步骤的统称。与一般信息工程相比，地理信息工程开发的 GIS 软件，以管理空间数据为其主要特征。其功能强大，数据类型繁多，结构复杂，空间位置特征明显，综合性强，更侧重于软件层面的实际应用需求。在 GIS 工程开发建设过程中，需要用户与开发人员相互协调合作。设计开发过程包括系统分析、系统设计、系统开发、系统测试、系统维护和更新等阶段。在设计与开发原理上，GIS 工程借鉴信息工程的系统设计和软件开发方法，逐渐形成了一些成熟的设计方法与开发模型。在开发方法上，GIS 工程开发主要分为独立开发和二次开发。

9.1 GIS 工程的特点

GIS 工程的管理对象不仅涵盖所有具有空间位置特征的空间数据，也包括一般信息工程所管理的单一类型数据。GIS 工程处理的数据特性决定了 GIS 工程拥有较强的学科综合性，且由于空间处理分析的复杂特点，功能上较一般信息工程更为复杂。GIS 强大的管理、可视化、处理分析能力能够服务于各行各业，因此用户需求更加丰富、系统类型更加多样(胡祥培等，2011；邬伦等，2001；郑春燕等，2011)。

1. 综合性强

GIS 工程涉及多个学科，包括计算机信息科学、测绘学、地理学等学科。例如，系统的数据库设计、可视化界面设计等要利用计算机信息科学里的数据库以及可视化技术；地球空间数据到平面数据的投影变换等计算要利用测绘学的基础理论知识；而空间数据的处理分析如叠加分析、缓冲区分析等功能的实现则需要以地理学作为理论支撑。一个完整的拥有复杂功能的 GIS 工程体系是各学科综合交叉建设的成果。

2. 以空间数据为主要对象，数据类型多样

GIS 工程在数据内容上覆盖了几乎所有包含空间位置信息的数据，包括文本数据、图形数据、统计数据、轨迹数据、视频数据等。这些数据以空间位置信息为核心，记录空间数据和属性数据间的相互联系。在理论上，所有的数据都是在特定的时空维度下产生的，几乎所有数据都是与空间位置相关的，然而并不是所有与空间位置相关的数据都是 GIS 工程处理的对象，GIS 工程会针对特定的应用需求和目的选取合适的空间数据类型进行处理分析，进而为用户提供服务。

3. 以用户的特定需求为主，系统类型多样

与一般的信息工程相比，GIS 工程具有很强的应用特点，更加关注软件层面设计，面向特定的用户，以应用需求为主提供服务。GIS 工程的强大分析能力使得其能够服务于各行各业。GIS 针对不同的领域开发不同的专用系统，如土地管理系统、地籍管理系统、辅助规划系统等。这些针对不同领域行业的 GIS 工程有着不同的功能、数据类型要求和复杂程度。

4. 支持空间分析功能

早期的 GIS 工程多注重于空间数据管理，随着计算机处理能力的飞速发展和行业对 GIS 分析需求的提高，如今的 GIS 工程对空间数据的分析能力要求越来越高，要求能够为决策支持和知识发现提供技术支撑。GIS 工程发展到今天，在功能上不仅需要实现基本的空间分析操作，如缓冲区分析、叠加分析、淹没分析等，还要能够将这些基础的空间分析功能进行串联和并联组合，提供复杂的面向任务需求的功能服务。

9.2 GIS 工程设计方法

GIS 工程规模庞大、功能复杂、类型多样，构建这样的系统需要依托合理有效的设计分析方法。在 GIS 工程设计的过程中，逐渐形成了一些成熟的系统化设计方法。借助于已有的系统化设计方法能够极大地减少在工程设计方法研究上的工作量，安全快速地实施启动 GIS 工程建设。从空间结构维度上，可将 GIS 工程设计方法划分为结构化方法、面向对象的设计方法；从时间维度上，可将其划分为原型化设计方法、生命周期设计法。

1. 结构化方法

最早的 GIS 设计模式是 Calkins 在 1972 年提出的，被称为结构化的系统设计模式 (Calkins, 1972)，由四个组成部分构成：①调查用户需求和数据源，确定系统的目的、要求和规定；②描述和评价与系统设计过程有关的资源和限定因素，如现有的软硬件和有关的政治法律等因素；③说明和评价所拟定的不同系统，这些系统能够满足所规定的要求；④对拟定的系统做最后的评价，从中选择一个运行的系统。

结构化设计方法基于模块化的思想，采用"自顶而下，逐步求精"的技术对系统进行划分，分解和抽象是它的两个基本手段。它将系统描述分解为若干层次，最高层次描述系统的总功能，其他层次逐层细化、更加精细地描述系统的功能，直到分解到最底层为程序设计语句。

结构化设计的核心是确定模块结构图，描述功能模块之间的关系。结构化设计的特点是软件结构描述比较清晰，便于掌握系统全貌，也可逐步细化为程序语句，是十分有效的系统设计方法。该模式强调对用户的调查和对系统功能需求的分析。在系统设计的各个阶段都要写成有关的文件，以便进行评价；设计过程要求用户参与，以免系统设计出现失误。

2. 面向对象的设计方法

面向对象的方法是随着面向对象的程序设计（OOP）而发展起来的（Kindler and Krivy, 2011; Lewis and Loftus, 2008）。该方法将客观世界看作是由各种各样的类所组成的，每类有着各自的内部状态和行为规律。类是所有对象的抽象，对象是类的具体表现形式，对象之间的相互作用和联系构成了各种不同的系统。面向对象方法已被广泛应用于与计算机技术应用相关的其他领域，如数据库、交互界面、人工智能等。

对象可以是人们所感兴趣的任何事物。所有对象都有其特有的状态和行为规律，将具有相同结构、操作并遵守相同约束规则的对象抽象为类，用类和继承描述对象。封装是一种组织软件的方法，它的基本思想是把客观世界中联系紧密的元素及相关操作组织在一起，构造具有独立含义的软件实现，对内描述元素之间的联系，而对外只暴露与其他封装体的通信接口。封装可以减少系统耦合度，实现功能之间的相互独立。目前，已经提出的面向对象的工程设计方法包括 Coad-Yourdon 方法、Booch 方法、OMT 方法和 Jacobson 的用例驱动方法等。这些方法在侧重点、符号表示和实施策略上虽有所不同，但是基本的概念是一致的。这些概念包括对象、类、封装、继承、多态、属性、方法等。

面向对象的设计方法更接近于面向问题，促进了对需求的理解，这种形式更有利于用户与程序设计人员的沟通交流，有利于开发功能目标明确、操作处理清晰、维护使用简单的 GIS 工程。

3. 原型化设计方法

原型化方法是一种以计算机系统分析与设计为基础的开发方法(Whitten and Bentley，2005)。该方法首先构造一个功能简单的原型系统，然后针对用户需求逐步增加、修改系统功能，不断完善直到得到最终的软件系统。原型化设计方法的基本步骤如图 9-2-1 所示。在了解用户对系统的基本要求和主要功能的基础上，进行梳理总结，开发相对简单的原型系统，在系统运行与评价的基础上，针对用户进一步需求，不断完善丰富改进系统功能，直到用户满意和确定系统。

原型化方法的优点是不需要一开始即满足全部的功能需求，而是在明确任务后，在软件的完善过程中逐步实现系统功能的定义和改造，直至系统完成。采用原型法可以逐步捕捉用户的需求，减小工程开发的风险。

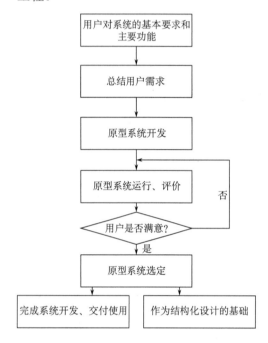

图 9-2-1 原型法的基本步骤

4. 生命周期设计法

按照工程开发过程的各个阶段，如系统分析、系统设计、系统实施、系统运行与维护等阶段，预先规定每一阶段的开发目标和任务，然后按照一定的准则顺序开发实施，这种方法被称为生命周期设计法。

工程开发的每一个阶段都有确定的任务，形成一定的成果或资料文档后，提交给下一阶段作为继续工作的依据，这样后一阶段的开始是建立在前一阶段的结果完成基础上的延续。通过按阶段划分任务，达到对大规模、结构和管理复杂的工程开发，实现易控制和管理的目的。

9.3 GIS 工程开发模型

计算机领域通过一系列的系统工程设计方法实践，形成了一些有代表性的软件开发模型，可作为 GIS 工程开发模型。开发模型指的是软件开发全部过程、活动和任务的结构框架。软件开发模型能够清晰、直观地表达软件开发过程，明确规定要完成的主要活动和任务，可以作为软件项目进行的依据，并可应用于 GIS 工程开发中。随着软件工程的发展，人们相继提出了一系列开发模型。

1. 瀑布模型

瀑布模型首先由 Herbert D.Benington 提出(Benington,1983)。瀑布模型将系统开发的各阶段工作按照一定的顺序连接起来,如系统需求、软件需求、需求分析、软件设计、程序编码、软件测试、运行维护等阶段,这种依照固定顺序进行阶段开发的模型形如瀑布流水,逐层下落(图 9-3-1),因此叫做瀑布模型。瀑布模型的特征是软件开发的每一个阶段都要在上一阶段工作完成并通过评审确认后才可以进行,否则要退回到上一阶段。瀑布模型能够很好地支持结构化方法,按照设计好的固定开发顺序展开各阶段的工作,有效地对整体系统开发进程做出指导,缺点是不够灵活。由于开发模型是线性的,用户只有在最终产品阶段才可以看到成果并反馈意见,早期开发阶段的错误要等到测试阶段才可能被发现。

2. 演化模型

演化模型,又称循环迭代模型,最早由 Craig Larman 和 Victor Basili 在 1960 年提出(Larman and Basili,2003)。演化模型主要针对项目初期未能提供完整需求定义的系统开发,用户先给出核心需求,通过快速分析先做试验性开发,给出一个初始可运行的项目原型,然后根据用户针对试验性产品提出的意见和建议对原型进行改进,迭代开发,最终实现软件系统,如图 9-3-2 所示。演化模型适合于项目开发初始阶段用户对于软件需求认识不够明确的情况。演化模型的第一阶段产生的试验性产品通常称为"原型",在"原型"系统基础上迭代开发的产品才是最终软件产品。

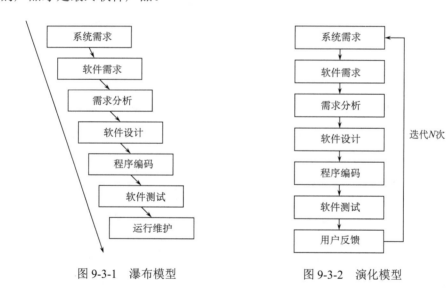

图 9-3-1　瀑布模型　　　　图 9-3-2　演化模型

3. 螺旋模型

对于复杂的大型软件系统,仅在一次"原型"系统基础上进行再次开发很难满足系统最终的功能需求,因此在 1986 年,Barry Boehm 在发表的文章中提出了软件开发的螺旋模型(Boehm,1986)。螺旋模型的主要特点在于其"风险驱动",在瀑布模型和演化模型的基础上,加入了其他模型所忽视的风险分析部分。在实际开发中,越是规模较大的软件系统其面临的问题就越复杂,开发周期、可行性、成本控制等不确定性因素给项目带来的风险就越大,螺旋模型强调了开发过程中的风险分析部分,能够很好地适用于大型复杂工程的开发设计。如图 9-3-3 所示,螺旋模型沿着螺旋线旋转,由内向外每旋转一圈即为一个新的软件系统版

本。在每一个软件系统版本的开发过程中,都要经历四个过程,在图中表示为四个象限,分别代表了以下活动:

(1)制订计划,确定软件目标,选定实施方案,明确开发过程中的各种制约条件。
(2)风险分析,分析评估选定方案,识别并消除风险。
(3)工程实施,实施软件工程开发。
(4)客户评估,评价开发成果,提出修正建议,制订修正计划。

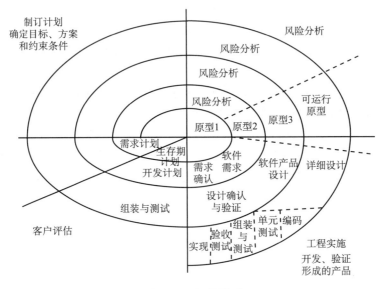

图 9-3-3 螺旋模型

螺旋模型由风险驱动,强调方案的可行性和约束条件,努力排除各种潜在风险,在每一次的螺旋循环中逐步获取用户需求,耗时较长,一般适合于大规模软件工程项目开发。

4. 喷泉模型

喷泉模型是一种以用户需求为动力,以对象为驱动的模型,主要用于描述面向对象的软件开发过程。该模型认为软件开发过程自下而上,周期的各个阶段是相互迭代和多次反复的,就像喷泉一样喷上去又可以落下来(图 9-3-4)。软件系统的各个开发阶段没有特定的次序要求,可以交互进行,软件的某个模块常常被多次重复开发,可以在开发的每个阶段随时补充进行其他任何开发阶段中的遗漏。例如,在一次编码完成之后,再次进行需求分析和工程设计,修改或添加相关功能以完善系统。

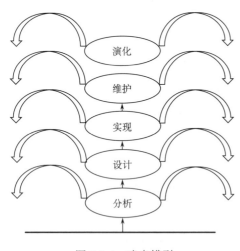

图 9-3-4 喷泉模型

喷泉模型的优点是各阶段无明显间隙,开发效率高,节省开发时间,适用于面向对象的软件开发过程。但是因为喷泉模型的各个阶段是重叠的,各阶段工作同步展开,所以需要较多的开发人员。

5. 敏捷开发模型

敏捷开发模型是一种从 20 世纪 90 年代开始逐渐引起广泛关注的软件开发模型，是一种应对快速变化需求的一种软件开发方式，在不同的工程开发中，它们的具体名称、理念、过程、术语等都不尽相同。"敏捷"一词在 2010 年的"敏捷软件开发宣言"中作为软件开发模型的一种方式被正式使用。

敏捷开发模型以用户的需求进化为核心，通过自组织、跨职能团队的协作满足不断进化的用户需求实现软件工程的开发。敏捷开发模型倡导自适应规划，在软件开发过程中不断发展改进开发细节，鼓励灵活快速地应对需求和开发变化。敏捷开发模型包括了十二条基本准则(Beck et al., 2001)。

(1) 通过尽早和持续性提供有价值的软件达到用户满意度。
(2) 欢迎不断变化的需求，即使在后期开发阶段。
(3) 经常交付可工作的软件(相隔几周而不是几个月)。
(4) 业务人员与开发者之间紧密的日常合作。
(5) 工程围绕积极的可信赖的人员展开。
(6) 面对面交谈是最好的交流形式(最好待在一起开发)。
(7) 可工作的软件是最主要的进度衡量标准。
(8) 可持续性的开发，责任人、开发者和用户共同维持一个稳定的步调。
(9) 持续关注技术的优越性和良好的设计。
(10) 保持简单性，技巧性地把所有非必要的功能排除在外。
(11) 最好的构架、需求和设计都出自于自组织的团队。
(12) 团队定期反省如何提高成效，并相应地调整及修正其行为。

与其他开发模型相比，敏捷开发强调：①个体及互动胜过流程及工具；②可工作软件胜过详尽的文档；③客户合作胜过合同谈判；④响应变化胜过遵循计划。敏捷开发更适用于规模较小的团队，开发团队作为一个整体，按照短期迭代周期进行工作，每次迭代周期完成交付验收开发成果，在下一次迭代周期中，面对新产生的工程需求变化，团队要能够快速应对并不断调整开发方向和内容。敏捷开发强调快速而敏锐的反应变化、少而精简的文档、短平快的会议、小版本的增量发布等，适合快速的项目开发。敏捷开发的缺点在于当项目规模不断增长时，团队内的沟通将会变得越来越困难，将阻碍工程开发。

6. 智能模型

智能模型可理解为基于知识的软件开发模型，它将传统的软件开发模型如瀑布模型与专家系统和专业知识库结合，在需求分析的基础上，通过知识获取、表达、推理等，帮助软件架构设计和开发实现。智能模型通常拥有一组工具(如数据查询、报表生成、数据处理、屏幕定义、代码生成等)，每个工具都能使开发人员在高层次上定义软件的某些特性，并把开发人员定义的这些软件自动化地生成源代码。

这种方法通常需要四代语言(4GL)的支持。4GL 不同于机器语言、汇编语言、高级程序设计语言等前三代语言，它在更高一级抽象的层次上表示程序和数据结构，不规定算法的细节，用户界面友好，即使是没有受过专业学习训练的非专业程序员也可以用它编写程序，兼具过程性和非过程性的特点，与计算机辅助软件工程(CASE)工具和代码生成器结合起来，可为软件开发提供可靠的解决方案。

9.4 GIS 工程设计开发过程

GIS 工程设计开发过程指在工程设计方法与模型的基础上，遵循系统开发的一般思路与方法，实现工程产品从开始实施到最终完成的一系列过程。GIS 工程设计开发的过程大致可以分为系统分析、系统设计、系统实施、系统测试、系统运行、系统维护与评价等几个主要阶段和步骤（图 9-4-1）。

9.4.1 系统分析

GIS 系统分析主要包括需求分析和可行性分析。系统分析阶段解决的是"做什么"和"能不能做"的问题。这一阶段中用户提出对系统的需求，开发人员收集并调研相关信息，论证 GIS 系统研发需要的开发人员、涉及的数据和技术范围、开发周期以及可能的收益等可行性，在此基础上制订多种可选方案，为系统设计提供指导依据。系统分析作为开发人员与用户需求交流沟通的重要环节，关系到对系统的概略性描述和开发人员对系统构建的总体把控，关系到系统的设计、开发、测试和评价等方方面面。该阶段的工作深入与否将直接影响未来系统成果的设计质量和用户满意度。

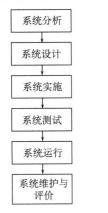

图 9-4-1 GIS 工程设计开发过程

1. 需求分析

需求分析是 GIS 工程开发的基础，主要任务是对用户要求和使用情形进行调查分析，了解用户对工程的期望和需求，确定工程开发系统的目标用户、应用场景，为设计系统数据库、系统结构和处理过程等提供依据。需求分析阶段要和用户进行充分的沟通交流，开发人员要对用户的需求做出清晰合理的判断，双方对系统成果达到一致的功能期望和性能要求，针对用户需求模糊的情况，借助不同方法包括原型法等逐步捕捉用户的需求。需求分析是建立在大量的调查研究基础上的，这些调查包括以下内容。

1）用户人群和需求调查

GIS 用户出于特定的应用目的，对 GIS 系统的要求不尽相同，调查用户人群就是明确该系统是服务于哪一类有特殊需求的用户群。调查包括用户类型、用户的研究工作领域、用户的数量、用户基本状况等信息。

一般来说，GIS 系统服务于某单位中的某一级部门，因此还要调查了解该部门与上下级部门之间的信息交换，调查本部门的数据来源和数据产出方式，以便开发出能够在上下级部门间实现无缝信息交流的 GIS 系统。

2）确定系统任务与功能需求

在用户人群和需求调查的基础上，根据用户的特点和使用需求确定系统的任务和功能需求。一般而言，用户对 GIS 系统的要求包括以下几种功能：

(1) 空间信息管理与可视化。包括空间数据库的创建、链接、查询、增删、修改等，空间数据的制表与输出，二三维地图可视化、图形、栅格、属性等数据的修改编辑。

(2) 空间分析。空间分析是 GIS 系统与一般的计算机信息系统的核心区别之一，如空间距离量算、经纬度测算和面积量算等简单的空间查询与量算功能，和高级的空间分析功能，如缓冲叠加分析、网络分析、空间插值，以及用于分析空间分布、模式、过程和关系的空间统计功能，如空间聚类分析、空间相关性分析等。

(3) 时空过程模拟。实现空间数据在时间、空间上的持续性变化监测和动态模拟。

(4) 综合评价。对数据源、数据处理流程和数据分析结果的质量综合评价。

3) 数据源调查与分析

数据是 GIS 系统的基础，在 GIS 系统中占有举足轻重的地位。在调查了解用户需求和明确系统功能后，需要对拟开发 GIS 系统所需要的数据来源、种类、质量、形式等进行全面调查分析。分析研究系统运行需要的信息，能够提供此种信息的数据类型和来源，对已有数据的存储形式、组织方式、描述范围、描述精度做详细的分析调查，确定这些数据的可用性和缺失数据的采集方案。同时，针对这些数据选择合适的数据库，制订合理的数据库存储格式和预留存储空间。

4) 成本投入和系统效益调查

根据以上用户、功能、数据等需求调查与分析基本可以确定系统的结构、形式及规模，进而估算开发系统要投入的成本，包括所需研发人员数目、人员规格编制、人均工作量、研发设备性能和规模等。其中，系统研发人员需要吸收来自各专业的人员，包括设计人员、数据库开发人员、底层代码编程人员、软硬件维护人员、系统管理员、组织管理人员等，根据人员技能层次的差别还要进行人员培训成本的计入。在研发设备投入上要充分考虑系统研发对软硬件的依赖，评估工程所需的软硬件成本投入。

一般来说，GIS 系统前期投入巨大，用户需求特殊，很难在短期内取得较大效益，因此要对 GIS 系统建成后带来的直接和间接的经济效益和社会效益进行评估，将效益评估与成本投入结合起来，减少无用成本投入，实现 GIS 系统的效益最大化。

2. 可行性分析

可行性分析是在需求分析的基础上，考虑各种风险因素，从技术、经济、社会、法律和开发方案等各方面综合评价系统的必要性和可行性。系统要在满足一定的可行性评估范围内才可以实施开发，否则可行性不高，系统开发的风险过大，最后可能会导致项目开发周期过长、前期成本过高、效益太低甚至项目破产等风险。可行性分析的主要内容包括理论上的可行性、技术上的可行性、经济上的可行性、支持程度的可行性、进度的可行性等方面。

1) 理论上的可行性

理论上的可行性分析应考虑 GIS 应用系统数据结构、数据模型与 GIS 应用系统设计的专业数据特征和功能需求的适应性，以及分析方法、应用模型与 GIS 技术结合的可能性等。理论上的可行是 GIS 应用系统开发的关键和前提，也是可行性分析的首要任务。

(1) GIS 应用系统数据结构、数据模型与 GIS 应用系统设计的专业数据特征和功能需求的适应性分析。不同的 GIS 应用系统有不同的应用领域和使用对象，对数据结构和数据模型的要求也不同，对 GIS 应用系统的功能要求也不同。如地下管道网络管理系统要求所开发系统的数据结构、数据模型要符合网络分析的需求，否则很难实现管道管理分析等功能。

(2) 分析方法、应用模型与 GIS 技术结合的可能性分析。通用型的 GIS 工具往往很难满足用户的特殊需求，GIS 应用系统需要开发者自行研发应用模型。大多数的 GIS 技术是针对基础性的问题，被设计用来实现基础的数据处理分析功能，在很多应用场景中，需要进行多种 GIS 技术的组合叠加才可以实现系统最终的分析应用结果。因此，GIS 应用系统进行专业分析所采用的分析方法和应用模型是否可以被 GIS 技术支持，以及采用什么方法来连接等问题，需要在理论上加以分析。

2) 技术上的可行性

技术上的可行性要分析预研 GIS 应用系统需要应用的技术，包括现有的技术储备，GIS 软件选型和新技术的出现能否满足 GIS 应用系统和数据的需求，已有开发人员对技术的掌握程度对 GIS 应用系统开发有无困难等。技术上的可行性主要包括以下几个方面。

(1) 技术方法的可行性。分析 GIS 工具软件系统的特点，根据所开发系统的使用对象、管理数据类型的需求，提出 GIS 软件的选型方案，分析相关算法和技术的实用性，选择可行的算法和技术。随着计算机技术的飞速发展，技术更新换代非常快，在 GIS 应用系统开发时，应当在保证系统稳定性的前提下尽可能地使用最新技术手段解决关键问题，保证系统的先进性。但是也不可以在未经详细论证的前提下盲目运行新技术，这可能会导致在系统开发过程中出现一些本不需要面对的问题。

(2) 技术力量的可行性。GIS 应用系统的开发涉及计算机、测绘、地理、统计分析、数字图像处理等多个专业领域，在 GIS 应用系统开发的过程中需要各种层次各种领域的专业技术人员的参与。对于开发人员的组织管理是保证系统顺利开发的关键要素，因此要对开发人员的数量、能力和结构等进行调查分析，充分评估技术力量在 GIS 应用系统开发中的可行性。如果已有的技术力量不能满足系统开发的要求，那么需要在人员配备、技术更新以及学习引入等方面提升研发团队的技术力量；如果已有团队技术力量足够强大，可以进入到下一可行性分析阶段。

(3) 系统开发管理与软硬件运行环境的可行性。调查现有的管理基础、管理技术、统计手段是否满足系统开发的要求，合理地组织人力、财力、物力及技术力量进行系统开发实施。作为软件系统的一种，GIS 应用系统的实现是严格依赖于计算机软硬件环境的。GIS 应用系统的开发需要对通信设备、采集设备、程序开发设备的功能和性能以及辅助开发软件系统的适应性、版本差异做全面的调查，论证软硬件系统能否满足系统开发的需求，同时还要顾及计算机软硬件的发展，使 GIS 应用系统达到一定的先进性，做到在较长一段时期内持续不断地向用户提供功能服务，不断地带来社会效益和经济效益。

3) 经济上的可行性

一般的 GIS 工程开发规模较大，且实现功能复杂，项目开发需要足够的经济财力作为保障。要考虑到 GIS 设计、实施、评价、维护过程中所产生的所有可能的投入开销，对包括软硬件资源、技术力量投入、数据采集管理、系统维护、系统耗材等费用做出详细的支出估算，结合用户的经济承受能力和项目预算衡量项目开发的可行性。此阶段较为常用的可行性分析方法是成本-效益分析法，即通过比较项目的全部成本和效益来评估项目价值。

4) 支持程度的可行性

用户部门管理者、工作人员对建立 GIS 应用系统的决策支持和给予的人力、财力、物力的支持情况，包括组织部门所能分配的人力资源、资金投入、工期限定等。

5) 进度的可行性

一个 GIS 应用系统的开发或多或少都被要求控制在一定的开发周期内，因此，一个可行的系统开发进度安排是保证 GIS 系统顺利完成的重要条件。制订合理的进度安排，首先要估算每个阶段从开始到结束所需的时间，此外，还要考虑各个阶段之间的联系，在给定范围内适当微调。进度安排要有一定的灵活性，能够应对开发过程中的突发状况合理调整应对。在进度安排上有很多方法可以利用，如甘特图法、里程碑法和关键路径法等。

9.4.2 系统设计

系统设计是 GIS 系统整个研发工作的核心。需求分析阶段解决了系统"做什么"的问题，而系统设计阶段解决的是"怎么做"的问题。GIS 系统设计的主要任务是将系统分析阶段提出的基本目标和逻辑功能要求转化为相应的物理模型。GIS 设计阶段一般分为总体设计和详细设计两个步骤，总体设计确定系统的总体结构，详细设计在总体设计的基础上详细地描述如何实现系统，给出 GIS 系统各子系统或模块的足够详细的过程性描述。GIS 系统设计主要包括 GIS 系统设计基本原则、GIS 应用系统的总体设计和 GIS 应用系统的详细设计。

1. GIS 系统设计基本原则

1）实用性原则

GIS 应用系统要能够灵活组织数据以满足多种不同应用场景下的应用分析需求，实现较小成本投入较大效益产出。在达到预定目标和功能要求的前提下，系统应尽可能简单化，既能降低设计费用又能减小用户学习成本，既能提高系统效益又便于实现维护。

2）界面友好性原则

GIS 应用系统的设计也要符合界面友好性原则，美观、友好的界面能够显著提升用户的操作使用体验。

3）标准化原则

GIS 系统设计要符合 GIS 的基本要求和标准，如系统的数据类型、数据编码规则、图示图例、坐标投影的使用等应该符合国家及业界规范。

4）安全、稳定性原则

GIS 系统应该具有很好的安全性，具有一定的容错能力和恢复能力，对需要进行保密的数据能提供良好的数据保密功能和验证功能。

5）先进性原则

信息技术正在飞速发展，各种新技术层出不穷，在 GIS 应用系统的设计中要有前瞻视野，充分考虑先进技术和未来技术的发展趋势，要保证 GIS 应用系统有一定的扩展、更新能力。

2. GIS 应用系统的总体设计

总体设计的主要任务是根据系统预设的目标规划系统规模，确定系统的组成部分，明确各个组成部分在整个系统中的作用和相互之间的关系，规定 GIS 系统开发的技术规范和各部分的硬件配置要求，以保证系统总体目标的实现。该阶段将形成 GIS 应用系统的总体设计方案，指导整个 GIS 开发的流程规范，并作为技术文档进行开发成果的论证与审核。一般来说，GIS 应用系统的总体设计包括以下几个部分：确定系统目标、确定系统总体架构、数据库设计、系统功能设计、软硬件配置设计、管理方式设计、成本收益分析、总体实施计划等。

1）确定系统目标

GIS 系统设计的首要步骤是确定系统的目标。根据 GIS 系统的目的和预期的分析结果，给出系统要达到的成果和预期水准的具体量化。系统的目标要明确系统的基本类型，如是原型系统还是成熟系统，是演示系统还是可运行系统，是单机运行系统还是分布式系统等。

在确定 GIS 应用系统的目标时要注意：首先，要具有针对性，即能够明确地针对用户需求解决实际问题；其次，要确定目标范围，目标要具体可行，不可特意夸大；最后，细化目标。对于应用目标复杂多样的综合 GIS 系统，可以将目标进行拆分细化为子目标，对子目标集进行量化分类。在具体处理时可以借鉴目标数方法，目标数方法可以清晰、直观地观察目标集的组成结构和各子目标的类型比。

2) 确定系统总体架构

确定系统总体架构的主要任务是按照 GIS 系统各功能的聚散程度和耦合程度，用户职能部门的划分、处理过程的相似性，以及数据资源的共享程度，将 GIS 划分为若干子系统或模块，构成系统总体结构图，并对各子系统或模块的功能进行描述。各子系统之间要相对独立，冗余度要小，耦合度要低。

3) 数据库设计

在数据库设计中，首先要确定 GIS 应用系统的数据模型。数据模型是对客观实体或事件的抽象描述，将客观世界映射为数据模型即实现了对客观世界的抽象表达。在设计数据模型时要对所有的空间实体进行分类，明确各个类别的空间实体特有的属性和行为，确定空间实体的空间信息及属性信息的表达方法，然后确定各个实体之间的关联关系。需要注意的是，数据模型与空间数据库具体的物理结构无关。

按照数据描述范围，可将 GIS 系统中的数据库分为空间数据库和属性数据库，空间数据库用来存储描述空间信息的数据，属性数据库存储描述属性信息的数据。在总体设计阶段，数据库设计的主要任务是数据模型的设计，通过用户需求分析、数据分类归纳和抽象，构建一个不依赖于数据库结构的数据模型。数据库设计要确定空间数据与属性数据的管理模式、建库方案、数据结构类型和数据库管理系统，以及数据分类等。

4) 系统功能设计

GIS 系统开发平台为 GIS 系统提供了一些基本的功能，如数据导入导出、页面缩放、图层拖拽显示等。但是为了针对 GIS 用户的特殊需求，GIS 系统要具有一些特殊功能，如路线规划系统中的最短路径分析功能，地下管网管理系统中的断面生成分析功能，遥感图像处理系统中的植被覆盖范围提取功能等。

5) 软硬件配置设计

软硬件配置包括支持 GIS 系统运行的硬件设备及软件环境等。硬件设备包括计算机、存储设备、打印机、扫描仪及其他外部设备，即使是相同功能的硬件设备，其硬件配置、性能、使用寿命也有所不同，所以要对所需的硬件设备进行详细记录。软件环境是搭载在硬件环境基础上的系统开发平台及工具系统。软硬件配置要能够相互适配才可以发挥最大的效能，因此要遵循技术上稳定可靠，投资合理、收益高，立足当前需求又可以兼顾未来发展的原则。

6) 管理方式设计

GIS 系统开发周期长、过程复杂，因此需要设计良好的管理方式保证 GIS 系统的顺利开发。管理方式设计主要包括经费管理、保证实施条件、运行管理、计划实施、实施方案说明、组织协调等的拟订。

7) 成本收益分析

GIS 系统的开发要取得一定的经济效益和社会效益，因此，往往需要对 GIS 系统进行成本效益分析。成本是指开发、运行以及维护 GIS 系统所投入的资金，收益是指新系统的投入使用带来的经济效益和社会效益。任何一个系统的开发都是为了取得效益最大化，即效益要尽可能地大于成本，否则难以体现系统开发的意义。

8) 总体实施计划

要对工作任务进行分解，指明每项任务的要求和负责人员，对各项任务给出进度要求，总体方案要由专家论证通过，最终形成"系统总体设计说明书"。

3. GIS 应用系统的详细设计

GIS 系统的详细设计是对总体设计的细化和具体化。主要任务是根据总体设计方案确定的目标和开发计划，紧密结合软硬件条件和标准规范，进行系统模块结构设计、软硬件配置设计、功能详细设计、数据管理设计、输入输出设计和界面设计等。

1) 系统模块结构设计

按照功能独立、规模适当的模块化设计方法，将复杂的总体系统设计转为若干子系统和一系列基础模块设计，标绘出各模块内容和功能，并通过模块结构图把分解的子系统和模块按照层次结构联系起来。

在结构化设计中，通常采用自上而下、逐步细化的方法将系统分解成一些相对独立、功能单一的模块。良好的模块结构设计可以使得系统各模块间的耦合性很小，各模块可以单独开发维护，使得系统的总体维护性大大增加。模块划分参照软件工程的方法包括：①逻辑划分法，相类似的处理逻辑功能放在一个模块；②时间划分法，在同一时间段执行的各种处理组合成一个模块；③过程划分法，按工作流程把紧密相关的划分在同一个模块；④通信划分法：把相互需要较多通信的处理组合成一个模块；⑤职能划分法，按管理的不同功能分类划分模块。

2) 软硬件配置设计

计算机硬件是 GIS 应用系统硬件配置的基础，主要包括高性能计算机、打印机、硬盘、扫描仪、通信网络等设备，以及这些设备分布、主机、网络、终端联系图等。一般而言，硬件设备通过网络设备进行连接，在局域网内计算机可以向主机发送数据以及计算请求，主机将响应结果通过网络传输给有需求的计算机。

在对硬件设备进行配置设计的基础上，软件的配置设计必须要与系统开发采用的方法技术相结合。在 GIS 系统开发的过程中，合适的开发方法及相应的软件工具对系统顺利开发起着重要的保障作用。软件环境配置包括操作系统、开发语言、数据库系统、分析测试工具等的选择。

3) 功能详细设计

功能详细设计主要是详细地描述系统各模块的功能、实现技术及算法、输入输出的数据项和格式等。GIS 系统的功能设计主要是根据需求分析阶段用户提出的任务需求，为用户设计合适的应用功能。在功能详细设计时，应该满足和适应确定的应用目标，要能解决用户要求解决的应用问题，这是功能设计的基本要求；此外，在功能设计时，功能结构应该合理，各个功能模块在形式上独立，并且稳定可靠、操作方便。

4) 数据管理设计

GIS 系统是以空间数据为主要研究对象，对空间实体及现象的空间数据和属性数据进行输入、查询等操作。数据管理设计的主要任务是确定数据管理系统中存储和检索数据的基本结构，其设计原则是要隔离数据管理方案对数据的影响，即无论采取哪种数据库类型，如关系数据库、非关系数据库、多维数据库等，都要保证数据库对数据信息保存的完整性。在数据存储时，要选择合适的存储介质、遵循数据的逻辑关系及合适的存储结构，保证较低的数据冗余。数据的输入输出效率要能满足 GIS 系统对数据读写的需求，设计合理的空间索引，提高数据检索的效率。

5）输入输出设计

GIS 系统的输入输出庞大复杂，输入数据可以是与空间位置信息相关的任何数据类型，输出数据根据用户的需要可以是各种形式、结构化或非结构化数据集、数据值、数据报表等。在输入输出设计中，要综合用户需要与系统应用目的，对输入输出的内容、种类、格式、方式、支持的硬件设备等做出明确的规定。

6）界面设计

GIS 系统作为可视化系统的一种，操作简单易用、界面简洁美观是 GIS 界面友好性设计的基本准则。作为与空间信息紧密相关的 GIS 数据，其可视化表达方法与图形符号化紧密联系，因此，要对图形符号设计、二三维可视化、界面布局形式、界面布局内容、对话交互方式等内容做出详细说明。

9.4.3 系统实施

系统实施是在系统设计原则的指导下，按照详细设计方案确定的目标、内容和方法，分阶段、分步骤地完成系统开发的过程，如图 9-4-2 所示。第一阶段制定相关的规范，包括编程设计规格、数据采集方案规划、软硬件配置。第二阶段开展数据、代码和人员的准备工作，包括功能模块开发、编制与调试、数据采集与获取、人员配置与培训等。第三阶段包括 GIS 系统建立、数据库建库等。最后开展 GIS 系统测试及运行，编制相关的用户操作手册和使用说明等。

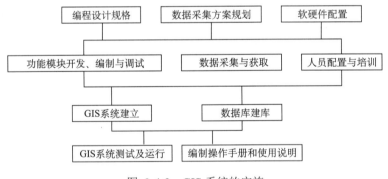

图 9-4-2 GIS 系统的实施

9.4.4 系统测试

在系统实施完成以后，要进行系统的测试。系统测试是指利用人工或者自动地方法测试和评价各个功能模块，测试模块是否正常运行，能否达到系统规定的要求，检查设计指标与实际结果是否一致，记录测试的详细步骤和结果，编写系统测试报告。在具体测试时，除了要对系统的各个模块进行独立的功能测试，还要对各个模块间的联系及整体综合性能做测试。

测试时要有测试计划和测试标准，由技术负责人、系统设计员、程序设计员及运行操作员共同进行。对于测试中出现的问题，要迅速解决并再次进行测试，确保测试顺利通过。从是否执行被测软件系统的角度可以将系统测试方法划分为静态测试和动态测试；从是否针对系统内部结构和具体实现算法的角度可以分为白盒测试和黑盒测试。

9.4.5 系统运行

GIS 系统在经过开发测试之后最终要进行系统的运行。运行阶段的主要操作人员是用户，用户在实际应用驱动下，以实际数据作为系统输入，运行 GIS 系统并获得预期成果。与系统测试阶段不同的是，系统测试为了探寻系统可能存在的功能缺陷和性能缺陷，往往是对 GIS 系统进行较大数据量和较高运行请求的压力测试，而在用户实际使用运行阶段，GIS 系统处理的数据量和处理请求次数一般在正常的系统负载内，但是用户的应用目的会有较大不同。

9.4.6 系统维护与评价

系统维护是系统生命周期的最后一个阶段，也是历经时间最长的一个阶段。在这一阶段，系统维护开发人员要不断对 GIS 系统的功能和细节进行调整修改，排除出现的故障，使得 GIS 系统能够不断适应内外部环境和其他因素的变化，保证系统的正常工作。

GIS 系统的维护是 GIS 工程建设中一个非常重要的内容，这是一项耗时长、成本高的工作，要在技术、人力安排和投资上给予足够的重视。与开发过程相比，系统的维护更加困难，系统开发人员对自己开发编写的代码框架、结构、实现都很熟悉，而维护人员需要从开发人员角度去重新理解学习系统代码，这是一个非常费时费力的学习探索过程。

GIS 系统的维护工作包含的内容比较宽泛，如数据的维护、代码的维护、硬件的维护等。如何对数据、代码和硬件进行正确的维护是 GIS 系统维护的关键。在对 GIS 系统进行维护时，要建立严格的有关维护工作的规章制度和程序。

一个 GIS 系统在经过系统分析、设计、实施、测试与运行后，为获取对系统性能和效益的清晰认知，需要进行系统评价。系统评价通常由开发人员和用户共同进行，对 GIS 系统进行全面的检验和分析。系统评价的主要内容包括：检查系统的目标、功能及各项指标是否达到设计要求；检查系统的质量；检查系统的使用效果；根据评审和分析的结果，找出系统的薄弱环节，提出改进意见，最后对评价结果形成评价报告。

9.5 GIS 工程设计开发方法

GIS 工程开发是对 GIS 系统设计成果的物理实现，是将设计成果转变为可运行的工程技术活动。目前市场上的 GIS 软件产品通常包括 GIS 平台软件和 GIS 应用软件两大类。GIS 平台软件是指集成了包括空间数据输入、空间数据编辑管理，空间查询与分析，空间可视化、制图输出等功能的通用 GIS 软件，如国外的 ArcGIS、MapInfo 以及国内的 GeoStar、SuperMap、MapGIS 等软件，与 GIS 应用软件相比，GIS 平台软件的适用性更加广泛，可以实现多种场景下的应用分析，其内部各功能模块的数据通信更加频繁，耦合性更强，在工程设计开发方式上，一般从底层开发。GIS 应用软件是面向部门应用的，是在 GIS 平台软件的基础上，通过二次开发方式所形成的具有特定应用方向的软件系统(荆平，2011；刘亚静等，2014)。针对不同的应用领域和行业，常见的 GIS 应用软件有警务处理系统、城市管线管理系统、地籍管理系统、物流配送系统等。

9.5.1 独立式 GIS 工程开发

独立开发指开发者采用一种程序设计语言，从系统的底层开发入手，进行 GIS 功能的设计和实现。这种开发方式不依赖于任何 GIS 工具软件，从空间数据的采集、编辑到数据的处理分析及结果输出，所有的算法都由开发者独立设计，然后选用某种程序设计语言，如 C，C++，C#，Java 等，在一定的操作系统平台上编程实现。这种方式一般不依赖已有商业 GIS 工具和软件，减少了开发成本，系统的拓展和维护方便，但是这种开发方式技术难度高，开发周期较长，且系统的稳定性比一般的商业化软件要低，通常在某些希望掌握自主知识产权、底层开发实力较强的团队中采用，现有的 GIS 工程开发中较少采用此种方式。

下面以跨平台 GIS 内核开发为例，简要介绍独立式开发方式。首先在系统分析阶段需要调研项目开发背景，确定项目需求和可行性。在信息安全已经成为国家战略的背景下，以中标麒麟(Linux 操作系统)为代表的国产操作系统在政府、国防、金融、交通等行业所占份额不断扩大，早期以 Windows 操作系统环境下运行为主的国产 GIS 内核面临着支持跨平台的市场需求，需要能够改造以支持同时在 Linux 和 Windows 操作系统上编译运行。例如，以武大吉奥公司现有 GIS 平台 GeoStar 的对象模型为基础，采用纯 C++实现，能够在中标麒麟以及 Windows 操作系统上均可以编译运行的 GIS 平台内核模块，主要功能包含几何对象模型、空间参考对象模型、矢量符号对象模型等。

在工程设计方法上，项目采用了面向对象的设计开发方法，将跨平台 GIS 内核模块按照功能类别抽象为对象、符号和坐标投影三大类。对象类描述了基本几何对象的定义、构造以及常用操作，如点、线、面等几何对象的构建、连接、包含等；符号类定义了基本几何对象的符号绘制、复杂对象符号绘制、符号定义和地图定义的文档读写等内容；另外，坐标投影类定义了坐标系和地图投影。最后，根据模块定义和功能要求实现各功能模块的编制、调试及运行。

考虑到项目组主要开发人员拥有较强的开发能力和丰富的经验知识，部分核心人员熟悉 GIS 内核模块，项目组要求在短期内实现项目的交付，因此，在工程开发模型上，项目组选择了灵活度较高、开发周期更短的敏捷开发模型。项目开发的周期被拆分为多个迭代周期，每个迭代周期内，项目被拆分为多个子项目，每个子项目都要实现和满足预定的功能目标和指标要求，每个子项目都要经过测试以确保总体架构的顺利搭建，每个迭代周期的结束意味着新的目标任务的创建，项目组会不断根据反馈的用户需求以及软件功能的增删修改等要求，实现下一迭代周期计划的变动，要求项目开发人员能够灵活应对变化。同时考虑到人员调整和新人员加入，采用结对编程的模式，一人编写另一人审查代码，避免了项目风险和提高了人力资源储备。在本次项目开发过程中使用到的测试方法是编写测试用例，用测试用例去多次测试功能模块，测试用例的覆盖范围将在很大程度上决定测试的完整性，一个好的测试用例库能够尽早地发现模块漏洞，对下一迭代周期内的功能调整完善做出及时的修改意见。除了对各个功能模块进行独立的测试，还要对各个模块间的联系及整体综合性能进行测试。测试完成后，通过演示运行展示已经开发的 GIS 内核模块的功能，进行验收评价，交付 GIS 内核模块的代码、测试用例、设计文档、开发技术手册等。

9.5.2 GIS 二次开发

GIS 二次开发是指依赖于已有的 GIS 平台软件，在组件模型或平台功能的基础上，开发具有特定 GIS 功能的插件或平台系统的开发方式。由于独立式 GIS 开发难度较大、开发周期长等缺点，使得二次开发成为 GIS 工程开发的主要方式，其方法主要包括宿主式二次开发、组件式二次开发和开源式二次开发。

1. 宿主式二次开发

宿主式二次开发是基于 GIS 平台软件，使用 GIS 平台软件提供的可供二次开发的脚本语言进行的开发方式，如早期 MapInfo 的 MapInfo Professional 提供的 MapBasic 语言，ESRI 早期的 AML（Arc Marco Language）、ArcView 提供的 Avenue 语言、ESRI 后期的 Visual Basic for Applications（VBA）语言，以及目前支持 Python 的 ArcPy 语言。一般来说，宿主式二次开发所用到的平台自定义开发语言都是较为简单的，学习成本和难度较低。与后面介绍的组件式二次开发和开源式二次开发所不同的是，宿主式二次开发的项目实施、测试、运行和维护等阶段均在平台提供的集成开发环境中进行，其特点表现为开发的软件和功能不能独立于所依托的平台软件独立运行。这种开发方式省时省力，充分利用了平台 GIS 软件的操作环境和已有的功能，实现一些复杂的操作，具有宏语言编程和宏插件运行的特点。脚本语言提供了对平台软件的扩展功能开发，支持使用其他程序与宿主软件的通信。特别是当今随着开源软件的兴起，GIS 领域比较著名的开源软件 GRASS、GDAL、PROJ4、MapServer、QGIS 等都支持 Python 语言绑定和开发，统计软件 R 及地理领域常用的 GeoDa 也支持 Python 使用。商业软件通过将 Python 作为其脚本语言，可以很容易地扩展其相关功能。

2. 组件式二次开发

组件式二次开发是基于 GIS 平台软件提供的组件模型，使用常用的程序开发语言，如 C、C++、Java 等，在平台软件提供的运行库环境支持下运行的软件开发方式。这种开发方式能够完全根据用户的功能需求定制软件的结构和功能，实现平台软件功能的个性化应用。大多数 GIS 软件生产商都提供商业化的 GIS 组件，如 ESRI 早期的 MapObjects、细粒度组件 ArcObjects 以及轻量级 ArcGIS Engine 等，MapInfo 的 MapX，国产 GIS 平台吉奥之星的组件等，这些组件都具备 GIS 的基本功能。组件式 GIS 二次开发是基于面向对象的程序设计和编程方法，不同公司、软件平台提供的组件模型可以在统一的编程语言环境下实现混合编程，为 GIS 系统的个性化定制提供了灵活多样的开发集成方法。组件式二次开发是目前 GIS 工程开发应用最为广泛的一种开发方式。以我国国家电网 GIS 空间信息服务平台开发为例，其采用了 ESRI 和武大吉奥两家 GIS 软件产品，其上层采用面向服务的架构 SOA，设计标准的服务接口，底层可以通过电网资源数据管理和处理功能组件接入 GeoStar 和 ArcGIS 的 GIS 平台软件组件，在组件基础上进行服务封装，以网络服务的方式发布和共享，供其他一些业务平台集成和调用（乐鹏，2011）。与宿主式二次开发方式不同的是，组件式二次开发支持多种开发环境下的工程项目开发，如在 C#.NET 或 Visual Basic.NET 环境引入组件进行开发。

3. 开源式二次开发

开源式二次开发是在开放源代码 GIS 软件提供的接口和环境上进行的二次开发。目前 GIS 开源软件如 OpenLayer、GRASS、WorldWind、MapServer 等都实现了成熟的 GIS 制图可视化或数据分析功能，利用其开放的 API 接口，可以使用 C、C++、Java 等语言，在开源协议支持下进行二次开发。使用开源式二次开发方式基本可以不用考虑 GIS 系统底层算法的实现，节省了时间，对 GIS 系统整体设计架构要求较高。以开源 GIS 软件 GRASS 为例，GRASS 平台是集数据管理、图像处理、空间建模分析、空间可视化等功能于一体的系统性 GIS 平台，覆盖了从底层算法到系统集成架构的多个层面实现。以 GRASS 平台为系统原型，通过对平台功能的增删实现二次开发，既可以减少开发者的工作量，又可以进行平台功能的个性化定制，实现快速搭建针对特定应用的 GIS 系统。

思 考 题

1. GIS 工程设计的方法有哪些？
2. GIS 工程开发模型有哪些，各有哪些优缺点？
3. 完成一个 GIS 工程需要经历哪些过程？各个过程所起的作用是什么？
4. 举例分析比较不同的 GIS 开发方法。
5. 以 Python 为例编程实现 GIS 的宿主式二次开发案例。
6. 以某 GIS 组件为例，编程实现 GIS 的组件式二次开发案例。

主要参考文献

边馥苓. 1996. GIS 地理信息系统原理和方法[M]. 北京: 测绘出版社.
陈军. 1984. DTM 在改善遥感影像分类精度中的应用[J]. 武汉大学学报(信息科学版), 9(1): 69-81.
陈军. 2002. Voronoi 动态空间数据模型[M]. 北京: 测绘出版社.
陈军, 赵仁亮. 1999. GIS 空间关系的基本问题与研究进展[J]. 测绘学报, 28(2): 95-102.
陈俊, 宫鹏. 1998. 实用地理信息系统——成功地理信息系统的建设与管理[M]. 北京: 科学出版社.
陈钦峦, 陈丙咸, 严蔚芸, 等. 1989. 遥感与象片判读[M]. 北京: 高等教育出版社.
陈述彭, 何建邦, 承继成. 1997. 地理信息系统的基础研究——地球信息科学[J]. 地球信息, (3): 11-20.
陈述彭, 周成虎, 鲁学军. 1999. 地理信息系统导论[M]. 北京: 科学出版社.
陈晓勇. 1991. 数学形态学理论和模型的若干扩展及在 CCD 扫描等高线图的 DEM 自动建立中的应用[D]. 武汉: 武汉测绘科技大学博士学位论文.
陈学全, 陈洪亮. 1996. 数据库系统与应用[M]. 北京: 中国科学技术大学出版社.
程亮, 李满春, 龚健雅. 2013. LiDAR 数据与正射影像结合的三维屋顶模型重建方法[J]. 武汉大学学报(信息科学版), 38(2): 208-211.
程朋根, 龚健雅. 1994. 机助制图中平行线的绘制方法及其特殊问题的处理[J]. 武测科技, (1): 43-52.
崔铁军. 2009. 地理信息服务导论[M]. 北京: 科学出版社.
崔伟宏. 1990. 微机资源与环境信息系统研究 [M]. 北京: 中国科学技术大学出版社.
崔伟宏. 1995. 空间数据结构研究[M]. 北京: 中国科学技术大学出版社.
宫鹏, 史培军, 浦瑞良, 等. 1996. 对地观测技术与地球系统科学[M]. 北京: 科学出版社.
龚健雅. 1993. 整体 SIS 的数据组织与处理方法[M]. 武汉: 武汉测绘科技大学出版社.
龚健雅. 2007. 对地观测数据处理与分析进展[M]. 武汉: 武汉大学出版社.
龚健雅, 李德仁. 2008. 论地球空间信息服务技术的发展[J]. 测绘通报, (5): 5-10.
龚健雅, 李小龙, 吴华意. 2014. 实时 GIS 时空数据模型[J]. 测绘学报, 43(3): 226-232.
郭达志. 2002. 地理信息系统原理与应用[M]. 徐州: 中国矿业大学出版社.
郭仁忠. 2001. 空间分析(第二版)[M]. 北京: 高等教育出版社.
郭薇, 陈军. 1997. 基于点集拓扑学的三维拓扑空间关系形式化描述[J]. 测绘学报, 26(2): 122-127.
国家测绘地理信息局职业技能鉴定指导中心. 2016. 2016 年注册测绘师资格考试辅导教材[M]. 北京: 测绘出版社.
何建邦, 闾国年, 吴平生. 2003. 地理信息共享的原理与方法[M]. 北京: 科学出版社.
胡祥培, 刘伟国, 王旭茵. 2011. 地理信息系统原理及应用[M]. 北京: 电子工业出版社.
黄波, 陈勇. 1995. 矢量栅格相互转换的新方法[J]. 遥感技术与应用, 10(3): 61-65.
黄国祥. 2002. RGB 颜色空间及其应用研究[D]. 长沙: 中南大学博士学位论文.
黄杏元, 汤勤. 1990. 地理信息系统概论. [M] 北京: 高等教育出版社.
蒋捷, 陈军. 2000. 基础地理信息数据库更新的若干思考[J]. 测绘通报, (5): 1-3.
荆平. 2011. 地理信息系统设计与开发[M]. 北京: 清华大学出版社.
蓝运超, 利光秘, 袁征. 1991. 地理信息系统原理[M]. 广州: 广东省地图出版社.
乐鹏. 2011. 网络地理信息系统和服务[M]. 武汉: 武汉大学出版社.
李成名, 朱英浩, 陈军. 1998. 利用 Voronoi 图形式化描述和判断 GIS 中的方向关系[J]. 解放军测绘学院学报, 15(2): 117-120.
李德仁. 1988. 误差处理与可靠性理论[M]. 北京: 测绘出版社.

李德仁. 1996. GPS 用于摄影测量与遥感[M]. 北京: 测绘出版社.
李德仁, 龚健雅, 边馥苓. 1993. 地理信息系统导论[M]. 北京: 测绘出版社.
李德仁, 关泽群. 2000. 空间信息系统的集成与实现[M]. 武汉: 武汉测绘科技大学出版社.
李德仁, 金为铣, 尤兼善, 等. 1995. 基础摄影测量学[M]. 北京: 测绘出版社.
李德仁, 李清泉. 1998. 论地球空间信息科学的形成[J]. 地球科学进展, 13(4): 319-326.
李德仁, 王树良, 李德毅. 2002. 论空间数据挖掘和知识发现的理论与方法[J]. 武汉大学学报(信息科学版), 27(3): 221-233.
李德仁, 郑肇葆. 1992. 解析摄影测量学[M]. 北京: 测绘出版社.
李建松, 唐雪华. 2015. 地理信息系统原理(第二版)[M]. 武汉: 武汉大学出版社.
李志清. 1994. WINGIS 中的矢量数据向栅格数据的格式转换[J]. 林业资源管理, (6): 71-75.
梁启章. 1995. GIS 和计算机制图[M]. 北京: 科学出版社.
林珲, 赖进贵, 周成虎. 2010. 空间综合人文学与社会科学研究[M]. 北京: 科学出版社.
林珲, 张捷, 杨萍, 等. 2006. 空间综合人文学与社会科学研究进展[J]. 地球信息科学, 8(2): 30-37.
林文介. 2003. 测绘工程学[M]. 广州: 华南理工大学出版社.
刘大杰, 孟晓林. 1997. 直角与直线元素数字化的数据处理[J]. 武汉大学学报(信息科学版), 22(2): 125-128.
刘鲁. 1995. 信息系统设计原理与应用[M]. 北京: 北京航空航天大学出版社.
刘南, 刘仁义. 2002. 地理信息系统[M]. 北京: 高等教育出版社.
刘鹏. 2015. 云计算(第三版)[M]. 北京: 电子工业出版社.
刘鹏程, 艾廷华, 邓吉芳. 2008. 基于最小二乘的建筑物多边形的化简与直角化[J]. 中国矿业大学学报, 37(5): 699-704.
刘贤赵, 张安定, 李嘉竹. 2009. 地理学数学方法[M]. 北京: 科学出版社.
刘亚静, 等. 2014. 地理信息系统二次开发[M]. 武汉: 武汉大学出版社.
刘勇奎. 2007. 计算机图形学的基础算法[M]. 北京: 科学出版社.
宁津生, 陈俊勇, 李德仁, 等. 2004. 测绘学概论[M]. 武汉: 武汉大学出版社.
潘正风, 程效军, 成枢, 等. 2015. 数字地形测量学[M]. 武汉: 武汉大学出版社.
秦昆. 2010. GIS 空间分析理论与方法(第二版)[M]. 武汉: 武汉大学出版社.
单杰, 贾涛, 黄长青, 等. 2017. 众源地理数据分析与应用[M]. 北京: 科学出版社.
单杰, 秦昆, 黄长青, 等. 2014. 众源地理数据处理与分析方法探讨[J]. 武汉大学学报(信息科学版), 39(4): 390-396.
史文中. 2005. 空间数据与空间分析不确定性原理[M]. 北京: 科学出版社.
孙达, 蒲英霞. 2005. 地图投影[M]. 南京: 南京大学出版社.
孙家抦. 2013. 遥感原理与应用[M]. 武汉: 武汉大学出版社.
孙仲康, 沈振康. 1985. 数字图象处理及其应用[M]. 北京: 国防工业出版社.
汤国安, 赵牡丹, 杨昕, 等. 2010. 地理信息系统(第二版)[M]. 北京: 科学出版社.
王本颜, 方蕴昌. 1988. 数据结构技术[M]. 北京: 清华大学出版社.
王家耀. 2001. 空间信息系统原理[M]. 北京: 科学出版社.
王桥, 毋河海. 1998. 地图信息的分形描述与自动综合研究[M]. 武汉: 武汉测绘科技大学出版社.
王珊, 萨师煊. 2014. 数据库系统概论[M]. 北京: 高等教育出版社.
王艳东, 龚健雅. 2012. 空间信息智能服务理论与方法[M]. 北京: 科学出版社.
王远飞, 何洪林. 2007. 空间数据分析方法[M]. 北京: 科学出版社.
王之卓. 1979. 摄影测量原理[M]. 北京: 测绘出版社.
王之卓. 1986. 摄影测量原理续编[M]. 北京: 测绘出版社.
王之卓. 1988. 近期我国摄影测量科技研究的进展[J]. 武汉大学学报(信息科学版), 13(4): 13-18.
邬伦, 刘瑜, 张晶, 等. 2001. 地理信息系统——原理、方法和应用[M]. 北京: 科学出版社.
毋河海. 1991. 地图数据库系统[M]. 北京: 测绘出版社.

吴甜甜, 张云, 刘永明, 等. 2014. 北斗/GPS 组合定位方法[J]. 遥感学报, 18(5): 1087-1097.

吴信才. 2009. 空间数据库[M]. 北京: 科学出版社.

吴忠性, 杨启和. 1987. 数学制图学原理[M]. 北京: 测绘出版社.

武汉大学测绘学院测量平差学科组. 2009. 误差理论与测量平差基础(第二版)[M]. 武汉: 武汉大学出版社.

夏绍玮, 杨家本, 杨振斌. 1995. 系统工程概论[M]. 北京: 清华大学出版社.

谢宏全. 2014. 基于激光点云数据的三维建模应用实践[M]. 武汉: 武汉大学出版社.

徐建华. 2010. 地理建模方法[M]. 北京: 科学出版社.

徐绍铨, 张华海, 杨志强, 等. 2008. GPS 测量原理及应用[M]. 武汉: 武汉大学出版社.

宣家斌, Hempenius S A. 1986. 航摄底片信息容量的确定[J]. 武汉大学学报(信息科学版), (4): 26-32.

闫浩文, 陈全功. 2000. 基于方位角计算的拓扑多边形自动构建快速算法[J]. 中国图象图形学报, 5(7): 563-567.

闫浩文, 刘涛, 张黎明. 2017. 计算机地图制图: 原理与算法基础(第二版)[M]. 北京: 科学出版社.

应国伟, 侯华斌, 刘江. 2014. 矢量地形图要素边线直角化方法研究[J]. 测绘通报, (12): 112-113.

袁勘省. 2014. 现代地图学教程(第二版)[M]. 北京: 科学出版社.

张超, 陈丙咸, 邬伦. 1995. 地理信息系统[M]. 北京: 高等教育出版社.

张淳民, 穆廷魁, 颜廷昱, 等. 2018. 高光谱遥感技术发展与展望[J]. 航天返回与遥感, 39(3): 104-114.

张光宇, Y C Lee. 1990a. 地理信息系统的回顾与展望(上)[J]. 测绘通报, (4): 31-36.

张光宇, Y C Lee. 1990b. 地理信息系统的回顾与展望(下)[J]. 测绘通报, (5): 37-39.

张景雄. 2010. 地理信息系统与科学[M]. 武汉: 武汉大学出版社.

张仁铎. 2005. 空间变异理论及应用[M]. 北京: 科学出版社.

张小红. 2007. 机载激光雷达测量技术理论与方法[M]. 武汉: 武汉大学出版社.

张祖勋, 张剑清. 1996. 数字摄影测量学[M]. 武汉: 武汉测绘科技大学出版社.

赵鹏大. 2004. 定量地学方法及应用[M]. 北京: 高等教育出版社.

郑春燕, 邱国锋, 张正栋, 等. 2011. 地理信息系统原理、应用与工程[M]. 武汉: 武汉大学出版社.

郑若忠, 王鸿武. 1983. 电子计算机软件数据库原理与方法[M]. 长沙: 湖南科技出版社.

朱欣焰, 张建超, 李德仁, 等. 2002. 无缝空间数据库的概念、实现与问题研究[J]. 武汉大学学报(信息科学版), 27(4): 382-386.

Abdelmoty A, Williams H. 1994. Approaches to the representation of qualitative spatial relationships for geographic databases [C]. Proceedings of the Advanced Geographic Data Modeling. Delft, the Netherlands.

Ayala D, Brunet P, Juan R, et al. 1985. Object representation by means of nonminimal division quadtrees and actrees [J]. ACM Transaction on Graphics, 4(1): 41-59.

Beck K, Beedle M, Bennekum A V, et al. 2001. Manifesto for Agile Software Development [M]. Atlanta: Agile Alliance.

Benington H D. 1983. Production of large computer programs [J]. Annals of the History of Computing, 5(4): 350-361.

Boehm B. 1986. A spiral model of software development and enhancement [J]. ACM SIGSOFT Software Engineering Notes, 11(4): 14-24.

Booch G, Maksimchuk R A, Engle M W, et al. 2007. Object-oriented Analysis and Design with Applications (Third Edition) [M]. Boston: Addison-Wesley.

Burrough P A. 1998. Principles of Geographical Information Systems for Land Resources Assessment[M]. Oxford: Oxford University Press.

Calkins H W. 1972. An information system and monitoring framework for plan implementation and the continuing planning process [D]. Washington: University of Washington.

Chang K T. 2010. Introduction to Geographic Information Systems(Fifth Edition) [M]. New York: McGraw-Hill Education.

Chodorow K. 2013. MongoDB: The Definitive Guide: Powerful and Scalable Data Storage [M]. Sebastopol: O'Reilly Media Inc.

Coad Y. 1990. Object-oriented Analysis[M]. Englewood Cliffs: Prentice Hall.

Egenhofer M. 1994. Pre-processing queries with spatial constraints [J]. Photogrammetric Engineering and Remote Sensing, 60(6): 783-790.

Egenhofer M, Franzosa R. 1991. Point-set topological spatial relationships [J]. International Journal of Geographical Information Systems, 5(2): 161-174.

Egenhofer M, Herring J. 1991. Categorizing binary topological relationships between regions, lines and points in geographic databases [C]. National Center for Geographic Information and Analysis, Santa Barbara, CA.

Franke R, Nielson G. 1980. Smooth interpolation of large sets of scattered data [J]. International Journal for Numerical Methods in Engineering, 15(11): 1691-1704.

Gahegan M N. 1989. An efficient use of quadtrees in a geographical information system[J]. International Journal of Geographic Information System, 3(3): 201-214.

Gong P, Howarth P J. 1990. An assessment of some factors influencing multispectral land-cover classification[J]. Photogrammetric Engineering and Remote Sensing, 56: 597-603.

Goodchild M F. 2017. Citizens as sensors: the world of volunteered geography [J]. GeoJournal, 69(4): 211-221.

Goyal R K. 2000. Similarity assessment for cardinal directions between extended spatial objects [D]. Orono: The University of Maine.

Haining R. 2003. Spatial Data Analysis: Theory and Practice [M]. Cambridge: Cambridge University Press.

Han J, Haihong E, Le G. 2011. Survey on NoSQL database [C]. ICPCA 2011: 6th international conference on Pervasive computing and applications, Port Elizabeth, South Africa.

Harrison G. 2015. Next Generation Databases: NoSQL and Big Data [M]. New York: Apress.

Hayes B. 2008. Cloud computing[J]. Communications of the ACM, 51(7): 9-11.

Ibbs T J, Stevens A. 1988. Quadtrees storage of vector data [J]. International Journal of Geographical Information Systems, 2(1): 43-56.

Jacobson I. 1993. Object-oriented Software Engineering: A Use Case Driven Approach [M]. Upper Saddle River: Pearson Education Inc.

Kindler E, Krivy I. 2011. Object-oriented simulation of systems with sophisticated control [J]. International Journal of General Systems, 40(3): 313-343.

Larman C, Basili V. 2003. Iterative and incremental developments: A brief history [J]. Computer, 36(6): 47-56.

Lewis J, Loftus W. 2008. Java Software Solutions Foundations of Programming Design [M]. Upper Saddle River: Pearson Education Inc.

Li Z L. 2001. An algebra for spatial relations[C]. Proceedings of the 3rd ISPRS Workshop on Dynamic and Multi-dimensional GIS, Bangkok.

Lloyd C D. 2010. Local Models for Spatial Analysis (Second Edition) [M]. Boca Raton: CRC Press.

Maas H G, Vosselman G. 1999. Two algorithms for extracting building models from raw laser altimetry data[J]. ISPRS Journal of Photogrammetry & Remote Sensing, 54(2-3): 153-163.

Mark D M, Abel D J. 1985. Linear quadtrees from vector representation of polygons [J]. IEEE Transactions on Pattern Analysis and Machine Intelligence, 7(3): 344-349.

Mark D M, Lauzon J P, Cebrian J A. 1989. A review of quadtree-based strategies for interfacing coverage data with digital elevation models in grid form [J]. International Journal of Geographical Information systems, 3(1): 3-14.

Michael Goodchild. 1992. Geographical information science[J]. International Journal of Geographical Information System, 6(1): 31-45.

Michael Worboys, Matt Duckham. 2004. GIS: Computing Perspective (Second Edition)[M]. Boca Raton: CRC

Press.

Molenaar M, Fritsch D. 1990. Combined data structures for vector and raster representation in geographic information systems [C]. Proceedings of the Symposium of Comm. III of ISPRS, Wuhan, China.

Peuquet D, Zhan C X. 1987. An algorithm to determine the directional relationship between arbitrarily-shaped polygons in the plane [J]. Pattern Recognition, 20(1): 65-74.

Pluciennik T, Pluciennik-Psota E. 2014. Using Graph Database in Spatial Data Generation[M]. New York: Springer.

Randell D A, Cui Z, Cohn A G. 1992. A spatial logical based on regions and connection [C]. 3rd International Conference on Knowledge Representation and Reasoning, Morgan Kaufmann.

Robert Laurini, Derek Thompson. 1992. Fundamentals of Spatial Information Systems[M]. Pittsburgh: Academic Press.

Rumbaugh J. 1991. Object-oriented Modelling and Design [M]. Englewood Cliffs: Prentice Hall.

Saaty T L. 1980. The Analytic Hierarchy Process[M]. London: Mc Graw-Hill Company.

Saaty T L. 2004. Decision making the analytic hierarchy and network process (AHP/ANP) [J]. Journal of Systems Science and Systems Engineering, 13(1): 1-35.

Samet H. 1981. An algorithm for converting raster to quadtrees [J]. IEEE Transactions on Pattern Analysis and Machine Intelligence, 3(1): 93-95.

Shaffer C A, Samet H, Nelson R C. 1990. QUILT: A geographic information system based on quadtrees[J]. International Journal of Geographical Information Systems, 4(2): 103-131.

Watson D F. 1992. Contouring: A Guide to the Analysis and Display of Spatial Data: Computer Methods in the Geosciences[M]. Oxford: Pergamon.

Weidner U, Förstner W. 1995. Towards automatic building extraction from high-resolution digital elevation models[J]. ISPRS Journal of Photogrammetry & Remote Sensing, 50(4): 38-49.

Whitten J, Bentley L. 2005. Systems Analysis and Design Methods(Seventh Edition)[M]. New York: McGraw-Hill.

Yang H. 1990. Geometry and topology of quadtree decomposition for geographic information systems—transformation from raster to vector data [J]. International Archives of Photogrammetry and Remote Sensing, 28(3/2): 1041-1045.